중국 농업경영제도

이론의 프레임워크, 변천 논리 및 사례 분석

中華社會科學基金(Chinese Fund for Humanities and Social Sciences)(16WJY004)資助

이론의 프레임워크
변천 논리 및 사례 분석

중국 농업 경영 제도

루어삐량 등 지음
왕보하 옮김

동국대학교출판부

이 책은 중국 교육부 혁신 단체 발전 계획인 '중국 농촌기본경영제도: 전환 이론과 창신 논리'(IRT1062), 국가 자연과학 기금 중점 프로젝트인 '농촌토지 및 관련 요소의 시장 육성과 개혁 연구'(71333004)의 단계적인 연구 성과물이다.

머리말

농촌기본경영제도는 중국의 근본적인 제도에서 중요한 구성 부분이다. 또한 농촌기본경영제도는 신중국 수립 60년 동안 토지혁명부터 합작화운동, 농업집체화, 가족 단위 도급경영제도에 이르기까지 다년간의 변혁을 겪었으며 이는 농촌기본경영제도가 중국 경제사회, 특히 농촌·농업 그리고 농민에게 뿌리 깊은 영향을 미치고 있다는 것을 보여 주었다.

본서를 출판하게 된 동기는 다음과 같다. 첫째, '중국 교육부 중국 농촌기본경영제도 혁신팀(教育部中國農村基本經營制度創新團隊)'과 화난 농업대학교 경제관리학원 그리고 『농업경제문제(農業經濟問題)』 잡지사가 2013년 11월 13일 광저우에서 공동개최한 '중국 농촌가정경영제도 세미나(中國農村家庭經營制度研討會)'에서 중국 농업경영제도의 일부 중요한 문제에 대해 학계와 정부 부처의 논쟁이 여전히 끊이지 않고 있다고 지적했기 때문이다. 둘째, 국가 자연과학 기금위원회 관리과학부(國家自然科學基金委員會管理科學部)가 2013년 11월 10일부터 11일까지 항저우(杭州)에서 개최한 '현대 농업 발전에 대한 정책 연구'(국가 자연과학 기금 중점 프로젝트의 일환) 출범식에서 농업정책과 체제 변혁 연구는 '이론과 상식' 그리고 '중국 상황'으로 회귀할 필요가 있다는 목소리가 터져 나왔기 때문이다.

본서에서는 이론의 전개, 역사적인 논리, 그리고 혁신과 실천 등 다양한 측면에서 출발하여 중국 농업경영제도 문제에 대해 다차원적으로 탐구해 보고자 한다. 첫째, 이론적 프레임을 통한 분석으로 이론을 심화하고 정책적 토론이 이뤄질 수 있는 대화적 기반을 마련함으로써 이론과 상식을 근거로 농업경영제도를 연구하고 더 나아가 지식의 폭을 넓힐 수 있도록 한다. 둘째, 중국 농업경영제도 변혁의 전 과정을 분석하여 중국의 농업 상황과 배경 속에 존재하는 제도적 변천에 어떠한 특수성이 있는지 알아보고, 내포하고 있는 역사적 논리에는 무엇이 있는지 탐구한다. 셋째, 전형적인 사례와 최근의 혁신적인 의미를 띠는 실험을 통해 중국 농업경영체계의 혁신적 제도 공간을 정리해 보고 탐구한다. 이는 다양한 제도 혁신 실례에 적용할 만한 참고 사례가 될 뿐만 아니라 시사점도 가져다준다.

본서는 다음과 같이 세 부분으로 나뉜다.

제1장은 이론적 프레임이다. 해당 내용은 핵심 보고서인 「농업경영제도: 개혁과 창의성의 만남-재산권이론과 분업이론에 기초한 사고(農業經營制度: 改革面臨創新-基於産權理論與分工理論的思考)」 부분에서 집중적으로 다룬다. 해당 보고서는 중국 농업경영 패턴의 생성 근원, 현실적인 도전 및 실천성 탐구에 대한 내용을 정리하였다. 또한 현재 농촌경영제도에 대한 학계의 이론 영역 핵심 논쟁에 대해 분석하였으며, 특히 재산권이론과 분업이론의 결합이라는 측면에서 농업의 규모화경영·분업경제·가정경영의 성질 그리고 혁신적 의미가 있는 최근 실험 사례에 관해 토론했다. 해당 보고서에서는, 가정경영제도는 대체 불가한 제도이며 재산권이 세분화되고 농업이 분업화되는 상황에서 가정경영은 광범위한 적용성이 있다는 점을 강조했다. 그뿐만 아니라 단순히 토지 유전을 통해 농업의 규모화경영을 실현하는 것에 중대한 정책적 결함이 있음을 제시하였고 가정경영을 분업 활동에 개입시키면 토지 규모 경제를 서비스 규모 경제로 전환함으로써 농업의 규모 경제성이 실현될 수 있다는 이론 또한 제시하

였다. 또한 토지 '집체소유, 가정도급, 다원화경영, 용도(用途) 관리' 등을 중점으로 하는 제도 핵심이 앞으로 중국 신형 농업경영제도의 기본적인 프레임이 될 것이라는 내용 또한 언급하였다.

해당 보고서의 집필자는 루어삐량(羅必良)이며 일부 내용은 간행물인 『개혁(改革)』의 2014년 2기(期)에 발표되었다.

제2장은 변천 논리이다. 중국 농촌기본경영제도는 농촌토지의 농민 집체소유제, 집체토지에 대한 농민의 장기적인 도급권 제도, 가정경영을 기반으로 하는 농업경영제도가 있다. 따라서 농촌경영제도의 변천 역사와 그에 따른 사례를 연구하는 것은 제도의 특수성을 이해하는 데 도움이 될 뿐만 아니라 제도적 유산과 제도적 잠재력을 계승하고 발전시키는 데에도 도움이 된다. 해당 장은 논문 세 편으로 구성되어 있다. 이 세 편의 공통점은 중국 역사를 폭넓게 연구함으로써 중국 농촌경영제도 변혁의 시작점과 변천 논리를 밝혔다는 점이다.

첫째, 농촌토지의 농민 집체소유제는 인민공사제도(人民公社制度)에서 시작되었다. 따라서 공사제도를 되짚어 보는 것은 특히나 중요하다. 보고서 「노동 감독, 잠재적 퇴출과 공사제도(公社制度)의 효율성 문제–후베이성(湖北省) 광지위촨(廣濟餘川) 공사의 경험적 증거를 토대로(1957~1975)(勞動監督, 隱性退出與公社制度效率問題–來自湖北廣濟餘川公社的經驗證據)」에서는 '제도 축소–사상 보장–환경 변화'의 해석적 프레임을 구축해 '효율 낮은 공사제도가 어떻게 장기적으로 존속될 수 있었는가'에 대한 명제를 도출해 냈다. 이러한 해석은 농업경영제도의 효율 생성 메커니즘을 어느 정도 밝혔을 뿐만 아니라, 이로부터 공사(公社)체제에 내포되어 있는 '자류지(自留地)제도'가 가정도급제도 변혁을 촉진하는 제도적 근원이라는 사실을 도출할 수 있었다.

해당 보고서의 집필자는 루어삐량이다. 2011년 11월 지난(濟南)에서 열린 2012년 중국제도경제학(中國制度經濟學) 연회에서 초고가 공개되었다.

둘째, 중국 농업경영체제의 변혁은 사실상 재산권의 전면적인 관리 및 통제에서 재산권의 관리·통제 완화로, 계획체제에서 시장체제로 방향을 바꾸는 과정이다. 보고서「재산권 규제, 제도적 행위와 경제적 성과–중국 농업경제체제 전환에서 나온 증거(1958~2005)(資源特性, 行爲能力與産權匹配–來自中國農地制度變遷的經驗證據)」에서 '재산권 규제 구조–체제 선택 행위–경제제도 성과'라는 새로운 SCP(구조–행위–성과)이론 모델을 구축 및 제시하고, 중국 농업경제의 사례 데이터를 이용해 해당 명제를 실증적으로 검증했다. 다시 말하자면 농민에게 안정적이고 장기적으로 농촌토지 도급경영권을 부여하는 것이 제도 변혁의 기본 출발점이라는 것이다.

해당 보고서는 허이밍(何壹鳴)과 루어삐량이 공동 집필했으며『중국농촌경제(中國農村經濟)』2010년 제10기에 발표되었다.

셋째, 농업경영제도를 완비하고 농촌경영체계를 혁신하는 과정에서 토지재산권은 배제할 수 없는 핵심 문제이다. 하지만 '사인(私人)의 재산권은 가장 효과적인 제도이다'라는 설은 '학술적 전통'으로서 종종 학계에서 농지제도를 다룰 때 언급되는 중요한 주장이다. 보고서「자원 특성, 행위능력과 재산권 매칭–중국 농지제도 변천에서 나온 경험적 증거(1949~2009)」는 '자원 특성–행위능력–재산권 매칭'이라는 분석적 프레임을 수립함으로써 사유재산이 항상 절대적으로 효율적이지만은 않다는 것을 증명해 중국의 상황 속에서 농지 집체재산권의 유효성을 설명했다.

해당 보고서의 집필자는 루어삐량과 허이밍이다. 2011년 10월 푸저우(福州)에서 열린 중국 제도경제학 연회에서 초고가 공개되었다.

제3장은 사례 분석이다. 해당 장에서 다루는 연구 보고 사례는 네 개이며 주로 농업경영제도에서 나타난 근래의 혁신적 실험에 대해 정리하고 토론하였다.

첫째,「계약, 불완전계약 및 계약 관리–둥진 농목회사 토지 임차 사례를 토대로(合約, 合約不穩定與合約治理–以東進農牧公司的土地承租爲例)」에서는 불안정한 계약이 어떻게 지속될 수 있었는지에 대해 설명하기 위하여 양돈업의 토지 임차 사례를 연구하였다. 해당 보고서에서는 '계약을 통한 계약 매칭, 계약을 통한 계약 관리'라는 새로운 이론을 제시하고 설명했다. 농업경영체계의 혁신과 다양한 경영 방식의 변혁이 모두 농지 유진, 특히 토지 임차 문제와 관련이 있기 때문에 이 보고서는 임차계약의 안정성 도모에 있어서 현실적인 가치를 지닌다 할 수 있다.

해당 보고서의 집필자는 루어삐량이며 베이징 톈저경제연구소(北京天則經濟研究所)가 주 편집을 맡고 중국재정경제출판사(中國財政經濟出版社)가 2011년 출판한 『중국 제도 변천의 사례 연구(中國制度變遷的案例硏究)』[집행 편집장: 장수광(張曙光), 류서우잉(劉守英)] 제8권에 초고가 발표되었다. 또한 그 후 「계약이론의 다중경지 및 현실적 연역–광둥성 개별 사례(合約理論與多種境界及其現實演繹: 粵省個案)」라는 제목으로 개정판이 2012년 『개혁』 5기에 발표되었다.

둘째, 「계약 자본, 거래 형태 및 수익 분배–'기업+농가' 형태의 WENS 그룹 사례를 중심으로(契約資本, 交易形式與收益分配–以"公司+農戶"的溫氏模式爲例)」에서는 양계업의 협력 거래 문제에 대해 다루었다. WENS 모델의 성공 사례를 연구하여 '경제조직 형식'에 상응하는 '경제거래 형식'에 대한 정의를 내리고 '거래 형식의 상태 의존성, 거래 형태의 크로스 캐스팅(cross-casting), 협력 잉여 생산물의 분배, 계약 자본 배치구조'의 상호 연관성에 관해 설명했다.

해당 보고서의 집필자는 미위안성(米遠生)과 루어삐량이며 「계약 자본의 비대칭성, 거래 형태의 크로스 캐스팅과 가치사슬 이익 분배–'회사+농가' 형태의 WENS 그룹 모델을 사례로(契約資本非對稱性, 交易形式反串與價值鏈的收益分配: 以"公司+農戶"的溫氏模式爲例)」라는 제목으로 『중국농촌경제』 2009년 제8기에 등재되었다.

셋째, 「마을 토지소유권, 재산권 매칭과 효율의 원천–광둥성 화저우시 랑산촌의 개별 사례를 중심으로(村落地權, 産權匹配與效率來源-來自廣東化州市浪山村的個案)」에서는 양어장 경영에 관해 연구하였다. '농지의 가치 속성', '주체의 행위능력', '재산권 권한 분배'라는 세 가지 요소의 매칭이 효율을 제고한다는 이론적 분석 프레임을 제시하고 랑산촌의 토지소유권이 효율적으로 분배될 수 있었던 배경과 그 실천 효과에 대해 분석하였다. 연구를 통해 마을 토지소유권 분리가 여러 종류의 기본 권한을 형성하며, 각각의 권한을 적합한 재산권 주체에 분배할 시 농업의 규모화·전문화된 분업 효율이 향상된다는 사실을 알게 되었다. 또한 농지의 다중가치적 속성을 구현하는 동시에 마을의 여러 효율 제고 목표를 균일하게 달성하도록 한다는 점 또한 발견했다. 즉 랑산촌 실험은 마을의 전업화 실험 및 경영제도 혁신에 참고할 만한 사례를 제공하였다.

해당 보고서는 최근 발표되었으며 집필자는 후신옌(胡新艶), 주원줴(朱文珏), 류카이(劉凱)이다.

넷째, 「토지소유권 세분화, 계약적 지배 및 농업의 분업 발전-충저우시 '1+1+1' 농업경영 모델의 혁신적인 실제 사례(地權細分, 合約治理與農業分工發展-崇州市"1+1+1"農業經營模式的創新實踐)」에서는 전형적인 식량 생산의 사례를 집중적으로 살펴보았다. '충저우 모델'이라는 혁신적인 실천 사례를 기반으로 연구를 진행하고 다음과 같은 두 가지의 농업 분업 발전 추진 이론을 제시하였다. 첫째, 재산권을 세분화하여 새로운 경영 주체를 만들고 이를 바탕으로 농업 분업의 효율성을 높인다. 둘째, 계약적 지배를 통해 거래비용을 줄여 분업을 효율적으로 촉진한다. 본 연구는 농업의 효율이 전적으로 수동적으로만 개선되는 산업이 아니며 분업을 심화하고 효율을 개선할 만한 잠재력을 지니고 있다는 점을 발견했다는 데서 그 가치를 찾을 수 있다. 또한 파편적인 모습을 지닌 가정경영을 규모화경영과 분업경제의 발전 과정에 포함한 것은 중국 농업경영제도를 혁신하는 데 중요한 방향을 제시했다고 할 수 있다.

본 보고서의 집필자는 후신옌, 루어삐량, 셰린(謝琳)이며 이 또한 최근에 발표되었다.

본서는 단계적인 연구 성과의 일부에 불과하지만, 필자가 이끄는 학술팀이 장기간 쏟아부은 노력의 결실이라 할 수 있다. 2009년 교육부 철학사회과학 연구 중대 과제 고난도 프로젝트(教育部哲學社會科學研究重大課題攻關項目)로 선정된 '현 중국 농촌토지유전제도와 농민 권익 보호 연구(當前我國農村土地流轉制度與農民權益保護研究)(09JZD0022)'를 시작하고 2011년 교육혁신팀 발전계획(教育創新團隊發展計劃)의 일환으로 선정된 '중국 농촌기본경영제도-전환 이론과 창신 논리(中國農村基本經營制度: 轉型理論與創新邏輯)(IRT1062)' 연구를 연이어 시작하였으며 2013년에는 국가 자연과학기금 중점 프로젝트(國家自然科學基金重點項目)인 '농촌토지 및 관련 요소의 시장 육성과 개혁 연구(農村土地與相關要素市場培育與改革研究)(71333004)' 프로젝트를 출범하였다. 이 과정에서 연구팀의 핵심 연구진들은 줄곧 중국농업의 경영제도 문제에 관심을 가져 왔다. 2012년 8월에 공개된 연구 보고서를 통해 '토지 집체소유, 농가 가정도급, 다원화된 농업경영' 제도 도입을 주장하여 각계각층의 주목을 받기도 했다. 본서의 편집 주간인 후신옌 교수, 허이밍 부교수, 미위안성 교수, 셰린 조교수 외에도 루어밍중(羅明忠) 교수, 리상푸(李尙蒲) 부교수, 천찬(陳燦) 부교수, 중원징(鐘文晶) 조교수, 류이밍(劉一明) 부교수, 펑둥훼이(彭東慧) 조교수, 천리창(陳利昌) 부교수 등 이 책을 위해 노고를 아끼지 않으신 모든 분께 이 자리를 빌려 감사의 말을 올린다.

루어삐량

● 계약 자본, 거래 형태 및 수익 분배 306
— '기업+농가' 형태의 WENS 그룹 사례를 중심으로

● 마을 토지소유권, 재산권 매칭과 효율의 원천 339
— 광둥성 화저우시 랑산촌(浪山村)의 개별 사례를 중심으로

● 토지소유권 세분화, 계약적 지배 및 농업의 분업 발전 363
— 충저우시(崇州市) '1+1+1' 농업경영 모델의 혁신적인 실제 사례

제1장

이론의 프레임워크

농업경영제도: 개혁과 창의성의 만남*

— 재산권이론과 분업이론에 기초한 사고

요약 본고는 중국의 현행 농업경영 패턴의 생성 근원, 현실적 도전과 그 실천적 모색에 대하여 정리하고, 현재 학계에서 논란이 되고 있는 농업경영제도의 이론에 관한 의견 차이에 대해 논하였으며, 특히 농업의 규모경영, 분업경제, 가정경영 특성, 그리고 최근의 창의적인 실험 등을 포괄적으로 다루었다. 본고의 결론을 요약하면 다음과 같다. ① 농촌기본경영제도를 안정시키거나 완비화하고자 하면 제도의 목표와 최저선을 견지하는 것이 필수적이다. ② 농업경영 방식 전환의 중요한 방향 중 하나는 농업의 규모경영을 실현하는 것이다. 하지만 단순히 토지의 유통집중과 규모경영만 추진한다면 중대한 정책적 결함이 발생할 것이다. ③ 가정경영을 분업활동에 끌어들이면 농업 규모경제적인 획득은 토지의 규모경제에서 서비스의 규모경제로 전환될 것이다. ④ 가정경영과 경영 규모는 관계가 없다. 그러나 재산권 세분과 농사활동을 분리할 수 있다는 전제 아래 가정경영은 광범위한 적응성을 가지고 있고, 그 실현 방식도 역시 다양하게 나타날 수 있다. ⑤ 농촌토지의 집체소유제와 가정도급의 주체 지위를 견지하기만 하면, 가정경영제도는 대체 불가능하다. ⑥ 쓰촨성 충저우시(崇州市)에서 모색하는 '농업공영제'는 가정경영을 기초로 하는 농업경영 방식 혁신의 중요 방향일 수 있다.

키워드 농업경영제도, 규모경영, 분업경제, 가정경영 특성, '농업공영제'

---

* 본 보고서는 교육부 혁신 단체 발전 계획인 '중국 농촌기본경영제도'(IRT1062), 국가 자연과학 기금 중점 프로젝트인 '농촌토지 및 관련 요소의 시장 육성과 개혁 연구'

농촌기본경영제도는 중국의 근본적인 제도적 안배의 중요한 구성 요소이다. 신중국 성립 60여 년의 개혁 과정, 즉 토지개혁에서 합작화운동, 농업집체화, 더 나아가 가정도급경영제도에 이르기까지 농촌기본경영제도는 중국 경제사회, 특히 농촌·농업·농민에게 근본적인 영향을 끼쳤다. 중국공산당 제17회 삼중전회(중국공산당 중앙위원회 전체회의)에서는 농촌기본경영제도를 '당 농촌정책의 초석' 위치로 상승시켰다. 18회 삼중전회에서는 가정경영농업에서의 기초적인 지위를 견지하며, 농촌토지 집체소유제를 견지하고, 농촌토지 도급관계를 안정시키고 그것이 오랫동안 변하지 않도록 유지하며, 이 기초 위에 '신형 농업경영체계의 구축을 가속화'한다고 강조했다. 이로 인해, 농촌기본경영제도를 안정시키고 완비화하는 것, 농업경영제도와 그 경영체계를 혁신하는 것, 농업경영 방식의 리모델링을 가속화하는 것은 중요한 전략적·역사적 의의를 갖게 되었다.

1. 농촌기본경영제도: 역사 연혁과 제도 최저선

1.1 농촌기본경영제도의 역사 변천

중국 농촌기본경영제도는 농촌토지의 농민 집체소유제, 농민의 집체토지에 대한 장기적 도급권제도와 가정경영을 기초로 하는 농업경영제도를 포괄한다. 그중 농촌토지제도는 농촌기본경영제도의 핵심으로, 줄곧 농촌제도 변혁의 중심이 되어 왔고, 농민토지의 사유사영(1950~1953), 토지 집체소유와 집체(합작)경영(1953~1978), 토지 집체소유와 가정도급경

(71333004)의 단계적인 연구 성과물이다. 쓰촨성 충저우시(崇州市) 시위원회와 시정부, 충저우시 농촌발전국, 그리고 '1+4' 현대농업발전방식지도소조의 큰 지원에 감사 드린다. 본 보고서 내용 중 일부는『개혁』2014년 제2기에 발표된 바 있다.

영(1978~현재)의 세 가지 현저한 단계적 특징을 드러냈다. 1978년 이전은 강제적 제도 변천과 집체화가 주요 특징이었으며, 1978년 이후는 유발적 변천과 시장화가 특징이라 할 수 있다.

1.1.1 초기의 제도적 안배: 국가 제조

초기의 농지제도적 안배는 정치적인 필요에 의한 것이었다. 중국은 농업대국이고 농민대국이었다. 이로 인해 자본주의 발전이 극히 제한적이라는 배경하에, 중국공산당이 이끄는 혁명정권이 의지하고 근거를 두는 기본 역량 주체는 필연적으로 농민이었다. 마오쩌둥(毛澤東)이 지적했듯이 "중국 인구의 80%가 농민이라는 것은 초등학생들도 아는 상식이다. 때문에 농민의 문제는 중국 혁명의 기본적인 문제가 되었으며, 농민의 역량은 중국 혁명의 주요한 역량이다."[1] 농민이 농업을 생업으로 하기에, 토지는 농민에게 생명으로 여겨진다. '누가 농민에게 토지재산권을 주는가?'가 누가 광범위한 정치적 자원과 사회의 지지를 얻을 수 있는지를 결정하였다(루어삐량, 2008). 이로 인해, 공산당이 이끄는 중국 혁명의 중요한 전략 중 하나는 바로 지방 호족을 타도하고 토지를 분배하는 것을 통해 토지개혁운동을 광범위하게 전개하는 것이 되었다.

토지개혁운동은 1950년 말에 시작해, 1952년 말에는 거의 전국 범위로 확대되었다. 토지개혁은 "전국 3억여 명의 땅이 없거나 땅을 적게 가진 농민들이 무상으로 7억 묘[2]의 토지와 기타 생산 물자를 획득하게 하고, 과거 매년 지주에게 납부하던 700억 근[3] 무게의 식량 지세를 없앴다." 그리고 "토지개혁 이후 빈농·중농은 전체 경지의 90% 이상을 점유하고, 원래의 지주와 부농은 전체 경지의 8% 정도를 점유하게 되었다."[4]

---

1 마오쩌둥(毛澤東), 「신민주주의론」, 『중국문화』(1), 1940.

2 묘는 비법정 계량단위이며, 15묘=1아르(엮은이 주)

3 근은 비법정 계량단위이며, 1근=500그램(엮은이 주)

이로 인해 초기의 제도적 안배는 농민의 토지복지 보장 기능에 대한 수요를 만족시켰고, 동시에 정치 동원과 조직혁명의 수요를 보증하였다.

토지개혁을 통해 형성된 재산권제도는 의심할 바 없이 토지의 농민사유제의 한 종류였다. 그러나 제도 형성 방식에 따라, 제도의 강도는 다르다. 저우치런(周其仁, 1995)은 토지사유권을 획득하는 경로를 세 가지로 구분하였다. 첫째는 자유적 교환계약에 의해 재산권을 획득하는 것이며(재산권시장에서 장기적·자발적 교역으로써 생긴 산물), 둘째는 국가가 관여한 토지시장을 통해서 형식상으로 재산권을 획득하는 것이고(토지재산권의 자발적 교역 과정 중 국가가 일부 제한을 가해 줌으로써 생긴 산물), 셋째는 시장을 통하지 않고 국가의 강제적 제도 안배를 통해 획득한 토지이다(국가가 사회정치운동을 주동하여 토지재산권을 직접 새로 분배함으로써 생긴 결과). 첫 번째 경로에서는 농민이 독립적인 담판지위를 갖는데, 합리적인 원가와 수익의 기대치에 근거하여 계속해서 재산권을 유지할지, 완전히 재산권을 양도할지를 결정할 수 있다. 그러나 농민의 이러한 독립적인 담판지위는 두 번째 경로에서는 조금 약해지고, 세 번째 경로에서는 거의 존재하지 않게 된다. 이 세 가지 경로에 의한 재산권의 강도는 순서에 따라 약화(attenuation)되는 특징이 있다.[5]

토지개혁으로 형성된 토지의 농민사유제도는 재산권시장에서 장기적·자발적 교역으로써 생긴 산물이 아니었고, 토지재산권의 자발적 교역 과정 중 국가가 일부 제한을 가해 줌으로써 생긴 성과 또한 아니었으며, 국가가 직접적으로 토지재산권을 새롭게 배분한 결과였다. 저우치런의 분석에 따르면, 토지가 없거나 토지를 적게 가진 농민에게 국가가 토지를 나눠 주는 과정에서 '무임승차'를 방지하는 역할을 하고, 토지를 공평하게

4 저우언라이(周恩來), 『위대한 십년』, 베이징: 인민출판사, 1959, p.29.

5 그래서 저우치런(周其仁)이 논리에 맞게 지적했듯이, 서로 다른 토지사유제가 충분히 있을 수 있는데 그들은 서로 다른 강도와 안정성을 가지고 있고, 또 완전히 다르게 변할 수 있는 논리도 가지고 있다.

나눈 결과 신속하게 제도를 합법화할 수 있었다. 이 과정에서, 국가는 국가의 의지를 농민 사유재산권에 주입하였다. 그러므로 국가의 의지가 바뀌면, 농민의 사유재산권 제도도 필연적으로 바뀌게 되어 있다. 이 점은 노스(North, 1982)가 말한 바와 같이, 국가가 독점적 조직으로서 어떠한 재산권 형식도 창조해 낼 수 있다는 것이다.

1.1.2 사유권의 박탈: 국가가 통제하는 집체재산권

중화인민공화국의 성립이 중국 근대 백 년의 난국을 끝냈다고는 하지만 마오쩌둥이 이끄는 공산당이 마주하게 된 상황은 온통 엉망진창이고, 빈곤낙후된 농업국가였다. 이에 공업화가 중요한 국가 목표가 되었다.

1952년 토지개혁이 완성된 후, 농촌은 중앙의 「농업호조합작사에 대한 결의」(초안) 정신을 관철하고, 상호호조합작조직(이하 호조조)을 발전시켰다. 그 목적은 자원협동의 원칙에 의거하여 농민의 농기구, 가축 부족 등의 어려움을 해결하도록 도와주는 것이었다. 1953년 12월, 중앙은 「농업생산합작사 발전에 관한 결의」를 발표하고, 농촌 사업에 대한 당의 근본 임무를 확립하였는데, 이는 바로 농민들이 합작하는 것을 촉진시켜, 점차 농업적 사회주의의 개조를 실현하는 것이었다. 결의에서 계획한 중국 농업 합작화의 방식은 호조조에서 초급 형식의 불완전한 사회주의적 농업생산합작사(이하 초급사)로, 다시 완전한 사회주의적 고급 형식의 농업생산합작사(이하 고급사)에까지 이르는 것이었다.[6]

1953년, 중국은 첫 국민경제발전 5개년계획을 수립해 실행하기 시작했다. 중국공산당은 과도기의 총 노선을 선포했는데, 이는 상당히 긴 기간 동안 점진적으로 국가의 사회주의 공업화를 실현하고, 국가가 농업·수공

6 쑨지엔(孫健), 『중화인민공화국 경제사(1949~1990 초)』, 베이징: 중국인민대학출판사, 1992, p.150.

업·자본주의 상공업에 대한 사회주의적 개조를 실현한다고 하는 것이었다. 국가공업화의 원시적 축적은 주로 농업의 잉여(농산품 가격을 강제로 하락시켜 공산품 가격과의 협상 가격차를 얻는 것)에서 나왔다. 1953년 낮은 가격으로 시장에서 농산품을 얻기가 점점 더 힘들어지고 있을 때, 국가는 '일괄구입 일괄판매' 정책을 실시하기 시작했고, 1958년에는 이 제도를 완성했다.

원시적 축적의 유효성을 보장하기 위해서, 정부는 '일괄구입'을 통해서 농산품을 독점적으로 전부 사들였다. 그러나 낮은 가격으로 농산품시장을 독점하는 것은 농민의 생존에 위해를 끼칠 수 있었다. 이에, 농촌토지의 집체화를 추진하고 농민에게 성원권을 부여하는 방식으로 농민에 대한 기본적인 보장을 유지했다. 다른 한편으로 공업화의 원가를 낮추기 위해서, 정부는 저임금 정책을 실시하였다. 이는 도시 거주민들의 생존에 위해를 끼칠 수 있었기 때문에 도시의 기본 생활비용을 줄이려는 목적의 물질 공급 증표 제도와 그와 관련된 복지 후생 제도가 생겨났다. 문제는, 이처럼 과도하게 낮은 농산품 가격과 보장된 도시복지는 농민들의 도시 이주를 유도할 수 있었다. 농민을 농업생산에 종사하게 하고 농산품을 저가에 팔게 하려면 지역 간, 부문 간의 노동력 유동을 제한할 수 있도록 적절한 정책을 반드시 실시해야 했다. 이를 위해, 정부는 농업생산의 미시적 메커니즘에 있어서 집체노동정책을 강제 보급했다. 1958년 중앙은 「농촌에서 인민공사 건립 문제에 관한 결의」를 통과시켰다. 호조조에서 초급사, 고급사에 이르기까지 토지는 농민 개체소유제에서 집체소유제로 바뀌어 갔다. 이에 따라서, 인민공사체제의 건립과 토지의 집체소유제는 정부의 경제와 행정 계획을 실시하기 위하여 유효한 제도적 보장을 제공하였다.

노동력 유동을 통제하는 것이 공업 발전 전략을 추진하는 관건이었으나 농민의 자유로운 유동을 통제하는 기본 비용이 비싸기 때문에, 정부 통제의 비용을 줄이기 위한 호적제도가 1950년대 후반에 창설되어 오늘

날까지 계속되어 오고 있는 것이다.

집체재산권의 국가 통제는 토지집체화와 정사합일(政社合一, 정치와 사회의 합일)의 결합으로 실현되었다. 이는 대략 세 단계를 거쳤다.[7] 제1단계는 행정 경계선과 집체토지 경계선을 다시 합쳐, 그 집체를 행정 단위인 동시에 경제조직도 되게 하였다. 제2단계는 그 집체가 이끄는 이를 행정관원인 동시에 경제조직의 관리자가 되게 하였으며, 제3단계는 명령과 복종의 행정원칙으로 지도자가 국가계획을 집행하게 하였다. 이를 통해 국가의 의지가 농촌집체경제조직에 직접적 영향을 미치게 되었다. 즉, 그 조직이 무엇을 생산할지, 얼마나 생산하고 어떻게 배분할지를 국가계획으로 결정했다. 그 조직이 어떤 토지를 소유하고 있다 하더라도, 조직 스스로 이를 어찌 사용할지 결정할 수 없었다. 토지의 제어권은 사실상 소유자에게 있지 않고 국가의 수중에 있었다.

일괄구입 일괄판매, 인민공사, 그리고 호적제도는 국가가 농업잉여를 획득하는 제도체계로서, 집체소유제 경제를 완전히 국가의 통제 아래 두어 국가가 소유제 경제요소(토지, 노동, 자본)의 제1 정책 결정자이자 지배자 및 수익자가 되게 하고, 집체가 단지 국가의지의 관철자·집행자가 되게 하였다. 다른 한편으로 토지의 집체소유제는 성원권이라는 방식으로 농민의 토지사회보장 기능에 대한 기본적인 수요를 유지하였다. 그러나 이로 인해 토지로 농민을 묶는 사회보장과 국가가 도시 거주민들에게 보장을 제공하는 '이원적 보장체계'가 형성될 수 있었고, 이는 부단히 견고해졌다.

7 동궈리(董國禮), 「중국 토지재산권제도 변천: 1949~1998[EB/OL]」, 학도망(學導網) www.xuedao.net, 2006. 07. 21.

1.1.3 가정도급제: 농민의 토지 권리 강화

신중국 성립 초기 농지재산권의 사유화가 정치적 수요에 의한 것이라고 한다면, 토지집체화는 사유제를 없애려는 정치적 수요였고 국가가 공업화의 원시적 축적을 획득하는 경제적 수요였다(루어삐량, 2011). 그러나 장기적인 저효율과 경제적 결핍 및 식품 부족, 더불어 핵심 인물의 교체(1976년 마오쩌둥의 죽음과 1977년 덩샤오핑의 재출현)와 상응하는 이데올로기의 수정은 가정연합생산 도급책임제를 1970년대 말과 1980년대 초에 실행하게 했고, 이에 대한 정치적 격려와 법률적 보장을 획득하게 하였다. 이로 인해, 국가는 정권 내권화(involution)[8]를 통해서 농촌경제에 대한 전면적인 개입과 통제에서 점점 퇴출되기 시작했고, 반대로 안정적인 세금 수입, 저원가의 감독 관리와 농민의 정치적 지지를 대신 얻었다(프래신짓트 두아라, 1994). 농민은 국가에 상납하는 것과 경영적인 책임을 감당하는 것을 보증하는 것으로, 토지의 장기적인 사용권과 상납하고 남은 잉여분에 대한 획득권을 얻었다.

중국에서 인지(人地)관계의 가혹함은 토지가 생산요소와 사회보장이라는 이중 기능을 겸비하도록 하였다. 도시와 농촌이 격리되는 상황에서 국가가 계속 늘어나는 농촌 인구를 농업에 머물도록 하였는데, 이는 인간과 토지의 관계를 부단히 악화시켰다. 국가의 경제능력은 방대한 농민집체의 사회 보장을 감당하기 힘들었기 때문에, 토지는 생산 기능보다 훨씬 더 많은 복지 보장 기능을 담당하게 되었다. 따라서 가정도급제의 제도적 목표는 농민의 토지복지 보장과 그 공평성을 위한 것이지, 토지자원의 이

8 거츠(Clifford Geertz, 1963)는 처음으로 내권화라는 개념을 운용하였다. 프래신짓트 두아라(Prasenjit Duara, 杜贊奇)는 빌려 쓴 기초 위에 이를 더 발전시켰는데, 정치의 내권화에서 필연적으로 기저층사회의 매니지먼트 체제가 나타나며, 매니지먼트 체제를 집행하는 것을 통해 국가권력이 농촌사회에 깊숙이 개입되며, 농촌사회에 대한 착취가 날로 가중되었지만, 동시에 매니지먼트 체제의 존재는 국가가 거둬들이는 세금을 큰 폭으로 증가시키지 못했다고 주장하였다.(프래신짓트 두아라, 1994 참조.)

용 효율 개선을 위한 것이 아님을 알 수 있다.

그러나 1960년대 초의 포산도호(包産到戶)*와 다르게, 농가가정의 생산량에 대한 도급은 이미 토지경영의 도급으로 발전되었다. '국가에 충분히 납부하고, 집체에게 충분히 남겨 주고, 남는 것은 모두 자신의 것'이라고 하는 신제도 배분은 농민의 토지경영권과 농업잉여 획득권을 초보적으로 보증하였다. 이러한 농촌토지의 가정도급경영은 본질적으로 재산관계와 이익관계의 대조정이었다. 농가별 생산량 도급제에서 전면 도급제로의 토지제도 변혁과 농촌 미시적 조직 시스템의 재구성은, 농가가정경영의 주도적 위치를 확립하였고, 토지소유권과 도급경영권의 분리를 실현하였다. 이로 인해 미약하지만 농민의 토지경영에 대한 실제적 권리를 만족시켰다. 이 결과로 많은 농민이 인민공사 시기에는 상상할 수도 없었던 재산지배권과 경제민주권(농민의 직업 전환과 신분 변천을 포함)을 획득하게 되었다. 이러한 격려 메커니즘은 자원배치효율을 개선시키는 데 힘을 보탰고, 농업 구조조정과 비농생산업의 발전이 가능해졌으며, 농촌경제 유통량의 신속한 확장을 불러일으키는 등 국민경제의 고유 패턴과 경제 흐름을 힘있게 변화시켰다.

중국 농촌기본경영제도의 변천 과정은 세 가지 분명한 변천 경로로 풀어 낼 수 있다. 첫 번째는, 인민공사의 소유권과 경영권의 '양권합일'(가정경영제의 소유권과 도급경영권의 분리)로, 이는 소유권 중심의 권한 부여 체계에서 재산권 중심의 권한 부여 체계로의 전환이다. 두 번째는 개혁 초기의 도급권과 경영권의 '양권합일'[요소의 유동과 인지(人地)의 관계가 느슨해진 후 도급권과 경영권의 분리]로, 농가의 경영권 보장 중심의 경영체계에서 농민의 도급권을 안정시키는 것을 중심으로 하는 제도체계로의 전환이다. 세 번

* 포산도호(包産到戶)는 통일된 계획, 경영, 분배 조건에 따라 농가가 각종 생산 임무를 완수하도록 하고 초과분에 대한 인센티브를 지급하는 제도이다.(옮긴이)

째는 작지만 전체적인, 또 분산되어 있는 소농경제체계로, 적당한 규모와 농업 전문화 경영으로 규모경제와 분업경제를 개선하였다. 이는 가정도급권을 안정시키고 경영권을 세분화·활성화하는 기초 위에 다원화된 경영 주체와 다양화 혹은 다형식의 신형 농업경영체계로의 전환이다(루어삐량, 2013).

1.2 제도 목표와 제도 최저선

중국 농민의 수입은 대체적으로 네 방면에서 찾을 수 있다. 첫째는 생산품 수입(농산품의 판매), 둘째는 임금 수입(노동 수입), 셋째는 재산성 수입, 넷째는 전이성 수입이다. 사실상 중국 농민의 수입은 앞의 두 가지에 의존해 왔다. 중국의 30여 년 농촌개혁에서 가장 중요한 것은 바로 시장화 추세의 개혁을 추진했다는 점이다. 그러나 생산품시장과 요소시장의 두 방면으로 본다면, 요소시장의 개혁은 상대적으로 생산품시장의 개혁보다 뒤처져 있다. 그중 토지 요소시장의 뒤처짐이 가장 현저하다. 토지는 일종의 생산성 요소이지만, 재산성 요소이기도 하다. 현행 제도의 잠재력은 토지소유권과 도급경영권의 분리에 달려 있으며, 재산권의 자원 배치를 위하여 움직일 공간을 제공한다. 이로 인해, 토지는 농민의 토지복지를 보장하는 기능에서 농민의 토지재산을 강화하는 기능으로 전환되었고, 토지자원의 이용효율을 개선시키는 것은, 제도 목표 전환의 필연적인 추세가 되었다(루어삐량, 2013).

제도 목표는 제도의 형성과 그 실시에 결정적인 의의를 가진다. 개혁개방 이래, 농촌의 기본경영제도를 둘러싼 쟁론과 실험은 끊긴 적이 없지만, 제도 목표와 최저선은 시종 견지되어 왔다. 농촌기본경영제도의 핵심목표는 첫째, 농산품의 효과적인 공급을 보장하는 데에 도움이 되어야 하고 식량과 식품의 안전을 확보해야 하며, 둘째, 농업생산효율을 개선하는 데에 도움이 되어야 하고, 농민의 수확과 경영자의 수익을 늘리는 것을 확보해야 한다. 이러한 목표를 바탕으로 하는 제도의 실시는 경영 메커니즘과 요소 간의 배합이라는 문제와 관련될 뿐만 아니라, 노동생산율·토지생산율·자본생산율 등을 높이는 기술 진보적인 요인도 내포하고 있다.

반드시 강조할 점은, 제도 목표를 보장하기 위해서 제도 배분과 제도 환경이 어떻게 변화하든지 현실 세계에 어떤 혁신과 실험이 있든지 간에, 다음과 같은 중국 농촌기본경영제도의 제도 핵심과 최저선을 약화시켜서는 안 되고, 그 선이 무너져서는 더욱 안 된다는 것이다. ① 반드시 농촌토지의 농민 집체소유제를 견지하여야만 한다. ② 반드시 토지도급관계를 안정시키고 농가의 토지도급권을 보장하여야만 한다. ③ 반드시 가정경영의 기초적인 지위를 견지하여야만 한다. ④ 반드시 경지를 엄격하게 보호하고 농지 용도 규제를 강화하여야만 한다.

제도 목표와 제도 최저선이 결정하는 중국 농촌기본경영제도는 그 본질적인 특징을 다음과 같이 표현할 수 있다. ① 농민토지 집체소유권을 견지하고 실현시키는 것(공동 소유), ② 농가 토지도급권을 안정시키고 강화시키는 것(가정도급), ③ 토지경영권을 넘기고 활성화하는 것(다원화경영), ④ 토지 용도 규제권을 강화하고 관철하는 것(용도 규제)이다. 이로써, 농촌기본경영제도의 완전하고 혁신적인 변화는 주로 경영권의 재산권 조정과 농업경영체계구조 등의 방면에 집중되어 있다. 이런 이유로, 제18회 삼중전회에서는 신형 농업경영체계를 가속화하는 것을 제기했고, 이는 가정경영의 기초적인 지위를 견지하는 동시에 다원화경영 주체를 육성하고 농업사회화 서비스체계를 완비하게 하며, 체제 메커니즘의 완성과 재산권 배치의 최적화를 통해서 중국 농업 현대화의 진전을 추진하는 것이었다.

2. 농업경영의 현실 패턴: 당면 과제와 노력의 효과

2.1 제도 유산과 그 후유증

2.1.1 제도의 전통: 토지의 '균분' DNA

인류의 역사는 토지 획득을 위해 싸우는 전쟁사라 할 수 있다. 중국 역사상 모든 왕조 말기의 대혼란은 농민이 토지를 잃고 유민이 되면서부터 시작된 것이었다. 반대로 모든 왕조의 초기에는 '균전'이라는 정치적 조치가 수반되면서 물산이 풍부해지고 백성이 부유해졌다[장치엔(張遷), 2006]. 당연히 '균전' 혹은 '균분' 등의 토지 분배 방식은 농민의 지지를 최대로 결집할 수 있었고, 이는 곧 지배계층 중 개혁가 또는 농민 봉기자들이 보편적으로 받아들이는 사상적 이념이 되었다. 예를 들어, 북위(北魏) 효 문제의 '균전제(均田制)', 당나라의 '균전제와 조용조제(租庸調制)', 청말 태평천국의 '천조전묘제(天朝田畝制)' 등이 있다. 중국에서 왕조 또는 정권의 교체는 모두 전쟁 등의 폭력 수단으로 다시 토지를 분배하는 과정이었다. 비록 '진나라 상앙의 변법(變法)'이 토지사유제도의 기초를 다졌고, 진시황의 '사검수자실전(使黔首自實田, 백성들로 하여금 실제로 점유하는 토지를 정부에 보고하게 한다.)'이라는 정책이 토지사유제를 확립하였다고는 하지만, 이로 인한 사유제는 전반적인 사유제는 아니었다. 왜냐하면, 그것이 집체재산권의 특성을 가지고 있었기 때문이고[씨에린(謝琳) 등, 2010], 다른 한편으로는 재산권의 강도가 부족하고 시장 경로를 통해서 얻어진 것이 아니었기 때문이다. 그러므로 장기적인 역사적 관점에서 보면, 중국은 줄곧 빈번한 토지의 쟁탈과 분봉(分封)·재조정 중에 있었고, 진정한 의미에서의 토지 사유제는 부족하였다[왕레이롱(王磊榮), 2004].

중국의 몇 천 년에 걸친 '중농억상(重農抑商)' 전통과 혹독한 인지(人地) 관계로 형성된 생존 압박은 농지가 단순히 중요한 국가 자원으로 그치지 않고 농민의 생존을 좌우하는 '생명선'이 되게 하였다. 이로 인해 특수한 농경문화가 형성되었다. 농지가 가진 특수한 자연적 속성과 사회적 속성은 예로부터 중국 촌락에 자치 전통을 만들어 냈다. 촌락은 어떤 의미에서 국가의 기능 대체로서 혈연·친연·지연을 유대로 하는 향촌사회의 자발적인 조직이며, 중요한 재산권의 의미와 재산권의 경계 획정과 배타적인 보호 기능을 내포하고 있다(씨에린 등, 2010). 촌 집체의 농지에 대한 보호는 재산권의 경계 획정과 배타적인 보호라는 경제적 기능이고, 동시에 사회보장제도의 안배이기도 하다. 1인당 농지 자원 부존이 극히 적었던 소농경제에서 농민의 이성적인 원칙은 수입의 최대화보다 생존과 안전이었고, 토지를 균등하게 나누는 것은 농민이 생존 압력을 극복하는 하나의 집단적 반응이 되었다(Scott, 1976).

2.1.2 권한 부여의 특징: 토지 조정이 유발한 문제

농촌개혁 초기에 가정도급제는 전 세계가 주목할 만한 정책적인 효과를 얻었다. 균전도급은 폐쇄적이고 정적인 소농경제에서는 상대적으로 효율적이었지만, 시간이 지나며 지역의 발전에 따라 토지 균일분배를 특징으로 하는 균전제는 오히려 심각한 후유증을 남겼다. 가정도급의 제도 특성을 근거로 하여, 토지의 집체소유제는 일반적으로 지역 집체의 구성원 모두가 함께 균등하게 토지에 대한 권리를 향유한다고 표현된다. 그리고 재산권 분배(경계 획정)의 공정성을 보장하기 위하여 초기의 식구(노동력)를 기준으로 균일하게 토지사용권을 분배하는 것부터 인구 변화에 따라 또다시 토지경영권을 재획정하는 것까지, 재산권 경계 획정의 공정을 추구하는 조정을 멈추지 않았고, 이러한 불안정성과 분산성은 제도적 결함이 되었다[응위엔(Nguyen), 1996; 야오양(姚洋), 2000].

첫째, 토지에 대한 경상적 조정은 농가가 토지 투자에 대한 장기적인 기대를 형성하지 못하게 하였다.

둘째, 각 구성원이 균등한 집체토지 권리를 가진다면 토지의 수량, 품질, 그리고 토지 부담의 할당에서도 역시 균등하다는 것을 의미한다. 따라서 토지의 위치(멀고 가까움), 토질의 좋고 나쁨에 대한 통일된 조합은 농가가 도급 맡은 땅이 여기저기 분산될 뿐 아니라 소규모로 쪼개지게 해서 심각한 규모의 불경제를 초래하게 했다.

셋째, 토지 권리의 균등한 분배를 위하여, 매번 조정할 때마다 새롭게 인구·토지의 면적·수량·품질을 재조사하여야 하기 때문에 재산권 경계 획정의 비용은 비싸다.

넷째, 토지의 분할은 매번 모든 구성원이 수용하거나 찬성할 수 있는 방안을 만들어 내야만 하므로, 비싼 협상비용을 지불해야 한다.

눈여겨봐야 할 것은, 토지의 권한 부여 조정이 체제와 관련된 두 가지 후유증을 남겼다는 점이다.

첫째는 촌락 질서에 행정을 심은 것이다. 농지의 권한 부여 조정은 본질상 재산권의 재분할과 경계 획정이고, 각종 협상 역량의 대비이다. 토지 '균분' DNA와 재산권 '변경' DNA는 서로 융합하여, 끊임없이 토지 조정 역량의 형성을 유도한다. 그 과정에서 국가 역량이 직접 농촌생활에 개입하게 되면서 국가의지가 기존 전통 촌락의 자발적인 의식을 대신하게 되어, 결국 촌락 조직은 국가 정권의 일부분이 되었다(씨에린 등, 2010). 이러한 국가 역량은 토지의 무상 권한 부여를 통해 촌락에 침투하는데 이는 이중적인 효과를 가져왔다. 하나는 토지의 조정을 통해 농촌의 안정을 유지하는 것이고, 다른 하나는 국가 대리인 역할을 하는 향촌 간부의 토지 조정에서의 지대 추구(Rent seeking)다. 이에 따라 전자는 법률을 깔보는 역량을 배양할 것이고[씨웅완셩(熊萬勝), 2009], 후자는 농민 토지 권익에 손해를 초래하게 될 것이다.

둘째는 농업경영효율의 손실이다. 토지의 균전도급과 조정은 필연적으로 끊임없이 농지경영의 소규모화·분산화 및 파편화라는 문제를 악화시킨다. 일례로 1986년에 농가 가구당 경작지는 9.2묘였고, 8.4뙈기로 분산되어 있었다. 2008년에는 7.4묘, 5.7뙈기로 떨어졌다[허시우룽(何秀榮), 2009]. 2011년에 전국 도급경영의 경지 면적은 12.77억 묘, 경영 농가는 2.288억 호, 가구당 경영 경지는 5.58묘에 불과했다(국무원 발전연구센터 농촌부, 2013). 이러한 중국 농업의 가정경영은 규모경제성이 거의 없다고 볼 수 있다.

2.2 농업경영 패턴: 당면하는 중대 변화와 도전

토지제도는 농촌경제제도체계와 농업 발전의 기초 제도로서, 30여 년 간의 개혁 과정에서 줄곧 농촌변혁의 가장 근원적인 핵심 문제였다. 그러나 나라 전체로 보면, 토지제도에 미시적으로 어떤 변화가 일어났든 간에 집체소유와 균전도급, 가정경영의 거시적 패턴에는 근본적으로 거의 변화가 일어나지 않았다.

공업화·도시화가 깊이 있게 추진되고 농촌토지와 노동력이 빠르게 유동하면서, 소규모화·분산화와 파편화에 기초하는 '균전도급제'라는 제도적 유산의 중국 농업경영 패턴은 중대한 문제에 당면하고 있다.

첫째는 농가의 겸업화다. 전국 농업센서스의 통계 수치에 따르면, 1996년에 전국 농업가구 중 단순 농업가구는 62.81%를 차지하였는데, 1999년에는 40.00%로 떨어졌고, 2008년에 지린(吉林)·헤이룽장(黑龍江)·안후이(安徽)·쓰촨(四川)·저장(浙江) 등 5개 성의 비율은 25.30%에 불과했다고 한다(국무원 발전연구센터 농촌부, 2013). 2011년의 전국 931개 촌락에 대한 표본 설문 조사 결과를 보면, 외지로 일을 찾아 나간 사람과 비농산업을 겸업하고 있는 노동력이 이미 농촌 노동력의 48.62%를 차지했다고 한다.[9] 이는 농업이 이미 농민에게 주요 산업이 아니라는 의미로 해석할 수 있다.

9 상하이재경대학(上海財經大學) 2011년 '천촌만호(千村萬戶)' 여름 사회 조사 데이터.

둘째는 노동력의 취약화다. 이는 노동력의 외부 유출로 인한 노동력의 비농화와 농촌 내부 인력의 노령화·부녀화로 인한 것이다. 농촌 노동력의 외부 유출에 따라, 중국 농업 노동력의 취업률은 1978년 70.50%에서 2011년에는 이미 34.80%까지 감소하였고, 거의 매년 1%p씩 감소하는 추세다. 한편 앞에서 서술한 931개 촌락에 대한 표본 설문 조사에서 보듯, 농촌에 남겨진 노동력 중 51세 이상의 노동력이 39.80%, 부녀의 점유율이 69.89%에 달했다. 이는 농민이 농업을 주업으로 삼지 않기 시작했다는 의미이다.

셋째는 농업의 부업화다. 전국 농촌 고정 관찰 지점 데이터를 보면, 농가의 순수입 중 농업에서 나온 수입의 비중은 1985년 75.02%에서 2011년 26.30%까지 떨어졌다. 이는 농민이 이미 농업을 생업으로 삼지 않고 있다는 의미이다.

넷째는 재배의 비식량화다. 1978년에 전국 식량 재배가 농작물 파종 면적에서 차지하는 비중은 80.34%였으나, 2010년에는 68.38%까지 떨어졌다.[10] 농지의 이전(移轉)에 따라, 식량 재배의 비율은 급격하게 떨어지는 추세다. 2011년의 설문 조사에서 볼 수 있듯이, 농지 이전에 참여하지 않은 농가의 식량 재배 면적이 차지하는 비율은 74.32%였고, 농지를 전입한 농가의 비중은 60.19%로 감소했음을 확인할 수 있다. 이는 농가 생산 재배의 '탈식량화' 현상을 의미한다.

이상으로 농업이 부단히 '비주류화'되어 가고 있는 것을 확인할 수 있다. 또한 기존 연구(루어삐량, 2013)에서, '약자는 농사를 짓고', '나쁜 땅에는 식량을 심는' 현상이 이미 광범위하게 존재하고, 필연코 국가 농업 안전, 특히 식량 안전의 심각한 우환거리가 될 것이라고 밝힌 바 있다.

농촌 노동력의 전이 규모가 지속적으로 커지면서, 농업의 '비주류화'

10 『중국 농업 통계 연감』 관련 연도.

경향도 더욱더 심화될 것이라는 것을 반드시 똑똑히 알고 있어야 한다. 이는 곧, 농업 발전이 '누가 농사를 지을 것인가' 하는 현실적인 문제들을 직시하고, '어떤 농사를 지을지', '어떻게 농사를 지을지' 등의 보다 심층적인 난제를 해결해야 함을 의미한다.

2.3 규모경영을 향하여: 각종 노력이 마주친 구속

최근 반세기 동안 중국 정부는 줄곧 '현대 농업'을 추구해 왔다. 그런데 지금 눈앞에 닥친 가장 까다로운 난제는 가정경영을 농업의 기초 지위로 유지한다는 전제하에, '어떻게 농업경영 방식의 혁신을 추진하고, 신형 농업경영체계를 구축하는 것을 가속화하는가'이다. 이는 전 세계의 '소농'이 공통적으로 당면하고 있는 난제이기도 하다.

만약 농업 노동력의 자질, 농가 생산 능력, 농업경영 규모가 모두 현대적인 생산력 수준의 최저 요구치에 미달한다면, 이를 기반으로 하는 과학기술의 응용·생산품의 품질·시장 진입·생계 유지 수입·농사에 대한 열정 등은 모두 유지하기 힘들어질 것이다. 이로 인해 '현대 농업'은 '추구할 수는 있어도 얻을 수가 없는 지나친 바람'이 되어 버릴 것이다. 결국 분산화의 경영 패턴이 최근 30여 년 동안에 중국 현대 농업 건설의 주요 장애라고 말할 수 있다(허시우롱, 2009).

가정경영 배경하의 분산화된 소규모 경영 패턴에 직면해, 현행 정책은 계속 농업의 규모화경영을 추진하는 데에 진력하고 있다. 한편으로는 농지의 이전 집중을 통하여 경영의 규모성을 개선하고 농업생산비용을 낮추어 생산효율을 높이는 것이고, 다른 한편으로는 농업의 조직화를 통해서 농업의 규모경영을 추진하고, 교역비용을 낮추어 조직 효율을 높이는 것이다. 중국 각 지방의 사람들은 줄곧 농업의 전형적인 발전 경로와 형식을 탐색하고 혁신해 왔는데, 그 예로 농지경영권의 이전과 대규모 생산업체에 집중하는 것을 권장하는 것, 농민전문합작조직을 건립하는 것, 선두 기업을 농가와 연계하는 것, 주문 농업 등이 있다. 이들의 핵심은 농업의 경영규모화와 조직화를 추진하는 데에 있다. 문제는 시험 과정에 있는 방안들이 실행 가능할 것인가 하는 점이다.

2.3.1 현행 농지경영권 이전 집중 정책이 통할 수 있을까?

— 농지경영권의 이전은 이미 기본적인 추세가 되었으나 토지집중과 규모경제의 운영 메커니즘은 아직 형성되지 못했다. 그 이유는 첫째, 농지 이전 방식이 하도급과 렌트를 위주로 하는 점 때문이다.[11] 2011년에 이 두 방식으로 이전된 토지는 이전 총면적의 78.20%를 차지하였다. 그 중 하도급은 51.10%를 차지하였는데, 규모경영에 도움이 되는 지분 합작의 이전은 단지 5.60%에 불과했다. 둘째는 전입 주체가 농가를 위주로 하는 점 때문이다. 2011년에 전체 이전 농지 중 유입 농가의 비율은 67.20%를 차지했는데, 규모경영에 도움이 되는 기업 주체는 8.40%에 불과했다고 한다(국무원 발전연구센터 농촌부, 2013). 사실상, 농지는 그 자원적 특성으로 인해 이전 중에 틀임없이 꽤 높은 교역비용이 발생할 것이다(Federico, 2005). 결국, 성장이 더딘 농지 이전 시장에 의존하여 농업의 경영규모를 키우겠다는 것은 실질적인 효과가 없는 데다가, 전반적이고 장기적인 효과 또한 없다.

— '농가 간 농지경영권 이전 집중을 고무한다'는 현행 정책은 실제적으로는 일본이 농장 규모를 키우는 방법을 모방한 것인데, 즉 이는 소농에 기초를 둔 농지 이전 집중이다. 중국 국내와 일본의 실천 경험에서 볼 수 있듯이, 수직적으로 비교했을 때 이 방법은 다소 효과를 낼 수는 있지

11 농업부의 관련 정책 규정에 의하면, 경지 이전은 주로 하도급·렌트·상호 교환·지분 합작·양도 등 다섯 가지 방식이 있다고 한다.

만 농지 경영 규모가 지나치게 소규모라는 기본적인 상태를 바꾸기에는 역부족이다. 일본은 1950년대 말부터 농장 규모를 키우는 정책을 시행했다. 이 정책을 50년 동안 추진한 결과를 보면 평균 농장 규모를 당초의 1아르에서 거의 2아르에 가까운 정도로만 키웠을 뿐이다. 비록 농장 규모가 두 배로 커졌다고는 하나, 오늘날의 글로벌화 농업 환경에서 여전히 규모경제 수준에 못 미치는데, 미국의 수백 아르 규모의 농장과 경쟁하는 것은 더 말할 필요도 없다(허시우롱, 2009).

2.3.2 소농을 기초로 하는 농업합작사가 통할 수 있을까?

합작사는 예로부터 약소 군체들이 상호 협력 합작을 도모하는 일종의 조직 형식으로 여겨져 왔는데, 그 목적이 주로 자원을 공유하고 위험을 회피하는 데에 있다. 합작사의 성공 여부는 효율에 의해 결정되는데, 구체적인 효율은 합작사 내부의 조직 관리 상황과 외부 환경의 적응 정도에 의해 결정된다. 그러나 소농합작의 내적 메커니즘으로 결정되는 규모성에는 한계가 있다.

— 농업합작사를 구성하는 농가들은 각자 자신의 이익을 위한 행위를 선택할 수 있다. 일례로 합작의식이 풍부한 독일 농민이라 하더라도, 역시 질이 떨어지는 생산품을 합작사에 납품하고 우수한 품질의 생산품을 자신이 직접 처리하는 현상은 있게 마련이다. 그러므로 합작사에 천연적으로 존재하는 '집체행동의 곤란함'은 조직 원가를 비싸게 만들었다.

— 전통합작사의 외부 환경에 비하면 오늘날의 외부 환경은 이미 보다 공업화·도시화·시장화·국제화가 진전돼 있고, 국제 농업경쟁과 국내 생산업경쟁은 농업이 종전의 어떤 시점보다도 더욱 규모경제와 전문화를 중시하게 하였다. 소농을 기초로 하는 합작사는 이런 발전 추세에 적응하기 힘들다는 것이 명백하다.

— 선진국가의 농업합작사는 시장 문제와 정치 측면의 단체 이익 문제

에 대응하는 게 주요 목적이지 농장 측면의 생산적 문제를 해결하기 위함이 아니다. 그러나 중국의 농업합작사는 시장 문제에 대응하면서 생산 문제에도 대응해야 한다. 또한 중국 소농이 마주친 많은 시장 문제들도 주로 자잘한 농장 규모에서 비롯된 것이다. 만약 합작사가 생산 영역의 농장 규모 문제를 해결할 수 없다면, 근본적으로 시장 문제 역시 해결할 수 없는 것이다. 이로 인해서, 전통농업합작사는 전망이 없었다.

농업합작사의 본보기가 되고 있는 일본 농협과 대만 농협은 장기적으로 정부가 주는 특수 금융, 보험 업무와 조세 혜택에 의존하는 것이지, 농업 그 자체에 의존하는 것은 아니다. 그렇게 하지 않았다면 일본 농협과 대만 농협은 이미 파산했을 것이다.

만약 합작사를 일종의 협조적 조직 형식으로 간주하기보다 농가경영을 대체하는 일종의 경영 형식으로 간주한다면, 기대할 수 있는 실적과 효과는 제한적일 것이다.

2.3.3 '회사(선두 기업)+농가'의 조직화 경로가 통할까?

사람들은 선두 기업(회사)이 농가를 이끌어 가는 조직화 방식에 두터운 희망을 걸고 있다. 이러한 방식은 기업에 있어서 생산품의 생산 규모를 상대적으로 안정시켰고, 기업이 당면하는 공급의 불확정성 문제를 비교적 잘 완화시켰다. 농가에 있어서는 시장가격을 상대적으로 안정시켰고, 농가가 당면하는 시장 리스크 문제를 완화시켰다. 이 방식은 한동안 사람들에게 일종의 원원이라 여겨졌다. '회사(선두 기업)+농가'의 조직 형식으로서, 그 주요한 계약관계는 두 가지 형식을 포함하고 있다. 첫째는 상품계약이고, 둘째는 요소계약이다.

가장 전형적인 상품계약 형식은 '주문농업'이라 불린다. 선두 기업이 농가와 계약을 맺어 최저가격을 보장해 주거나 시장에서 농산품을 사 주는 것은 그 기본적인 방식이다. 문제는 중국 주문농업의 위약률이 80%에 달했다는 것이다[리우펑친(劉鳳芹), 2003]. 근본적으로 만약 기업이 주문계약을 위한 전용 투자 기금을 만들지 않았다면, 시장이 불경기가 될 때 기업이 아주 쉽게 일방적으로 계약을 깨뜨리고 퇴출하는 기회주의적 행위가 나타나게 되는 것이나. 나른 한편으로는, 선누 기업이 전용 투자 기금을 만든 후, 기업과 여러 농가 간 계약의 담판 원가·농가 생산 행위에 대한 감독 원가·농산품의 이질성과 생산품 품질 안전을 결정하는 비싼 심사 원가는 농가가 쉽게 계약을 이행하는 기회주의적 행위를 야기하고, 농산품 계약 교역의 '레몬시장'을 유발하기도 한다(루어삐량, 2008).

요소계약의 가장 전형적인 형식은 농가토지경영권에 대한 기업의 렌트 경영이다. 문제는 기업이 획득한 토지경영권이 농가의 도급권에 의존하고, 형성된 토지요소계약도 기업이론에서의 '권위'로 독단적으로 결정되지 않는다는 것이다. 반대로 일단 기업은 자산 전용성을 형성하면, 농가의 기회주의적 행위의 협박을 아주 쉽게 받을 것이다. 이로 인해서, '기업+농가'는 '주문식' 합작이든 '렌트식' 합작이든, 모두 비싼 교역비용과 처리원가를 포함하고 있다.

2.4 현실적 차이: 정책 유도에 대한 반성

사람들이 중국 농업의 규모경제 문제에 주목하는 이유는 두 가지가 있다. 첫째로 토지의 복지적 성질과 평균적인 권한 부여로 형성된 지나친 소규모화, 분산화 그리고 파편화는 토지 이용효율의 저하와 농업 '비주류화'라는 어려움을 초래하게 되었다는 것이다. 둘째로 공업화와 도시화를 추진하면서, 농촌 노동력과 인구의 유동은 이미 거스를 수 없는 기본적인 추세가 되었다는 것이다. 사람과 토지 간의 갈등은 점차적으로 느슨해져 농지요소의 이전을 위한 기초를 제공하였다. 이로 인해, 토지의 복지성 기능 권한 부여를 재산성 기능 권한 부여로 전환하여, 토지도급경영권의 이전과 농지 집중을 추진하는 것은 농민의 재산성 수익을 증가시켰다. 또한 농업의 규모경제성을 개선시켜 각계의 광범위한 주목을 받는 동시에 이를 정부의 기본 정책 유도 방향으로 삼았다.

정책 측면에서, 일찍이 1984년에 중앙 1호 서류는 농지를 전업 농민들에게 집중하도록 고무하기 시작했고, 2001년에 중앙이 반포한 18호 서류는 체계적으로 토지도급경영권 이전 정책을 제안하였다. 2002년에는 「농촌토지도급법」을 반포하여 법률의 형식으로 농민에게 도급 맡은 토지에 대한 점유·사용·수익과 징수징용으로부터 보상을 받을 권리를 부여하였으며, 이는 처음으로 토지도급경영권 이전 정책을 법률로 규정한 것이었다. 2008년 당의 17회 삼중전회에서 통과시킨 「중공중앙 농촌개혁 발전 추진을 위한 약간의 중대한 문제에 관한 결정」은 한층 더 강조하기를, "토지도급경영권 이전 관리와 서비스를 강화하며, 토지도급경영권 이전 시장을 건립·완비하며, 농민으로 하여금 하도급·렌트·상호·교환·양도·지분 합작 등의 형식으로 토지도급경영권을 이전할 수 있게 허락하며, 다양한 형식의 적정 규모경영을 발전시킨다."라고 하였다. 2013년 18회 삼중전회에서는 도급경영권을 전문 업체, 가정농장, 농민합작사, 농업기업으로 이전하는 것과 다양한 형식의 규모경영을 발전시키는 것을 더욱 격려하였다. 정부의 정책 방향이 농지 이전과 농가가 토지도급경영권에서 벗어나도록 하는 제도적 기초를 제공하였다고 할 수 있다. 토지의 보장 기능에서 보면 그 중요성은 부단히 약화되고 있다. 중국 가구별 수입 조사 데이터와 농민공 조사 데이터에서 볼 수 있듯이, 농민 비농수입의 수준이 높아짐에 따라서 농가가 실제로 도급받는 경지 면적은 현저하게 감소하는 추세이고, 농가의 토지복지 기능에 대한 의존성은 뚜렷이 약해져 가고 있다. '토지는 생산요소이며, 또한 복지 보장 기능을 가지고 있다'의 두 가지는 전통적 농경사회에서는 충돌이 일어나지 않았다. 그러나 공업화, 도시화, 경제 개방과 요소 유동의 배경 아래에서는 중대한 변화가 나타났다. 첫째, 도시화와 비농산업의 발전은 농민의 농외 취업 기회를 증가시켰고, 토지의 농민에 대한 취업 보장 기능을 점차 약화시켰다. 둘째, 도시화와 인구의 자유 유동은 농민의 농외 선택 공간을 계속해서 확장시켰고, 인간과 토지의 관계는 이미 점점 느슨해졌다. 셋째, 농업의 비교열세는 부단히 부각되었으며, 토지의 수입 보장 기능을 약하게 만들고, 농민이 농업을 포기하는 기회비용도 계속해서 낮아지게 되었다.

광범위한 경작 포기 현상과 경지 방치 현상은 이에 수반되어 나타났다. 비록 전국적인 통계는 없다 하더라도, 다양한 방면으로 이러한 현상을 확인할 수 있다. 예를 들어, 2000년에 안후이성에 방치된 경지 면적은 이 성의 도급된 토지 총면적의 1.2%를 차지했고, 허베이성의 경우 계절성으로 방치된 면적은 이 성의 총 경지 면적의 4% 정도를 차지하였다. 2001년에는 저장성 2,505만 묘의 경지 중 0.2~5%가 장기간 방치되어 있었다. 2008년 후베이성의 다섯 개 현(구)에 대한 조사에서는 1.2%의 경지가 경작되지 않고 방치되어 있다고 밝혔다[위리핑(虞莉萍), 2008; 펑옌펀(馮艷芬) 등, 2010].[12]

이익을 자극하는 측면에서 보면, 인간과 토지의 관계가 느슨해진 것과 자원 배치 효율의 개선은 농지 이전을 위한 계기를 제공했다. 한 연구는 농지 이전에 뚜렷한 잠재적 수익이 있다는 것을 증명하고 있다. 첫째로, 농지 이전은 경지를 잘게 쪼개는 것이 가져온 효율의 손실을 감소시킬 수 있다[Wan & Cheng, 2001; 황시엔진(黃賢金) 등, 2001; 쑤쉬시아(蘇旭霞)·왕시우칭(王秀淸), 2002; Dijk, 2003]. Fleisher & Liu(1992)는 생산함수 추정을 통해서 만약 농가 샘플 중 땅덩어리 개수가 네 개에서 한 개로 감소된다면 전(全)요소 생산율은 8% 오를 수 있을 것이라고 밝혔다. 둘째로, 농지 이전은

12 필자는 경작을 포기하고 농지를 방치하는 것을 소규모 분산화된 농업경영 패턴에서 피하기 어려운 내적 현상으로 보고 있다.

규모경영을 실현하고 노동의 원가를 줄이는 데 도움이 되며, 농가에 있어서 자원 배분 효과·한계산출 평준화 효과가 있을 뿐 아니라 교역수익 효과 또한 기대할 수 있다(야오양, 1998). 셋째로, 농지 이전을 통해서 농업의 규모화경영 수준을 높임으로써 농산품 품질 안전을 통제하는 데 이로움이 있다[왕푸칭(汪普慶) 등, 2009]. 넷째로, 계량 분석에 따르면, 농가 토지 유입 면적이 10% 증가할 때마다 가정의 연평균 인당 수입은 0.6% 증가하며, 연평균 인당 소비는 0.16% 증가한다고 한다. 동시에 농지 이전은 농가가정의 취업 구조를 개선할 수도 있는데, 농가에 1묘의 토지가 유입될 때마다 비농 취업률은 0.79% 감소하고, 농가에서 1묘 토지가 유출될 때마다 비농 취업률은 5.84% 증가한다고 한다[후추지(胡初枝) 등, 2008].

상술한 세 개의 측면은 공통적으로 농지 이전의 필요성과 가능성을 보여 주고 있다. 그러나 현실은 농업 노동력의 대량 전이에 비해 중국 농지 이전의 발생률이 상당히 뒤떨어지고 있다는 것이다. 1984년에서 1992년 사이에 농지 이전에 참여한 적이 없는 농가가 93.80%에 달했다. 그러나 2006년까지 농지 이전율은 고작 4.57%, 2008년에는 8.6% 올랐을 뿐이다. 최근 몇 년 동안 농지 이전의 속도는 좀 올라가고 있지만, 그나마 2011년까지 겨우 17.80% 올랐을 뿐이다(국무원 발전연구센터 농촌부, 2013).

한층 더 공업화·도시화를 추진하여 농업 인구를 비농 부문으로 옮겨 가도록 촉진하는 것은 현 단계에서 중국의 기본적인 추세이다. 문제는 도농체제와 요소시장의 이원적인 분할로 인해 농촌 노동력이 비농화로 유동하는 동시에 유효한 인구 이동과 농가 토지도급경영권의 퇴출을 만들어 내지 못했다는 것이다. 보편적으로 '사람은 움직이고, 땅은 움직이지 않는' 모습을 띠는데, 즉 대량의 인구 유동이 발생하더라도(도시의 노동시장으로 이동), 실제 이주는 상당히 정체되어 있는 것으로 나타난다. 결국 농민의 '이농(離農)'인데 '농지를 떠나는 것'은 아니라는 것이다. 한편으로는 농민공의 '입성(入城)'인데 '농지를 포기하는 것'은 아니고, 토지의 '경작 포기'인데 유효한 농지 이전은 오히려 발생하지 않아서, 인간과 토지의 관계 왜곡과 인간과 토지의 모순의 경화를 초래하게 되는 것이다.

이로 인해, 대략 30년 동안의 정책 노력에도 불구하고, 중국의 토지 분산화의 경영 패턴은 기본적으로 개선되지 못했을 뿐만 아니라, 오히려 더 악화되는 추세다. 1996년에, 경영 토지의 규모가 10묘 이하인 농가는 가정도급 총수의 76.00%를 차지했는데, 2011년의 비중은 86.00%까지 올라갔다. 1996년에 경영 규모 10~30묘의 농가는 농가 총수의 20.20%를 차지했는데, 2011년에는 10.70%밖에 차지하지 못했다(표 1).

표 1. 농가 경영 경지 규모의 분포 상황

경영 규모	1996년의 농가 비중(%)	2011년의 농가 비중(%)
10묘 이하	76.00	86.00
10~30묘	20.20	10.70
30~50묘	2.30	2.30
50묘 이상	1.50	1.00

※ 1996년의 데이터는 전국 농촌 고정 관찰 지점 농가 조사 데이터이고, 2011년 데이터의 출처는 국무원 발전연구센터 농촌부(2013)이다.

농지 이전을 추진하는 긍정적인 의의는 부정할 수 없지만, 농업의 규모경영을 촉진하는 여러 방식 중에서 토지규모경영은 단지 그 선택지 중 하나일 뿐이라는 것을 명심해야 한다. 이론상으로 말하자면, 농업의 규모경영은 서로 다른 요소와 서로 다른 배합을 사용함으로써 실현될 수 있지만, 농지의 이전에 희망을 걸어 규모의 문제를 해결하는 것은 속박이 비교적 많고 또한 너무 느린 과정일 수도 있다. Hayami 등(1993)은 농업경제학 관련 문헌 중에서 토지시장에 대한 분석을 매우 홀시했다고 비판한 바 있다. 독립 후 인도의 농지에 관한 한 조사에서는 매년 겨우 0.2~1.7%의 토지만이 이전 교역의 대상이었다고 보여 주고 있는데, 이는 한 덩어리의 토지가 딱 한 번씩만 교역이 된다고 한다면, 전체 토지가 모두 이전되는

데 60~100년이 필요하다는 것을 의미한다(Rawal, 2001).

3. 규모경제에서 분업경제로의 전향: 문헌 정리에 기초하여

3.1 규모보수와 규모경제: 개념 규정

신고전경제학은 통상적으로 생산함수와 원가함수를 활용하여 규모경제 문제를 서술하고, 규모경제를 하나의 규칙적인 U자형 동차생산함수로 해석한다. 만약 각 생산요소 투입의 생산량 탄력성의 합이 1보다 크다면, 이 생산함수는 규모 수익 체증이라는 특성을 갖고, 즉 규모경제의 잠재력을 가지고 있다. 수식으로 표시하면 다음과 같다. 만약 x_1과 x_2가 q를 산출하는 요소 투입의 변량이고, t는 상수이며, k는 0보다 큰 임의의 실수일 때, 생산함수 $q=f(x_1, x_2)$가 $f(tx_1, tx_2)=t^k f(x_1, x_2)$를 만족한다면, 다음과 같은 판단이 가능하다. 만약 $k=1$이라면, 위 생산함수의 규모수익은 불변한다. 만약 $0<k<1$이라면, 위 생산함수는 규모수익 체감이라는 성질을 가지고 있다. 만약 $k>1$이라면, 위 생산함수의 규모수익은 체증하고, 또한 규모경제성이 있다고 할 수 있다.

학자들은 규모경제에 대해 여러 가지 정의를 내놓았다. 새뮤얼슨(1998)은 규모경제가 모든 생산요소의 동비례 증가로 야기된 생산율의 상승 또는 평균 생산원가의 감소라고 보는데, 이는 분명히 위에 서술한 생산함수를 반영한 것이다. 스티글리츠(1997)는 '동비례'의 조건 제한을 버리고, 단지 평균 원가가 생산 규모의 확대에 따라 하강하기만 하면, 혹은 산출의 증가비례가 투입의 증가비례보다 크기만 하면 바로 규모경제가 존재한다고 하였다. 맨큐(1998)은 규모경제는 장기적 평균 원가가 생산량의 증가에 따라 감소하는 특성이 있다고 지적하였다.

이로써 규모보수와 규모경제가 동등하지 않다고 볼 수 있다. 첫째, 규모보수는 전체 투입 요소가 비례에 맞춰 증가할 때 산출된 변화를 반영할 뿐이다. 그것은 확실히 각 요소에 가분성이 있어야 한다. 그러나 실제 노동력 · 토지 · 자본의 가분 정도가 서로 달라서, '비례에 맞춰 변화'함을 보장하지 못한다. 규모경제는 투입 요소의 비비례 변화 특징을 포함하고 있다. 둘째로, 규모보수는 요소들이 같은 비율로 변동할 때 생산량에 대한 영향에 주목하며, 실물적 측면의 분석에 속한다. 규모경제는 평균 원가와 산출의 관계를 강조하며, 화폐가치 측면의 분석에 속한다. 그러므로 규모수익 체증은 규모경제 표현 방식의 하나일 뿐이다. 즉 충분조건이지만 필요조건은 아니라고 할 수 있다[쉬칭(許慶) 등, 2011]. 사실상, 규모보수 체증으로 표현되는 규모경제를 얻는 것은 항상 어려운 일이다.

3.2 규모경제의 배후: 애덤 스미스(Adam Smith)에서 아서 영(Arthur Young), 다시 코스(Coase)까지

생산 규모의 확대는 어떻게 규모경제($k>1$)를 표현해 낼 수 있는 것일까? 스미스(1776)는 가장 일찍 발달한 제조업을 예로 들어 이를 분업의 차원에서 해석했다. 스미스는 분업이 생산율을 높일 수 있는 세 가지 이유를 도출해 냈는데, 첫째는 제품의 생산 과정이 단순해져 노동자의 숙련도가 향상되고, 둘째는 이동 시간이 단축되어 작업 수행이 빨라지며, 셋째는 기계의 발명과 적용에 유리하다는 것이다. 이 세 가지 이유는 생산 전문화가 대규모 생산의 특징을 표현해 내게 할 것이다. 그러나 이런 대규모 생산이 규모경제성을 표현해 낼 수 있느냐 없느냐는 시장 범위의 크기에 의해 결정된다. 따라서 '분업이 시장 범위의 크기에 의해 결정된다'로 표현되는 스미스의 정리는, 세 방면에서 중요한 함의를 포함하고 있다. ① 분업이 시장을 통해서 협조될 수 있고, ② 분업의 정도는 시장 범위의 크기에 의해 결정되며, ③ 시장 범위의 크기는 다시 운송 조건에 의해 결정된다.

그러나 스미스의 정리는 한 가지 딜레마에 당착하게 되는데, 만약 노동 분업이 확실히 시장의 제한을 받는다면, 개별적인 판매 업체가 소속된 산업의 전형적인 시장구조는 독점 시상구조일 것이다. 만약 판매 업체의 시장운행 특징이 경쟁적이라면, 이 정리는 결함이 있는 것이 되며, 심지어는 아무 의미도 없는 것이 될 것이다. 마셜(1890)은 '수익 체증'의 사상을 포기하지 않고 싶어 했고, 또한 경쟁의 존재를 소홀히 하지 않고 싶기도 했다. 그가 취한 방법은 규모경제의 개념을 신고전경제이론에 끌어 넣는 것이었고, 또한 그것을 다시 내부 규모경제와 외부 규모경제로 분류했다. 기업 규모가 커짐에 따라서 한 기업의 생산력이 커질 때는 바로 내부 규모경제가 있다고 하며, 외부 규모경제는 전반 경제 혹은 한 부문의 규모가 커짐에 따라 한 기업의 생산력이 커지는 것을 가리킨다. 외부 규모경제의 실질은 양의 외부성 혹은 스필오버 효과(spillover effect)라 할 수 있다. 그래서 외부 경제의 자연적 성장은 보수 체증의 유일한 원천이 되었다.

이로써, 신고전경제학에서 규모경제는 경제 성장의 가장 중요한 구동력으로 간주되지만, 이러한 경제 성장의 일반적인 메커니즘을 해석하는 방법은 고전학파의 경제 발전 사상과 부합하지 않는다. 양샤오카이(1991)가 지적했듯이, 신고전경제학은 체증보수 문제에 대한 처리가 합당하지 않으며, 판매 업체의 규모 확대가 수익 증가로 이어지지 않는다는 것을 확실히 설명하기 위해 이런 보수가 '외재적'이라고 가정함으로써 가격 균형이 성립하게 하거나(마셜곡선), 아니면 정가행위이론을 위배하여 판매 업체가 독점 경쟁시장에서 운행한다고 가정한다.

아서 영(Arthur Young, 1928)이 지적했듯이, 기업의 규모경제는 사실상 단지 사회분업체계가 이미 정해진 조건에서 단일 기업 규모 확대를 관찰하면서 가져온 경제 절약이고, 그 전제는 사회분업체계 또는 경제 네트워크가 이미 형성되었다는 것이다. 내부 경제가 확대하는 것은 단지 단일 기업의 규모이지, 기정既定 분업 네트워크 모드의 구성을 고칠 수는 없다. 규모경제는 경제 성장과 발전 과정 중에 수반될 수 있으나, 경제 성장과 발전의 근원은 아니다. 분업 수준의 고저야말로 경제 성장을 결정하는 역량이라 할 수 있다.

고전전통으로 돌아가려면, 스미스 정리의 결함을 필히 극복하여야만 한다. 스미스가 주요하게 주목한 것은 기업 내의 분업이지만, 사회 전반의 산업분업 및 그 상호관계와 발전 특징은 거론되는 경우가 드물다. 아서 영(1928)의 중요한 공헌은 기업 내 분업과 산업분업의 상호작용을 연계해 냈다는 것이다. 아서 영은 '분업'이라는 개념에 세 방면의 내용을 포함하고 있다. 첫째는 개인의 전업화 수준이고, 둘째는 서로 다른 전업 종류의 가짓수이고, 셋째는 생산의 우회도이다. 따라서 보수 체증은 한 방면으로는 각 개인의 전업화 정도가 고도화되면서 가져온 생산율의 상승에 근원을 두고 있고(전업화경제), 다른 한 방면으로는 필연적으로 서로 다른 개체 혹은 산업 간의 상호관계와 교환관계를 형성하고, 산업 간의 상호협조·합작 및 우회 생산 체인의 부단한 성장을 통하여 최종 산품을 생산하는 효율이 부단히 상승하는 효과를 낳도록(분업경제와 네트워크 효과) 요구한다. 분업은 시장 범위의 크기에 의하여 결정될 뿐 아니라, 분업이 불러일으킨 전업화 생산 절차의 많고 적음과 그 네트워크 효과도 역시 분업에 영향을 줄 수 있다. 따라서 보수 체증을 게시하는 자아실현 메커니즘의 '분업은 일반적으로 분업에 의해 결정된다'는 아서 영의 정리가 형성되었다.

스미스 정리건 아서 영 정리건 간에, 모두 하나의 결정적인 내생적 변수를 포함하고 있는데, 스미스 정리 중에서는 '운송조건'이라 표현되었고, 아서 영 정리 중에서는 경제 네트워크 중의 상호관계와 교환이라 표현되었다.[13] 이런 것들은 모두 코스(Coase, 1937)가 말한 '교역비용'의 초기 형태로 여겨질 수 있다.

생산 규모와 그 규모경제의 결정에 관해서 추앙받던 것은 의심할 바 없이 코스의 기업이론이다. 코스(1937)의 '기업의 성질'에 관한 논문은 기업 성질에 대한 연구를 개척했다고 여겨지며, 동시에 규모경제 경계 획정을 제시하는 경전적인 문헌이기도 하다. 코스가 보기에, 기업과 시장은 협소 노동 분업의 두 가지 다른 방식인데, 이 두 가지 방식은 상호교체가 가능하다. 기업이 시장가격 메커니즘을 대체하여 노동분업에 협조할 수 있는 원인은 기업 내부의 관리원가가 시장교역원가보다 낮을 수 있다는 데에 있다. 이로 인해, 기업 경계의 취득과 그 규모경제의 형성은 기업 규모 확대로 절약된 교역비용이 증가된 조직 관리비용보다 커지기 때문이다. 혹은 기업의 규모경제가 기업 외부(시장)의 교역비용과 기업 내부의 관리원가에 따라 공통적으로 결정되기 때문일 수도 있다.

뎀세츠(Demsetz, 1988)는 코스의 기업이론이 가진 결함에 주의했고, 교역원가가 과도하게 높은 것을 피하는 것이 기업 이익 동기의 일부 원인이긴 하지만, 이 점에 과다하게 주목하면, 오히려 우리로 하여금 사람들의 장기합작을 결정하는 더 중요한 원인을 소홀히 보게 한다고 하였다. 그는 심지어 "이런 종류의 이론을 운용하는 모든 연구 중, 교역원가와 관리원가의 크기를 비교하는 것은 이미 천편일률적 이론 사유 습관이 되었다."라고 비판적으로 표현했다. 그러므로 교역비용이론으로 기업의 규모 결정을 해석하는 것에는 여전히 어려움이 존재한다[황꾸이티엔(黃桂田)·리정췐(李正全), 2002].

첫째, 코스 이론에 의하면, 만약 시장의 교역비용이 너무 높고 기업의 관리원가가 비교적 낮으면 논리상 모든 분업활동이 하나의 기업으로 모

13 유감스럽게도, 아서 영은 경제 네트워크 중의 교역관계와 그 제약 요인에 주목했지만, 스미스가 '운송조건'에 주목했던 것처럼 교역비용과 그 제도적 안배의 문제를 다루지는 못했다.

여서 조직 협조가 될 수 있다(시장 소실). 다른 방면으로, 만약 교역원가가 '0'이고 관리원가가 '0'보다 크다면 필연적으로 기업의 쇠망이 예견된다. 이것은 모든 생산이 각 개개의 독립적인 개인에 의하여 생산되었음을 의미한다. 이로 인해 유발된 문제는 개인이 혼자서 하건 많은 사람이 기업을 조성하여 합작하여 생산하건, 모두 관리상에서 규모경제에 달할 수 있는지 없는지에 의하여 결정된다는 것이다. 만약 관리를 진행하는 것이 규모경제에 이르기 위함이라 한다면, 수많은 사람들을 조직해서 하나의 기업 내에서 생산을 진행하는 것은, 교역원가가 '0'이 되는 요구사항에 완전히 부합하게 된다. 이 두 가지 방면은 현저히 역설이다.

둘째, 코스에 따르면, 기업이 시장의 가격 메커니즘에 따라 생산요소를 구입하는 것이 자체 생산하는 것보다 더 쌀 때 바로 시장을 향해 나아갈 수 있다. 문제는, 설령 이런 종류의 선택성 대체관계가 존재한다고 하더라도 기업의 상대적 원가에 대한 비교는 또한 교역원가와 관리원가의 상대적인 차이에 국한될 뿐 아니라, 시장 구매의 구매원가 및 교역원가와 자체 생산의 생산원가 및 관리원가 등 여러 가지 원가 요소를 고려하여 따져 보아야 한다는 것이다. 그러므로 '기업이 생산품을 자체 생산할 때, 더 쌀 경우에 자체 생산한다'와 '교역원가가 관리원가보다 낮을 때 기업은 다른 사람에게서 생산품을 구매할 것이다'의 두 가지 논법은 등가가 아니라는 것을 볼 수 있다.[14]

셋째, 코스의 대체 논리가 단순히 특정한 상대적 원가 차이 위에 세워진 것이라면, 이 모형이 도출한 시장과 기업 간의 상호대체에 관한 그 한

---

14 Demsetz(1988)는 한걸음 더 나아가 지적하였다. 첫째, 설령 교역원가가 없고 관리원가만 있더라도, 기업은 자신의 조직을 통하여 생산하는 데 흥미를 가질지 모르는데, 왜냐하면 다른 기업의 생산원가가 혹시 매우 높을지도 모르므로, 자체 생산과 다른 기업의 생산품을 구매하는 것을 비교해 보았을 때 더 이득이기 때문이다. 둘째, 만약 다른 기업의 생산원가가 일정한 정도까지 낮아진다면, 자체 생산이 관리원가를 쓰지 않더라도 기업은 다른 기업의 생산품을 구매할 수 있다.

계 균형점은 비교적 정태적인 균형점에 속하며 존재한다고 하더라도 역시 특례에 속한다.[15] 그러나 만약 생산원가의 변화, 그리고 생산원가와 분업 협작 등의 요인들로 결정된 규모효과의 변화 같은 계열변량(예로, 단위교역원가 변동과 단위생산원가 변동의 방향 혹은 속도가 다르다고 해서, 단위 총원가의 변화가 단위 교역원가의 변화와 반드시 일치하는 것은 아니다.)까지 고려한다면, 한계대체를 결정하는 균형점은 존재하지 않으며, 이런 균형점이 설혹 존재한다고 하더라도 역시 비연속적이며 불안정하다. 만약 이 한계대체의 균형점에 상대적 안정성이 없다면, 엄밀한 시장과 기업 간의 한계대체 메커니즘이 실현되기는 아주 어려울 것이다.

'코스의 어려움'에 직면해서, 장우창(張五常; Cheung, 1983)은 기업의 성질에 대한 더욱 명확한 해석을 통해 코스 이론의 부족한 부분을 보충하였다. 장우창은 기업은 비시장 방식으로 시장 방식을 대체하여 노동분업을 조직하는 것이 아니며, 요소시장(노동시장)으로 중간상품시장을 대체함으로써 노동분업을 조직한다고 여긴다. 장우창의 이 관점은 설득력이 있다. 기업이 노동력을 고용하는 목적은 기업 내 분업을 조직하는 데 있고, 또한 기업 내 분업의 특징 및 시장분업과의 관계를 한층 더 분석하는 데 있다. 유감스러운 것은, 장우창이 고전경제학의 전통으로 돌아가지 않았고, 여전히 코스의 이론 범식을 따라갔으며, 기업의 노동시장으로 중간상품시장을 대체하는 원인을 여전히 교역비용을 절약하는 것이라 결론지었다는 것이다[차오쩡한(曺正漢), 1997].

15 왜냐하면 이 균형점의 확정은 엄격하게, 완전한 자급자족 방식과 시장교역이 있는 합작성 기업조직의 생산 방식 사이에 차이가 존재하지 않는다는 기초 위에 세워진 것이기 때문이다(황꾸이티엔·리정췐, 2002).

3.3 규모경제가 분업과 전업화에서 기원함

코스 이전에, 나이트(Knight, 1921)는 불확정성과 기업가 정신에 근거하여 기업의 기능에 대한 분석을 진행한 적이 있었다. 나이트는 기업은 단지 일종의 장치일 뿐이라고 보았다. 그것을 통해 기업가가 스스로 리스크를 감당하기를 원하고 리스크를 기피하는 자들이 확정 수입을 얻도록 보장함으로써, 그 대가로 그들에 대한 지배권력을 얻는다고 보았다. 불확정성 아래에서 '모종의 구체적인 경제활동을 실시하는 것은 생활의 부수적인 부분이 되었고, 가장 중요한 문제 혹은 기능은 무엇을 할 것인가, 또 어떻게 할 것인가'를 결정하는 것이 되었다. 이 '가장 중요한 기능'이란 기업가 기능을 가리키는 것이다. 불확정성이 보장되지 못하기 때문에 기업가는 불확정성을 감당하지 않을 수 없다. 이래서 기업가는 다른 사람에게 보장된 임금을 지불하고, 이로써 남이 일하는 것을 지배하는 권력을 얻는 것이다. 코스와 다르게, 나이트는 기업의 결정적인 특징인 권력의 분배를 직접적으로 언급했다. 참고로 슘페터(Schumpeter, 1934)는 기업가를 혁신가로 보아 생산의 방식을 개혁하고 혁신할 수 있다고 했으며, 카슨(Casson, 1982)은 '기업가는 희소자원을 잘 협조·이용하여 현명한 결단을 잘하는 사람'이라고 하였다.

코스와 장우창의 기본적인 사상에 근거하여, 양샤오카이와 황요우광(Yang X·Y-K, Ng, 1994)은 기업에 관한 일반 균형 모델을 설정하였다. 하나의 경제 시스템에서, 개인은 모두 두 가지 상품, 즉 빵과 빵의 생산 과정에서의 관리지식을 생산할 수 있다고 가정한다. 또 전업화와 경제성을 가정하면, 사람들은 분업조직 생산을 선택하게 될 것이다. 조직분업의 방식에는 세 가지 종류가 있다. 첫 번째 방식은 관리 전문가가 빵을 생산하는 전문가에게 관리지식을 팔고 그 대가로 그가 필요로 하는 빵을 얻는 것이다. 이런 종류의 조직분업 방식은 두 상품시장을 의미하는데, 하나는 관리지식 시장이고, 다른 하나는 빵 시장이다. 분업의 쌍방은 상품과 상품을 교환함으로써 권위와 잉여 권리를 대칭 분배받는다. 그래서 기업은 존재하지 않는다. 두 번째 방식은 빵을 생산하는 전문가가 공장을 개설하여 관리 전문가의 노동을 고용하는 것이다. 세 번째는, 생산관리지식의 전문가가 공장을 개설하여, 빵을 생산하는 노동자를 고용하는 것이다. 후자의 두 가지 조직분업 방식은 모두 잉여 권리와 권위의 비대칭 분배이며, 모두 노동력의 매매로 중간 생산물(관리지식)의 매매를 대체하고 있고, 모두 기업 설립을 필요로 한다. 첫 번째 방식이 반드시 관리지식을 교역해야 하고, 두 번째 방식이 반드시 지식을 생산 관리하는 데에 쓰는 노동을 교역해야 하기 때문에, 양자의 교역비용은 모두 높다. 세 번째 방식은 단지 빵과 빵을 생산하는 노동을 교역하기만 하면 되어, 빵의 수량과 품질 및 빵을 생산하는 노동은 모두 비교적 측정하기 쉬우며, 교역비용도 상대적으로 낮다. 그러므로 일반적으로 노동분업은 세 번째 조직 방식으로 출현하게 될 것이다. 세 번째 분업 방식에서, 관리 전문가는 기업의 잉여수익권과 잉여통제권을 가지게 되고, 여기에서 잉여수익권은 바로 관리지식의 간접가격이다(차오쩡한, 1997).

만약 나이트의 기업가 능력과 양샤오카이와 황요우광의 관리지식을 통틀어 경영결책능력(marketing)이라 하고, 또 이를 나이트가 말한 '무엇을 할 것인지와 어떻게 할 것인지를 결정'하는 능력이라고 정의하고, 이 결책을 관철하는 것에 관련된 모든 기타 활동을 '생산활동(producing, 주로 물질상에서 투입을 산출로 바꾼다.)'이라고 정의하면, 우리는 장웨이잉(張維迎)의 다음과 같은 판단을 수용할 수 있다. 비록 모든 개인이 어떠한 경영결책능력에 능통할 수 있다지만, 관찰한 바에 의하면 각 개인의 경영결책능력은 서로 다르다는 것이다. 사람이 다르다는 것뿐 아니라 서로 다른 정보를 수집하고 가공하는 비용과 동시에 경영결책능력이 상당 부분 각 개인의 '똑똑함', '상상력', '판단력'에 의하여 결정되기 때문이다. 이와 같은 개인의 특성 중 어떤 부분은 선천적이며 교육할 수 있는 것이 아니다. 그 외에, 비록 각 개인이 그들의 생산활동능력에서 서로 다르다 해도, 생산활동능력의 분포가 경영활동능력의 분포와 서로 일치할 필요는 없다. 좀더 간단하게 설명하기 위해서, 개인 간의 생산활동능력이 완선히 같지만 경영결책능력에 차이가 있다고 가정하자. 이 같은 차이로 사람들은 합작의 찬스를 창조했고, 이러한 합작은 '기업'의 출현을 초래했다. 기업에서는 경영결책능력이 높은 사람은 경영결책을 책임지고, 또 경영결책을 잘하지 못하는 사람은 생산활동을 책임진다. 이로써 모든 개개인이 경영결책을 책임지면서도 생산활동을 함께 책임지는 개체 실업가인 상황을 대체한다. 이런 의미에서 말하면 기업은 하나의 노동분업 특성을 가진 합작조직이다.

더 깊이 들어가면, 경영결책능력이 왜 시장을 통해서가 아닌 기업을 통해서 전업화를 실현해야 하는가 하는 문제가 제기된다. 이에 윌리엄슨(Williamson, 1985)의 교역비용 분석 범식은 기업가의 인력자산 전용성의 특성이라는 해답을 제공하고 있다. 첫째, 불확실성으로 인해 기업가의 인력자본이 시장 교역 과정에서 쉽게 '협박'을 당해 손실을 입는 위험을 마주치게 된다. 높은 전용성 자산교역이 지속성과 적합성 요구도 높은데, 기업장치는 이 같은 교역의 안정성과 상호 의존성을 보장해 줄 수 있다. 둘째, 인력자산의 전용성이 강해질수록, 또 인력자산의 보유량이 커질수록, 전용성 인력자산이라는 희소자원의 규모 이용에 다다를수록, 혹은 부분 전용성 인력자산을 사용하지 않고 방치하는 것을 피하게 될수록, 기업의 규모 경향도 이를 확대하는 쪽으로 향하게 된다. 비록 윌리엄슨의 범식이 기업의 생산과 그 규모 결정을 해석할 수 있다지만, 자산 전용성이 야기한 교역비용 결정론은 여전히 코스 이론의 '사유 습관'에 속하여, 앞에 서술한 '코스의 어려움'에 직면하게 된다.

양샤오카이와 황요우광(1995)이 설정한 일반 균형 모델이 포함하는 간접가격이론은 더욱 양호한 해석력을 가지고 있다. 이 이론 모델은 선천적으로 같은 '소비자–생산자'가 많이 있고, 각 개인이 모두 두 종류의 전업화 경제활동에 종사할 수 있다고 가정하는데, 그 한 종류는 최종 생산품을 생산하는 활동이고, 다른 한 종류는 중간 생산품을 생산하는 활동이다. 사람들이 자원을 써서 직접적인 효용은 없는 중간 생산품을 생산하는 것은, 반드시 중간 생산품의 사용이 최종 생산품의 생산효율을 높일 수 있기 때문이다. 이것은 일종의 우회경제효과이다. 그렇다면 최종 생산품과 중간 생산품의 생산에 관한 조직은 어떻게 되는가? 이 이론 모델은 자급자족조직, 생산품시장조직, 중간 생산품의 생산자가 잉여 권리를 누리는 기업조직, 최종 생산품의 생산자가 잉여 권리를 누리는 기업조직 등 네 가지 구조를 포함한다. 그중, 기업과 비대칭 잉여 권리는 교역효율이 상대적으로 낮은 활동을 분업에 포함시킬 수 있는데, 이는 이러한 활동에 투입·산출된 직접 가격이 형성하는 높은 교역비용을 피하기 위함이다. 이런 활동 가치의 크기는 잉여수익으로 반영된다. 이것이 바로 간접가격이론[씨앙구어청(向國成) 등, 2007]이다. 따라서 기업은 한 종류의 교묘한 교역 방식이라 할 수 있다. 기업은 교역비용이 극히 높은 활동을 분업에 포함시킬 수 있으며, 또한 동시에 이런 종류의 활동에 대한 직접 가격과 직접 교역을 피할 수 있다(차오쩡한, 1997).

양샤오카이와 황요우광의 모델은 기업과 그 규모경제의 결정이 외생으로 결정되는 것이 아니라, 분업 중에서 내성된 것이라는 점을 증명하고 있다. 기업제도는 조직분업의 특수한 방식으로, 사람들이 그 전업화 수준과 조직 교역 방식을 선택한 결과로 나타난 것이다(양샤오카이, 1998). ① 만약 교역효율이 매우 낮다면, 자급자족은 일반 균형이 되고, 만약 교역효율이 매우 높다면, 분업이 하나의 균형이 된다. ② 만약 노동의 교역효율이 중간 생산품의 교역효율보다 높다면, 분업은 기업제도와 노동시장을 통해 협조할 수 있다. 그렇지 않으면, 분업은 중간 생산품과 최종 생산품 시장을 통하여 조직한다. ③ 기업제도는 선택을 당함으로써 분업을 조직할 수 있으며 규모경제를 일으킬 수 있는데, 이때 생산품의 교역과 가격은 해당되는 노동력의 교역과 가격으로 대체된다(Cheung, 1983). 그러나 단지 노동력 교역으로 생산품의 교역을 대체함으로써 기업을 구성하기에는 아직 미흡한데, 중간 생산품이 분업 중에 나타나는 것은 상당히 중요한 필요조건이다. ④ 기업이 일반 균형 중에 있는 경우, 만약 중간 생산품을 생산하는 노동의 교역효율이 최종 생산품 노동의 교역효율보다 높다면, 최종 생산품을 생산하는 관리 전문가는 기업의 소유자이다. 그렇지 않으면, 중간 생산품을 생산하는 관리 전문가가 바로 기업의 소유자이다.

3.4 농업분업: 중시해야 할 문제

위에 서술한 이론 맥락은 농업 규모경영 문제에 대한 토론과 대화의 기초를 세우는 데 도움이 된다. 더 나아가 농지 규모경영 문제를 농업분업 경제의 연구로 발전시킬 수 있다.

서로 다른 산업은, 그 수요와 공급의 상이한 특성 때문에, 서로 다른 분업 가능성 혹은 크기가 다른 분업 심화 공간을 드러낼 수 있다. 더 나아가 다른 생산우회의 정도를 드러내며, 또한 이로 인해서 다른 분업 이익과 효율 특징을 드러낸다. 스미스(1776)가 이미 지적했듯이, "노동 생산력의 더욱 큰 증진, 또 노동 운용 시 나타나는 최대의 숙련, 기교와 판단력은 모두 분업의 결과"이고 "농업 노동 생산력의 증진이 늘 제조업 노동 생산력의 증진을 따라가지 못하는 주요 원인은, 어쩌면 농업이 완전한 분업제도를 채용할 수 없기 때문"이다. 이는 그 유명한 '스미스의 추측'으로, 농업 생산력이 제조업보다 낙후된 원인을 설명하고 있으나 그렇다고 이것이 농업이 효율 개선의 피동 산업이라는 것을 의미하는 것은 아니다.

첫째, 생산조직의 개량은 변화 혹은 부분적인 변화를 바라는 농업의 산업적 특성을 통해서 농업의 분업효율을 개선할 수 있다. 예를 들어, 농업의 시설화는 공장화 생산과 비슷하게 농작물의 생산 시간을 변화시킬 수 있고, 농업생산의 시간 연속성을 제고할 수 있다. 그리고 농업의 생산품 특성(생산품의 구조, 표준화, 보관, 콜드체인 및 가공)을 바꾸는 것은 농산품의 시장교역 반경을 확장할 수 있다. 또한 중간품의 투입을 증가시키는 것은, 농업노동의 감독 협조 문제를 완화할 수 있을 뿐 아니라 우회경제를 개선할 수도 있다.

둘째, 교역조직의 개량은 서로 다른 교역 옵션을 통해서 마찬가지로 분업 잠재력을 발굴해 낼 수 있다. ① 만약 농지 이전의 효율이 매우 높다면, 농장 조직(혹은 농가)이 토지 규모 확대를 통해서 '토지 규모경제성'을 실현할 수도 있다. 그러나 진일보한 전제 조건은 양호한 기업가 경영의 격려 메커니즘, 우회경제를 개선하는 투자 메커니즘 및 농장 내부의 노동분업에 충분히 효과적으로 협조할 수 있는 조직 메커니즘과 농산품시장 진입의 교역 메커니즘 등이 필수적으로 존재해야 한다는 것이다. ② 만약 농지 이전의 효율이 매우 낮다면, 농장 토지 규모의 확대는 제한을 받게 될 것이고, 농업분업은 장차 시장 조직분업으로 전환될 것이며, 중간생산품의 생산과 노동(서비스) 교역효율은 중요한 작용을 가지게 될 것이다. 농장의 측면에서 말하면, 분업경제가 농업생산성 서비스(예를 들어 대리경작, 대리파종, 대리수확, 심지어 직업 경영인의 '대리경영' 등 중간성 서비스 상품)의 수직적 분업과 외부 도급을 통해서 '서비스 규모경제성'을 실현하는 것을 의미한다.

이로 인해, 농업에서 분업 심화의 비교 우세와 잠재 수익이 발현될 가능성이 항상 존재한다.

4. 농업가정경영이 분업에 포함된다: 한계초월 분석 모델

스미스(1776)와 아서 영(1928)의 관점에 의하면, 분업은 세 가지 방면을 포괄한다. 개인의 전업화 수준, 전업의 다양화 정도 및 생산의 우회 정도이다. 농가가정경영이 어떻게 분업경제에 포함되었는지 명백하게 밝히기 위하여, 우리는 양샤오카이(1998)와 씨앙구어청(2003)이 세운 한계초월 분석 모델을 빌려서 자세히 해석해 본다.

4.1 농가 전업화와 분업경제

4.1.1 가설

(1) 농가의 농업활동은 생산경영 활동(생산경영의 진행과 그 결책)과 생산성 서비스 활동(파종, 대리경작, 대리수확 혹은 판매 등의 노동 서비스를 제공)으로 나눌 수 있다.

(2) 두 농가가 있는데 결책을 하기 전에, 서로 같은 조건을 가지고 생산자인 동시에 소비자이며, 같은 생산함수와 시간 제한이 있다고 가정하자. X_i, Y_i로 i 번째 농가의 생산 능력과 서비스 능력을 표시하면, 이는 노동투입 수준 l_i $(0 \le l_i \le 1)$의 부분적인 단조증가함수이다.

$$X_1 = l_{1x}^a,\quad Y_1 = l_{1y}^a$$

$$X_2 = l_{2x}^a,\quad Y_2 = l_{2y}^a$$

여기에서, l_{ix}와 l_{iy}는 i 번째 농가가 투입한 X와 Y의 노동할당(즉 농가의 전업화 수준)이다. $a > 1$이라 가정하여, 전업화경제정도계수를 뜻한다.

(3) 매 농가당 총 노동할당(혹은 총 노동시간)을 1이라 가정하면, 즉 $l_{ix} + l_{iy} = 1$이 된다.

4.1.2 기하학적 기술

위 서술에 근거하여, 만약 매 농가가 모두 자급자족한다면, 생산함수를 시간 제한에 대입하여, 농가의 생산전환함수를 얻을 수 있다.

$$Y_i = [1-(X_i)^{\frac{1}{a}}]^a,\ X_i,\ Y_i \in (0,\ 1)$$

Y_i를 X_i에 대하여 1차 도함수를 구하면,

$$\frac{dY_i}{dX_i} = [(X_i)^{-\frac{1}{a}} - 1]^{a-1} < 0$$

이다. 위 식은 Y_i와 X_i 간의 한계변환율이고, Y_i로 표시된 X_i의 기회비용이며, 또한 X_i가 한 단위 증가할 때, Y_i가 유한한 자원으로 인하여 반드시 감소하는 양이다. 전환함수의 1차 도함수는 0이고, 이는 $X-Y$ 평면상에서 기울기가 마이너스인 곡선을 나타낸다.

한 단계 더 나아가, Y_i를 X_i에 대하여 2차 도함수를 구하면 다음과 같다.

$$\frac{d^2Y_i}{d(X_i)^2} = a\frac{-1}{a}[(X_i)^{-\frac{1}{a}} - 1]^{a-1}\ (X_i)^{-\frac{1}{a}-1} > 0$$

이 식은 한계전환율의 도함수이고, 이 도함수는 0보다 크다. 전환함수가 $X-Y$ 평면에서 원점을 향해서 볼록한 곡선임을 나타내고, X가 1단위 생산이 많아질 때마다, 감소되어야 하는 Y는 점점 더 작아진다. 즉 한계전환율은 점차 증가하며, 이로써 신고전생산함수의 규모경제를 표현해 내고, 또 이것은 바로 전업화가 농가생산능력을 제고한 결과이다.(마찬가지로, 만약 X_i를 Y_i에 대하여 2차 도함수를 구하면 전업화 분업이 농가의 서비스 능력을 향상시키는 데에 가져온 좋은 점이 발현될 수 있다.)

위의 서술을 근거로, $X-Y$ 평면상에서 그림 1에서와 같이 개인과 종합

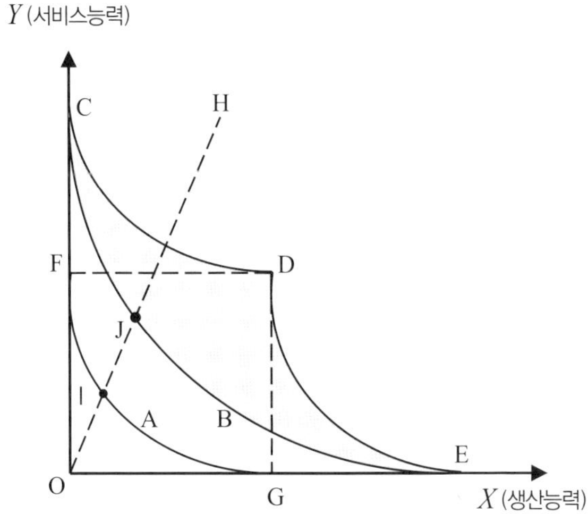

그림 1. 개인과 총합의 전환곡선

의 전환곡선을 표시할 수 있다(양샤오카이, 1998; 씨앙구어청 등, 2003).

그림 1에서 곡선 A는 하나의 농가가 자급자족(농업생산경영에 종사할 뿐 아니라 농업 서비스에도 종사)하는 생산전환곡선이다. 농가의 노동 전체를 농업생산(X)에 쓸 때 그 최대 생산능력을 1이라 하고, 전체를 농업 서비스(Y)에 쓸 때 그 최대 서비스능력을 1이라 한다. 곡선 B는 두 개의 농가가 모두 자급자족을 선택한 총합 전환곡선인데, 점 O에서 출발하여, OH와 같은 무수히 많은 사선을 만들고, 또 IJ= OI를 취하면, J와 같은 점을 무수히 많이 취할 수 있다. 또한 그들을 연결하면 곡선 B를 만들 수 있다. 곡선 CDE는 분업이 있는 총합 전환곡선(C, E 두 점은 불포함)이며, 점 D는 완전 분업 상태인데 한 농가는 농업생산을, 다른 한 농가는 농업 서비스만을 전문적으로 한다. 선 CD 혹은 선 DE 위 임의의 모든 점은 부분 분업 상태(혹은 겸업 상태)를 나타내며, 농업생산에 종사할 뿐 아니라 생산성서비스에 종사하기도 한다. 그림 1에서 분업이 있는 총합전환곡선(CDE)이 확실히 자급자족의 총합전환곡선(B)보다 높으며, 또 그들 간의 차이(음영 부

분)가 바로 분업경제를 구성한다는 것을 직관적으로 볼 수 있다.

4.2 농가가 분업에 포함됨에 따른 균형 분석

4.2.1 가설

(1) 하나의 경제체제에 M개의 농가가 있고, 그들은 생산자인 동시에 소비자이기도 하다.

(2) 두 가지 생산품이 있는데, 한 가지는 초급 농산품(예를 들어 식량, 채소 또는 가금류 등)이고, 다른 한 가지는 초급 농산품을 가공한 농산품이다.

(3) 초급품과 가공품에 대한 교역서비스(예로 정보, 기술서비스 등)가 있는데, 이는 우회 생산으로 이해할 수 있다.

(4) 초급 농산품과 가공품의 자급량을 x와 y로, 그 판매량을 x^s과 y^s, 구매량을 x^d과 y^d으로 분별한다. k를 교역서비스효율이라 가정하면, $1-k$ 는 교역비용계수이다. 이 종류의 서비스는 자급자족할 수 있고, 역시 구매할 수도 있어, $k=r+r^d$이 성립된다. 그중 r은 자급자족 교역서비스, r^d은 구매 교역서비스이다. 농가는 또한 다른 이에게 교역서비스를 제공하기를 선택할 수도 있고, 그 판매량을 r^s이라 한다. 이로써 매 농가의 두 가지 생산품과 서비스 한 종류의 생산함수는

$$x+x^s=l_x^a,\ y+y^s=l_y^b,\ r+r^s=l_r^t$$

이다. 식에서 l_i는 i종의 생산품과 서비스를 생산하는 전업화 수준이고, a, b, t는 세 종류 활동의 전업화경제정도계수(편의를 위해서 $a=b=t$라 가정한다.)이다. 매 농가의 시간 제한은 다음과 같다.

$$l_x+l_y+l_r=1,\ l_i\in[0,\ 1],\ i=x,\ y,\ r$$

(5) 교역서비스효율 k가 오직 교역량과만 관련이 있고, 교역서비스 자체가 교통·통신 등과 같은 편리도와 관련이 있는 것들의 영향을 받아서 비용이 생긴다고 가정하자(1−K로 표시, K는 편리교역효율계수). 그러면 생산품 x에 있어서 x^d을 구매할 때 실제적으로 얻을 수 있는 것은 Kkx^d이고, $(1-K)kx^d$은 불편 요소로 인해 교역 중에 소실되어 없어진다.[16]

(6) 모든 농가의 생산경영 지점이 외생으로 결정되는 것이고, 또 각각 이웃하는 농가의 거리가 상수라고 가정하자. 그러면 매 농가의 전업화 수준이 오를 때마다, 그가 구매하는 상품 종류의 수는 증가할 것이고, 이로 인해서 그의 교역 대상(이웃 농가)은 바깥쪽으로 확장될 수 있다. 어떤 농가를 원의 중심으로 가정한다면 이 농가의 교역 밀도(농가 수) N과 교육구역의 반경 R은 정비례하게 되고('원' 면적 계산 공식에 따라, $N = \pi R^2$), 이 농가와 다른 농가의 평균 거리 A는 오히려 R과 정비례하며, 즉 그의 교역의 평균 거리와 $\sqrt{N}$에 정비례하게 된다. 만약 모든 교역 파트너가 이 농가를 향해서 서로 다른 상품을 공급한다면, 그가 구매하는 상품 종류의 수는 $N = n-1$이다. 이리하여, 거리의 불편함이 유발한 교역비용 $1-K$와 농가의 교역 파트너 수량의 관계는

$$1-K = s\sqrt{N}$$

이다. s는 이웃 농가의 거리와 π에 의존하는 하나의 계수이다. 만약 $1-K$가 N과 독립적이면, 균형은 자급자족일 수도 있고, 극단적 분업일 수도 있는데, 이는 곧 부분 분업 간의 수준이 균형상태에서 발생하지 않음을 뜻한다. 즉 분업의 점진적 진화 발전이 불가능하다고 이해할 수 있다. 이

16 교역비용계수 $1-k$는 코스 이론에서의 교역비용으로 볼 수 있다. 불편이용계수 $1-k$는 교통, 통신 등으로 형성된 '유통' 비용이다.

로 인해, 이 식은 분업의 진화 발전 가능성을 이해하는 데 있어서 근본적인 것이며, 교역품 종류의 수가 증가할 때 교역원가가 분업의 정방향 네트워크 효과보다 더욱 빠르게 증가함을 뜻한다.[17]

이 공식의 경제학 함의는 다음과 같다. ① 교역의 품종 수 혹은 교역 파트너의 증가는, 전업 다양화 정도가 높을수록 농가의 교역원가는 낮다는 것을 뜻한다. ② 농가와 교역 파트너의 교역이 편리해질수록(농가생산성 서비스의 획득 가능성이라 이해할 수 있다.), 그 전업화와 분업 수준은 높다.

위 식에 근거하여, 매 농가의 효용함수를 세워 보면

$$u = [x + K(r + r^d)x^d]^{\alpha}\ [y + K(r + r^d)y^d]^{\beta},\ \alpha,\ \beta \in (0,\ 1)$$

이다. 그중, α, β는 농가의 두 상품에 대한 선호도를 나타낸다. 만약 여기서 선호도가 같다고 가정하자($\alpha = \beta$, $\alpha + \beta = 1$). 그 외에 P_x, P_y, P_r은 x, y, r의 시장가격이라 가정한다.

4.2.2 분업 모드와 균형 분석

상술한 가설에 근거하여, 또 '웬 정리(文定理)'[18]에 따라서, 세 종류의 분업구조 모드에 대하여 한걸음 더 나아가 분석할 수 있고, 또한 모서리점 균형과 전체 균형을 구할 수 있다.

---

17 이것은 확실히 하나의 딜레마이다. 만약 이 공식이 없다면 교역과 생산의 완전분업이 분업경제를 충분히 이용할 뿐만 아니라, 또한 교역비용도 감소시킬 수 있다. 따라서 균형은 영원히 완전 분업 상태에 있다. 또한 딜레마야말로 서로 다른 분업 수준의 생성과 그 분업 진화 발전의 메커니즘을 상세히 해석할 수 있다. 한걸음 더 나아가서, 이 식은 '스미스 정리'와 '아서 영 정리' 및 '코스 정리'를 이해하는 데에도 도움이 된다.

18 즉, 최우선 결책은 한 종류 이상의 상품을 팔지 않을 것이며, 동시에 같은 종류의 상품을 사고 팔지도 않을 것이고, 또 같은 종류의 상품을 사고 생산하지도 않는다는 것이다. 웬메이(文枚)가 이에 대하여 엄격한 증명을 했기 때문에, 이는 양샤오카이에게 '웬 정리'라고 명명되었다.(양샤오카이, 1988, p.66 참조)

(1) 자급자족 모드는 A로 표기한다.

A 모드 중, $x^s = x^d = y^s = y^d = r^s = r^d = r = l_r = 0$이고, 농가의 최우선 결책 문제는

$$\max U = (xy)^{\frac{1}{2}}$$
$$s.t.\, x = l_x^a,\quad y = l_y^b$$
$$l_x + l_y = 1$$

이다.

(2) 한 종류의 상품을 구매하는 생산 전업화 모드는 PT라고 표기한다. 이 모드에는 두 가지 조합이 있다. 첫째는 x를 생산하고, y를 구매하고, 서비스를 자급자족하는 결책 (x/y)이다.

이 결책 중, $x^d = y = y^s = r^s = r^d = l_y = 0$ 이고, 농가의 최우선 결책 문제는

$$\max U = (Kxry^d)^{\frac{1}{2}}$$
$$s.t.\, x + x^s = l_x^a,\quad r = l_r^a$$
$$l_x + l_r = 1$$
$$p_x x^s = p_y y^d \text{(예산 구속, 이하 동일)}$$

이다.

둘째는 y를 생산하고, x를 구매하고, 서비스를 자급자족하는 결책 (y/x)이다.

이 결책 중, $y^d = x = x^s = r^s = r^d = r = l_x = 0$ 이고, 농가의 결책 문제는

$$\max U = (Kyrx^d)^{\frac{1}{2}}$$
$$s.t.\ y + y^s = l_y^b,\ r = l_r^b$$
$$l_y + l_r = 1$$
$$p_y y^s = p_x x^d$$

이다.

(3) 생산과 서비스의 완전 전업화 모드는 CT라고 표기한다. 이 모드에는 세 가지 조합이 있다.

첫째는 x가 생산, y와 r이 구매인데, 즉 (x/yr)의 결책이다.

이 결책 중, $x^d = y = y^s = r = r^s = l_y = l_r = 0$이고, 농가의 최우선 결책 문제는

$$\max U = (Kxr^d y^d)^{\frac{1}{2}}$$
$$s.t.\ x + x^s = l_x^a$$
$$l_x = 1$$
$$p_x x^s = p_y y^d + p_r r^d$$

이다.

둘째는 y가 생산, x와 r이 구매인데, 즉 (y/xr)의 결책이다.

이 결책 중, $y^d = x = x^s = r = r^s = l_x = l_r = 0$이고, 농가의 결책 문제는

$$\max U = (Kyr^d x^d)^{\frac{1}{2}}$$
$$s.t.\ y + y^s = l_y^b$$
$$l_y = 1$$
$$p_y y^s = p_x x^d + p_r r^d$$

이다.

셋째는 r이 생산이고, x와 y가 구매인데, 즉 (r/xy)의 결책이다.

이 결책 중, $r^d = x = x^s = y = y^s = l_x = l_y = 0$ 이고, 농가의 결책 문제는

$$\max U = (Krx^d)^{\frac{1}{2}} \ (Kry^d)^{\frac{1}{2}}$$
$$s.t.\ r + r^s = l_r^b$$
$$l_r = 1$$
$$p_r r^s = p_x x^d + p_y y^d$$

이다.

일반 균형은 모든 상품(전술한 생산품과 서비스를 포함)에서 한 그룹의 상대 가격, 상품을 판매하는 한 그룹의 사람 수, 모든 사람이 선택한 모드로 구성된 하나의 구조 및 사람들이 생산·교역하거나 소비하는 상품의 수량을 포괄한다(양샤오카이, 2003). 상술한 세 종류 분업 모드에서 서로 다른 결책의 최우선 해석을 구하면 해당되는 모서리점의 균형을 얻을 수 있다(표 2).

표 2. 세 모서리점 균형의 정보

구조	A	PT	CT
상대적 가격	–	$\frac{p_x}{p_y} = 1$	$\frac{p_r}{p_y} = \frac{p_r}{p_x} = \frac{4}{3}K^{-\frac{1}{3}}$
상대적 사람 수	–	$\frac{M_x}{M_y} = 1$	$\frac{M_r}{M_x} = \frac{M_r}{M_y} = \sqrt[3]{K}$
실제 수입	$[\frac{1}{1}]^a$	$\frac{\sqrt{1-s} \cdot 2^{a-1}}{3^{\frac{3}{2}a}}$	$\frac{(1-s)\ \sqrt{2}^{\frac{2}{3}}}{6}$

표 2의 실제 수입을 세 모서리점 균형 간에서 비교하면, 전체 균형과 신흥고전 비교정태 분석 구조를 얻을 수 있다(표 3).

표 3. 전체 균형과 비교정태 특성

s	>0.7071	$0<s<0.7071$	
a		$a<a_0=\dfrac{\ln 6-\frac{2}{3}\ln(1-s\sqrt{2})}{\ln 2}$	$a>a_0=\dfrac{\ln 6-\frac{2}{3}\ln(1-s\sqrt{2})}{\ln 2}$
균형 구조	A	A	CT

전체 균형과 비교정태 특성은 다음과 같은 것을 보여 준다(씨앙구어칭, 2003).

(1) 이웃 간 평균 거리와 교통 조건을 대표하는 s가 0.7071보다 클 때, 균형은 자급자족이다.

(2) $0<s<0.7071$일 때, 만약 전업화경제정도계수가 $a>a_0$이라면, 균형은 완전전업화분업이다. 만약 전업화경제정도계수가 $a<a_0$이라면, 균형은 자급자족이다.

(3) 만약 PT 구조의 실제 수입이 계속 A 구조보다 작다면, PT는 전체균형이 아니다. 일정한 전업화의 생산성 서비스가 없으면 생산의 전업화도 역시 실현되기 어렵다는 것이 나타나고, 이로 인한 농업생산성 서비스의 농가 생산에 대한 제약 작용이 표현되었다.

4.3 농업가정경영이 분업에 포함된다: 신흥고전경제학(新興古典經濟學)의 함의

상술한 분석은 M개의 농가로 구성된 경제체제를 묘사한 것이고, 이를 통하여 농업경제의 분업 패턴을 나타내었다. 한계초월 분석 모델로 표명하면, 계수 a와 s는 분업 모드와 경제조직구조에 대하여 결정짓는 의의를 가진다.

첫째, 전업화 경제 정도(a)가 높을수록, 분업에 참여하는 이웃 농가 간의 거리가 짧을수록, 분업의 평균 수준은 높다. 한 쌍의 이웃하는 농가 간의 충분히 짧은 거리 s에 있어서, 전업화경제의 보수 체증은 장차 균형을 자급자족(A 구조)에서 생산품 생산 및 서비스의 완전 분업(CT 구조)으로 진화 발전하게 한다.

둘째, 교역품 종류의 가짓수는 전업화의 절대 정도와 한 쌍의 이웃 농가 간의 평균 거리가 결정한다(양샤오카이, 2003). 전업화 정도가 일정하다고 가정하면, 분업 주체가 밀집될수록 전업 다양화 정도가 높고 시장 범위도 크며, 행위 주체가 효과적으로 분업과 교역에 참여할 가능성이 크다.

셋째, 만약 농업생산과 그 생산성 서비스의 분업이 부단히 심화되어 전업화경제 정도가 일정한 수준에 이르게 되면, 경제활동의 밀집과 그 조직화 정도의 개선은 효과적으로 s를 낮출 수 있게 되고, 이로 인해서 분업 균형 수준과 농업효율의 '비약'을 이끌어 낼 수도 있다.

넷째, 분업의 진화 발전과 교역효율의 향상에 따라서, 중간품으로 투입하는 농업생산성 서비스(농업 중 종자종묘의 제공·기계 경작·식물 보호와 방역·기계를 이용한 수확·가공 등의 여러 가지 서비스로 광범위하게 나타날 수 있고, 심지어는 기술 자문 제공·관리 결책·시장 마케팅 등 각종 전문성 지식형 서비스까지 확장될 수 있다.)는 효과적으로 농업산업 체인에서 각 체인고리의 수직적 분업을 추진할 수 있고(양샤오카이·황요우광, 1999), 이로 인해서 농업의 생산 우회 정도가 높아진다.

꼭 강조해야 할 것은, 비록 s 표식이 지리상 인접한 한 농가의 거리라고는 하나, 여러 가지 의미를 나타낼 수 있다는 것이다. 즉 교역 파트너의 밀집도(교역 주체의 탐색비용을 줄인다.), 교역 품종의 다양성(교역 상품의 탐색비용을 줄인다.) 및 교역의 조직화와 서비스화 정도 등이다.

위를 종합하면, 끊임없이 성장하는 전업화농업경제에 대하여 농가의 분업은 우선 자급자족으로부터 생산과 서비스의 국부 분업(CT 구조)으로 진화 발전해 나가며, 이어서 s를 낮추어 CT 구조로 발전해 나간다. 이는 분명히 농업의 전업화, 전업의 다양화, 사회 서비스화와 경영조직화가 분업에 따라 진화 발전하는 특징을 표현하였다.

5. 가정경영을 새롭게 인식하다: 상식으로의 회귀와 발전의 전환

중국 농업은 중요한 역사 전환기에 놓여 있고, 농업경영제도가 어디서부터 어떻게 흘러갈지 역시 방향 전환의 중요한 길목에 놓여 있다. 이와 동시에, 각종 견해와 논쟁은 다시 더없이 뜨겁게 과열되기 시작했다. 이론과 관점이 보는 이에 따라 어떻게 달라질지는 상관없지만, 기본적인 문제가 가지는 인식상의 오류에 대해서는 반드시 짚고 넘어가야 한다. 첫째로, 가정경영은 규모경제를 실현할 수 없다고 여기는 것이다. 둘째로, 농민이 도급 받은 토지를 개인 경영으로 해야만 자신의 권익을 효과적으로 보호할 수 있다고 생각하는 것이며, 셋째는, 농지 유전이 토지도급경영권의 안정에 영향을 미칠 수 있다고 생각하는 것이다. 마지막으로, 토지의 소유권은 곧 농지의 유전을 추진하기 위한 것이라고 생각하는 것이다. 우리들은 각종 인식과 주장을 정리하고 각종 편차를 교정하면서 공식을 달성하기 위해서 이론 상식으로 다시 회귀할 필요가 있다.

5.1 인민공사(人民公社)체제를 가정도급제(家庭承包制)로 전향하는 것의 유효성

공사체제의 핵심적 특징은 소유권과 경영권의 합일에 있는데, 여기에서 '집체경영'의 특징(고전적 기업이론 중 양권합일적 '경영' 개념과 유사하다.)이 드러난다. 그러나 농업의 집체경영은 태생적으로 어려움에 직면하고 있다.

농업생산은 구조를 가진 생명자연력을 매개로 기타 자연력을 이용하는 활동이다(중국농촌발전문제연구팀, 1984). 이는 농업활동에서 기타 자연력을 이용할 때, 이용 방식(공업화농업을 포함)과 이용 정도 등이 생명자연력 구조의 지배·제한과 속박을 받게 된다는 것을 뜻한다. 농업활동은 생명으로 생명에 적응해 나가는 일종의 과정이다. 그뿐만 아니라 중단시킬 수 없는 이 생명의 연속 과정에서 나오는 정보는 데이터가 매우 크고 불규칙적이므로 농업에 대한 인공적 조절활동을 끌어 내는 것을 절차화할 수가 없다. 이와 반대로, 공업생산의 통제 가능 정도는 매우 높고 그 생산 과정 중의 정보가 상대적으로 비교적 규격화되어 있을 뿐만 아니라, 정보의 발생·전달·수취와 처리가 통상적으로 절차화되어 있다. 이 때문에, 공업활동 중에서 등급조직의 운영은 상등조직의 지령에 근거하여 진행할 수 있다. 그러나 농업활동의 주체는 반드시 생물이 필요로 하는 지령에 따라서 유효한 반응을 만들어 내야 한다. 그리고 생명의 불가역성이 내포하는 극강의 시간성 혹은 생명의 리듬 때문에 농업조직은 반드시 공업조직보다 반응의 민감성과 행동의 유연성을 가져야 한다.[19] 이런 민감성과 유연성이 가진 생산의 불확정성은 융통성 있는 정보 정책 결정 시스템을 필요로 한다. 때문에 이와 상응하는 대규모 경제조직은 대대적이고 대규모의 경제는 불가능하다고 결정했다(루어삐량, 1999). 이 때문에, 인민공사에는 다음과 같은 효율성 결함이 존재한다. 첫째, 정보 처리 원가가 너무 높으므로 생산 정책 결정의 오류를 쉽게 만들 수 있다. 둘째, 노동 감독 원가가 너무 높으므로 노동자들이 게으름을 피우거나 생산성 노력이 부족한 기회주의적 행위를 쉽게 도출할 수 있다.

가정도급제는 소유권 불변을 유지하는 전제하에 '농가'가 '집체'를 대신

19 그래서 슐츠(Schultz, 1964)가 농업에서 정책 결정은 반드시 현장에서 내야 하며, 그렇지 않으면 정보가 부족하다고 지적했다.

하여 경영의 주체가 되었고, 그 핵심적 특징은 도급운영권과 경영권의 합일에 있으며, '가정경영'의 특징을 나타낸다. 그러므로 공사체제하의 집체경영과 분권체제하의 가정경영은 모두 '양권합일'의 경영 형식이다. 그러나 이것을 단지 간단한 주체의 대체라고 생각하며 그 제도적 변혁의 가치를 부정하면 안 된다. 이러한 경영 주체의 변화는 중요한 제도적 함의를 가지고 있다.

(1) '도급경영권'을 농가에 부여하는 것은 (설령 도급경영권이 여전히 고전 기업이론 의미에서의 '경영권' 특징을 가지고 있다고 하더라도) 매우 중요하고 새로운 진전이라고 할 수 있다. 첫째, 이러한 권리는 단체 성원의 신분권으로 획득한 도급권—'준소유권'이라고 칭할 수 있다—을 포함했다. 농촌토지가 농민 집체소유이며, 농가가 부분적 대표 소유권 신분의 특징을 가지므로 농민이 진실된 재산성 권리를 획득하게 하였다. 둘째, 농가를 단위로 획득된 독립경영권을 포함시킴으로써 배타성과 생산성의 노력을 크게 개선시켰다.

(2) 두 가지가 모두 '양권합일'의 '경영' 특성을 가지고 있지만, 제도적 안배의 혁명적 변천이 나타났다. 첫째, 소유권과 도급경영권의 분리가 발생했고, 재산권 세분화를 기초로 하여 재산권의 실시 효율을 개선하게 되었다. 둘째, 가정도급경영은 농업생명 특성이 결정한 현장 처리 조건에 더욱 적합하므로, 생산정책 결정이나 노동 감독 등 조직 관리 원가를 낮추게 되었다. 이로써 가정경영은 태생적으로 합리성을 구비하고 있다고 하겠다(중국농촌발전문제연구팀, 1984).

(3) 더욱 중요한 것은 도급경영권의 형성은 진일보한 도급권과 경영권 세분화를 위한 기초를 제공했고 재산권 배치와 그 효율을 개진하는 잠재적 공간을 확장했다. 앞에서 상술한 농가도급권과 경영권 합일에 대한 논리는 분업하지 않는 폐쇄된 상태를 조건으로 말하는 것이다. 농가의 생산경영활동이 개방형 분업으로 휩쓸려 가게 되면 정황은 근본적으로 변모

하게 될 것이다.

5.2 가정도급경영과 규모 결정

농업생산 업적의 고하는 서로 다른 각도에서 평가를 진행할 수 있는데, 서로 다른 생산 목표가 다른 생산제도적 안배를 결정하고 있다. 예를 들어서, 소농경제 상태에서 농가의 경영 목표는 안전성을 최대화하는 것이므로, 농가는 반드시 리스크를 피하면서(신기술을 모험적으로 채택하지 않고, 자연 위협을 최소로 혹은 전면적으로 피해서 자연 재해 리스크를 피하고, 자급자족으로 시장 리스크를 피하며, 최소의 투자로 투자 리스크를 면한다.) 생산량을 최대화하려고 노력하는 법이다. 그러나 일단 농가의 목표가 경영 목표(수입의 최대화)로 전환되는 동시에 생산량 목표도 함께 안고 가야 한다면(정부와 농가가 이 목표에 있어서 서로 수용하고 격려한다는 가정하에), 경영 방식에는 중대한 변화가 일어날 것이다.

농업생산은 토지에 의존하지만, 토지생산율의 고저(高低)는 꼭 토지 자체에 의해서 결정되는 것이 아니고 토지의 품질·종자종묘·재배기술·식물 보호와 논밭 관리 등 여러 요소에 달렸다. 특히 관개(灌漑)조건 등은 다양한 요소가 공통적으로 나타나는 생산함수이다. 서로 다른 특성 자원의 상호배치로 경영조직 형식을 결정할 수 있다. 예를 들면, 가뭄 지역의 토지산출률은 아마도 토질을 우선으로 결정하는 것이 아니고 관개조건에 더욱더 많이 의존하게 될 것이다. 첫째, 만약 관개 상황이 가분성(예를 들어서 각 농가가 자신의 도급지에 우물을 팔 수 있다든가)을 가지고 있다면 특별한 규모조건이 발생하지 않을 것이다. 그러나 문제가 발생하면 토지자원보다 더욱 부족한 수자원의 이용상 투자의 불경제성과 이용효율의 저하를 초래하게 되는 것이다. 둘째, 만약 관개 시설에 가분성이 구비되지 않는다면, 농가의 토지경영 규모에 있어서 조건이 제시될 것이다. 이런 각도에서 말하면, 가뭄 지역은 분산화된 소규모 경영을 선택하는 것이 가장 최적화된 경영 방식이 아닐 수 있다. 셋째, 만약 양호한 공공 관개 서비스(중간성 생산품)가 존재한다면, 게다가 용수량의 심사기술과 상응하는 격려와 제약 시스템이 존재한다면 가정경영 규모는 관개의 서비스 규모 문제로 전환될 것이다.

설사 요소 배치를 고려하지 않고 단순히 토지의 성질로만 말한다 해도 규모경영을 추진하는 데는 어려움이 매우 많다. 첫째, 농업토지와 그 경영의 입지조건은 지리상의 이동 불가성을 결정했고, 농지 유전과 상대적 집중을 시키는 것은 기술 제약에 직면하게 된다. 둘째, 농지의 유전은 어쩔 수 없이 바로 경영권의 유전이고 규모의 형성은 서로 다른 여러 농가에 의존하므로 대출원가·조약·감독 집행 등 교역비용의 제한에 직면한다. 셋째, 규모경제는 원가와 수익의 대비이므로 원가와 수익이 많고 적고는 서로 다른 농가 혹은 행위 주체의 입장에서 말하면 서로 다른 것이다. 행위능력이 다르기 때문에 적정 규모는 일치성과 동질성을 갖지 못하게 된다. 명백하게, 기존의 문헌은 자원의 특성이 포함한 재산권의 함의를 홀시하는 동시에 농지 규모 확대가 내포한 경제성을 과장했다.

5.3 재산권 분할, 농업 분업과 규모경제 리모델링

5.3.1 농지경영권의 재산권 분할과 그 교역

현대 재산권(財産權) 경제학에서는 재산권 혹은 산권(産權)은 일반적으로 배타권(排他權), 처치권(處置權)과 교역권(交易權)으로 나타난다고 생각한다. 그중 배타권은 배타성의 점유(통제권과 지배권)에 관건을 두는데, 이것은 재산권에서 가장 중요한 것이다. 점유는 시기적(어떤 일정 시기)인 것이라 할 수 있고, 장기적인 것이라고도 할 수 있다.(중앙에서는 이미 명확하게 농민에게 장기 도급경영권을 부여했다.) 점유의 기초에서 농가는 자주적으로 사용하고 처치(용도 통제에 부합해야 한다는 전제)할 수 있고, 이로써 수익을 획득할 수 있다. 만약 농가가 자신의 처치 능력이 부족하다는 것을 알게 되고 이익이 창출될 가능성을 내포하고 있는 잠재 시장이 존재한다면 유전권 혹은 교역권이 우선시된다.

재산권은 권리의 한 집합체이다. 그러므로 재산권 교역으로 교환된 권리는 전체 권리일 수도 있고, 부분 권리일 수도 있으며, 또한 영구적일 수도 있고, 시기적일 수도 있다.

재산권 교역 정도는 몇 가지 방면에 달려 있다. ① 물품의 성질과 관련이 있다. 만약 한 물품이 가분성을 가지고 있다면 교역은 융통성을 가지게 되는데 전체 물품을 교역할 수도 있고, 일부 물품을 교역할 수도 있다. ② 재산권의 속성과 관련이 있다. 한 항목의 물품은 다양한 가치의 속성을 가지고 있을 수 있는데 만약 이러한 가치 속성이 나뉠 수 있다면 부분 재산권을 교역할 수 있다. 그러나 속성이 분할되지 못한다면, 전부 교역하거나 교역하지 않거나 할 것이다. ③ 교역 능력과 관련이 있다. 만약 교역자의 지불 능력이 제한적이라면, 그는 전체의 어떤 부분 혹은 어느 시기의 재산권만을 살 것이다.

그러므로, 재산권의 분할과 교역은 긴밀한 상관관계를 가진다.

첫째, 재산권 분할의 측면에서, 농지의 재산권 주체는 소유권 주체(농민집체), 준소유권 주체(농가), 경영 주체와 생산조작 주체(농가 혹은 기타 행위 주체일 수 있다.) 등으로 나눌 수 있다. 중국 농지재산권의 유전에는 소유권의 유전은 포함하고 있지 않고 농가의 토지도급권도 포함하지 않고 있다. 교역이 가능한 것은 오직 경영권과 생산조작권이다. 이로써 농가 이외의 새로운 경영 주체와 생산 주체를 형성해서 농업에 진입할 수 있다. 이 때문에 가정경영과 다주체 경영이 병존할 수 있다.

둘째, 재산권 효율은 소유권에서 도급권을 분리하고, 도급권 범주를 정해서 농가에 주는 것이 합당하다. 농가가 더욱 능력을 발휘하고 더욱 적극적으로 토지재산권을 배타하고 처치하고 행사할 수 있기 때문이다. 비교 우위의 측면에서 말하자면 도급권·경영권 내지 생산권의 분리는 효율 경계의 확장이라고 할 수 있다. 한걸음 나아가서, 도급경영권을 농가에 주는데 만약 농가의 행위 능력이 부족하고 자원 배치 공간이 제한적이라면, 농가가 경영권을 분리해서 비교적 행위 능력이 우수한 행위 주체에게 넘기는 것이 교역 쌍방 합작을 통해 이익을 남기고 자원의 배치효율을 개선할 수 있다는 것은 의심할 여지가 없다. 이로써 생산경영권이 농가가 자주적이고 자원적이라는 전제하에 규범적 유전과 교역을 허락하는 것은 농민 토지재산 권익을 보호하고 실현하는 딱 들어맞는 중요한 방식이다.

셋째, 재산권 분할과 교역은 다양할 수 있다. 농가로부터 분리해 나온 토지경영권은 재산권 세분화를 한층 더 만들어 낼 수 있다. 이를 법률적 측면에서 살펴보면 「농촌토지도급법(農村土地承包法)」 규정에서는 농촌집체경제조직의 농가가 도급 측으로서 "법에 따라 도급토지의 사용 권리, 수익, 그리고 토지도급경영권 유통의 권리를 갖고, 자주적으로 생산·경영·조직하고 생산품을 처치할 수 있는 권리가 있다."라고 한다. 이로써 농지경영권의 법정 표현은 '생산경영과 생산품 처치'의 권리로 한다. 그러나 이 법률은 아직 생산경영권과 상품처리권에 대해서 더 나은 표현을 한 적이 없다. 「전민소유제 공업기업법(全民所有制工業企業法)」과 「전민소유제 공업기업 경영 메커니즘 전환 조례(全民所有制工業企業轉換經營機制條例)」의 규정에 따르면, 경영권은 경영자가 그 경영 재산에 대해 갖는 일종의 점유·사용·수익의 권리이다. 이 권리는 구체적으로 14개 조항으로 나뉘어 있다. 생산경영정책결정권(生產經營決策權), 생산품노무정가권(產品勞務定價權), 생산품영업권(商品銷售權), 물자구매권(物資采購權), 수출입권(進出口權), 투자정책결정권(投資決策權), 유용자금할당권(留用資金支配權), 자산처치권(資產處置權), 합작합병권(聯營兼倂權), 노동력사용권(勞動用工權), 인사관리권(人事管理權), 급여보너스분배권(工資獎金分配權), 내부기구설치권(內部機

構設置權), 거절분담권(拒絶攤派權) 등이다.

위의 법률을 참고해서 농가토지의 경영권을 다양하게 세분화할 수 있다. 예를 들면 수평적 방향으로, 생산경영권은 경영정책 결정권(무엇을 생각하고, 얼마나 생산할지)과 생산정책 결정권(어떻게 생산할 것인지)으로 나눌 수 있다. 수직적으로 살펴보면, 물자구매권을 구매원가 통제권과 구매조작권으로 분할할 수 있다.

주의 깊게 살펴볼 만한 것은, 농업의 생명 특성 때문에 재산권 분할로 형성된 분권 주체가 그 세분화된 재산권을 유효하게 행사할 수 있을지 없을지는 곧 재산권 객체의 유가치한 속성을 가진 기술의 가분성과 밀접한 상관이 있다는 것이다. 예를 들어서 앞에서 제시한 토지 종식을 재산권의 각도에서 말하자면, 농지 한 조각은 서로 다른 종식 지역으로 나눌 수 있고 이로써 서로 다른 생산 주체의 종식 요구를 만족할 수 있으나, 관개 속성의 불가분성은 결국 재산권 세분화 구성에 있어서 장애를 가져올 수 있다.

그러나 농업기술의 진보·발전과 중간품(中間品; 中間材)시장의 성장에 따라서, 도급권과 경영권 합일의 경영 방식에 비해 농업생산경영권의 세분화와 농업생산활동의 가분성은 재산권 교역과 분업활동의 다양성을 충분히 풍부하게 할 수 있다.

5.3.2 농사활동의 가분성과 규모경제 리모델링

농지경영권의 분할은 서로 다른 주체가 농업에 진입할 수 있는 가능성을 제공하게 되었지만, 농사활동의 가분성은 곧 현실 결정성을 갖는다. 가정경영은 농업생산의 측면에서 말하자면, 다양한 농사활동을 포함하는 것이다. 만약 모든 농사활동을 한 농가가 독립적으로 처리한다면 현장 처리와 농가 능력의 제약은 농가경영 규모의 유한성을 초래할 것이다. 가정생산 규모의 확대는 노동 고용을 필요로 하고, 노동 규모의 확대는 노동 감독 문제를 필연적으로 야기한다. 그러므로 노동을 대신하는 기계식 생산이 적당한 선택인 것처럼 보인다. 그러나 농기기 투자는 양날의 검과 같다. 기계화 작업이 토지경영 규모의 요구에 정합한다는 것에는 의심의 여지가 없지만, 또 한편으로 생각하면 농기기의 제한적인 사용 빈도는 투자효율의 저하를 야기시킬 것이다.

그렇게 생각하면, 농가가 기계를 구매하는 대신 시장이 중간재 서비스를 제공한다면, 가정경영은 사회화 분업에 어울리게 되고 효율적인 생존 공간을 확장하게 될 것이다. 예를 들면, 농가의 벼종식 생산 중에, 다수의 영농기술과 생산 과정은 분리할 수 있는 것이다(혹자는 중간성 생산품이라고 말한다). 그중에서, 모종을 기르는 활동(育秧活動)은 독립적으로 할 수 있는 것이므로, 충분히 전업화된 육앙(育秧) 서비스 조직에 맡길 수 있다. 더 나아가 농지 정리(整地), 모종 심기(栽插), 병충해 예방 치료(病蟲害防治), 수확 등 생산 과정 하나하나를 전문화된 서비스 조직에 외주할 수 있을 것이다.

농업생산에 있어서 정보의 불규칙성이 존재한다고는 하나 전문화 조직은 정보 수집과 처리가 비교적 뛰어나다. 또한 서비스 품질의 심사에 어려움이 있다 하더라도 전문화된 서비스로 형성된 자산의 전용성과 서비스시장의 경쟁은 충분히 효과적으로 감독원가 문제를 완화시킬 수 있다. 관건은 농사활동의 분업과 서비스 외주의 가능성과 그 효율성이 서비스 시장의 규모와 밀접한 상관관계를 가지고 있다는 것이다. 가령 매우 많은 농가가 어떤 생산 분야에 대해 하청을 줄 수 있고, 이로써 일정한 총수요 규모를 구성하고 상응하는 중간성 상품을 제공할 수 있다면, 즉 전문화된 서비스의 인수 주체가 규모경제성을 획득할 수 있다면, 이로써 형성된 분업경제는 협동적 잉여를 가져올 수 있다. 이런 상황에서, 가정경영은 곧 농가토지 규모와 무관하거나 혹은 관련성이 낮아질 수 있다.

그러므로 일단 농사활동이 분업화에 들어가면, 농업의 토지 규모경영은 서비스 규모경영으로 전환되고 규모경제 역시 분업경제라고 표현된다.

5.4 가정경영의 성격과 그 다양성

우리들은 경제가 어떻게 발전하고 구조가 어떻게 리모델링되었든지 간에—신흥 개발도상국이든 서양의 선진국이든, 또는 전통기예 수공업이든 상업 서비스업이든 아니면 현대 공업이든 간에—가족기업의 존재와 그 가정경영은 모두 보편적인 특징을 가지고 있음을 알고 있다. 마찬가지로 농업의 가정경영 역시 보편성을 가지고 있다.

재산권이론의 입장에서, 가족기업의 특징은 기업 주주로서의 권리와 경영통제권을 얼마나 가지고 있는가에 따라 다음과 같이 달라진다. ① 소유권과 경영권을 한 가족이 완전히 장악한다. ② 불완전한 소유권을 장악하고 있으나, 여전히 주요 경영권을 장악할 수 있다. ③ 부분적으로 임계 소유권을 가지고 있으나 기본적으로 경영권을 장악하지는 않는다. 또한 이렇게 각각의 특징이 조금씩 다르더라도 이 모두 가족기업으로 볼 수 있다[판삐성(潘必勝), 1998]. 그러므로 가족기업은 가족이 양권을 모두 보유하는 것부터 임계통제권을 보유하는 것까지, 하나의 연속적인 분포 상태라고 볼 수 있다. 따라서 일단 임계통제권을 돌파하면 가족기업은 대중 회사로 탈바꿈한다[예인화(葉銀華), 1999].

위의 기준에 따르면, 농가에 장기간 안정된 도급권을 부여하면, 어떠한 형태로 재산권 세분화와 경영 주체의 분리가 일어난다고 하더라도, 토지에 대한 농가도급으로 결정된 '자격독점성'은 결국 중국 농업 가정경영의 성격이 근본적으로 변화할 수 없게 만든다. 중공중앙에서는 "가정경영이 농업에서 기초성 지위를 견지해야 한다."라고 말하는데, 이것은 농가의 경영주체로서의 지위를 강조하는 취지를 가지고 있다. 가정경영은 중국처럼 가정당 토지 5.58묘를 균등하게 도급경영할 수도 있고, 미국처럼 수백 헥타르에 달하는 규모의 가정농장을 운영할 수도 있다. 그러므로 가정경영과 규모는 무관하다고 볼 수 있다. 결국 관건은 농업경영의 주체 지위를 확연히 드러낼 수 있도록 하는 데에 있는 것이다.

기업은 일종의 효과적인 교역 방식이므로 교역비용이 매우 높은 활동을 분업에 끌어들일 수 있고 동시에 이런 활동의 직접 정가와 직접 교역을 피할 수 있게 만든다. 이로써 유추해 보면, 가정경영의 본질은 교역할 수 없는(혹은 교역원가가 매우 높은) 준소유권(즉 도급권)이 농가의 재산권 주체 지위에 놓인다는 것이다. 게다가 경영권과 생산권의 세분화와 교역으로 도급권에 종속되는 경영권 배치효율을 개선할 수 있고 이를 통해서 도급경영활동의 직접 정가와 직접 교역을 피할 수 있다. 그러므로 가정경영의 기초성 지위의 관건은 농가의 도급경영권 주체 지위에 있다. 예를 들어서, 공사의 집체경영 중 가정 단위로 하는 전면청부제(大包干), 도급권과 경영권 합일의 농가경영, 그리고 도급권과 부분 경영권이 분리된 가정경영 등을 모두 가정경영 형태로 볼 수 있다.

이로써, 가정경영의 형식이 매우 다양하다는 것을 알 수 있다(표 4).

표 4. 재산권 세분화 조건에서 가정경영의 다양성

<table>
<tr><th></th><th>도급권</th><th>전체 경영권</th><th>부분 경영권</th><th>경영권 없음</th><th>전체 생산권</th><th>부분 생산권</th><th>생산권 없음</th><th colspan="2">농가경영의 특징</th></tr>
<tr><td>유형 I</td><td>√</td><td>√</td><td></td><td></td><td>√</td><td></td><td></td><td colspan="2">고전형 가정농장과 유사함</td></tr>
<tr><td>유형 II</td><td>√</td><td>√</td><td></td><td></td><td></td><td colspan="2">√</td><td colspan="2">경영식 농장: 직원고용노동(선택형)</td></tr>
<tr><td rowspan="2">유형 III</td><td>√</td><td></td><td></td><td>√</td><td></td><td></td><td>√</td><td rowspan="2">토지 임대</td><td>A. 농업 퇴출+농장 임차</td></tr>
<tr><td>√</td><td></td><td></td><td>√</td><td></td><td colspan="2">√</td><td>B. 노동 참여+농장 임차</td></tr>
<tr><td rowspan="2">유형 IV</td><td>√</td><td></td><td colspan="2">√</td><td></td><td colspan="2">√</td><td rowspan="2">합작 경영</td><td>A. 주식합작사+농가의 자원참여노동</td></tr>
<tr><td>√</td><td></td><td>√</td><td></td><td></td><td>√</td><td></td><td>B. 합작농장+대리경영+대리경작</td></tr>
</table>

※ '도급권'은 '준소유권'으로 볼 수 있다. 만약 경영권과 생산권을 좀 더 세분화하고, 생산경영 통제권을 판정 기준으로 한다면, 가정농장은 '계보(譜系)'형의 다양화 구형으로 표현될 수 있다. 표에서의 정황은 단지 초보적인 나열에 불과하다.

그 대표적인 정황은 다음과 같다.

(1) 폐쇄상태 혹은 교역원가가 높은 상황에서 자급자족하는 가정경영(고정형 가정농장과 유사하다.)은 하나의 균형 잡힌 방식이다.

(2) 만약 농가가 충분히 유효하게 토지를 빌리고 노동자를 고용할 수 있다면, 가정경영은 대농 혹은 가정농장(경영식 농장)으로 전환되고 내부 분업을 형성해서 더 나아가 상응하는 노동의 교역을 형성하고 정가 메커니즘을 형성할 것이다.[20]

(3) 만약 농가가 비싼 노동 관리 원가와 생산품시장의 교역원가에 직면한다면, 농가는 토지를 전출하고 농업 직업 노동자 혹은 비농 참여자로 바뀔 가능성이 있다.[21] 그런데 이것은 농가가 농업경영에서 퇴출되는 것을 의미하는 것이다.

(4) 만약 토지가 출자본 방식에 집중되면, 주식제 혹은 합작사 농장이 형성될 것이다. 이런 종류의 농장은 대리경영 식의 합작농장(전제조건은 중간성 시장으로서의 농업 전문화 서비스가 비교적 높은 교역효율을 가지고 있어야 한다는 것이다.)이 될 수도 있고 집체경영(주식합작사)도 가능하다. 특기할 것은, 농업의 전문화 서비스는 생산성 서비스[22]나 기술성 서비스, 영업 서비스만이 아니라 관리 정책 결정 서비스 등도 포함할 수 있다는 것이다. 참고로 관리 정책 결정 서비스는 정책 결정 자문 서비스의 외주와 직업 경영인의

20 현행하는 정책 규정에 따르면, 가정농장은 가정 성원이 주요 노동력으로 농업 규모화·집약화·상품화 생산경영에 종사하고 농업 수입을 가정 주요 수입의 내원으로 삼는 신형 농업경영 주체이다. 그중 노동력의 제약에 관해서 중국의 가정농장이 필연적으로 소규모화를 해야 한다는 것을 의미하기도 한다.

21 만약 농가가 대량의 토지를 가지고 있다면, 토지 임대농장으로 전환할 수 있다. 그러나 이런 유형은 가정도급제에서는 존재할 수 없고 토지 임대의 임차농장 혹은 대농에서 출현 가능하다.

22 일찍이 1980년대 초, 중국농촌발전문제연구팀(1984)이 강조하여 지적한 적이 있다. 모든 선진국의 가정농장은 항상 거대하고 효율성을 갖춘 사회화 서비스 네트워크와 밀접하게 연결되어 있다.

위탁대리 등으로 나눌 수 있다.

농지 유전을 가정경영의 동요로 보는 것은 가정경영에 대한 인식이 유연하지 못한 명백한 편집적인 견해다.[23]

도급권과 생산경영권이 분리되고 세분화된 상황에서, '가정경영'은—도급권을 가진 전제하에—경영권과 생산권에 대한 '최후 통제권(終級控制權)'(생산경영권이 도급권에 의존하기 때문에 이로 인해서 생산경영권의 유통은 분열 식의 완전한 교역이 아니고 도급자 수중으로 돌아갈 수 있는 것이 된다.), '유통 정책 결정권'(생산경영권을 누구에게 유통하고, 얼마나 유통하고, 얼마나 오래 유통하고, 어떤 방식으로 유통하는지 등)과 유통합작의 '잉여 요구권(剩餘索取權)'으로 전환된다. 분업조건에서 가정경영의 본질은 농가가 토지도급권의 주체 지위에 있을 때, 최후 통제권·유통 정책 결정권·잉여 요구권을 가진 동시에 생산경영권 세분화와 교역의 중심 정책 결정자, 조약자가 되는 것으로 생각할 수 있다.

6. 소유효과(Endowment Effect), 인격화재산(Personalized property)과 교역 장치: 코스(Coase) 정리의 확장

농사활동의 분업과 재산권의 세분화는 모두 농가 토지도급권과 경영권의 분리, 그리고 경영권의 진일보한 세분화에 의존한다. 그러나 농지경영권 유전의 심각한 낙후 현상은 농업 분업경제의 생성을 제약할 뿐만 아니라 농지경영권 배치효율의 개선도 제약하고 있다. 이 때문에 농지 유전 억제의 근원과 그 교역 특성을 분석하는 것은 피할 수 없는 문제이다.

---

23 이것은 표면적으로 가정경영의 안정을 보호하는 주장 같지만, 실천적 각도에서 말하자면 모두 가정경영을 폐쇄적인 소농경제 상태로 빠뜨리는 결과를 초래할 수 있다.

6.1 소유효과: 하나의 인식 차원

6.1.1 소유효과의 함의

일찍이 아담 스미스(Adam Smith)는 『도덕감정론(*The Theory of Moral Sentiments*)』(1759)에서 사람들의 행위를 동정에 귀결하고, 이기주의적 본성을 지닌 개인이 어떻게 감정 혹은 행위를 통제하는지를 밝혔다. 그는 정신적 혹은 육체적 고통이 희열보다 더욱 자극적인 감정을 유발하는 현상을 지적하였다. 예를 들어 자신이 가진 물품을 잃어버렸을 때의 고통은 같은 물품을 얻을 때의 희열보다 더욱 강렬하다는 것이다. 간단히 말해서, '잃고 다시 얻는 것'은 동등한 효과를 가지지 않는다는 것이다.

재산과 인격을 연구하는 과정에서, 라딘(Radin, 1982)이 '인간과 물질 간의 관계를 묘사하는 방법'을 제기한 적이 있는데, 이는 사람들이 어떤 물질을 잃어버렸을 때의 고통 정도를 측량한 것이다. 만약 재물의 손실로 조성된 고통이 재물의 대체를 통해서도 줄어들 수 없다면, 이 재물은 그 소유자의 인격(personhood)과 밀접한 상관관계가 있다는 것이다. 그래서 그는 재산을 인격재산(personal property)과 대체 가능 재산(fungible property)으로 나누기도 하였다.

인격과 재산이 긴밀하게 서로 연결되어서, 인격재산을 상실하는 고통이 대체물을 통해서 보완될 수는 없다는 결과를 얻었다. 이런 감정을 탈러(Thaler, 1980)는 '소유효과'라고 정의한 바 있다. 어떤 물품을 얻기 위해 지불하기를 원하는 금전(Willingness to Pay; WTP)보다 개체가 그 물품을 양도하면서 요구하는 금전(Willingness to Accept; WTA)이 통상적으로 더 많다. 즉, 어떤 물품이 일단 자신이 소유하는 일부분이 되면, 사람들은 이를 더욱 높은 가치를 가진 것으로 평가받고자 하는 경향이 있다. 농가를 예로 들면, 농가가 소유하는 택지부지, 도급지는 그 농촌집체 구성원권을 빌려서 부여받은 것인데, 강력한 신분적 특징을 가지고 있어서 전형적인 인격화

재산이라 할 수 있다. 따라서 판매를 위해 갖고 있는 물품(예를 들어서 저장 곡물)보다 상대적으로 현저한 소유효과를 가지고 있다고 볼 수 있다.

카네만(Kahneman) 등(1991)은 소유효과는 '손실회피성(Loss aversion)'의 표현으로, 손실에 대한 감정이 동량의 수익이 생산한 심리적 감정보다 더욱 강렬한 것인데, 이 때문에 사람들이 손실을 더욱 따지게 되는 것이라고 본다. 교역의 측면에서 보면, 같은 물품에 대해서 (같은 사람이) 사려는 가격보다 팔려는 가격이 높다는 것이다. 이 때문에, 소유효과는 잠재적 교역을 억제할 수 있는 것이다.

라클린스키(Rachlinski) 등(1998)은 소유효과의 대소와 재산권 형식이 직접적인 관계가 있고, 재산권 형식은 완전 점유와 부분 점유 두 가지 방식으로 나뉜다고 보았다. 완전 점유 상황에서 생산된 소유효과는 비교적 강하다. 부분 점유 상황에서는, 재산권에 대해서 타인이 어떻게 배당할지에 대한 불확실성에 직면할 수 있기 때문에, 소유효과가 발생하지 않거나 생산된 소유효과가 비교적 약할 수 있다. 분명히 농가가 소유한 도급권은 자격 면에서 배타권을 가지고 있을 뿐 아니라, '사지(四至, 소유지의 동서남북 경계)' 소유권의 배경 아래에서 주체 신분의 유일성을 가지고 있고, 이에 따라서 인격화재산의 재산권 강도가 상승하면 그 소유효과가 더욱 증강될 수 있다고 판정할 수 있다.

더욱 중요한 것은, 농가 토지도급권과 경영권 분리의 상황에서, 농지임대는 농지 실제 사용에 대한 통제권이 타인의 수중에 장악되고 토질·용도 등에 변화를 일으킬 수 있다는 것을 의미한다. 도급농가가 다시 경영권을 회수할 때, 처치권의 강도에는 이미 변화가 생기게 된다. 만약 사전의 소기가 존재하고 이런 소기가 도급농가가 받아들이기 어려운 것이라면, 도급권 주체의 소유효과를 증강시킬 수 있고 교역은 필연적으로 억제될 수 있다. 일반적으로, 농가의 소유효과가 점점 올라가면 농지 전출의 가능성은 줄어들게 되는데, 이로써 농가의 '석지(惜地, 땅을 아끼는)' 행위와 농지 유전의 억제 현상을 충분히 설명할 수 있다.

6.1.2 유형에 따른 농가의 소유효과

2012년, 농지경영권 양도 과정에서 농가가 보이는 소유효과를 측정하기 위해 광둥성(廣東省) 4대 권역(주강 삼각주, 광둥성 동·서·북부 지역 포함)에서 마을 일곱 곳을 무작위로 선정하여 각 마을에서 도급지를 소유한 농가 열 가구를 대상으로 설문조사를 시행하였다. 응답자 280명 중 유효 응답자는 96.79%인 271명이었으며, 소유효과의 정의와 고전 실험(Daniel 외, 1990)에 따라 농가가 참여하는 농지경영권 양도 의향가를 밝힌 271개 설문 샘플을 분석하여 농지 유전에 대한 소유효과를 표 5와 같이 측정하였다.

표 5. 농가경영권 유전 소유효과에 대한 측정 결과

설문 항목	측정도 기준	샘플 분포		WTP (위안/묘)	WTA (위안/묘)	소유효과
		수량	비중(%)			
농지 유전 참여 여부	그렇다	151	55.72	561.17	664.83	1.18
	아니다	120	44.28	998.92	2,346.92	2.35
농업소득 비율(%)	≥36.23	113	41.70	578.35	2,032.36	3.51
	<36.23	158	58.30	915.10	2,007.53	2.19
농업 종사자 비율(%)	≥40	160	59.04	927.93	2,634.31	2.83
	<40	111	40.96	580.93	685.32	1.18
1인당 도급지 면적 (묘)	≥0.73	115	42.44	995.30	1,838.30	1.85
	<0.73	156	57.56	631.40	2,119.58	3.36
농작 목적	자급	189	69.74	571.75	747.31	1.31
	판매	82	30.26	1,392.12	4,132.32	2.97
도급지 방치 여부	그렇다	43	15.87	405.79	5,956.25	14.68
	아니다	228	84.13	857.79	1,263.68	1.47

※ 농업소득 비율과 가구당 농업 종사자 비율, 1인당 경작지 면적의 측정 구분 기준은 모든 샘플의 평균치로 한다.

표 5를 통해 다음과 같은 결론을 얻을 수 있다.

(1) 어떠한 상황이든 농지에 대한 농가의 소유효과는 모두 1 이상이다. 이는 농지를 양도할 때 자신의 토지를 아까워하고 소유하고 있는 경영권을 과대평가하는 것에서 비롯된 보편적인 현상이라는 점을 보여 준다. 보편적으로 존재하는 소유효과가 필연적으로 농지 양도를 억제하는 것을 알 수 있다.

(2) 농업을 생업으로 삼는 농가가 많을수록 도급하는 토지가 적으며 소유효과가 두드러졌다. 첫째, 농사를 삶으로 삼는 농가의 경우, 농업소득이 가계소득에서 차지하는 비중이 높을수록 소유효과가 커졌다. 둘째, 농사를 업으로 삼는 농가의 경우, 가족 중에서 농업 종사자가 차지하는 비율이 높을수록 소유효과가 커졌다. 셋째, 농사를 사명으로 삼는 농가의 경우, 도급한 농지가 적을수록 소유효과가 커졌다. 그 밖에 농가의 상업화된 농작행위로 형성되는 소유효과도 눈에 띄게 증가했다. 이를 통해 농민의 농작소득과 농지 유전 촉진 사이에도 정책 목표에서의 충돌이 존재한다는 것을 알 수 있다.

(3) 방치행위를 하지 않은 농가의 소유효과는 1.47이다. 반면 농지를 방치한 농가는 재산권 통제를 유독 중시하여 소유효과가 14.68에 달했고, 약 15.87%의 농가가 토지를 유휴 상태로 방치할지라도 유전은 하지 않겠다고 답했다. 결론적으로 방치행위의 유무는 모두 농가가 '재위(在位) 처분권'을 중요하게 여기므로 농지 유전 행위가 보편적으로 억제되고 있음을 설명해 준다.

6.1.3 농가 소유효과의 차등적 질서구조*

농가가 농지에 대해 명확한 소유효과를 보인다 할지라도 농지 유전의

* 차등적 질서구조(差序格局): 페이샤오퉁(費孝通)이 제시한 용어. 가까운 정도에 따라 사람과의 관계에 순서를 매기는 인간관계 질서를 의미한다.(옮긴이)

지역적 한계와 유전 대상에 대한 선택적 특성을 고려하면 소유효과는 차이를 보일 수밖에 없다.

농가의 농지 유전 대상은 일반적으로 친지·이웃, 일반 농가, 대농, 선두 기업[24]이다. 이번 연구의 설문조사에서는 다양한 유전 내상 선택 항목을 제시하였다. 그 결과 친지·이웃에게 농지를 양도하겠다고 답한 응답자는 양도 의향을 밝힌 140명 중 38명으로 가장 높은 비율인 27.14%를 차지하였다. 친지·이웃에게 농지를 양도받겠다고 답한 응답자는 양수 의향을 밝힌 233명 중 95명에 달해 40.77%를 차지하였다. 이는 농가의 농지 양도 대상이 친지·이웃 간의 거래로 편중되었음을 보여 준다. 앞서 진행한 측정 방식과 동일하게 분석한 결과, 표 6과 같이 교역 대상에 따른 농가의 소유효과를 알 수 있었다.

표 6. 양도 대상에 따른 농가의 소유효과에 대한 측정 결과

유전 대상	양도 의향자 수	WTA 평균치 (위안/묘)	양수 의향자 수	WTP 평균치 (위안/묘)	소유효과
친지·이웃	38	553.42	95	643.53	0.86
일반 농가	27	732.59	72	524.79	1.40
대농	36	1,158.89	30	731.67	1.58
선두 기업	33	3,304.55	11	1,272.73	2.60

표 6을 통해 다음과 같은 결론을 얻을 수 있다.

첫째, 농가의 소유효과는 '친지·이웃–일반 농가–대농–선두 기업' 순으로 강해진다. 따라서 농가의 토지 유전은 거래 대상에 따라서 소유효과의 차등적 질서 특징이 명확히 드러난다는 점을 알 수 있다.

24 물론 농가는 합작사를 선택하여 토지를 양도할 수 있다. 그러나 도급경영권의 지분 협력은 경영권의 매매거래가 아니다.(자세한 내용은 뒷부분에서 다룬다.) 따라서 여기에서는 이러한 유형의 유전에서 나타나는 소유효과에 대해서는 다루지 않는다.

둘째, 친지·이웃과의 양도거래에는 소유효과가 나타나지 않는다.(WTA/WTP의 비율은 1 미만이다.) 친지·이웃 간의 토지 유전은 순수한 의미에서의 요소시장 거래가 아닌 지연, 혈연, 인정(人情) 등 인맥으로 이루어진 특수한 시장거래다. 이러한 거래의 소유효과가 비교적 낮은 것은 여기에 비시장적 가격 책정 시스템이 존재한다는 것을 보여 준다. 또한 농가가 '재위처분권'을 중시하는 점을 고려한다면, 친지·이웃은 장기거래로 형성된 암묵적인 약속과 평판 관리 때문에 일반적으로 매수한 농지를 마음대로 처분하지 않으므로 양도 농가에게 안도감을 줄 수 있다는 점을 알 수 있다.[25]

셋째, 양도 대상이 일반 농가·대농·선두 기업 등일 때 농가는 비교적 큰 소유효과를 보이는데, 이는 다음과 같은 의미를 지닌다. ① 농가가 농지 양도 대상을 선택할 때 대농과 선두 기업을 배제하는 특징이 두드러졌다. 농가의 재산권 거래 능력이 확실히 부족하다는 점을 알 수 있다. ② 양도 대상이 친지·이웃으로 한정되고 다른 주체와의 양도거래는 배제되면서 토지 양도 주체가 단일화되고 거래 범위가 좁아졌다. ③ 농지 유전 시장에서 인맥에 의지한 거래가 압도적인 비중을 차지하면서 유전시장의 성장과 규범화가 억제되고 있다.

6.1.4 소결론: 농지 유전 시장의 특수성

슘페터(Schumpeter, 1939)는 일찍이 "농민은 토지의 서비스를 토지의 산물로 상상하며 토지 자체를 진정한 원시적 생산자원으로 보고 모든 토지 산물의 가치가 토지에 속해야 한다고 여긴다."라고 지적한 바 있다. 토지에 감정이나 신비한 가치를 부여하는 것은 농민 특유의 태도이다. 따라서 농

25 통상적으로 농가의 농지 방치는 토지 질 하락(황야나 황무지가 되고 심하면 복원이 어려워진다.)을 초래한다. 그러나 믿을 만한 친지·이웃에게 토지를 양도한다면 토지가 잘 관리될 가능성이 있다.

지 유전에서 승낙용의 가격(WTA)을 과대평가하는 경향이 존재하여 농가의 소유효과는 보편성뿐 아니라 유의성도 띠게 된다.

첫째, 토지에 대한 농가의 재산권 강도, 특히 재산권의 신분 권리 및 인격화 특징이 강할수록 소유효과도 확연히 커지게 된다. 따라서 농지의 인격화된 재산권시장은 일반 재산권시장과 다르다.

둘째, 농가의 소유효과는 가정의 부존자원에 대해 뚜렷한 상태 의존성을 갖는다. 농업을 생업과 사명으로 삼는 생존 상태와 농지에 대한 애착, 재위 처분 콤플렉스로 인해 커진 소유효과는 농지 유전을 가로막는 중요한 억제 역할을 하게 되었다. 이로 인해 농지 유전 시장은 단순한 요소 유동 시장이 아닌 신분 특징을 지닌 감정적 시장이 되었다.

셋째, 농가의 소유효과는 명확한 대상 의존성을 보인다. 소유효과의 차등적 질서구조는 농지 유동이 단순한 요소 가격 시장이 아니라 상당 부분 지연과 혈연, 인정 등에 의한 인맥시장이라는 점을 의미한다.

농지 양도는 특수한 시장 논리를 가지고 있다. 따라서 농지 양도 시장의 성장을 촉진시키기 위해서는 향토사회에서 농민과 토지가 갖는 특수한 관계를 함께 고려하면서 양도거래의 규범화와 계약화 문제를 개선해 나가야 한다. 만약 농민과 토지의 특수 관계를 고려하지 않는다면 농가의 심적 기대에 위배되고, 규범화 및 계약화의 개선 문제를 소홀히 한다면 경영능력을 갖춘 행위 주체가 농업에서 격리되어 분산화된 소규모 농업 경영구조를 개혁하기 어려워질 것이다.

6.2 재산권 강도 및 인격화재산의 불가분성과 거래 함의

6.2.1 농민 토지재산권 강도의 강화를 위한 두 가지 측면의 노력

엘키언(Alchian, 1965)은 모든 가격 책정 문제는 재산권에 관한 문제라고 지적했다. 가격을 어떻게 책정하는가에 대한 문제는 결국 재산권을 어떻게 분할·교환하고, 어떠한 조건으로 교환하는가에 관한 문제인 것이다. 그중에서 거래하는 물품의 가치에 대한 재산권 주체의 평가는 거래 시 판매 물품 재산권의 규모나 재산권의 강도(强度)에 의해 결정된다. 약화되지 않은 재산권은 비교적 높은 가치평가를 받을 수 있고, 효율적인 가격으로 거래를 성사시킨다. 브라즐(Brazel, 1989)이 언급한 것과 같이, 재산권에 가해지는 모든 제약은 결국 재산권을 '희석'시키는 결과를 초래한다.

앞서 언급한 바와 같이, 가정도급제도에서 농민이 획득한 토지재산권은 시장을 통한 것이 아닌 국가의 강제적인 제도적 안배로 형성된 결과이다. 이러한 권리 부여 방식의 논리는 다음과 같다. ① 재산권은 국가가 강제적으로 구분한 것으로, 국가의 의지가 변하는 경우 토지재산권 배치는 변동될 가능성이 있으며, 제도의 불안정성을 초래한다. ② 국가의 대리인인 정부는, 관료집단으로 구성되어 있다. 관료집단은 자신의 이익을 추구하는 것 외에도 다른 이익집단을 대표할 수 있기 때문에, 이렇게 형성된 재산권제도에는 차별성이 존재할 수 있다. 더 나아가 차별적인 재산권 제도가 초래한 재산권의 모호함과 이로 인해 생겨난 '공공의 영역'은 최소한 두 가지 영역에서 재산권의 강도를 약화시킨다. 첫째, 부분적 가치가 있는 물품 속성에 대한 재산권 주체의 통제권을 제한하는데, 농민의 토지가 비(非)농경용 토지 유전 거래권에 포함되지 못하도록 하는 것을 예로 들 수 있다. 둘째, 행위 주체가 재산권을 행사하는 능력을 제한한다(루어삐량, 2005). 예를 들어 토지도급권과 농가 부지 용익권(用益權)에 대한 담보를 금지하는 것이 있다. ③ 호적과 구성원의 권리에 따라 균등하게 나뉜 토지소유권은 농민의 행위 능력을 감소시킨다. 재산권은 국가가 무상으로 부여한 것으로 권리의 경계와 사용에 관련된 사안에 대해서는 국가의 명령에 따라야 하며, 국가의 의지가 변한 경우 권리 내용은 변경될 수 있다. 이러한 변경으로 인해 발생한 불확실성은 농민 행위를 예상하는 데 어려움을 초래한다. 더불어 권한이 균등하게 배분되므로 신분권의 공평성은 보장되지만, 구성원 능력의 차이까지 고려하지 못하므로 부여된 권리와 능력의 미스매치로 인해 효율이 떨어지면서 공평성을 훼손한다. 또한 초기에 권한이 부여되면서 결정된 재산권의 분산성과 재산권 행사 가능성의 파편화로 인해 규모경제성이 없는 농가의 행위 능력은 더욱 위축된다.

따라서 우리는 다른 각도에서 농민의 토지재산권 강도를 강화할 필요가 있다. 첫째는 농지재산권의 시장화를 추진하는 것이다. 시장을 통해 거래된 재산권은 규범에 맞는 합법성, 사회적으로 인정받은 합리성, 자발적 참여를 원하는 합의(合意)성이 있기 때문에 재산권의 강도를 강화할 수 있다. 둘째는 농지재산권의 안정성을 강화하는 것으로 농촌토지 확권등기증서 발급과 같은 방법이 있다. 2013년 중공 중앙 1호 문건에서는 농촌토지 확권등기증서 발급 업무를 전면적으로 시행하며 "5년 안에 농촌토지 도급경영권의 확권등기증서 발급 업무를 기본적으로 마무리 지어, 농가 도급지 면적이 부정확하고 경계 지역 규모가 명확하지 않은 문제를 해결하겠다."라는 내용을 제시했다.

문제는 토지에 대한 농민의 소유효과는 농지 유전의 시장화에 큰 반응을 보이지 않기 때문에, 토지소유권 증서 발급은 농민의 소유효과를 심화시킬 수 있다는 점이다.

6.2.2 양날의 검인 농지의 확권등기증서 발급

현재 중국 농민토지의 재산권 강도는 다음과 같이 나날이 증가하고 있다. ① 농가의 재산권 주체 지위를 강화하고 있다. 1982년 중공 중앙의 첫 번째 1호 문건은 포산도호(包産到戶)와 포간도호(包干到戶)*를 사회주의 농업경제의 구성 부분이라고 인정하는 내용을 담고 있다. 21세기에 들어

* 포간도호(包干到戶) : 농민은 토지에 대한 경영관리권을 갖고 국가가 소유권을 갖는 방식. 농가가 자율적으로 생산에 임하고 세금 등을 납부한다.(옮긴이)

선 이후, 중앙정책 문건에서는 농가의 토지소유권을 확립하고 농민의 재산 권리를 보호하겠다고 밝히고 있다. 2002년 공포된 「농촌토지도급법」은 농민의 토지 권리를 법적인 형태로 확립했다. ② 권한 부여의 안정성을 강화하고 있다. 1984년 중공 중앙의 세 번째 1호 문건은 농민에게 도급한 토지 사용기한을 15년으로 규정했고, 1993년 1호 문건은 해당 기한을 30년까지 연장했다. 당의 17차 삼중전회에서는 농민들에게 더욱 충분하고 보장 가능한 토지도급경영권을 부여하고, 현재의 토지도급관계는 안정성을 유지하고 장기간 변하지 않을 것이라고 강조하였다. 그 후 18차 삼중전회에서는 농민들에게 더 많은 재산 권리를 부여하겠다고 다시 강조했다. 이로써 농민 토지의 확권등기가 각급 정부의 중요한 업무가 되었다.

농지의 확권등기증서 발급은 여러 함축적 의미를 내포하고 있다. 첫째는 재산권 주체에 대한 정의이다. 그중 하나는 소유권에 대한 정의로, 토지소유권을 마을의 합작경제집체나 마을조직에 귀속시켜 소유권의 주체를 명확히 하는 것이다. 또 다른 하나는 집체 구성원의 권리에 따라서 토지도급경영권을 농가에 귀속시키는 것이다. 또한, 도급권과 경영권이 분리된 상황에서 위탁자인 도급자는 경영권을 대리인인 경영자에게 귀속시키기도 한다. 둘째는 재산권 범위에 대한 정의이다. 이는 기간상의 구분, 공간상의 구분, 배당상의 구분으로 나뉜다. 기간상의 구분에서는 도급 기간을 명시하고 있다. 1차 도급 기간은 15년이었으며 2차는 30년이 되었고, 현행 정책에서 해당 규정은 장기적으로 변함 없을 것을 강조하고 있다. 공간상 구분의 예로는 전국적으로 추진되고 있는 경계 지역 소유권을 들 수 있다. 배당상의 구분은 재산권 객체의 불가분성으로 인해 권리 배당을 통해 나눌 경우에 관한 내용을 담고 있는데, 구체적인 예로 주주제 또는 토지지분합작제의 지분 등이 있다. 농지도급경영권의 소유권 시행 측면에서 봤을 때, 공간상의 구분은 '농가에 따른 토지 분배'이고, 지분상의 구분은 '사람에 따른 지분 분배'라고 볼 수 있다. 셋째는 재산권 내용에 대한 정의이다. 앞서 언급했던 배타권과 처분권, 거래권의 액수와 규모, 그리고 이것이 부여하는 재산성(財産性) 권리의 강도와 규모는 매우 중요하다.[26]

따라서 농가 토지도급경영권의 확권과 이에 대한 정책적 보장은 농가의 배타적 능력을 제고시키고 처분에 대한 농가의 기대를 강화하는 데 도움이 된다. 연구에 따르면, 토지의 확권과 등기는 농지 생산율 제고를 뚜렷이 촉진하는 역할을 하며(Feder 외, 1998) 토지법률 공식문서를 보유한 농민은 그렇지 않은 농민보다 토지로 담보대출을 받을 가능성과 대출 규모 모두 현저하게 높은 것으로 드러났다(Routray 외, 1995). 일부 학자는 브라질과 베트남에 대한 연구 결과에서, 토지소유권에 대한 공식문서를 보유한 농민은 그렇지 않은 농민보다 토지에 대한 투자가 높았다고 밝혔다(Alston 외, 1966; Saint-Macary 외, 2010). 거래를 성사시키는 것은 그저 일부에 불과하다. 즉 잠재적인 시장기회가 존재하는 상황에서야 경영권 퇴출은 농민의 선택이 될 수 있다. 이로 미루어 보았을 때, 토지의 소유권 확립이 농지 경영권의 유전만을 촉진하기 위한 것이라는 관점은 분명히 단편적이라는 것을 알 수 있다.

문제는 농지재산권의 분할과 강화가 반드시 도급경영권의 양도를 촉진하는 것은 아니라는 점이다.

첫째, 농민에게 있어 농지는 대체 불가한 인격화된 재산이다. 권한을 부여하는 신분 성격(구성원의 권리), 권리를 확정하는 법률 성격(도급계약), 권한을 갖도록 하는 영구적 성격(장기적인 도급권)으로 인해 토지는 '인격화된 재산'이라는 특징이 강화된다.

26 예를 들어, 정부가 토지를 수용하고 토지 1급시장을 독점하는 상황에서 농민은 토지의 부가가치 수익을 얻기가 어렵다. 따라서 농민 토지소유권을 시행하는 중요한 동기는 바로 농민에게 토지 권익을 부여하고 보호하기 위함이며, 이 기회를 통해 지방정부가 토지를 '임의로 분할하고 점거'하는 약탈행위를 억제할 수 있다.

둘째, 농민집체는 농촌토지를 소유하고, 농가는 구성원 권리를 통해 도급경영권을 갖는다. 따라서 도급권과 경영권이 분리된 상황에서, 농지경영에 개입하는 주체는 반드시 농가의 동의를 얻어야만 경영권을 유전할 수 있다. 이 때문에 토지도급관계가 안정적으로 장기간 유지되는 것은 농가의 토지도급이 '재산권 신분 독점'이라는 특징을 갖도록 한다.

셋째, 공간 측면에서 농지 도급경영권의 정의와 확립은 모든 토지에 적용되며, 농지경영권의 유전 역시 구체적인 토지사용권의 양도로 나타나게 된다. 따라서 모든 농업경영 참여자에게 도급 주체인 농가는 구체적인 토지에서 '재산권 지리 독점'의 특징을 자연스럽게 가지게 된다.

광둥성 포산시(佛山市)와 둥관시(東莞市)는 농촌산업화와 도시화가 고도로 발전된 지역이다. 통상적으로 이 두 지역의 농민은 취업이나 수입에 있어 토지에 대한 의존성이 비교적 낮을 것이라고 판단된다. 그러나 638개 농가를 대상으로 진행한 샘플 설문조사에 따르면, 농지도급경영권의 확권등기증서 발급 후에도 47.80%의 농가가 경영권을 양도하는 것을 원하지 않는 것으로 나타났다. 또한 농지의 양도를 원하는 농가 중에서 86.20%에 달하는 농가가 토지임대료를 높일 의향이 있다고 응답했으며 62.80%의 농가는 농지를 양도받는 것이 어려워질 것이라고 답했다. 이를 통해 농지의 확권은 농가의 재산권 강도를 강화하는 동시에 경영권 양도를 억제할 가능성이 있다는 것을 알 수 있다.

6.2.3 코즈 정리에 대한 재고찰

코즈 정리는 세 가지로 구성되어 있다[J. Felder(費爾德), 2002].

코즈 제1 정리: 권리의 초기 확정은 중요한 것인가? 거래비용이 0이라면 답은 '아니오'다. 권리의 임의적 배치는 다른 비용 없이 재산권과 직접적인 관련이 있는 주체의 시정을 받을 수 있다. 따라서 경제적 효율 측면에서 봤을 때, 권리의 초기 배치들은 서로 다르지 않은 것이다.

코즈 제2 정리: 권리의 초기 확정이 중요한가? 거래비용이 플러스라면 답은 '그렇다'이다. 거래비용이 존재할 때, 거래 가능 권리의 초기 배치는 권리의 최종 배치에 영향을 주며, 사회 전체 복지에도 영향을 끼칠 수 있다. 거래비용이 플러스이기 때문에 거래 대가가 높다. 따라서 거래가 권리 초기 배치와 관련된 사회복지 손실을 전부가 아닌 일부만 감소시킬 수 있다.

코즈 제3 정리: 거래비용이 존재할 때, 확정된 권리의 재분배를 통해 개선된 복지가 거래를 통해 개선된 복지보다 우세하다. 이 정리는 정부가 서로 다른 소유권이 가져오는 복지의 영향을 낮은 비용으로 예측 및 비교할 수 있다고 가정하며, 또한 정부가 적어도 권리를 공평하고 공정하게 확정 지을 수 있다고 가정한다.

따라서 코즈 정리는 거래비용이 0인 상황에서 효율과 재산권은 무관하다는 결론을 강조했다기보다, 거래비용이 존재할 때 재산권제도가 경제 효율에 어떻게 작용하고 영향을 주는지를 명확히 밝힌 것이라고 볼 수 있다.

그러나 코즈 정리는 몇 가지 기본적인 가설을 은근히 내포하고 있다. 첫째, 재산권 주체와 재산권 객체는 양질의 분리성을 지니고 있다. 이는 신분과 인격화 재산 문제를 고려하지 않은 것이다. 둘째, 재산권 주체는 자신이 소유하고 있는 재산권 객체에 매우 엄격하다. 재산권 주체는 물품(혹은 재산권의 속성)의 잠재적 가치에 있어 오로지 이에 대한 배타적 능력과 처분 능력에 따라 결정되는 재산권 임대료에만 의거한다. 또한, 재산권 주체는 물품 시장가격에만 반응을 보인다(보유하거나 매매하는 등). 이는 사람과 물건 간의 관계와 이와 관련된 소유효과를 고려하지 않은 것이다. 셋째, 재산권은 중요한 것이며 재산권의 재분배는 잠재적 이익을 창출해낼 수 있다. 하지만 이는 재산권의 조정이 가져오는 제약을 고려하지 않은 것이다.

6.2.4 인격화 재산권과 이와 관련된 거래 문제

코즈 정리에 따르면, 서로 다른 재산권 협정에는 서로 다른 거래비용이 포함되어 있다. 따라서 어떠한 협정을 다른 종류의 협정으로 대체하는 것은 합당하다. 문제는 재산권이 이미 확정된 상황에서, 시간의 흐름과 환경조건의 변화 그리고 학습체제의 영향으로 사람들은 원래의 재산권 협정이 더 높은 거래비용을 포함하거나 아직 드러나지 않은 잠재적 이익이 존재할 수 있다는 점을 발견할 수 있다. 이러한 상황에서 재산권을 재변경하면 기대의 불안정성을 초래하고, 기존의 협정을 유지하게 되면 잠재적 수익을 희생해야 하는 '진퇴양난'을 초래할 수 있다. 따라서 확권, 즉 재산권을 이미 확정 지은 상황에서 운영비용이나 거래비용을 어떻게 낮출 것인지에 대해 코즈는 해답을 내놓지 못했다. 재산권은 중요하다. 하지만 재산권의 거래비용을 낮추는 것은 재산권 협정과 조정만으로 결정될 수 있는 문제가 아니다.

농지의 유전에 있어 현재 아래와 같은 문제가 존재한다. ① 재산권의 불가분성: 재산권 주체와 객체는 불가분성의 특징이 있으며, 이는 토지에 대한 농가의 인격화 재산 특징에 따라 결정된다. ② 재산권의 불가변성: 농지재산권은 확권증서 발급을 통해 확정 및 고정되기 때문에 도급권이 재조정될 여지가 없으며, 코즈 정리의 내용처럼 재산권의 재배치를 통해 거래비용을 낮출 수 없다. ③ 재산권 거래의 특수성: 농지 유전에는 소유효과가 두드러지게 나타난다.

따라서 농지재산권의 거래효율을 높이기 위해서는 코즈 정리에서 더 나아가 농지 유전의 특수성과 관련 제도의 함축적 의미를 고려해야 한다. 그중에서 토지의 재산성 권리 부여와 토지의 자본화 운영이 특히나 중요하다[중원징(鐘文晶) 외, 2013].

첫째, 만약 농민집체가 소유한 구성원의 권리와 도급권이 자본 운용을 통해 부가가치를 얻지 못한다면, 농지경영권 유전에서 농민은 가격을 받을 가능성이 생긴다. 즉 농지의 유전 정가가 농지경영을 통해 발생한 수입 흐름에 따라 결정될 뿐 아니라, 토지가 제공하는 전체 수입의 흐름과 다중 권익의 보장 정도에 따라 결정되기도 한다는 것을 의미한다. 따라서 농가도급권과 인격화 재산권 이외에 독립된 농지경영권 유전시장을 구축하려는 시도는 현실적이지 못하다.

둘째, 정책 목표에 있어 농가 노동수입이 증가하는 것과 농지의 유전을 추진하는 행동은 서로 모순된다. 만약 농민이 토지도급경영을 통해 상품성 이익밖에 얻지 못한다면, 농민의 수입원에 제한이 생길 뿐 아니라 토지에 의지해 생존하고자 하는 생각이 초래한 소유효과로 인해 농지의 유전을 더욱 어렵게 만들 수 있다. 따라서 농민에게 토지재산권을 부여함으로써 농업생산경영성 수입에 대한 농가의 의존도를 효율적으로 낮출 수 있으며, 농민의 소득을 높이고 토지 권익을 보호하며 농지의 유전을 촉진하는 등 다중의 정책성 목표를 모두 실현할 수 있다.

셋째, 소유효과의 차등적 질서구조와 경영 대상의 선택적 유전은 소규모·분산화 경영 방식의 반복을 초래한다. 만약 농지재산권 유전으로 인해 농지가 재산성 자본으로 배치되는 것이 아닌 생산요소로 국한된다면, 농지의 양도는 '인정시장'에 머물게 될 것이다. 따라서 토지라는 재산성 권리를 농가에 부여하는 것이 매우 중요하다.

재산권 권리 부여와 자본화 운영을 촉진하고 농민의 토지 권익을 보호하며 농지재산권 배치의 효율성을 개선하기 위해서는 이에 부합하는 특수한 거래장치가 필요하다. 토지라는 재산성 권리를 농가에 부여하는 동시에 토지와 자본의 결합 및 토지와 기업가 능력의 결합이 있어야만 경영 능력이 있는 행위 주체(기업가 능력, 투자 주체, 생산성 서비스 주체 등)가 농업에 개입하게 될 것이며 농지 유전의 집약과 농업의 규모경영이 비로소 가능해진다. 농민 또한 이를 통해 재산성 수입을 얻게 될 것이다.

6.3 거래장치 문제: 코즈 정리의 확장

앞서 언급한 바와 같이, 농민에게 토지의 재산권을 부여하고 농가의 도급경영재산권을 강화하는 것은 양날의 검이다. 농민의 토지 권익을 보호하는 동시에 농지에 대한 농민의 인격화재산 특징을 강화하고, 소유효과를 심화시켜 농지 유전을 억제하고 농지재산권 시장의 발전을 저해하기 때문이다.

현재의 농지 유전으로 말하자면, 농지재산권의 특수한 수요를 만족시키지 못함에 따라 아래와 같은 특징을 보이고 있다.

첫째, 재산권 주체와 재산권 객체의 불가분성은 농지의 유전이 재산성 자본 배치의 형태로 나타날지를 결정한다. 만약 해당 조건을 만족하지 못하면, 농지 유전은 계약 거래에서 지연, 혈연과 인정(人情)에 의한 관계성 계약 거래로 변형될 것이다. 본 연구팀이 2011~2012년에 실시한 전국 설문조사 결과에 따르면, 농가의 토지 유전 중에서 농지를 친척, 친구나 이웃에게 양도한 비율이 총 유전 면적의 74.77%를 차지했고, 유전협약을 체결한 비율은 47.34%에 불과했다(루어삐량, 2013).

둘째, 대규모 생산 거래처와 기업에 임대하는 농가의 토지가 총 유전 면적에서 차지하는 비율은 8.49%에 불과하지만, 계약이 매우 불안정하다는 문제점을 안고 있다. 비록 농지의 임대차계약과 관련된 효율성 문제에 대해서는 여전히 의견이 분분하지만,[27] 가정도급경영 조건에서 토지도급권에 종속된 경영권 임대는, 일반적으로 토지 임대계약에 관한 잔여통제권은 농가에, 잔여지분청구권은 토지 임차인에게 있다고 본다. 한편 토

27 토지 임대차계약과 효율에 관한 문제는 줄곧 주류 경제학자들의 논쟁거리였다. 그중에서 고정된 소작료를 징수하는 정조제(定租制)와 수확량에 따라 소작료를 징수하는 분성제(分成制)의 효율성에 대한 논쟁이 특히나 치열하였다[원관중(文貫中), 1989]. 본문에서는 이 문제에 대해 깊이 논의하지 않겠다.

지 임차인은 토지 상태를 관찰하거나 심사하기 어렵다는 사실을 이용해 토지를 과도하게 사용하는 약탈적 경영행위를 일삼을 수 있다. 이러한 위험성을 줄이기 위해 농가는 단기 임차계약을 더 선호하거나, 장기 계약을 체결하더라도 통제권을 통해 계약을 언제든지 중단하려 할 수 있다. 또 계약의 단기성과 기대 부족으로 토지 임차인은 투자가 확정되고 자금이 묶이는 상황을 피하고자, 특정 투자를 줄이고 경영 주기가 비교적 짧은 농작물을 재배하여 단기적 행위를 지속할 수 있다. 은폐된 정보와 행위가 관찰되기 힘들다면 재배 방식을 통한 단기적 행위는 쉽게 관찰되기 때문에, 농가토지를 임대하는 '레몬시장'이 형성될 수 있다. 즉 임대차계약 기간이 짧을수록 임차인의 행위는 더 단기화될 것이고, 행위가 단기화되면 임대차계약 기간도 짧아지기 때문에 토지 임대차계약 시장이 사라지게 될 것이다.[28] 이것은 농지 임대시장의 발전을 저해하는 중요한 원인으로 여겨진다.

주의해야 할 것은, 농가토지의 임대는 주로 생산성 요소의 거래로 나타나며, 인격화재산 주체로서 토지경영에 대한 농민의 재위(在位) 통제를 만족시키지 못하였다. 따라서 인격화재산의 거래 효율성을 개선하기 위해서는 코즈 정리를 다음과 같이 새로이 확장해야 한다.

코즈 제4정리: 거래비용 존재 시 재산권 조정을 통해 효율을 개선하지 못할 경우, 적합한 재산권 거래 장치를 통해 매칭하는 것이 적절한 선택이 될 수 있다.

뵘바베르크(Bohm-Bawerk, 1889)는 '우회생산'이라는 개념을 최초로 제시했고, 알레인 애보트 양(Young, 1928)은 이 개념을 소득 증가를 이해하는 중요한 메커니즘으로 발전시켰다. 우회생산은 직접 생산과 반대되는 개념으로, 어떠한 완성품을 생산하기 위해 중간 상품(자본품이나 생산 재료)을 먼저

28 이는 계약이론 문헌으로 인해 주목받지 못한 중요한 현상이다.

생산한 뒤, 이 중간 상품을 이용하여 완성품을 생산하는 것이다. 이 과정에서 생산효율이 높아지는 효과를 기대할 수 있다. 이와 상응되는 상황에서 '우회거래'라는 개념을 사용할 수 있다. 즉 A라는 거래를 진행하기 위해 먼저 B라는 거래를 진행한 뒤, B 거래를 이용하여 A 거래를 촉진하게 되면 거래효율이 향상된다. '거래장치'는 이러한 '우회거래'의 내용을 포함하는 포괄적 개념이다. 이 개념은 다음의 세 가지 내용을 포함한다. ① B 거래를 통해 A 거래를 개선하게 될 경우, 이는 우회거래에 해당한다. ② A 거래의 거래비용이 과도하게 비싸 B 거래로 대체하게 될 경우, 이는 대체거래에 해당한다.[29] ③ A 거래가 독립적으로 운영될 수 없고 B 거래 매칭을 통해 거래효율을 개선할 수 있는 경우, 이는 페어스 트레이딩(pairs trading)에 해당한다.

재산권의 세분화와 거래 공간의 확대라는 두 가지 방법은 거래장치의 효율적인 매칭을 보장한다.

첫째, 농가 토지도급권에서 분리된 경영권으로 재산권을 세분화시킬 수 있다. 이를 통해 형성된 분권 주체가 재산권 세분화를 효율적으로 행사할 수 있는지는 재산권 객체의 가치적 속성을 지닌 기술의 분리성과 밀접한 연관이 있다. 한 예로, 앞부분에서 언급한 토지 재배를 재산권의 각도에서 봤을 때, 농경지 한 뙈기를 여러 개의 재배 구역으로 나누는 방식으로 서로 다른 생산 주체의 재배 수요를 만족시킬 수 있지만, 관개(灌漑) 속성의 불가분성은 재산권 세분화를 어렵게 만들 가능성이 있다. 그러나 도급권과 경영권이 농가에 집중된 경영 방식과는 대조적으로, 농지경영권의 세분화와 농업생산활동의 분리성은 재산권 거래와 농업분업활동을

29 코즈(1937)에 따르면, 기업과 시장은 거래비용을 절약할 수 있는 상호 대체 장치이다. 장우창(Cheung, 1983)은 더 나아가 거래는 시장이 아닌 방식으로 시장을 대체하여 노동의 분업을 조직하는 것이 아니라, 요소시장으로 중간 상품 시장을 대체하여 거래비용을 절약하는 일종의 장치라고 설명했다.

다양화시킬 수 있다.

둘째, 거래효율과 분업체제는 서로 밀접한 관련이 있다. ① 만약 토지 거래효율이 개선되는 속도가 노동거래효율보다 빠를 경우, 분업은 토지 시장을 통해 농장 내부에서 발전되며 농장의 전문적인 업무가 증가하고 농장의 규모가 확대되면서 토지 규모경영(경영 주체가 가정농장, 대농, 토지합작사 혹은 농업기업으로 전환) 방식으로 바뀔 수 있다. ② 만약 노동거래효율이 개선되는 속도가 토지거래효율보다 빠를 경우, 분업은 서비스시장을 통해 농장 밖에서 발전되며, 농장은 전문화되고 농장 밖에서 제공하는 전문 서비스의 종류가 증가한다. 이에 따라 농장토지 규모가 변하지 않아도 생산경영 관련 사항은 줄어들고 효율이 상승한다. 상식적으로 농업사회화 서비스시장이 발전하면서 농업에서의 노동거래효율이 토지경영권의 거래효율보다 높다는 것은 명백한 사실이다. 따라서 농가는 서비스 규모경영으로 토지 규모경영을 대체할 수 있고 분업을 통해 외부 규모경제성을 얻을 수 있다. 토지를 중심으로 농업생산의 제도구조를 구축하는 것이 바로 생산력 수준이 낮은 농경사회의 특징이다.

따라서 인격화 농지재산권시장에 있어 새로운 거래 장치는 다음과 같은 수요를 만족시켜야 한다. 즉 농촌토지도급관계를 안정시키고, 농민 토지의 인격화재산 특징을 존중하며, 이러한 기초 위에 경영권을 활성화하여 능력 있는 경영 주체와 현대 시장 요소를 끌어모아, 농업의 규모경제성과 분업경제성을 개선해야 할 것이다.[30]

30 거래장치는 조직장치로 확대될 수 있다. 재산권의 세분화와 거래장치를 통해 다양한 거래조직장치를 형성할 수 있고, 재산권 주체의 개입과 농사 업무의 분리 혹은 재편을 통해 다양한 생산조직장치를 형성할 수 있다.

7. 충저우(崇州)의 실제 사례: '농업 공동경영제' 모델에 대한 해석

앞서 언급한 바와 같이, 중국은 농업경영 방식의 혁신적인 실천 방안을 지속적으로 탐색해 왔고 성공 사례 또한 다양하다. 그러나 일반적인 상황에서 필요로 하는 것은 특수한 상황에서의 전형적인 경험도 아니고 우연성을 지닌 성공 사례도 아니라는 것을 알아야 한다. 앞서 언급한 논리에 부합하고, 보편성과 복제 가능성을 특징으로 지닌 성공 사례여야 중요한 시범적 의미와 보편화 가치가 있다. 이러한 각도에서 봤을 때, 충저우시의 혁신적인 실제 사례는 주목할 만하다.

7.1 신흥 농업경영체제인 충저우의 실제 사례

충저우시는 쓰촨성 청두시의 현급(縣級) 도시로, 농업을 주요 산업으로 하고 있는 식량생산 지역이자 농촌 노동력의 수출 지역이다. 그런데 2012년, 해당 도시의 상주 인구 67만 명 중 농촌 지역 노동자는 36만 9,500명이지만 외지 이주 노동자가 73.40%에 육박한다. 농촌의 노동력이 외부로 유출되면서 '농업 비주류화' 현상이 심각해지고 있다. 이로 인해 농업은 '누가 농사를 지을 것인가'에 대한 문제, 그리고 더 나아가 '어떤 농사를 지을지', '어떻게 농사를 지을지'에 대한 심층적인 문제에 직면하게 되었다.

이 때문에 충저우시는 대농의 농지 유전을 장려하고, 농업 선두 기업의 농지임대제도를 도입하여 규모경영을 실현하는 등 다양한 해결방안을 모색하였지만, 모두 예상했던 효과를 거두지 못했다. 특히 2009년 잉마룽(鷹馬龍) 식품유한회사가 3천여 묘에 달하는 치취엔전(檀泉鎮)의 농지를 임대했다가 계약을 파기하고 토지를 돌려주는 사건이 발생했는데, 농가는 도급지를 돌려받는 것을 거부하고 오히려 정부에게 책임을 물었다. 이러한 상황을 해결하고 안정적인 농업의 생산과 농촌의 발전을 위해 충저우시는 새로운 방안을 모색하기 시작했다. 기업이 돌려준 3천여 묘의 농지를 각기 300~500묘로 이루어진 토지로 분할하여, 농사의 전문가로 하여금 벼를 생산하도록 했다. 이렇게 탄생한 '선분 경영인'의 성공 노하우는 새로운 실천 사례가 만들어지도록 자극했다.

충저우시 실제 사례의 핵심 내용은, 토지의 집체소유를 전제로, 가정도급을 기초로 하고 농가를 핵심 주체로 삼아 농업 전문 경영인·토지지분합작사·사회화 서비스조직 등 다양한 주체가 공동으로 경영에 참여했다는 점이다. 중요한 내용은 다음과 같다. ① 기술을 알고 경영에 능한 농사 전문가를 전문 경영인으로 임명하고, 농가토지의 생산·경영·관리를 책임지도록 한다. ② 농가가 토지도급경영권을 출자하여 '토지지분합작사'를 설립한다. ③ 규모화 재배에 적합한 전문화 서비스체계를 구축하고 '원스톱' 농업 서비스시장 플랫폼을 설립한다. 이처럼 전문 경영인, 합작사 그리고 전문화 서비스체계 등 전문화·규모화·조직화된 운영체계가 점차 완비되면서, 최종적으로 지금의 '1+1+1(전문 경영인+합작사+서비스시장)'의 형태를 띠는 '농업 공동경영제' 모델이 탄생하였다.

7.2 '농업 공동경영제' 모델의 주요 내용

7.2.1 육성 체계의 혁신화, 농업 전문 경영인 단체 조직

현재 농업에 종사하는 이들이 대부분 노인과 여성이기 때문에 생산에 필요한 노동력이나 경영 능력을 갖추지 못하고 있으며, 농업기술·농업기계·농산물 판매 등 사회화 서비스 수요가 나날이 증가하는 문제에 직면해 있다. 농가와 서비스 주체가 매치하는 거래비용이 많이 들기 때문에, 양측의 이익을 대변하고 양측의 이견을 조율할 만한 대표자가 필요하다. 따라서 충저우시는 처음으로 농업 전문 경영인이라는 중개집단을 탄생시켰다. 기업가의 능력을 도입하게 되면서 경영 리스크를 책임지는 동시에 조율과 판단을 내리는 결정이 가능해져, 경영활동의 정신노동과 육체노동의 분업을 실현할 수 있게 되었다.

농업 전문 경영진을 설립 및 규범화하기 위해 충저우시는 일련의 육성 관리 체제를 구축했다. 첫째는 전문인 육성이다. 자발적인 신청과 향진(鄕鎭) 정부의 추천을 결합한 방식을 통해, 선발 조건에 부합하고 농업 경영에 종사할 의도가 있는 사람에게 전문적인 경영 능력 육성을 실시한다. 또한 인재육성센터와 훈련 장소를 통해 교류 학습, 현장 지도 등의 방식으로 이론지식과 실제 조작 등 전문적인 기술 육성을 실시한다. 둘째는 규범 강화다. 기준·규칙·제도를 만들어 평가 기준에 부합하는 사람에게 '농업 전문 경영인 자격증'을 수여한다. 자격증을 소지한 경영인은 토지지분합작사, 전문 협력조직, 농업기업, 촌급 농업기술보급센터 등에서 경쟁을 통해 취직할 수 있으며 관련 지원 정책을 누릴 수 있다. 셋째는 관리 강화이다. 농업 전문 경영인 인재 풀, 농업 전문 경영인 평가 시스템을 구축하여 적극적으로 관리하고, 진입 및 퇴출 허가제를 시행한다. 넷째는 장려 정책이다. 산업·과학기술·사회 보장·금융 등 분야에서 농업 전문 경영인의 지원 정책과 장려 체계를 제정한다. 예를 들어, 규모에 따른 벼 재배 보조금, 도시 노동자 연금 보조금, 자격증 보유 신용대출과 이자 보조금 등이 있다.

전문 경영인의 탄생으로 '누가 농사를 지을지'와 '과학적인 경작'에 대한 문제를 효율적으로 해결하게 되었고, 우량 종자 선별, 토양 검사에 따른 비료 사용 기준, 친환경 예방 및 통제, 병충해 통합 예방 및 통제, 농업기계와 설비기술 그리고 과학기술 성과의 보급과 사용이 촉진되었다. 농가의 가정경영 방식과 비교했을 때, 농업 전문 경영인이 경영하는 벼농사는 묘 평균 생산량을 10%, 즉 약 55kg 이상 제고시켰고, 생산 재료 투입 및 기계 경작 비용은 약 90위안에 해당하는 15%(농가가 생산한 노동력 기회비용을 고려하면, 하락 폭은 40% 이상에 달한다.)를 낮추었다. 현재 충저우시는 1,410명에 달하는 농업 전문 경영인을 육성했고 경쟁을 통해 취업한 경영인 수가 767명에 달하면서, '지식과 기술을 보유하고, 경영과 관리에 능한' 경쟁력 있는 예비 진문 경영인 단체를 얼추 갖추게 되었다.

7.2.2 농민 의사 존중에 따라 설립된 토지지분합작사

전문화된 농업 경영 대리인으로서 경영인은 진입에 대한 인센티브를 '기업가 능력'에 대한 보답을 얻는 데에서 시작한다. 문제는 충저우시에서 경쟁을 통해 취직한 경영인과 약속한 농가의 최저한도 보장은 농가의 자체 경영을 통해 얻는 수입보다 낮지 않다는 점이다(대략 묘당 500위안). 따라서 전문 경영인이 '협동적 잉여(合作剩餘)'를 얻기 위해서는 규모경영을 통해 규모화경제를 실현해야 하므로 토지지분합작사 설립은 필연적인 결과이다.

충저우시는 농촌재산권제도 개혁의 성과를 통해 농가의 자원 입사·자유 퇴사·이익 배분·리스크 공동책임 원칙에 따라, 농가가 토지도급경영권을 출자분으로 환산하고 토지지분합작사를 설립하도록 하고 있다. 농가는 합작사 구성원으로서 이사회와 감사회(監事會) 선거, 농업생산계획 안배, 비용 예산과 이익 분배 방안 등의 정책 결정 과정에 참여할 수 있게 되고 경영 관리의 실질적 정책 결정자 및 통제자가 되며, 생산원가의 출자를 담당할 수 있다. 이사회는 전체 구성원을 대표하여 농업 전문 경영인을 공모한다. 또한 농업 전문 경영인과 경영계약을 체결하여 생산량 지표, 생산비용, 인센티브 및 배상금 규정 등을 합의한다. 농업 전문 경영인은 '어떻게 농사를 지을지'에 대해 책임을 지고 구체적인 생산계획 및 예산 방안, 생산량 지표를 제시하여, 이것이 이사회가 조직한 촌민 대표회의를 거쳐 통과되면 해당 방안을 실시한다. 생산지출은 농업 전문 경영인이 신청하고 이사장과 감사장의 공동 심사 및 서명을 통해 장부에 추가된다. 농자재와 농기구의 방치·신청·사용 및 처리에 대한 사항은 전담자가 책임을 지고 관련 사항을 즉시 공시하여야 하며, 구성원과 감사회의 감사를 받는다.

"봄에는 농작물을 심고, 가을에는 유채를 심는다."라는 재배계획에 따라, 합작사와 전문 경영인 간의 위탁 대리관계는 제본(除本) 배당 방식, 즉 생산비용을 제외한 나머지 순수익을 1:2:7의 비율로 분배하는 방식을 채택한다. 10%는 합작사의 적립금, 위험수당과 업무경비로 사용되며, 20%는 농업 전문 경영인의 수수료이고, 70%는 농가의 토지출자 배당으로 사용되어 긴밀한 이익 연계 체계를 형성한다. 현재까지 충저우시는 토지지분합작사를 총 361개 설립하였다. 합작사 입주 토지 면적은 21만 3,300묘이며 합작사 입주 농가는 9만 4,600가구에 달하고 농업조직화 정도는 56.48%에 달한다.

강조해야 할 부분은, 충저우시가 설립한 합작사는 일종의 거래장치 개념이기 때문에 독립된 경영 주체로서의 일반 합작사와는 다르다는 점이다. 기본적인 특징은 다음과 같다. ① 농지경영권의 집약체로서 생산 협력이나 상품 판매를 목적으로 하지 않는다. ② 인접한 농가의 토지와 하나로 연결된 일정한 규모의 토지일 뿐, 집체재산과 권익의 분배와는 관련이 없으며 지역 경제조직과의 합병을 도모하지 않는다. ③ 농가 토지도급 경영권의 집약화와 규모화는 농업 전문 경영인을 경쟁적으로 끌어들이기 위함이며, 이를 통해 합작사는 농가경영권의 세분화와 기업가 인재자본의 거래 플랫폼이 될 수 있다.

7.2.3 사회화 서비스 강화, 원스톱 서비스시장 구축

농업 전문 경영인이 합작사의 경영계획을 시행하기 위해서는 수많은 사회화 서비스를 구매해야 하는데 이러한 서비스 외주비용을 줄이기 위해 '원스톱' 농업사회화 서비스시장이 탄생하게 되었다.

충저우시는 주체의 다원화·서비스의 전문성·운영의 시장화 원칙을 견지하며, '정부 주도·기업 주체·자원 통합·시장 운영·농자재 부품·원스톱 서비스'라는 발전 사상에 따라 사회자금의 참여를 촉진하여 종합적인 농업사회화 서비스 기업을 설립하였다. 이를 통해 공익성 농업 서비스 자원과 사회화 농업 서비스 자원의 통합, 공익 서비스와 경영 서비스의 결합, 전문적인 서비스와 종합적인 서비스의 결합을 통한 신흥 농업사회화 서비스체계를 완비하였다. 그리고 지역을 나누어 농업 서비스시장을 만들고, 농업기술 컨설팅·농업노동·전 과정 기계화·농자재 배송·전문적인 벼 모종 재배·병충해 통합 치료·경작지 간 운송·식량 건조 및 저장 대리 서비스·식량 은행 등 '원스톱' 농업생산 서비스 플랫폼을 구축하였다. 또한, 모든 서비스 항목·내용·기준·가격의 공개를 통해 정찰가를 명시하여, 규모경영이 경작·재배·관리·수확·판매 등의 다양한 서비스 수요와 공급에 대한 매칭이 가능하도록 했다.

여러 합작사의 '생산권' 세분화와 농사 업무의 외주는 농업생산성 전문 서비스의 규모화경제 범위와 분업화경제 범위를 확대했다. 이를 통해 알 수 있듯, '서비스시장'은 '토지지분합작사'와 같은 일종의 거래장치로, 서비스 거래의 효율을 높임으로써 '토지지분합작사'와 같은 효과를 창출한다.

현재 충저우시는 농업 서비스시장 6곳을 만들어 각각 농기구전문합작사나 대농(대형·중형 농기구 320대를 보유, 농사자 662명) 22곳, 식물 보호 전문 서비스 조직 16곳과 식물 보호 기계 700여 대(세트), 노동합작사(종사자 1천여 명) 6곳과 공업화 벼 모종 재배센터 2곳, 집중 벼 모종 재배기지 10곳과 연계하였고, 서비스 면적은 14만 6,300만여 묘에 달한다.

7.3 충저우시의 '농업 공동경영제' 적용 사례의 유효성

충저우시에서 고안해 낸 '1+1+1'의 '농업 공동경영제'는 현재 운영 효과 방면에서 성공적이라 하겠다. 농업 전문 경영진 양성으로 농업의 전문화경영을 추진하고 농가가 주체가 되어 자발적으로 토지지분합작사를 설립함으로써 농업의 규모화경영을 시행하며, 사회화 서비스를 강화하여 농업의 조직화경영이 가능하도록 하였다. 이를 통해 다양한 주체들의 '공동 설립, 공동 경영, 공동 분배, 다자 수익'이 이루어졌다.

7.3.1 경영 주체의 '공동 설립, 공동 경영'

'농업 공동경영제'의 근본적인 특징은 농촌의 토지집체소유권을 유지하고 농가의 주체적 지위를 지속적으로 확보하면서 가정도급권을 안정화하고 토지경영권을 활성화했다는 점이다. 또한, 경영권을 더 세분화하고 재배치함으로써 토지지분합작사, 전문 경영인, 사회화 서비스 조직 등 다양한 주체들이 공동으로 설립·경영하는 신형 농업경영조직 시스템을 형성하였다.

가족 단위 경영의 성질에 대해 논할 때 재산권의 세분화로 결정되는 가정경영 유형의 다양성을 강조했다는 점을 주목해야 한다. 사실 농업 분야의 가정경영은 재산권의 분리 정도에 따라 더 구체적으로 분류할 수 있다. ① 가정도급과 가정경영, ② 가정도급과 일부 경영권 분리, ③ 가정도급과 전체 경영권 분리이다. 이 중 세 번째 유형은 가족의 토지재산권경영(농가의 토지 임대와 유사)의 형태로 퇴화한 것으로, 넓은 의미에서는 가정경영의 성질을 가지고 있지만 농가가 더 이상 농업생산 및 경영의 기능을 하지 않는 것이다. 따라서 충저우시의 '공동 설립, 공동 경영'은 획기적인 조직 구성 제도라고 할 수 있다. 그 이유는 다음과 같다. ① 토지의 파편화와 분산식 경영이라는 난제를 해소하여 토지의 집중화와 규모화를 가능케 함으로써 '어떤 농사를 지을지'에 대한 문제를 효과적으로 해결하였다. ② 토지경영에 관한 의사 결정 및 통제권은 여전히 농가에 있어 농가가 생산·경영·의사 결정·감독·집행을 공동으로 한다. 이를 통해 토지가 폐답 상태로 방치되지 않도록 하고 토시의 경영권 유전 과정 중 발생하는 비농업화[*]와 비곡창화[**] 문제를 예방하였다. ③ 경영권 중 운영 및 관리와 관련하여 더 상세한 재산권 세분과 업무 외주를 통하여 농업 기업가가 지녀야 할 능력을 획득·배양하게 하였고 전문 경영진을 양성하였다. 또한, 외지로 나간 많은 청장년층이 다시 귀향하여 창업하도록 함으로써 새로운 전문 농업인 단체를 양성하였다. 이로써 농업의 분업과 전문화를 촉진하였고 '누가 농사를 지을지', '어떤 농사를 지을지' 및 '어떻게 농사를 지을지'에 대한 문제를 효과적으로 해결하였다.

7.3.2 합작 수익의 '공동 경영, 공동 분배'

토지의 집중, 현대 생산력 요소의 결집 및 해당 능력 보유자의 공동 경영은 농업의 규모경제, 분업경제, 협동적 잉여를 크게 개선시켰고 '공동 경영, 공동 분배' 하는 이익 공동체와 공유 시스템을 구축하였다. ① 농가가 생산비용을 부담한 후 잉여분 순수익의 70%에 해당하는 배당금을 얻을 수 있다. ② 농업 전문 경영인이 초과 생산분의 20%에 달하는 수수료와 규모화경영의 정책성 장려금 및 도시 사회보험을 누릴 수 있다. ③ 토지지분합작사는 초과 생산분의 10%에 달하는 적립금을 인출하고, 상응하는 정책적 지원을 받아 집체경제를 확장시킬 수 있다. ④ 농업사회화 서비스조직은 농업생산성 서비스의 외주를 받음으로써 업무 수입과 서비스 규모경제효과를 얻을 수 있다. 통계에 따르면 2012년 전문 경영인의

---

* 비농업화(非農化): 농지의 비농업용 토지로의 전환.(옮긴이)

** 비곡창화(非糧化): 곡물 경작지를 다른 작물의 경작지로 전환.(옮긴이)

묘당 수입은 150위안(정부 보조금 제외)이고 연평균 소득은 4만 5천 위안이다. 합작사 적립금은 평균 묘당 약 75위안을 인출한다. 합작사에 가입한 농가가 생산비용을 회수한 후 직접적으로 증가한 수익은 묘당 약 525위안(정부 보조금 제외)이 된다.

이러한 공동체와 시스템은 대다수 농민이 소규모 분산식 경영에 의존하는 방식에서 벗어날 수 있게 하였으며 근로 형태도 일용 근로자에서 장기 근로자로 바뀌게 했다. 또한 2012년과 2013년 신규 외지 이주 농민공 비율이 각각 11.78%와 12.98%였는데 이는 다음과 같은 의미를 가지고 있다. ① 외지 이주 근로자로서 일할 수 있고, 농업 공동 경영의 성과를 누릴 수 있을 뿐만 아니라 농가에서는 가족농장 종사, 전문 서비스나 근로 조직 참여 등의 여러 가지 기회가 있어 다양한 방안을 통해 수익을 증대할 수 있다. ② 농가의 겸업화 문제를 해결하고 농민들의 직업 농민 혹은 공업 노동자로의 전문화를 촉진시켰다. ③ 토지경영권 유전 시스템과 농업분업 시스템의 형성은 농업 인구의 유동을 가속화하여 농촌의 신형 도시화에 활력을 불어넣어 주었다.

7.3.3 경영 목표의 '공동 경영, 다자 수익'

미시경제 주체 측면에서 보자면 '농업 공동경영제'는 참여 주체에 상응하는 권익을 보장해 주면서 여러 방면에서 적극성을 불러일으켰다. 그중에서도 농민들은 소농경제에서 벗어나 사회화 분업에 참여하는데도, 여전히 농업경영과 의사 결정의 진정한 주체이다. 합작사는 경영계획과 구성원의 감독을 통해 협력활동의 리스크를 피하고 공동 경영의 안정성과 지속 가능성을 높였다. 전문 경영인은 기업가 경영과 규모화경영을 통해 창업과 수익 증대를 실현하였다. 사회화 서비스조직은 전문화와 생산성 서비스 외주를 통해 농업이 '토지의 규모화경영'에서 '서비스의 규모화경영'으로 전환될 수 있도록 하였다.

거시적 정책 측면에서 보자면 '농업 공동경영제'로 경작지 자원을 효과적이고 합리적으로 보호·이용하는 것이 가능해졌고 식량 생산과 식량 안보도 효과적으로 확보할 수 있게 되었다. 농민들의 권익도 효과적으로 보장되며 농업생산력 수준과 지속 가능한 발전 능력도 획기적으로 개선되었다. 따라서 '농업 공동경영제'는 농가, 전문 조직, 집체, 국가 등 여러 방면의 이익을 모두 고려하여 미시 주체의 경영 목표와 국가의 거시적 정책 목표가 서로 격려하며 함께 발전할 수 있는 국면을 만들었다.

7.4 충저우시 적용 사례의 혁신적 가치인 3대 거래 장치

충저우시가 고안해 낸 '농업 공동경영제'는 제도의 목표와 마지노선을 확실히 지켰다. 이를 기반으로 하여 집체소유권을 확정하고 농가도급권을 안정화 및 강화했으며 토지경영권을 더욱 개방하여 활성화시키고 용도규제권을 개선하고 철저히 시행하였다. 이를 통해 '집체소유, 가정도급, 다원화경영, 용도 규제'라는 신형 농업경영 시스템을 형성하였으며 이는 광범위하고 보편적으로 적용·모방 가능하다는 특징이 있다. 특히 그 혁신적 가치와 시사점은 다음 3대 거래 장치의 형성에 있다.

7.4.1 재산권의 거래 장치인 농민 토지지분합작사

앞서 서술했듯이 충저우시의 합작사는 독립된 경영 주체가 아니라 토지의 적정 수준 집중을 통해 토지경영과 기업가경영의 협력을 이루어 낸 거래장치이다. 그 가치는 다음과 같다.

첫째, 이 장치는 농지경영권 유전 거래 중 소유효과의 발생을 방지하였다. 이로써 지분 합작의 방식으로 재산권 주체와 객체 간의 긴밀한 연계를 유지하여 농민의 인격화재산이라는 특징을 존중하였다. 또한, 농가에 전문 경영인 선발 심사와 생산경영에 대한 최종 의사 결정권을 남겨 줌으로써 농가의 재위(在位) 통제에 대한 수요를 만족시켰다.

둘째, 이 장치의 목적은 생산 협력도 아니고 상품 판매도 아니다. 주로 농지경영권의 집중화 시스템 형성에 있다. 이는 집체자산이나 그 권익의 공유와 관련이 있지도 않고 지역사회의 경제조직과 중복된 역할을 하려는 것도 아니다. 단지 이웃하고 있는 농가의 토지들을 결집시켜 일정 규모를 형성하는 것이다. 핵심은 농가 토지경영권의 집중과 규모화를 통해 농업 전문 경영인들이 경쟁적으로 참여하도록 하여 합작사가 농가경영권을 세분화하고 기업가 인적 자본의 거래 플랫폼이 되었으며, 더 나아가 '기업가 능력'과 그 경영 서비스 규모가 서로 매칭될 수 있도록 하였다는 점이다.

7.4.2 기업가 능력의 거래장치인 농업 전문 경영인 시장

농가경영권의 세분화로 '경영지식' 제공을 중간재(서비스)로 하는 기업가 주체, 즉 농업 전문 경영인이 탄생하였다. 농업 기업가 혹은 전문 경영진의 출현과 '대리경영(경영 업무를 외주)'을 통해 농업의 지식 분업과 의사 결정 및 경영의 효율이 개선되었고 농가의 경영 및 의사 결정 능력이 강화되었다.

첫째, 이 장치는 농업 전문 경영인 시장의 발달을 통해 합작사가 경영 능력을 갖춘 주체를 모색·선별하는 비용을 효과적으로 줄였다.

둘째, 이 장치에서 구성한 집체 협상 시스템은 경영인 참여에 필요한 협상 및 조약과 관련된 비용을 크게 줄일 수 있다.

셋째, 토지의 규모로 전문 경영인들의 경쟁적 참여를 유도함으로써 농가와 합작사가 경영인을 감독 및 심사하는 데 드는 비용을 효과적으로 줄일 수 있다.

넷째, 이 장치는 농가·합작사·경영인 간 협동적 잉여의 분배 협상에 소요되는 비용을 효과적으로 절감함으로써 각 참여 주체가 서로 격려하고 자극이 되도록 할 수 있다.

7.4.3 서비스의 거래장치인 농업생산성의 '서비스시장'

농가생산권의 세분화로 '전문하된 생산 능력' 제공을 중간재(서비스)로 하는 생산성 주체, 즉 농업사회화 전문 서비스조직이 등장하였다. 농업생산 분야에 전문화된 조직의 출현과 '대리경작'을 통해 농업의 기술적 분업 및 생산 관리 효율이 높아졌고 농가의 생산 관리 능력이 개선되었다.

첫째, '서비스시장'이라는 거래장치를 통해 서비스에 대한 농업합작사와 경영인의 '수요'와 전문 서비스조직의 '공급'을 연결해 서비스거래의 수요자와 공급자 간 상호 모색에 투입되는 비용을 효과적으로 줄일 수 있다.

둘째, 거래 장치를 통해 여러 수요 및 공급 주체를 결집함으로써 서비스 가격 책정의 효율을 효과적으로 개선하고 협상비용을 절감할 수 있다.

셋째, 거래의 예측 가능성을 높여 주었다. 우선 수요의 집중을 통해 전문 서비스조직이 '전용 투자'로 인해 받는 압박 리스크를 해소하였을 뿐만 아니라 서비스 거래 범위를 확장하는 규모경제성을 더 높일 수 있다. 또한 공급의 집중을 통해 농가와 합작사는 서비스시장에서 형성된 평가 시스템으로 우수한 서비스를 받을 수 있게 되었고, 서비스 주체의 규모경제와 분업경제로 결정되는 저비용 효과를 누리게 되었다.

넷째, 우회 투자를 개선하였다. 전문 서비스조직은 기계 설비 등의 측면에서 융자와 별도의 보조금을 얻을 수 있기 때문에 농가의 투자 관련 제약을 해소하여 농업의 우회경제효과를 개선하였다.

이처럼 충저우시가 고안해 낸 3대 거래장치는 인격화재산의 거래 제약을 해소하였을 뿐만 아니라, 토지경영권 유전 거래를 통해 농가 토지경영권 거래, 기업가 능력 거래, 농업생산성 서비스 거래의 매칭이 이루어지도록 하였다. 이로써 농가가 서비스의 규모경제성 및 분업경제성 효과를 볼 가능성을 크게 높여 주었고 또한 '토지를 어떻게 경작해야 하는가' 하는 현실적인 문제에 대해 어느 정도 해답을 제시해 주었다.

더 중요한 점은 3대 거래 장치가 뒷받침해 주는 '농업 공동경영제'는 경영 범위가 지속적으로 확장되고 발전할 가능성이 있다는 것이다. 첫째, 농민 토지지분합작사는 토지경영권의 저당과 담보로 신용대출 자본을 확보하여 여러 정책성 재정과 금융 지원[31]을 효과적으로 얻을 수 있게 하고 '공동경영제' 조직의 투자 능력을 제고시킨다. 둘째, 농업 전문 경영인은 그들의 기업가 능력을 통해 농업의 표준화 및 브랜드화 경영 수준을 개선하고 농업합작사의 시장 경쟁력을 높일 수 있다. 셋째, 농업생산성 사회화 서비스조직은 우회 투자를 통해 농업의 물자 설비 수준 및 과학기술 응용 능력을 제고시킬 수 있다. 이는 우회경제의 효율을 개선하고 생산비용을 줄이는 데 도움이 될 뿐만 아니라 농산물의 생산량 확대, 농산물의 품질 개선 및 안전성 제고에도 도움이 된다.

따라서 충저우시의 '농업 공동경영제'는 새로운 환경에서 이루어 낸 농업경영 시스템의 중요한 혁신으로, 가정경영 시 발생하는 선진 과학기술과 생산 수단 응용 및 장애물과 통일된 경영층 약화의 문제를 효과적으로 극복하였다. 또한, 농업자원의 배치를 최적화하였고 현대 물질 기술 설비와 기업가 능력 등 선진 생산요소와 경영 방식을 효과적으로 연결했으며 토지의 생산효율, 자원 이용률, 노동생산성도 개선하였다. 아울러 현대 농업경영의 집약화·전문화·조직화·사회화를 이루고 농업의 지속 가능한 발전 능력을 강화했다. 그중에서도 재산권의 세분화와 재산권 주체의 양성은 농업경영의 거래조직에게 더 다양한 선택권을 제공해 주었고 농업의 분업과 생산 주체의 양성은 농업경영의 생산조직에 더 다양한 선택권을

31 2014년 중공 중앙 1호 문건에서 "재정 항목의 자금을 조건에 부합하는 합작사에 바로 지급함을 허락하며 재정 지원으로 조달된 자산을 합작사가 보유 및 관리하도록 허락한다."라고 강조함.

주었다. 따라서 충저우시가 계획하고 실천으로 옮긴 '농업 공동경영제'는 농업경영 방식의 변화를 이루어 낸 중요한 전환점이자 중국 농업경영 시스템이 나아가야 할 혁신 방향을 제시해 주었다고 할 수 있다.

8. 결론과 토론

8.1 주요 결론

(1) 균전 도급제를 주요 특징으로 하는 가정도급경영제도는 농지의 경영 방식이 소규모화·분산화·파편화되게 하여 규모경제효과를 볼 수 없도록 하였다. 또한, 농업 노동력의 외부 유출과 박약화로 인해 가정경영에 있어서 노동의 분업이 어려워지도록 하였다. 따라서 농지의 경영권 유전을 통해 규모의 문제를 해결하는 것은 제약 조건이 비교적 많고 진전 속도가 느린 과정이라 할 수 있다.

(2) 신고전경제학에서 규모경제는 경제 성장에 있어 가장 주요한 원동력으로 여겨진다. 그러나 이처럼 경제 성장의 일반적 메커니즘에 관해 설명하는 방식은 고전학파의 경제 발전 사상에 부합하지 않는다. 규모경제는 경제 성장과 발전 과정에 따라오는 것이지 경제 성장과 발전의 근본 원인이 아니라는 것이다. 오히려 분업 수준의 정도가 경제 성장을 결정하는 핵심 역량이라고 할 수 있다.

(3) 농업의 생명적 특성으로 결정되는 조직의 운영 시스템은 가정경영의 자연적인 합리성을 보여 준다. 따라서 가정경영, 규모의 경제, 현대 생산조직 방식은 서로 위배되지 않고 공존할 수 있다. 가정경영은 토지의 규모를 확대함으로써 농장조직의 '토지 규모의 경제성'을 실현할 수 있고 또한 농업생산성 서비스(예를 들어 대리경작, 대리파종, 대리수확, 심지어는 전문 경

영인의 대리경영 등 중간 서비스재)의 종적 분업과 외주를 통해 '서비스 규모의 경제성'도 확보할 수 있다.

(4) 충저우시의 사례에서 알 수 있듯이 농업 기업가 경영 주체의 등장으로 가정경영의 내부 분업과 전문화경제를 심화할 수 있게 되었다. 또한 전문 경영인 간 경쟁시장이 형성되면서 노동 분업, 이질성 노동*의 거래와 가격 책정에 드는 비용을 크게 절약할 수 있었다. 더불어 중간재를 제공해 주는 농업생산성 서비스 주체가 출현하게 되면서 농가의 투자 부족 문제를 효과적으로 해결하였고 이로써 농업의 우회경제효과를 눈에 띄게 개선했다. 그리고 서비스시장의 발달, 특히 '서비스시장'의 거래 장치는 거래효율과 네트워크 효과를 크게 높여 주었다.

(5) 제도의 목표와 마지노선에 따라 결정되는 중국 농촌기본경영제도의 본질적 특징은 다음과 같다. 집체소유권의 지속적인 시행, 농가도급권의 안정화 및 강화, 토지경영권의 개방 및 활성화, 용도규제권의 강화와 철저한 이행이다.('집체소유, 가정도급, 다원화경영, 용도 규제'라고 줄여 부를 수 있다.) 따라서 농촌기본경영제도의 개선과 혁신은 주로 경영권의 재산권 조정, 경영 주체의 양성, 분업 심화 시스템 및 경영 시스템의 혁신에 집중적으로 나타난다. 토지의 '집체소유, 가정도급, 다원화경영, 용도 규제'를 위주로 하는 제도의 핵심 부분은 중국 신형 농업경영 시스템의 기본 골격이 될 것이다.

* 이질성 노동(異質性勞動): 질적으로 보았을 때 완전히 동일한 노동을 가리키는 '동질성 노동'의 반의어로 구체적인 노동의 성과가 질적 측면에서 큰 차이를 보이는 노동을 말함.(옮긴이)

8.2 추가 토론

8.2.1 농민합작사에 관한 문제

농민합작조직 문제는 이론적 연구 차원과 정책 결정 차원에서 모두 큰 주목을 받았다. 현재 운영 중인 중국의 농민합작사는 형태가 매우 다양하고 제도적 특징이 모두 다르다.

첫째는 토지 부가가치 수익을 분배함으로써 형성된 토지지분합작사이다. 이들의 주요 특징은 토지를 비농업적 방면으로 활용하여 얻은 부가가치 수익을 분배하는 동시에 농촌의 집체 자산에 대한 농가의 재산 권리를 강화하는 것이다. 이러한 유형의 지분합작사에는 지분 분배와 관련하여 지역사회의 폐쇄성, 지역사회의 이익 분배 시스템 및 복지주의, 집체재산권의 모호성 및 내부인의 통제 등의 문제들이 보편적으로 나타나게 되는데, 이로 인해 제도의 효율성과 모방 가능성에 대한 회의적 비판에 부딪히게 된다. 그러나 이것이 농업경영제도의 범주에 속하지 않는다는 점을 고려하여 이에 대해서는 논의하지 않는다.

둘째는 규모경제의 개선을 위해 설립된 토지지분합작사이다. 이들의 공통점은 농가의 토지경영권 지분 매입으로 토지지분합작사를 형성하였다는 점이다. 구체적인 운영 방식은 주로 다음과 같다.

(1) 집체통일경영 방식: 즉 농가토지를 두고 지역사회 집단이 통일된 경영을 펼치는 것(표 4에서 유형 Ⅳ의 A)을 말한다. 이 경영 방식의 성공 여부는 두 가지에 달려 있다. 하나는 지도자가 '능력 보유자의 경제적 효과'를 발휘할 수 있는지이다. 만약 경영자가 능력이 부족하거나 경영상의 실수를 저지른다면 합작사가 해체되는 경우도 발생한다. 나머지 하나는 우수한 관리 시스템을 갖추고 있는지이다. 만약 '내부인 통제' 문제가 적절히 해결되지 못한다면 합작사의 운영을 불안정하게 만들 수 있다. 즉 통일된 경영 방식이 의거하는 '권위적 시스템'은 그대로 모방하여 적용하는 것도

불가능하고 합작사의 지속적인 유지도 보장하기 어렵다고 할 수 있다.

(2) 집체임대경영 방식: 농가의 토지지분 매입으로 합작사를 설립한 후 합작사의 명의로 토지를 농업 기업이나 대농에 전차하여 경영하도록 하고(표 4에서 유형 Ⅲ과 유사) 농가는 주주로서 토지임대 수익을 공유하는 방식이다. 이러한 방식은 본질적으로 앞서 서술한 '기업+농가' 형식과 유사하다. 차이점은 합작사의 경우 토지임대 주체와 농가 간 분산 협상의 거래비용을 효과적으로 줄여 주고 토지임대료 책정의 효율을 개선해 줄 수 있다는 점이다. 그러나 합작사의 내부인 통제 및 계약의 불안정성 문제가 종종 치명적 결함이 되기도 한다(루어삐량, 2011).

앞서 말한 두 가지 방식은 공통적으로 다음과 같은 문제점이 있다. 첫 번째, 농가가 더 이상 농업의 경영 주체가 아니라는 것이다. 두 번째, 농가토지의 인격화재산이라는 특징이 나타나지 않고 행정적·강제적 특징이 부각되기 쉽다. 세 번째, 합작사는 하나의 장치로서 토지 수익의 이익분배 시스템일 뿐 경영 시스템이 아니라는 것이다. 네 번째, 전문화된 분업 시스템이 부족하다. 특히 기업가 능력의 형성과 전문 경영진의 육성이 부족하다.

셋째는 농업 서비스를 위주로 하는 농민 전문 합작조직이다. 여기에는 농업생산 단계 서비스를 제공하는 전문기술합작사와 전(全) 단계의 서비스를 제공하는 '위탁 관리식' 사회화 서비스조직이 포함된다.

주목할 만한 점은 농업생산 단계의 서비스는 독립된 토지경영 주체가 아니기 때문에 농가경영의 주체적 지위를 대체하지 않지만 서비스조직과 농가경영조직의 거래 플랫폼이 미비하여 전문화 서비스가 분산된 다수의 농가에 대응하다 보니 규모경제효과를 볼 수도 없고 높은 거래비용이 들어가게 된다는 것이다. 토지의 '위탁 관리'는 어느 정도 '임대경영'(표 4에서 유형 Ⅲ)과 유사하다. 단지 임대경영과 사회화 서비스를 결합했을 뿐이다. 농가는 이미 농업경영에서 벗어났으니 농업의 경영 주체가 아니게 된다.

본문에서 주목한 문제는 농업의 가정경영이 어떻게 다른 경영 주체들과 공동 발전을 이루어 내는지이다. 즉 가정경영이 비교 우위를 유지하면서도 다른 주체들의 조직적 우수성을 흡수할 수 있어야 하며 농업경영 방식의 혁신을 이루어 내면서도 가정경영의 기초적인 지위가 약해지지 않도록 해야 한다. 대표적으로 충저우시의 '농업 공동경영제'(표 4에서 유형 Ⅳ의 B와 유사)는 3대 거래장치로 형성되는 경영 주체의 '공동 설립, 공동 경영', 합작 수익의 '공동 경영, 공동 분배', 경영 목표의 '공동 경영, 다자 수익'을 통해 토지와 자본의 결합·토지와 기업가 능력의 결합·토지와 사회화 서비스의 유기적인 결합을 할 수 있도록 하였다.

8.2.2 농업경영제도에 관한 문제

재산권 경제학에서는 두 가지 중요한 개념을 구분하여 사용한다. 하나는 재산권의 권한 부여이고 나머지는 재산권의 행사이다. 권한 부여를 명확히 하는 것도 중요하지만 재산권 주체가 그 재산권을 행사할 행동 능력을 갖추었는지의 여부도 역시 중요하다. 재산권 행사는 두 가지 측면을 포함한다. 첫 번째는 재산권 주체의 재산권에 대한 실질적 처리이다. 두 번째는 재산권 양도와 거래이다. 재산권은 행사 중 강도(强度)의 문제로 인해 동일한 재산권이더라도 적용 환경과 행위 주체에 따라 행사상의 차이가 발생할 수 있다. 따라서 농업경영제도의 효과적인 혁신은 다음과 같은 두 가지 핵심 요소에 의해 결정된다.

첫째, 명확하고 분립된 재산권이다. 시장은 보편화된 상품 교환관계로 이루어져 있다고 볼 수 있다. 이러한 교환관계의 유지를 위해서는 상응하는 재산권의 안배를 통해 거래가 순조롭게 진행되도록 해야 한다. 시장 교환 과정에서 재산권의 주체는 강탈당했는데 제소할 곳이 부재하는 위험이 없다고 생각되어야 재산을 축적하고 또 그 재산을 극대화하기 위해 노력할 것이다. 재산권 주체가 수중에 있는 화폐나 물품을 다른 주체에게 주어도 상대방이 계약에 어긋나게 일을 처리할 것이라는 우려를 할 필요가 없을 때, 혹은 상대방이 계약을 이행하지 않았지만 저비용으로 손실을 만회하거나 줄일 수 있다는 게 보장되는 상황이어야 거래가 순조롭게 진행될 수 있다. 따라서 재산권이 명확하게 보호되는 상황이어야 교환이 순조롭게 진행되고 가격(시장) 메커니즘이 제 역할을 발휘할 수 있다. 그러므로 권한 부여를 명확히 한다는 것은 재산권의 보호·배타성·존중·계약 정신을 의미한다.

이러한 이유로 농촌경영제도의 제도적 마지노선은 반드시 농민의 인격화재산을 보호하고 농민의 토지에 대한 재산권 강도를 강화하며 농민의 토지 권익을 수호하는 것이어야 한다. 또한, 이를 전제로 공개적이며 질서 있는 농지재산권 유전시장을 구축하고 농민들이 권한 유전에 자발적으로 참여할 수 있는 권리를 존중해 주어야 한다.

둘째, '요구에 부합하는' 경제조직이다. '요구에 부합한다'는 것은 우선 재산권의 처분효율을 개선한다는 것을 말한다. 또한, 재산권의 거래비용을 줄인다는 것을 의미한다. 본문에서는 코즈 정리에 대해 다음과 같이 분석하였다. 이미 확권등기증서 발급이 이루어진 농가도급경영권에 대해서는 재차 재산권을 조정하여 처분효율과 거래효율을 개선할 가능성이 없다. 따라서 재산권 조정에서 경제조직 구성으로 전환하는 것이 필연적인 선택이 된다. 코즈(1937)는 시장의 운영에는 비용이 들게 되는데 시장과 기업은 두 가지의 서로 대체가 가능한 자원 배치 수단이라고 하였다. 따라서 재산권 행사의 비용 절감은 생산조직, 거래조직과 관련된 효과적인 선택 및 매칭에 달려 있다. 그러므로 농업의 경영 시스템은 요소 가격 메커니즘, 재산권 분립 메커니즘을 포함하고 있을 뿐만 아니라 요구에 부합하는 조직 메커니즘과 그 거래장치가 있어야 한다.

농업경영 시스템은 우선 가정경영의 기초적인 지위를 유지하면서 농가경영의 행위 능력 부족, 분업화 부족, 규모 불경제 문제를 해결해야 한다. 따라서 농업생산경영 방식의 혁신이 매우 중요하다. 동시에 농업경영 시스템은 농민에게 더 많은 재산 권리를 부여하면서 농가토지의 소유 효과가 발생하지 않도록 해야 한다. 따라서 농지재산권 거래 방식의 혁신도 역시 매우 중요하다. 이러한 각도에서 보았을 때 충저우시의 '농업 공동경영제'가 내포하고 있는 혁신 논리와 그 거래장치의 매칭은 더욱 중요한 이론적 함의와 현실적 가치를 지니고 있다.

참고문헌

Alchian A.: Some Economics of Property Rights, *Politico* 30, 1965, pp.816~829.

Alston L. J., Libecap G. D.: The Determinants and Impact of Property Rights: Land Titles on the Brazilian Frontier, *Journal of Law, Economics, and Organization* 12(1), 1996, pp.25~61.

Barzel Y.: *Economic Analysis of Property Rights*, Cambridge: Cambridge University Press, 1996.

Casoon M.: *The Entrepreneur: An Economic Theory, Martin Robertson*, Oxford, 1982.

Cheung S.: The Contractual Nature of the Firm, *Journal of Law and Economics* 26(1), 1983, pp.1~21.

Coase R.: The Nature of the Firm, *Economica* 4(4), 1937, pp.386~405.

Demsetz H.: *Ownership, Control and the Firm–The Organization of Economic Activity*, Basil Blackwell, 1988.

Dijk T. V.: Scenarios of Central European Land Fragmentation, *Land Use Policy* 20(2), 2003, pp.149~158.

Feder G., Nishio A.: The Benefits of Land Registration and Titling: Economic and Social Perspectives, *Land Use Policy* 15(1), 1998, pp.25~43.

Federico Giovanni: *Feeding the World: An Economic History of Agriculture(1800~2000)*, Princeton University Press, 2005.

Fleisher B. M., Liu Y.: Economies of Scale, Plot Size, Human Capital and Productivity in Chinese Agriculture, *Quarterly Review of Economics and Finance* 32(3), 1992, pp.112~123.

Hayami Y., Otsuka K.: *The economics of contract choice*, Oxford: Clarendon Press, 1993.

Kahneman D., Knetsch J. L., Thaler, R. H.: The Endowment Effect, Loss Aversion and the Status Que Bias, *Journal of Economic Perspectives* 5, 1991, pp.193~206.

Knight F.: *Risk, Uncertainty and Profit*, New York: A. W. Kelley, 1921.

Nguyen Tin, Cheng E. J. and Findlay C.: Land Fragmentation and Farm Productivity in China in the 1990s, *China Economic Review* 7(2), 1996, pp.169~180.

North D.: *Structure and Change in Economic History*, New York: W. W. Norton & Company Inc, 1981.

Rachlinski J. J. and Jourden, F.: Remedies and the Psychology of Ownership, *Vanderbilt Law Review* 51, 1998, pp.1541~1582.

Radin M. J.: Property and Personhood, *Stanford Law Review* 34, pp.957~1015, 1982.

Rawal Vikas: Agrarian Reform and Land Markets: A Study of Land Transactions in Two Villages of West Bengal(1977~1995), *Economic Development and Cultural Change* 49(3), 2001, pp.611~629.

Routray J. K., Sahoo M.: Implications of Land Title for Farm Credit in Thailand, *Land Use Policy* 12(1), 1995, pp.86~89.

Saint-Macary C., Keil A., Zeller M., et al.: Land Titling Policy and Soil Conservation in the Northern Uplands of Vietnam, *Land Use Policy* 27(2), 2010, pp.617~627.

Samuelson P. A. and Nordhaus W. D.: *Economics*, The McGraw-Hillcompanies, Inc., 1998.

Schultz T. W.: *Transforming Traditional Agriculture*, Yale University Press, 1964.

Scott J.: *The Moral Economy of the Peasant*, Yale University press, 1976.

Thaler R. H.: Toward a Positive Theory of Consumer Choice, *Journal of Economic Behavior and Organization* 1, 1980, pp.39~60.

Wan G. H., Chen E. J.: Effects of Land Fragmentation and Returns to Scale in the Chinese Farming Sector, *Applied Economics* 33(2), 2001, pp.183~194.

Williamson O. E.: *The Economic Institutions of Capitalism*, New York: The Free

Press, 1985.

Yang X., Y-K. Ng: Theory of the Firm and Structure of Residual Rights, *Journal of Economic Behavior Organization* 26(1), 1985, pp.107~128.

Yang X., Borland J.: A Microeconomic Mechanism for Economic Growth, *Journal of Political Economy* 99(3), 1991, pp.460~482.

Young, Allyn: Increasing Returns and Economic Progress, *The Economic Journal* (38), 1928, pp.527~542.

曹正汉:《寻求对企业性质的完整解释:市场分工的不完备性与企业的功能》,《经济研究》, 1997年 第7期.

杜赞奇:《文化, 权力与国家—1900~1942年的华北农村》, 江苏人民出版社, 1994年.

费尔德:《科斯定理1-2-3》,《经济社会体制比较》, 2002年 第5期.

冯艳芬, 董玉祥, 王芳:《大城市郊区农户弃耕行为及影响因素分析》,《自然资源学报》, 2010年 第5期.

国务院发展研究中心农村部课题组:《稳定和完善农村基本经营制度研究》, 中国发展出版社, 2013年.

何秀荣:《公司农场:我国农业微观组织的未来选择?》,《中国农村经济》, 2009年 第11期.

胡初枝, 黄贤金, 张力军:《农户农地流转的福利经济效果分析:基于农户调查的分析》,《经济问题探索》, 2008年 第1期.

黄桂田, 李正全:《企业与市场:相关关系及其性质——一个基于回归古典的解析框架》,《经济研究》, 2002年 第1期.

黄贤金, 尼克·哈瑞柯, 鲁尔特·卢本, 曲福田:《中国农村土地市场运行机理分析》,《江海学刊》, 2001年 第2期.

刘凤芹:《不完全合约与履约障碍—以订单农业为例》,《经济研究》, 2003年 第4期.

罗必良:《产权强度, 土地流转与农民权益保护》, 经济科学出版社, 2013年.

罗必良:《合约不稳定与合约治理—以广东东进农牧股份有限公司的土地承租为例》, 载《中国制度变迁的案例研究》(第八集), 中国财政经济出版社, 2011年.
罗必良:《合作机理, 交易对象与制度绩效—温氏集团与长青水果场的比较研究》,《中国制度变迁的案例研究》(第六集), 中国财政经济出版社, 2008年.
罗必良:《农地保障和退出条件下的制度变革:福利功能让渡财产功能》,《改革》, 2013年 第1期.
罗必良:《农地产权模糊化:一个概念性框架及其解释》,《学术研究》, 2011年 第12期.
罗必良:《农业性质、制度含义及其经济组织形式》,《中国农村观察》, 1999年 第5期.
马歇尔(1890):《经济学原理》(上卷), 商务印书馆, 1964年.
曼昆:《经济学原理》, 生活·读书·新知三联书店, 北京大学出版社, 1998年.
穆勒(1848):《政治经济学原理》(上卷), 商务印书馆, 1997年.
潘必胜:《乡镇企业中的家族经营问题》,《中国农村观察》, 1998年 第1期.
庞巴维克(1889):《资本实证论》, 商务印书馆, 1964年.
斯蒂格里茨:《经济学》(上册), 中国人民大学出版社, 1997年.
斯密(1759):《道德情操论》, 中央编译出版社, 2008年.
斯密(1776):《国民财富的性质和原因的研究》(上,下卷), 商务印书馆, 1994年.
苏旭霞, 王秀清:《农用地细碎化与农户粮食生产》,《中国农村经济》, 2002年 第4期.
汪普庆, 周德翼, 吕志轩:《农产品供应链的组织模式与食品安全》,《农业经济问题》, 2009年 第3期.
王磊荣:《我国农村土地破碎现状与均田制传统探析》,《农村经济》, 2004年 第9期.
吴德胜:《农业产业化中的契约演进—从分包制到反租倒包》,《农业经济问题》, 2008年 第2期.

向国成, 韩绍凤:《分工与农业组织化演进:基于间接定价理论模型的分析》,《经济学(季刊)》, 2007年 第2期.

向国成, 杨继平:《对农户生产职能与经营职能分工的超边际分析—对农业产业化的新兴古典范式分析》,《系统工程》, 2003年 第3期.

谢琳, 罗必良:《宗族属性, 土地调整与流转牵扯:粤省三市观察》,《改革》, 2013年 第6期.

熊彼特(1934):《经济周期循环理论:对利润, 资本, 信贷, 利息以及经济周期的探究》, 中国长安出版社, 2009年.

熊万胜:《小农地权的不稳定性:从地权规则确定性的视角—关于1867-2008年间栗村的地权纠纷史的素描》,《社会学研究》, 2009年 第1期.

许庆, 尹荣梁, 章辉:《规模经济, 规模报酬与农业适度规模经营—基于我国粮食生产的实证研究》,《经济研究》, 2011年 第3期.

杨小凯:《经济学原理》, 中国社会科学出版社, 1998年.

姚洋:《集体决策下的诱导性制度变迁—中国农村地权稳定性演化的实证分析》,《中国农村观察》, 2000年 第3期.

姚洋:《农地制度与农业绩效的实证研究》,《中国农村观察》, 1998年 第6期.

叶银华:《家族控股集团、核心企业与报酬互动之研究—台湾与香港证券市场之比较》,《管理评论》(台湾), 1999年 第2期.

虞莉萍:《从"命根子"到"弃如敝屣"》,《资源与人居环境》, 2008年 第15期.

张维迎:《企业的企业家:契约理论》, 上海三联书店, 上海人民出版社, 1995年.

中国农村发展问题研究组:《农村经济变革的系统考察》, 中国社会科学出版社, 1984年.

钟文晶, 罗必良:《禀赋效应, 产权强度与农地流转抑制》,《农业经济问题》, 2013年 第3期.

周其仁:《中国农村改革:国家与土地所有权关系的变化——一个经济体制变迁史的回顾》,《中国社会科学季刊》, 1995年 第6期.

제2장

변천 논리

노동 감독, 잠재적 퇴출과 공사제도(公社制度)의 효율성 문제*

— 후베이성(湖北省) 광지위촨(廣濟餘川) 공사의 경험적 증거를 토대로(1957~1975)

요약 팀에 의한 생산(team production)에서 인센티브(incentive)가 부족한 원인에 대해서는 줄곧 첨예하게 대립하는 두 종류의 판단이 존재해 왔다. 쟁론의 초점은 자유로운 퇴출과 잠재적 퇴출, 그리고 간과 메커니즘 등에 집중되어 있다. 본고에서는 농업생산의 특징을 기반으로, 종적인 감독과 횡적인 감독 두 가지 방면에서 공사제도 저효율성의 근원을 밝혔으며, 보복성을 띠는 나태함과 퇴출 위협 모두 신뢰할 만한 위협효과(chilling-effects)가 나타날 수 없음을 증명하였다. 그 가운데 공동 작업 외에 개인적으로 경영할 수 있도록 인정한 '자류지(自留地)' 요소로 인해 형성되는 '잠재적 퇴출'은 중요한 해석적 가치를 지니고 있다. 본고에서는 '제도 축소-사상 보장-환경 변화'라는 해석 프레임을 이용하여 '저효율적인 공사제도가 어떻게 장기적으로 존재할 수 있었는가'라는 명제에 대해 설명했으며, 패널 데이터(panel data)를 이용하여 실증적 검증을 진행하였다.

키워드 공사제도, 위협 메커니즘, 잠재적 퇴출, 제도 수호

---

* 본 연구는 교육부 철학사회과학 중대 과제 고난도 연구사업(09JZD0022)과 교육부 혁신단체 발전 계획(IRT1062), 국가 자연과학 기금 중점 프로젝트 '농촌토지 및 관련 요소의 시장 육성과 개혁 연구'(71333004)의 단계적 연구 성과물이다. 본고의 필자는 루어삐량으로, 초고는 '2012년 중국제도경제학 연례회의'(2012. 10., 濟南)에 입선된 바 있다.

1. 문헌 고찰

현대 경제학에서 경제 협력조직 및 그 효율성에 대한 연구가 경제학자들이 줄곧 관심을 쏟고 있는 주제 중 하나이다. 초기의 문헌에서는 주로 협력조직의 자원 배치 효율과 인센티브 문제를 연구했는데, 그들이 사용한 방법은 주로 신고전주의의 한계 분석(marginal analysis)이었다. 이어서 Alchain & Demsets(1972)가 경제조직 변천 이론을 발전시켰으며 1980년대 이후에 들어서서 게임이론, 특히 반복게임이론(Repeated game theory)이 경제학 분야에서 광범위하게 활용됨에 따라 경제협력이론에서 새로운 발전의 흐름이 나타나게 되었다(Telser, 1980; Kreps 등, 1982, 1990; Macleod, 1984, 1988; Guttman, 1991, 1992; Zhangjun, 1999).

많은 연구 성과에서 이미 증명하였듯이, 팀 생산(team production)도 개인 생산과 같은 자원 배치의 효율성을 완전히 실현할 수 있다(Ward, 1958; Sen, 1966; Bonin, 1977; Chinn, 1979; Putterman, 1980; Blinder 등, 1990). 또한 이론상으로 보면, 특정 조건을 만족시키기만 한다면, 협력조직 구성원의 생산에 대한 적극성을 개인 생산의 고용인보다 더 높일 수도 있다. 그러나 단체 조직 내부의 노동과 임금 간의 미약한 관계 및 이러한 관계에서의 '무임 승차(free rider)'라는 문제 때문에, 또는 감독의 불완전성과 높은 심사 자본에서 야기되는 인센티브의 부족으로 인해 팀 생산은 종종 높은 생산효율을 보이기 어려워진다(Alchai & Demsets, 1972; Meade, 1972; Holmstrom, 1982; Binswanger & Rosenzwing, 1986; Hayami & Ruttan, 1985).

인센티브가 부족한 원인에 대해서는 격렬한 논쟁이 진행되고 있다. 그 가운데 가장 대표적인 논쟁은 린이푸(林毅夫, 1990, 1993)와 Dong & Dow(1993)에게서 시작되었다.

린이푸(1993)는 중국의 1959~1961년의 농업공황(agricultural crisis) 위기의 원인을 해석하고자 하였고, 협력조직 실패의 원인에 대한 새로운 해석을 내놓았다. 그는 협력화의 자발적 단계(1952~1957)에서, 참가자의 퇴출 권리(exit right)의 존재로 인해 협력조직 가운데 농민의 자아 감독이 자기집행적 조약(self-enforcing agreement)을 형성할 수 있게 되었고, 이는 협력조직 내부의 감독 부족이라는 단점을 보완할 수 있었다고 제기했다. 그러나 1958년 공사제도가 실시된 이후, 국가가 농민의 퇴출 권리의 자유를 박탈한 것으로 인하여 협력조직 구성원 간의 게임이 무한 반복 게임에서 일회성 게임으로 바뀌게 되었고, 그에 상응하는 자기집행적인 조약도 존재하지 않게 되었다. 감독을 할 수 없었을 뿐만 아니라 조직 구성원들을 퇴출할 수도 없었기 때문에, 협력조직은 최소 노력 원칙을 지키게 되었는데, 이것이 바로 위기의 가장 주요한 원인이다. 린이푸의 해석에는 공사(公社) 구성원의 자유 퇴출권의 유보는 공사제도의 성공을 보장하는 '필요조건'이라는 명제가 함축되어 있다.

린이푸의 연구 성과는 학술계의 광범위한 관심과 논쟁을 불러일으켰다. "*Journal of Comparative Economics*"에는 1993년에 여섯 편의 글을 구성하여 린이푸의 가설을 둘러싸고 전문적인 토론을 진행하였는데, 이를 통해 협력이론의 발전을 추진할 수 있게 되었다.

그러나 린이푸의 이러한 조건은 Macleod(1988)의 이론 관점과는 분명히 일치하지 않는다. Dong & Dow(1993)는 그에 대해 도전장을 내밀었다. 그들은 매클라우드의 협력이론을 기반으로, 협력사에서는 반드시 모든 인민공사의 구성원에게 퇴출 시 자본을 만들어 줌으로써 인민공사 구성원들이 게으름을 피우고 도망치는 기회를 감소시킨다고 주장했다. 그들은 린이푸의 조건과 정반대로, 공사제도의 성공은 인민공사 구성원의 퇴출할 권리를 취소하는 것이라고 주장했다. 그렇다면 퇴출 위협이 없는 협력조직에 대해 나태함의 문제를 어떻게 해결할 것인가? Dong & Dow는 '이에는 이' 방법이 공사에서 퇴출하는 것보다 더 효과적이라고 생각했다. 다시 말해, 퇴출을 제한하는 조건하에 서로의 나태함(진입 위협)이 신뢰할 만한 보복 책략이 될 수 있다는 것이다.

그러므로 농업 협력에서 자기집행적 조약[1]이 어떻게 형성되는가에 대해서는 사실상 서로 다른 두 가지 기본 주장이 존재한다. 진입 위협과 퇴출 위협은 협력을 촉진하는 두 가지 주요 메커니즘이다. 전자는 퇴출 자본금을 더하고 나태함으로의 진입 위협을 통해 협력을 보장하는 것이고, 후자는 퇴출권을 유보하고 퇴출 위협을 통해 협력을 촉진하는 것이다. 그러나 기존 평론에서 제기한 바와 같이 '퇴출 위협'과 '진입 위협'은 '대립' 또는 '역설'로서, 더욱 광범위한 결론의 두 가지 극단에 지나지 않는다(Putterman & Skillman, 1993).

진입 위협이 협력사의 성공에서 중요하다고 한다면, 퇴출 제약을 한 인민공사는 왜 여전히 저효율의 길을 걷고 있는가 하는 점과, 더 나아가 저효율의 길을 걷고 있는 공사제도는 어떻게 20여 년 동안 장기적으로 존재할 수 있는가 하는 점이 바로 본고에서 생각해야 할 문제이다.

2. 인민공사: 제도의 특징 및 저효율

2.1 인민공사조직제도의 특징

1958년에 건립되어 1962년 '삼급소유, 대위기초(三級所有隊爲基礎, 공사와 생산대대, 생산대 세 급이 집체로 소유하고, 생산대를 기초로 한다.)'라는 제도의 구조를 완전히 확립한 인민공사는 재산권 기구와 운행에 있어서 다음과 같은 특징[2]을 나타낸다.

---

1 만약 조약 조항이 제3자의 간섭 또는 기타 자발적 수단을 필요로 하지 않아도 집행될 수 있다면, 이러한 조약은 자기집행적 조약(self-enforcing agreement)으로 정의될 수 있다.

2 농촌 사구 집체경제조직 연구팀(農村社區集體經濟組織課題組), 「농촌 사구집체경제조

(1) 단일 공유 형식으로, 주요 생산 수단의 귀속 측면에서 사적소유제의 사적인 성격을 배척한다.

(2) 각 급의 관리자는 행정적으로 임명되는 것이지, 조합원 대회 또는 조합원 대표 대회에서 선거로 임명되는 것이 아니다. 관리에 대한 권력은 집중되지만, 경영에 대한 책임은 명확하지 않고, 관리자는 경제적인 이익을 무시하며, 행정적인 수단으로써 경제 업무를 관리한다.

(3) 경영은 일반적으로 자급적이며, 시장 무역이 발생하는 일이 드물다. 일부 상품만 부분적으로 사전에 주어진 가격에 따라 정부에서 일괄 구입하고 판매한다. 정기적으로 열리는 재래시장을 닫게 하고 지역 간의 물물 교환을 제한하며, 장거리 운송 판매를 엄금한다.

(4) 노동력을 집중적이고 통일적으로 배치한다. 농업 노동력의 이동을 제한한다.

(5) 분배 시 농업생산 특징과 노동자들의 지능 및 체력의 차이를 무시하고, 노동점수제도로 평균 원칙을 실현한다.

2.2 저효율의 표현

1950~1952년, 중국의 식량과 목화, 유류의 연간 평균 성장률은 각각 13.1%, 43.2%, 17.8%였고, 1957~1978년의 연간 평균 성장률은 각각 2.1%, 1.3%, 1.0% 하락하였으며, 이 기간 동안에는 변화 폭도 상당했다. 뿐만 아니라 20년간의 기간 동안 중국의 전국 인구가 1인당 점유한 주요 생산품의 생산량에는 별다른 변화가 나타나지 않은 반면에, 모든 농업 인구가 사회에 제공하는 농산품 생산량은 분명한 하락세를 보였다(표 1).

직(農村社區集體經濟組織): 개혁과 발전 정책 연구(改革與發展政策研究)」, 『농촌 협력 경제 경영 관리(農村合作經濟經營管理)』(6), 1995.

표 1. 1957~1978년의 농업생산과 농민 수입

연도		1957	1962	1965	1970	1975	1978
인당 농산품 생산량 점유 (kg)	인당 식량 점유	306	240.5	272	293	310.5	318.5
	인당 목화 점유	2.6	1.15	4.95	2.8	2.6	2.25
	인당 유류 점유	6.1	3.6	5.05	4.6	4.95	5.45
	인당 육류 점유	6.25	2.9	7.7	7.3	8.7	8.95
	인당 해산물 점유	4.9	3.4	4.25	3.9	4.8	4.85
농업 인구의 평균 생산품 (kg, 마리)	식량①	85.05	57.85	64.9	66.1	67.35	62.6
	목화	2.65	1.15	3.25	2.9	2.85	2.6
	식용유	1.95	0.65	1.4	1.45	1.0	1.1
	돼지②	0.075	0.034	0.130	0.108	0.132	0.135
	해산물	3.2	2.65	3.05	2.85	3.25	3.3
농민 인당 수입 및 출처(위안)	인당 농민 수입	87.57	111.53	117.27	129.25	133.45	151.79
	집체에서 얻은 수입	43.40	52.52	63.17	78.35	76.05	88.53
	가정부업 생산	36.08	50.59	43.36	42.43	49.17	54.01

※ ① 식량은 정해진 가격대로 구입하는 수매와 가격 논의 후 구입하는 수매가 포함되며, ② 돼지는 살아 있는 돼지와 도축 후의 돼지고기를 포함한다.[「중화인민공화국농업부정책법규(中華人民共和國農業部政策法規)」, 『中國農村』, 鄭州: 中原農民出版社, 1989, pp.130~133.]

인민공사제도는 농촌경제의 발전을 제한할 뿐만 아니라 모든 농업 발전의 정체를 초래하며, 농민 수입의 성장률 또한 저조하게 한다. 1957년에서 1978년까지 농민의 인당 수입은 64.22위안이 증가하여, 평균 매년 3위안이 늘어났을 뿐이다. 수입 증가의 대부분은 집체로부터 나왔으며, 가정부업 생산은 '좌파'의 사조 영향으로 증가율도 미비하였다.

2.3 저효율의 근원: 초보적 분석

인민공사제도의 형식은 현대 재산권이론의 판단에 따라 습관적으로 '집체소유제'라고 부르고 있지만, 집체재산권(collective property rights)이 아닌 공유재산권 또는 공동재산권(communal property rights)의 특징을 지니고 있다.

이 두 가지의 차이는 다음에 있다. 공유재산권의 참여자는 자원에 대한 모종의 권리 행사 시, 사전에 타인과 협상할 필요는 없으나 타인의 해당 자원에 대한 같은 권리 행사를 배제할 수는 없다는 것이다. 혹자는 이러한 재산권은 공유하는 것으로, 개인 간에 완전히 분리할 수 없으며 동시에 또는 각각의 구성원에게 대상화할 수도 없다고 말한다. 반면에 집체재산권의 참여자는 자원에 대한 여러 가지 권리 행사 시 반드시 사전에 해당 집체의 일정한 절차 또는 규칙에 따라야 하지만, 자원에 대한 이러한 권리는 일부 형식을 통해 구성원에게 분리 또는 대상화될 수 있다. 만약 해당 참여자가 집체의 자원 권리 행사 제도에 관련된 규칙과 구속(및 시행)에 대해 불만을 가지고 있다면, 유상 양도의 방식으로 해당 집체를 퇴출할 수 있다.

인민공사제도적 안내 가운데 유명한 '삼급소유' 및 과도기성은 실제로는 재산권의 모호한 분배 형식으로, 어떠한 확정성의 재산권 주체를 거의 부정하였다. 토지소유권은 비록 명의상 사구(社區) 소유이지만, 토지의 사용권은 정부에서 결정하는 것이다.(무엇을 얼마나 파종하는지는 완전히 '상급'의 지시를 따라야 한다.) 당시의 국가 헌법에서 농촌토지는 자유롭게 매매하거나 임대해서는 안 된다고 규정했으며, 토지의 양도도 역시 비합법적인 일이라 여겨졌다. 뿐만 아니라 정부에서는 일괄적으로 구매하고 판매함으로써 농산품 가격을 낮추는 형식으로 농업토지의 임대 수입을 암암리에 국가 소속으로 바꾸었으며, 호적제도의 형식으로 농촌사회에서 농민을 강제적으로 단속했다. 따라서 인민공사에서 내세운 '일대이공(一大二公, 공유제가 순수할수록, 공유제의 범위가 클수록 좋다.)', '일평이조(一平二調, '平'은 소비물자나 식량을 일률분배하는 절대 평균주의, '調'는 생산재와 인력을 무상으로 징발하는 인민공사식 풍조)'라는 행정 수단은 근본적으로 토지자원에 대한 집체로서의 농민의 사용권과 수익권·양도권을 부정하는 것이며, 농업생산 자원을 모두 집체소유화하며, 인민공사 또는 생산대는 통일적으로 농촌의 노동력을 지휘·배치하고 사용하게 된다. 이는 농민 개인으로서 개인적인 재산과 자신의 노동력에 대한 재산권을 부정한다.

재산권의 이러한 제한 상태에서는 결코 효율적인 경쟁 체제와 경쟁 질서를 만들 수 없으며, 재산권 제도는 경제체제에 대한 자극·배치·보험과 제약 기능을 수행할 방법이 없다. 농민들은 토지의 사용권·수익권·양도권을 가지고 있지 않으므로, 토지의 이용은 필연적으로 저효율의 현상을 띠거나 완전히 낭비될 수밖에 없다. 농촌의 모든 자원 재산권은 구체적이고 명확한 책임 주체, 권력 주체와 이익 주체를 잃었으므로 그 재산권의 안배는 배타성을 거의 지니고 있지 않았다. 때문에 행위 주체의 분배성의 노력은 생산성의 노력을 훨씬 초과하게 되는 것이다. 절도·태업·무임승차 등 기회주의 행위가 성행하는 분위기 속에서, 집체(공사 또는 생산대)에서 각각의 농업 노동자들을 감독하는 것은 매우 어려울 뿐만 아니라 그 비용도 매우 높아지게 된다. 구성원들의 노력 정도에 대한 감독과 평가의 비용이 높기 때문에, 공사화 제도하에서 '노동력에 따라 임금을 가진다'는 것을 실현할 수 없다. 또한 분배에서의 평균주의는 필연적인 결과이며 이러한 평균적인 분배는 구성원들의 임금과 그 노력과의 관련을 몹시 낮게 하여, 노동력 자원의 낭비와 노동력의 저효율을 불러오게 된다. 이러한 까닭으로 농업의 성장이 침체에 빠지게 되는 것이다.

'삼급소유, 대위기초'라는 농민공사제도에서, 생산대는 기본적인 계산단위로 간주되며, 이것은 하나의 농업생산 기업으로 볼 수 있다. 생산대는 그 범위 내의 모든 토지와 노동력(노동력 사용에 대해 지배 권리를 가지고 있는 것을 가리킴)을 가지고 있으며, 아울러 그에 상응하는 목축과 농기구 및 소형 농기계 등도 보유하고 있다. 때와 장소에 따른 재배와 수익 분배를 진행하는 자주권 또한 가지고 있다.

그러나 농민이 소유한 재산권과 같이, 생산대의 재산권도 엄격한 제한을 받는다. 1962년 9월 중국공산당 제8회 중앙위원회 제10차 전체회의

(中國共産黨第八屆中央委員會第十次全體會義)에서 「농촌인민공사 공작 조례 수정 초안(農村人民公社工作條例修正草案)」(國家農業委員會辦公廳, 1981)을 통해 이를 명확히 규정한 바 있다. ① 생산대 소유 토지는 일률적으로 임대와 매매를 해서는 안 되므로, 자신의 양도권을 제한한다. ② 생산대는 양식 생산의 발전을 위주로 하는 동시에, 현지 조건에 근거하여 면화·유류·기타 경제 작물의 생산을 발전시킴으로써, 자원에 대한 생산대의 사용권을 크게 약화시켰다. ③ 수익 분배 전에 반드시 수매와 구매 임무(실제로 농업세와 정부의 저가 구매 두 부분을 포함하고 있다.)를 완수해야 하고, 배급 양식을 초과하는 잉여 양식은 국가의 추가 구매분과 집체의 비축분을 우선 분배하고 최후의 잉여 양식이 개인에게 분배된다.(세 가지에 대한 각 부분의 비율은 정부에서 확정한다.) ④ 노동 능력을 가지고 있는 모든 사람들은 반드시 농업 생산 노동에 참여해야 한다. 일반적인 상황에서 사구(社區) 구성원은 자유로운 이동과 직업 선택의 권리를 가지고 있지 않다. 이는 인력 자원의 소유권에 대한 제한이다. ⑤ 자산의 잉여 분배에 대한 권리를 가지고 있음을 부정한다.

앞서 서술한 재산권 구조의 기초 위에서는 인민공사의 조직제도적 안배를 어떻게 효율적으로 할 수 있을지 알 방법이 없다. 사실상, 생산대는 앞서 서술한 강제성을 띠는 재산권 제약을 제외하고, 다른 방면의 제한도 받는다. 첫째, 공사의 1급 조직은 행정 권력을 지니고 있으며, 명령의 방식으로 하급의 생산활동에 대해 '건의'를 제기할 수 있다. 또 다른 한편으로는 대대(大隊)와 생산대의 생산, 분배 및 교환 활동을 직접적으로 지도하거나 관리할 수 있고, 또한 계획(특히 양식과 농업생산물의 수매와 구매 임무) 수행도 감독할 수 있다. 이는 생산대의 모든 선택권은 행정 권력의 제약을 받는다는 것을 의미한다. 둘째, 대대의 대장과 지부의 서기는 이중 대리인이라는 신분을 가지고 있다. 그들은 공사 기능의 연장이며, 공사를 대신해 생산활동을 조정·관리하는 동시에, 인민공사 구성원의 대리인이

기도 하다. 이들은 대대의 일급 공공재산권의 보호, 관리와 사용 권리에 대한 분배를 책임질 뿐만 아니라, 각 생산대 간의 권익과 의무의 균형을 보증한다. 따라서 수매와 구매 계획의 제정을 막론하고 양식 분배의 기준과 방식의 확정은 모두 조직 행정화의 배경하에서 공사와 대대 및 생산대 간의 값을 흥정하는 가운데 완성되는 것이다.

즉, 생산대가 가지고 있는 재산권은 부족한 부분이 매우 많고, 대대와 공사 간에 이루어진 조약도 강제성을 띠고 있다고 간주할 수 있겠다. 정부에서는 생산대에 대한 계약 제재 권리(예컨대 요소 배치와 관련된 제한)를 가지고 있을 뿐만 아니라, 그에 상응하는 계약 분익 권리(예컨대 수매, 구매와 같은 업무)도 가지고 있다[천지엔보(陳劍波), 1994]. 생산대의 잉여분배권은, 거듭되는 '정치 담판' 가운데, '빨리 달리는 소를 더욱 채찍질하는' 방식으로 반복적으로 침해되고 있다. 대대의 책임자는 대리인의 이중 신분으로서, 강력한 행정 압력과 이데올로기의 유도에 근거하여, 개인의 효용함수를 정부로부터 받은 임무를 완성하는 데 편향시키고 있음이 분명하다. 그 정치적 지대 추구(rent seeking)는 종종 담판에서 생산대에게 손해를 입히기도 한다.(생산대도 어느 정도 이와 유사한 경향이 있다.)

이상의 분석을 종합해 보면, 인민공사조직제도의 실패는 아래의 몇 가지 원인으로 귀결될 수 있다.

첫째, 생산대의 생산 가운데 감독과 계량의 높은 자본은 나태함과 무임승차 등의 기회주의 행위가 성행하는 결과를 야기하였다.(이와 관련해서는 다음 장에서 전문적으로 다루도록 하겠다.)

둘째, 재산권의 약화는 배타성의 상실을 초래하였으며, 이는 생산적인 노력에 대한 자극 또한 상실하게 되는 결과를 낳았다.

셋째, 대리인의 지대 추구로 사구(社區)의 복리에 대한 피해가 발생하며, 이로 인해 분배성 노력에 대한 전시효과(demonstration effect)도 발생된다.

넷째, 인민공사는 고급 농업생산합작사 시기 일회성 게임의 특징을 가지고 있을 뿐만 아니라, 인력자원 소유권의 제한으로 인해 농민들은 경제 조직을 선택하는 자유를 잃게 되었다. 이러한 까닭으로 인민공사는 구성원의 조직 참여에 고급농업생산합작사보다 더욱 엄격한 '폐쇄적' 성질을 지니게 된다. 특히 인민공사조직과 농촌 사구(社區)는 중첩되므로, 이러한 '폐쇄'성을 극대화시키게 된다. 이는 초급농업생산합작사에 존재하는 퇴출 위협효과(chilling-effects)가 인민공사에서는 이미 완전히 소실되었음을 의미한다.

다섯째, 인민공사조직과 사구의 중첩은 조직의 독점을 야기한다. 정부의 강대한 정치적 역량의 보호하에 외부 조직의 경쟁 압력이 거의 사라진 상태이므로, 조직효율의 개선을 촉진하는 동력을 소실하게 되었다.

여섯째, 인민공사의 규모가 지나치게 거대해져 집체 행동의 어려움을 초래하게 되었다.

3. 나태함, 감독과 인센티브의 부족: 공사제도 실패의 진일보적 해석

3.1 수직적 감독: 나태함과 공사 노동 속의 '레몬시장'

넬슨(Nelson, 1970)은 탐색재(search goods)와 경험재(experience goods)를 구분하였다. 넬슨의 정의에 따라, 협력조직 내의 구성원들이 들이는 노동을 상품으로 보면, 노동 상품도 탐색재와 경험재로 구분할 수 있다. 고용인의 노동은 두 가지 방면으로 나눌 수 있는데 하나는 집체 노동에 종사하는 시간(노동의 수량)이고, 다른 하나는 노동에 종사하는 집중 정도 또는 근면 정도(노동의 품질)이다. 따라서 고용인이 제공하는 노동 상품에서 전자(노동의 수량)는 탐색재로, 후자(노동의 품질)는 경험재로 부를 수 있겠다.

농민이 협력조직에 제공하는 노동 상품 x의 품질에 범위, 다시 말해 최저 품질 q_{min}과 최고 품질 q_{high}가 있다고 가정해 보자. 그림 1에서 상대적인 한계비용곡선(marginal cost curve)과 평균비용곡선(average cost curve)의 위치를 보면 고급 품질의 노동 상품을 제공하는 원가가 비교적 높다는 것을 알 수 있다(Eggertsson, 1990). 만약 측정 비용을 무시한다면 높은 품질 q_{high}와 낮은 품질 q_{min}의 균형 가격(단위노동임금)과 생산(노동 제공량 또는 노력의 정도)을 매우 쉽게 찾아낼 수 있을 것이다.

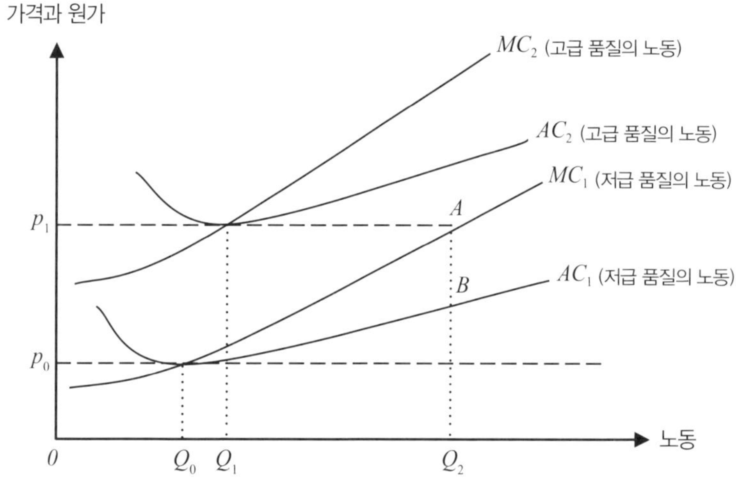

그림 1. 경험재: 농업조직 내의 레몬시장

협력조직 가운데, 낮은 품질의 노동 상품 x_i를 제공하는 농민(나태한 자)의 장기적인 평균 노동 공급량은 평균 단위 노동 원가가 가장 적은 그림 1의 Q_0에서 결정된다. x_i에 상응하는 균형 월급(노동 가격)은 P_0이고, 이와 유사하게 고급 품질의 노동 상품 x_i를 제공하는 농민(근면한 자)의 평균 노동 제공량은 Q_1으로, 외생변수로서의 시장 가격(단위노동임금)은 P_1이다.

품질을 측정하는 원가가 일단 유입되면 앞서 서술한 균형 결과는 더 이상 존재하지 않게 된다. 한 구성원으로서 단체 작업을 할 경우, 작업의 성과가 투입된 노력과 주관적 의지로 결정되지 않는 여러 가지 객관적인 요소에 달려 있을 뿐만 아니라 고용주가 이러한 요소를 완전히 구분할 수 없으면 참여하는 구성원의 사후 기회주의 행위가 발생할 수 있다. 이러한 정황을 고려해 보자. 단체가 각각의 협력 구성원에게 임금을 지불할 때, 각 농민이 제공하는 노동의 품질 상황을 알아보는 데에 매우 많은 원가를 들인다. 이러한 노동 품질의 속성은 자세히 관찰한 후에야 얻을 수 있는 것인데, 이러한 정보를 알아보기 위해서 지출해야 할 원가(감독 또는 측량 원가)는 놀라울 정도로 비경제적이라고 말할 수 있다. 또한 각각의 참여자들이 원가를 계산하지 않고 자신이 제공하는 노동의 품질을 조절할 수 있다면, 협력조직 구성원 간의 정보 분포가 비대칭적인 것임을 표명하는 것이며, 이는 필연적으로 도덕적 해이(moral hazard)를 야기할 수 있다.

집체 노동에서는 고용주가 각 구성원의 노력 정도를 알 수 없기 때문에 대략적인 평균 월급에 따라서 수당을 지급할 수밖에 없다. 열심히 일하는 척하는 직원이 수입 최대화를 위해 투입한 노동량이 Q_2(이로써 집체 노동에서 태업자가 자주 노동시간을 즐기는 데 할애하고 최선을 다하지 않는 것을 이해할 수 있다.)이고, P_1의 단위노동임금률로 순수입 $Q_2 \times$ (A−B)를 얻는다. 여기서 (A−B)는 Q_2 수준의 임금률과 평균 단위노동원가의 차이이다. 하지만 저질 상품을 좋은 상품으로 가장한다 해도 이는 단기간 내에만 통할 뿐이다. 고용주가 체험으로 자신이 속았다는 것을 알게 되면 각 직원의 노동 품질을 분별할 수 없는 상황에서(혹은 분별하는 데에 필요한 원가가 매우 높은 경우) 고용주는 모든 노동상품 x에 대해 P_1의 임금률 지급을 거절할 수 있고, $P < P_1$일 때, 고품질의 노동은 자연히 조직 내의 '노동시장'에서 소멸할 수 있다. 고용주는 부단한 체험으로 끊임없이 속임수를 발견해서 임금률 P를 하향 조절하게 되고, 비교적 높은 품질의 노동은 계속 소실된다. 그러므로 MC_2와 AC_2 두 곡선은 부단히 아래로 이동하여, 최종적으로 각각 MC_1, AC_1과 중첩되고 이때 각 구성원이 제공하는 노동 상품의 품

질은 모두 q_{min}이 된다. 결국 협력조직에서 '레몬시장'이 나타나고 효율 저하의 결과가 초래된다.

농업 산업의 특성을 고려하면 상술한 정황은 더욱 심각해질 것이다. 농업활동은 유기적인 생명자연력을 이용함으로써 기타 자연력을 이용해 나가는 활동으로, 이는 농업활동은 생명이 생명에 적응해 나가는 복잡한 과정임을 의미한다. 게다가 중단을 용납하지 않는 생명의 연속적 과정에서 내보내는 정보는 그 데이터가 어마어마하고 규칙적이지 않아서, 농업의 인공 조절 활동은 절차화(프로그램화)하기 어렵다. 이와는 달리, 공업생산은 통제 가능 정도가 매우 높고 그 생산 과정에서 생기는 정보가 비교적 규칙적이며, 정보의 발생·전달·접수와 처리가 통상적으로 절차화되어 있다. 이 때문에 공업활동은 엄밀한 분업 기초하에 대규모 기계식 협력이 가능하다. 집중화·표준화·전문화·규격화 등의 방식을 통해 조직하고, 이러한 기초로 인해 비교적 명확하게 노동 계량이 가능하며 상응하는 감독원가도 비교적 낮다. 그러나 농업활동의 주체는 반드시 생물 수요의 상황에 따라서 효과 있는 '현장' 반응을 만들어 내야 한다. 그 복잡성과 불확정성은 생산의 표준화·규격화·정량화와 상충되는 결과를 낳을 수 있기 때문에 노동 심사와 보수의 계량은 정밀한 계산이 어려워지고 농업활동의 감독 가능성 역시 매우 어려워진다고 할 수 있다.[3]

3.2 수준 감독: 정보, 인센티브, 위협 불발

3.2.1 감독성과 인센티브 부족: 서로 다른 정황의 분석

농업생산의 장면은 다음과 같은 가정하에 대체적으로 세 가지 정황으

3 이러한 특성 때문에 농업은 뚜렷한 규모적 경제성을 갖추지 못하게 되고, 이것은 틀림없이 학자들이 통상적으로 신임하는 '합작사가 단독 경영보다 규모경제성을 갖춘다'는 가설의 강도를 약화시킬 수 있다.

로 분류된다. 첫째, 생산환경과 생산 대상이 동질성(즉, 같은 토지에서 동일한 상품을 생산한다.)을 구비했고 인민공사 구성원들 역시 모두 양호한 인력자원(경험과 지식)을 구비하고 있다고 가정한다. 둘째, 합작생산의 농산품이 다양성을 가지고 있고 인민공사 구성원의 생산 경험이 분업의 조건하에서 전용성을 갖추고 있다는 가정이다. 셋째, 합작 진행하는 농업생산이 지역적 분산성을 갖추고 있고 지역 간 입지조건상의 차별성을 갖고 있다는 가정이다.

정황 1: 장기간 어떤 농사활동에 종사하면서 직업 경험과 지식을 쌓은 것에 기초한다면, 농민은 한 생산 주기 중 닥쳐올 기후조건, 토지의 토비 상태와 종자, 모 심기의 특성에 근거해서 대략적인 생산량 수준을 예측할 수 있다. 따라서 날씨 문제는 특별히 중요하지 않을 것이다. 그렇다면 실제 생산량 수준과 그 예측 사이에 일정한 차이가 발생할 때, 그들은 생산 과정에서 노동 나태 문제 존재 여부를 완전히 판단해 낼 수 있다. 사실상, 경험 있는 농민은 구체적인 농예활동 중 어떤 사람이 실행한 어떤 행위에 대해서 합리성과 적당성 여부에 대해서 정확한 평가를 내릴 수 있다.

정황 2: 일단 합작팀이 생산품을 다양화하고, 인민공사 구성원이 분업을 통해서 전문화 생산한다고 가정하면, 상호 감독을 스스로 실행할 가능성은 크게 감소될 것이다. 첫째, 농민이 누적한 전문화 인력자본은 전용성이라는 특징을 갖고 있으므로, 그가 아직 참여하지 않은 전문화 농사활동에 있어서는 효과적인 평가를 진행하기 어렵다. 둘째, 서로 동일한 생태환경조건에서 서로 다른 생산품을 생산하는 데에 환경 적합성 차이가 존재한다거나, 혹은 같은 기후 상태가 서로 다른 농작물에 미치는 영향이 서로 다르다고 말할 수도 있다. 이 때문에 이미 분업화한 인민공사 구성원은 전체 생산품 생산의 효과에 대해서 예측하기 어려워질 수 있다. 따라서 구성원은 사후에 합작사 생산량이 하강했을 때 그것이 날씨의 원인인지 노동력 태만의 원인으로 야기된 것인지 식별할 수 없게 되며 이 구성원은 장차 행위 선택에 있어서 확실히 곤혹을 겪게 될 것이다. 셋째, 이 두 가지 방면 때문에 어떤 전문화 생산을 진행한 '소수'가 아마도 합작팀 대열에서 '무임승차 문제(Free rider problem)'를 일으킬 수 있고 나태 행위를 할 수도 있다.

정황 3: 서로 다른 작물의 성장이 서로 다른 입지 조건을 요구한다. 만약 합작팀이 다양화 농업생산을 서로 다른 지역에서 진행하고, 또한 지역 간 입지조건의 차이성이 보인다면, 분업의 다양화와 노동의 분산화가 이뤄지면서 인민공사 구성원은 생산량 결과가 달라진 원인을 판단하기 어려워지게 될 것이다. 또한 누가 나태한지 알 수 없고 상호 감독은 거의 불가능하게 된다. 이로써 단순한 '진입 위협' 혹은 '퇴출 위협' 책략은 문제를 해결할 수 없게 된다.

인민공사가 실시한 팀 생산은 확실히 상술한 정황 2, 3에서 진행한 것이다. 한 구성원이 '진입 위협' 책략을 선택하든 '퇴출 위협' 책략을 실시하든 그는 반드시 다른 구성원의 행위 노력을 관찰해 본 것이다. 다만, 관찰은 감독할 수 있음을 의미하고 이것은 필연적으로 합작팀의 규모 문제에 관련될 것이다.

3.2.2 인민공사 규모와 위협효과의 문제

기존의 문헌은 이미 합작팀의 규모 문제에 주의를 기울인 바 있다. 맨슈어 올슨(Mancur Lloyd Olson, Jr, 1980)은 일찍이 '대집단이 소집단에 비해서 집체 이익 채택 행동에 있어서 어려움을 겪는다'는 '올슨 곤경'에 관해서 상세히 설명한 적이 있는데, 그의 분석은 정태적(靜態的) 혹은 순시적(瞬時的)인 것이었다. 구트만(Guttman, 1992)은 합작의 규모가 과대하거나 과소하면 합작을 유지하기 어렵다는 사실을 증명했다. 그러나 이러한 연구는 팀 규모의 기타 속성에 대해서는 여전히 홀시했다. 다음의 속성은 장차 위협 책략의 신뢰도를 떨어뜨리고 스스로 집행하는 것을 어렵게 할 것이다.

(1) 팀 규모와 정보의 문제. 규모가 과대할 때, 구성원 간 정보의 비대칭 정도가 더욱 심해질 것이다. 본문은 정보 원가를 사용해서 정보 비대칭의 정도를 묘사할 것이다.

합작팀에서 각 구성원의 노력은 생산 과정 중에 투입되고 생산품과 서비스를 생산하는 동시에 각종 정보가 생성될 수 있게 한다. 이렇게 구성원 합작에 참여하는 시간은 두 부분으로 나뉠 수 있다. 하나는 생산에 사용될 때이고 또 하나는 정보 처리에 사용[왕즈후이(王智慧) · 지앙푸(蔣馥), 2002]될 때다. 일반성을 잃지 않도록 아래와 같은 가정을 한다.

가정 1: 합작팀 투입 단위시간은 생산 단위 산출에 사용될 것이고, 생산 단위를 산출하는 동시에 단위정보의 생산을 수반하게 된다.

가정 2: 합작팀이 팀원의 단위 정보를 처리하는 데에 필요한 시간은 단위시간에 비해서 적다.

가정 3: 각 팀원은 반드시 기타 팀원의 전체 정보를 처리해야 한다.

M으로 합작팀의 규모, 즉 인민공사 구성원의 수량을 표시한다. $\alpha(0<\alpha<1)$는 인민공사 구성원이 동료 구성원의 단위 정보를 처리하는 데에 필요한 시간을 표시한다. θ는 각 구성원의 단위시간 중에서 정보를 처리한 후 생산에 전체 투입할 수 있는 시간 비례를 표시하는 것으로, 즉 각 구성원의 단위시간 중 정보 처리 시간을 $\alpha(M-1)\theta$라고 하고 이로써 등식 $\theta=1-\alpha(M-1)\theta$를 통해서 아래 식을 얻을 수 있다.

$$\theta=\frac{1}{1+\alpha(M-1)} \qquad ①$$

식 ①에서는 팀원이 생산 투입(동시에 정보가 생성된다.)과 정보 처리에 투입된 시간의 분배 균형 결과를 묘사했다. 팀 규모가 커지면서 각 구성원은 기타 구성원의 정보를 처리하는 데 더 많은 시간을 소비할 것이다. 따라서 그 생산 투입의 시간 비율 θ가 상대적으로 감소할 것이고 각각 구성원이 생성한 정보 또한 감소할 것이지만 총 정보량은 여전히 증대할 것이다.

Y로 단위시간 내 합작팀의 총산출을 표시하면,

$$Y = M \cdot \theta = \frac{M}{1+\alpha(M-1)} \qquad ②$$

이다. 식 ②로 팀 규모 M의 편도함수와 극한을 구해서 아래의 식을 얻었다.

$$\frac{\partial Y}{\partial M} = \frac{1-a}{[1+\alpha(M-1)]^2} > 0, \ \forall\, 0 < \alpha < 1$$

$$\frac{\partial^2 Y}{\partial M^2} = \frac{-2a(1-a)}{[1+\alpha(M-1)]^3} < 0, \ \forall\, 0 < \alpha < 1$$

$$\lim_{M \to \infty} Y = \lim_{M \to \infty} \frac{M}{1+\alpha(M-1)} = \frac{1}{a}$$

위의 식으로 알 수 있듯이, 구성원 수가 증가하면 팀에 의한 산출이 올라갈 수 있지만, 구성원의 한계산출은 줄어든다. 팀에 각각 하나의 구성원이 증가함으로써, 비록 한 명의 생산 종사자가 증가하더라도 원래 각각의 구성원이 협조하는 시간은 서로 증가할 것이다. 그렇다면 생산시간은 감소할 것이고, 체감한 한계수익이 발생할 것이다. 이로써 팀 규모가 확대되면서 구성원 간의 정보 비대칭 정도가 심각해질 것이고, 정보 처리 원가가 증가하고, 특히 팀 규모 확장이 일정 수준까지 올라갔을 때 팀에 의한 산출은 점점 더 한계치 $1/\alpha$(왕즈후이 · 지앙푸, 2002)에 다다를 것이다.

(2) 팀 규모와 감독 노력. 그러면 대규모 합작조직에서 상호 간 감독의 제약이 생성될 수 있는가? 정답은 '아니다'이다. 올슨(1982)은 집단조직 내의 성원 수가 적을 때 성원 간 담판이나 의견 일치의 집체행동에 다다를

가능성이 있다고 보았다. 그러나 기타 조건이 완전히 같다는 조건하에서, 집체 이익 중 이익을 얻는 개인 혹은 구성원의 수가 점점 많아진다면, 집체행동에 참여하는 각 참여자의 이익 배분액이 점점 적어질 것이다. 그래서 집단의 규모가 점점 커질수록 집체 이익 체택 행동의 동력은 점점 줄어든다. 올슨은 더 나아가서 다음과 같이 강조했다. 첫째, 집단 성원이 많아질수록 같은 비율로 집체 물품의 수익과 원가를 정확히 분배할 가능성이 줄어들고 무임승차의 가능성이 커진다. 그러므로 상술한 최적화 수준에서 점점 멀어질 것이다. 둘째, 집단 규모가 커질수록 집체행동에 참여하고 가격을 흥정하는 인원이 많아진다. 이로써 흥정하는 원가가 집단 규모의 확대에 따라 증가하게 될 것이다.

사람들에게 널리 인정받은 사실은, 인민공사 집체생산조직하의 노동 품질과 수입 사이에는 거의 관련성이 없다는 것이다. 혹은 대규모 조직의 생산에서 한 사람이 얻어 낸 임금과 노동 지불 시간에는 직접적인 관계가 있으나 그 노력 정도(노동 품질)와의 관련성은 적다는 것이다. 이런 지식배경(농민이 고급농업생산합작사에서 이미 이 지식에 대해 공부를 시작했다.)에서, 농민이 예측할 수 있는 것은 한 사람의 임금이 자신의 노력 정도와 무관할 뿐만 아니라 타인의 노력 정도와도 무관하다는 것이다. 왜냐하면 그의 노동 점수치가 4천~5천 개의 가정으로 조성된 공사단체에 달려 있기 때문이다(Perkns & Yusuf, 1984). 한 사람의 노력이 완전히 비생산적이라고 하더라도 그의 노동 점수치는 0.01~0.0125‰만 하강한다. 한 노동 작업일에 0.47위안을 받는 걸로 계산하면, 그의 손실은 매우 적다.[4] 이로써 그는 다른 사람의 나태함을 감독하지 않을 것이다. 이는 감독원가를 개인이 부담하

4 Dong & Dow(1993)의 자료에 따르면, 1962~1978년의 전형적인 생산대는 대략 60명의 성인 구성원으로 이뤄졌다. 이것은 한 명의 나태한 노동력이 가져오는 손실은 0.008위안(RMB)도 안 된다는 것을 말한다.

는데 감독에 따른 수익은 공공성을 지니기 때문이다.[5]

더 나아가, 합작팀의 규모가 확대되면서 한 사람의 나태 행위가 총생산량에 미치는 영향 정도가 하강하게 될 것이고, 결국에는 사후에도 다른 사람이 알아내기 어려울 정도로 하강할 것이다. 이것은 위협 메커니즘의 인센티브(격려) 노력을 생성하기 어렵다는 것을 확연히 드러낸다.

(3) 단체 규모와 위협효과. Joshi(1981), Boyd 등(1988)의 연구에서는 군체 규모가 일정 정도에 다다른 후에 군체 성원의 퇴출이라는 위협 메커니즘이 합작 보호 역할을 할 수 없을 것임을 증명했다. 더 중요한 것은 합작팀이 일정 규모가 되었을 때, 어떤 '예민한' 구성원이 나태 행위를 발견했다 하더라도 '진입 위협' 책략 혹은 '퇴출 위협' 책략으로 얻을 수 있는 공공이익은 대규모 단체의 구성원에 의해 균등 분담된 후이므로, 한계 개선이 이뤄지기는 어렵다는 것이다. 즉, 소규모 조건에서 충분히 작용하는 위협효과가 대규모 상황에서는 실패하게 된다. 이로써 기존의 결과와 그다음 단계의 합작 행위 선택에 거의 영향을 미칠 수 없다. 만약 팀의 규모경제성, 팀의 정치게임(이론) 수익, 조기 협동적 잉여에 따른 고정 투자, 개인경영 조건의 열악성 등등의 기타 부가 조건이 존재한다면, 위협 책략은 더욱 신뢰할 수 없을 것이다.

특히, 개인의 위협 순수익 $A(M) = v_i - c_i < 0$일 때, 위협 책략으로 생기는 공공 이익이 얼마나 큰지에 상관없이 개인은 모두가 임의의 위협 책략을 채택하지 않을 것이다. 여기서, v_i와 c_i는 각각 구성원 i가 위협 책략을 실시하는 개인 수익과 원가이고, c_i 역시 팀이 위협 책략을 실시하는 원가라고 가정한다. 즉, $c_i = c_g = c_o$이다. 이 외에 단체의 집체수익 V_g는 팀 규모 M의 증가함수다. 그렇다면 개인이 단체에서 얻은 수

5 그래서 인민공사화 초기에 구성원들은 자신의 관찰에 따라서 '노동표병'을 평가 선별했다. 그리고 이것에 따라 각자 공헌의 대소를 나눠 '노동 점수'를 확정했다. 후에 각 구성원의 노동 점수치는 실제로 이미 고정화되었다.

익액 $F_i(M)=v_i/V_g$는 팀 규모 M의 감소함수다. 이로써 개인 순수익 $A(M)=F_i(M)V_g-c_o$이다.

그렇다면 $(dF_i/dM)/(dV_g/dM)<1$일 때, $dA/dM<0$이다. 이때, 만약 팀의 규모를 부단히 확대한다면, 개인이 임의의 위협 책략을 채택하지 않을 것이다. $\lim_{M\to\infty} A(M)=-c$ 이기 때문이다. 바꿔 말하면, 팀 규모 $M'\in(0, \infty)$는 필연적으로 존재하기 때문에 $A(M')<0$이 된다. 한걸음 나아가서, $M'\in(M', \infty)$일 때 위협은 효력을 잃는다.

4. 인민공사제도의 연속: 잠재적 퇴출과 제도 수호

4.1 하나의 의문: 인민공사제도가 왜 장기간 존재할 수 있는가?

3절에 근거하면, 우리는 인민공사제도가 유효한 감독과 인센티브의 결함이라는 전제하에 필연적으로 저효율화된다는 것을 단정할 수 있다. 그렇다면 '진입 위협' 혹은 '퇴출 위협'은 효율을 개선할 수 있을 것인가? 다시 Dong & Dow(1993), 린이푸(1990, 1993)의 논쟁으로 돌아가서 살펴보겠다.

Dong & Dow(1993)가 린이푸(1990)를 비판하는 결정적인 원인은 구성원의 퇴출권이 합작게임의 붕괴와 와해를 초래할 수 있다는 것이다. 퇴출권은 심지어 효율적 생산대 붕괴도 가능하게 한다. 이 때문에 그들은 '이에는 이'라는 식의 공동 나태(진입 위협)는 해고나 퇴출보다 더 엄격한 징벌이라서 생산대 농민 노동의 적극성을 동원하기에 충분하다고 생각하였다.

20여 년의 시간 속에서 퇴출권을 박탈당한 구성원들은 필연적으로 나태 행위를 나타냈다. 그러나 공동 게으름(진입위협)으로 인해서 효율이 개선된 것은 아니었다. 반대로, 인민공사제도 해체 시기(1979~1983)에는 농업 총요소 생산율이 부단히 상승해서 1952년의 수준으로 회복되었고 인민공사제도가 완전히 퇴출된 가정경영 시기(1984~1988)에는 1952년의 수준보다 약 30%까지 더 높아졌다는 것에 의문을 가졌다.

린이푸(1990)의 견해에 따르면, 만약 농민에게 퇴출권을 부여한다면, 퇴출 위협으로 발생한 효과는 인민공사의 효율을 개선할 수 있을 것이다. 실제로 농민의 퇴출권이 인민공사제도에서 박탈당한 후에 구성원의 게으름이 범람하고 생산 적극성이 갑자기 하강하였다. 이로써 1959년 중국 농업생산의 붕괴와 그 후 생산효율의 저하를 일으켰다. 그러므로 린이푸의 해석은 이론상 확연한 설득력을 갖는다.

그러나 우리들은 린이푸가 1959~1961년의 농업 위기 근원을 밝히면서 1962~1978년에 인민공사제도가 지속적으로 존재하는 원인에 대해서는 일괄적으로 해석하지 못했다는 데 의문을 가졌다. 왜냐하면 린이푸의 논리에 따르면, 이후 10여 년의 시간 동안 농업 위기가 연속적으로 발생해야 비로소 그 논리에 맞는 '상태(常態)'가 되기 때문이다. 물론 그가 이미 1959~1978년 중국 농업의 총요소 생산율은 줄곧 위기 전기(前期)보다 훨씬 낮은 수준(1952~1958년의 수준보다 20% 낮다.)에서 맴돌고 있다고 강조했다 하더라도 말이다.[6]

이어지는 의문은 '인민공사체제가 이렇게 저효율성 제도적 안배임에도 왜 이렇게 장기간 동안 유지될 수 있었을까?'라는 점이다.[7]

6 퇴출권의 취소가 1958~1961년 사이의 농업 위기를 초래했든 안 했든 여전히 논쟁이 존재한다. Kung(1993)은 1958년 이전에 이미 자유퇴출권은 존재하지 않는다고 본다. 자오궈지에 등(趙國傑 等, 2004)은 자연재해가 1959~1961년 사이에 총요소 생산율 지수에 미친 영향이 비교적 크다는 것을 증명했다.(1959년에 16.39%, 1960에 25.53%, 1961년에 30.34%이다. 모두 1952년의 3.2%보다 훨씬 높다.) 설령 전국 범위 내 연속 3년 엄중한 자연재해가 발생했더라도 사람으로 하여금 신복하게 하기가 어렵다.[린이푸, 1990; 판즈잉(范子英)·멍링지에(孟令傑), 2006]

7 린이푸(1990)는 위기 후의 정책 조정에 주의했다. 예를 들어서 생산 관리와 수입 분배권의 분산 이관, 농촌 정기 시장의 새로운 개방, 자류지의 회복, 현대 농업기술의 채택과 신요소의 투입, 농업기계화 등등이다. 유감스러운 것은 그는 그중 몇몇의 중요 변화에 숨겨진 제도적 함의에 대해서 밝히지 않았다는 것이다.

4.2 중요한 요소: 자류지(自留地)-잠재적 퇴출 메커니즘

4.2.1 '자류지'에 관한 배경 설명

신중국 성립 이후 농업생산의 회복과 발전에 따라서, 동북·산서 등 노(老)해방구(1949년 이전 해방 지역)의 일부 농민들은 농업 호조조(互助組)가 그들의 높아진 농업생산 수요를 만족할 수 없다고 느껴서 자발적으로 호조조보다 한 등급 높은 농업생산합작사를 조직해 나갔다. 그것은 토지출자 수익 분배와, 통일 경영과 통일 분배를 특점으로 해서 소생산의 한계를 돌파하고 호조조 집중 노동과 분산 경영의 모순을 극복하는 데 목적을 두었다. 인민공사에 가입할 때 구성원은 자기의 의지에 따라 일부 토지를 보류할 수 있고 스스로 경영할 수 있다. 그 수입은 개인 소유로 귀속되고 구성원은 집체 분배에 참여하지 않는다. 이것은 바로 우리들이 말한 '자류지'이다.

초기 자류지의 존재는 중앙이 농민의 '두 가지 적극성'을 보호한다는 주장을 드러낸다. 토지개혁 이후 중앙은, 대량 조사 연구를 기초로 농촌혁명 근거지의 경험에 따라 농민이 토지개혁 기초상 선양하기 시작한 생산 적극성이 두 가지 방면, 즉 개체 경제의 적극성과 노동호조합작의 적극성으로부터 비롯되었다고 알아냈다. 중앙은 호조합작을 발전시키기 위해 개체 경제의 적극성이 발전하는 것을 홀시하고 거칠게 좌절시킬 수 없다고 보았다.[8]

초기의 자류지는 명확한 정책 규정이 없었다. 다만 1953년 3월 중공중앙화북국(中共中央華北局)은 "자류지는 각 인민공사 구성원들이 점유하는 토지 총 면적의 20%를 넘어서는 안 된다."라고 규정했다.[9] 1955년 11월

8 중공중농문헌연구실, 『건국 이래 중요문헌선편』 (2), 베이징: 중앙문헌출판사, 1992, p.510.

9 스징탕(史敬堂) 등, 『중국농업합작화운동사료』 (하), 베이징: 생활·독서·신지 삼련서

전국인민대표대회 상무위원회가 통과시킨 「농업생산합작사 시범 장정」(초안)은 처음으로 법 규정상 "일인당 남겨 놓은 토지가 마을 일인당 소유 토지 평균의 5%를 초과해서는 안 된다."(동 시기의 「농업합작화 문제에 대한 결의」에서 규정한 비율은 2~5%이다.)라고 규정하였다.

그러나 자류지가 '사유제의 잔여', '개인소유제의 꼬리', '자본주의 자발 경향' 등으로 여겨지면서 논쟁을 불러일으켰다. '일대이공(一大二公, 1은 대규모, 2는 공유제)'이라는 인민공사체제의 순결성을 보증하기 위해서 '자류지'제도는 세 차례 연이어 타격을 받게 되었다.

제1차는 1956년이다. 일부 지방의 자류지는 회수당했고 일부 지방의 자류지는 엄격한 제한을 받아 수량이 줄면서 농민의 불만을 일으켰다.[10] 그래서 1957년 6월 전국인민대표대회 상무위원회 제76차 회의에서 통과한 「농업합작사 구성원 자류지 증가에 관한 결의(關于增加農業合作社社員自留地的決定)」에서는 자류지의 비례를 "해당 지역 인당 평균 토지의 10%를 초과하지 않는다."[11]의 수준까지 향상시키고자 했다. 이 사이에, 학술계 역시 자류지의 보류를 위해서 이론적 변호를 진행했다[송하이원(宋海文), 1957].

제2차는 1958년이다. '베이다이허회의(北戴河會議)'에서 통과한 중공중앙의 「농촌에서 인민공사를 건립하는 문제에 관한 결의」 규정에서는 "인민공사 건립 시, 자류지·자질구레한 소량의 과수·주식기금 등의 문제에 대하여 긴급히 처리할 필요 없고 명문 규정도 필요하지 않다."라고 말했다. 그러나 다른 한편으로 "자류지는 인민공사 합병 과정에서 집체경영으로 변할 수 있을 것이다."[12]라고 하여 실제 집행 시에는 공사화 기간에

점, 1959, p.146.

10 주진펑(朱金鵬), 「농업합작화와 집체화 시기 자류지제도의 연변」, 『당대중국사연구』(3), 2009.

11 국가농업위원회사무실, 『농업집체화 중요문건회편』(상), 베이징: 중공중앙당교출판사, 1981, p.699.

12 국가농업위원회사무실, 위의 책, p.71.

각종 이유로 자류지를 전부 회수하는 것이 보편적이었다. 결과적으로 이에 따라 양식과 부식품 공급 위기가 나타났다. 중앙은 다시 농민 자류지 권익을 보장하는 정책을 신청하지 않을 수 없게 되었다. 이것은 중앙이 농민의 자류지에 대한 장기간 소유권을 긍정하는 동시에 '자류지는 팔 수도 빌려줄 수도 혹은 사적 양도할 수도 없다'는 사실을 강조하면서 자류지의 공유성을 더욱 강화시키게 되었다.

제3차는 1959년이다. '노산회의(廬山會議)'에서 반(反)우경운동이 발동되었는데, 이는 '좌'의 노력을 규합해서 중단되었으나 자류지제도는 다시 한 번 비판받고 부정되었다. 1960년 초 각 지역에서는 다시 훨씬 더 큰 식당을 열었고, 자류지는 다시 회수되었다. 자류지의 취소와 가정부업의 소실은 구성원으로 하여금 집체에 완전히 의존하게 하였고, 구성원들이 생산에 뛰어들어 자구하거나 자연재해와 싸워 스스로 구제하는 능력을 약화시켰다. 1960년 7월 마오쩌둥(毛澤東)이 중공중앙공작회의(베이다이허)에서 연설하면서 형세가 비로소 누그러지게 되었다.[13]

1960년 11월 중공중앙에서 반포한 「농촌인민공사 당전 정책 문제에 관한 긴급 지시 편지(關于農村人民公社當前政策問題的緊急指示信)」(간칭 '12조'), 1961년 3월 제정한 「농촌인민공사 공작조례(農村人民公社工作條例)」(초안), 1962년 9월에 통과한 「농촌인민공사 공작조례 수정 초안(農村人民公社工作條例修正草案)」(간칭 '60조') 등이 배포되면서 자류지제도의 기본 정형을 완성했다. 인민공사 '헌장'이라고 여겨진 '60조'는 농민 가정부업으로 경영하는 자류지·사료지·개간지의 세 가지를 합해서 "일반 상황에서 생산대 경지 면적의 5~10%를 점유할 수 있고, 최대로 15%는 초과할 수 없다."라고 명시해 놓았다.[14] 구성원 자류지의 농산품은 집체 분배의 생산량과

13 구롱셩(顧龍生), 『마오쩌둥경제연보』, 베이징: 중공중앙당교출판사, p.520.

14 국가농업위원회사무청, 『농업집체화중요문건회편』(하), 베이징: 중공중앙당교출판사, 1981, pp.463, 485, 642.

식량으로 계산하지 않고 국가에서 현물세(농업세)를 징수하지 않으며 총괄 매입으로 계산하지 않으므로 이는 완전히 구성원 소유이다.

자류지는 인민공사 구성원들이 갖고 있는 독립 사용권과 상대적으로 완전한 수익권을 구비한 자유 공간이고, 구성원이 가정 수입으로 삼을 뿐만 아니라 그들의 기본 수요를 보장하는 중요한 생산지로도 여겨진다(표 2).

황샤오징(黃曉京) 등(1985)은 일찍이 허베이 딩셴(定縣) 퍼디안촌(佛店村) 집체생산조직에서의 노동시간 분배와 수입 간의 관계에 대해서 비교하면서[15] 농민의 수입 구성과 노동 시간량이 정비례 관계가 아님을 발견했다. 농민의 집체노동 참여 시간은 최대 81%에 달했는데 수입은 전년의 39.46%밖에 되지 않았다. 반대로 자류지에 사용한 시간은 전년 노동 시간의 11.38%밖에 되지 않았는데 수입은 오히려 총수입의 45.66%에 달했다.

노동과 토지의 관계에서도 같은 문제를 가지고 있다. 집체경지는 93.41%를 차지하고 각 노동력은 6.01묘[16]를 부담한다. 자류지는 단지 6.59%를 차지하고 각 노동력마다 0.42묘를 부담한다. 그러나 토지 면적 부담과 수입은 정비례하지 않는다. 집체경지의 노동생산율은 노동 점수당 오직 0.47위안일 뿐이나, 자류지의 노동생산율은 노동 점수당 3.5위안에 달한다. 이것은 집체경지 노동생산율의 7.9배로, 농민이 자류지의 생산에 대한 열정이 높다는 것을 나타낸다.[17]

---

15 중국농촌발전문제연구팀(中國農村發展問題研究組), 『농촌 · 경제 · 사회』(3), 베이징: 지식출판사, 1985.

16 (중국식) 토지 면적의 단위. '10市分'은 '1市亩'이고 '100市亩'는 '1顷'임. '1市亩'는 약 666.7m^{2}임.

17 자료는 산둥성(山東省) 경지 5%를 점유하는 자류지가 농업생산치의 24.6%를 완성한 것을 나타낸다.[신이(辛逸), 「농촌인민공사가정부업연구」, 『중공당사연구』(5), 2000 참고.]

표 2. 자류지 변동 상황표

연도	종류	총 면적 점유율(%)	기능
1953	자류지	≤20%	자유 종식
1955	사류시	2~5%	채소나 사료 심기
1956	자류지	5% 부등	채소 혹은 기타 원예 작물 심기
1957	자류지, 사료지	≤10%	채소나 사료 심기
1958	기본 취소		
1959	부분 회복	0~5%	채소, 과일, 사료, 잡곡
1960	부분 회복	0~5%	채소, 과일, 사료, 잡곡
1961 말	자류지, 사료지	5~7%	채소, 과일, 사료, 잡곡
1962 (일부 재해 지역)	자류지, 사료지	≤20%	자유 종식
1963 및 그 이후	자류지, 사료지	15%	자유 종식
1981	임대지, 작은 개간지, 자류지, 자류산, 사료지, 황무지	15%	자유 종식

※『농업집체화 중요문건 회편』 상, 하에 근거해서 정리

4.2.2 잠재적 퇴출 메커니즘: 린이푸와 Dong & Dow에 대한 질의

인민공사제에는 사실상 두 종류의 퇴출 메커니즘이 존재한다. 하나는 합작사 퇴출로, 이것을 '명시적인 퇴출'(실제로는 이미 존재하지 않는다.)이라고 한다. 또 하나는 나태함을 통해서 적극성을 자류지에 사용하는 것으로 이것을 '잠재적 퇴출'이라고 한다. 린이푸와 Dong & Dow 모두 후자를 명백하게 홀시했다.

구성원의 정황은 두 부류로 구분된다. 첫 번째 유형의 구성원(i)은 나태함을 가지고 있고 합작사에서 퇴사하는 동기를 가지고 있다. 두 번째 유형의 구성원(j)은 지속적으로 나태하면서도 퇴사하지 않는 동기를 가지고 있다. 전자는 Dong & Dow가 토론한 정황이고 후자는 린이푸가 토론한 정황이다.

첫 번째 정황에서 구성원 i는 ① 나태함으로부터 얻은 1기 효용 U_i^s가 합작사의 최고효용 수준 U_i^c보다 높은데, ② U_i^c는 개인 경영의 효용 수준 U_i^p보다 크고, ③ U_i^p는 정태적 불합작 균형 수준 U_i^n보다 크다. 그렇다면 그의 시간 선호와 유관한 가정조건하에, 구성원 i는 게으름을 피우고, 그다음에 퇴사의 동기를 가질 수 있다. 이런 상황에서, 퇴출원가를 실행함으로써 i 유형 구성원의 퇴사 수익을 감소시켜 예측해야 합작도 비로소 실현될 수 있다.

그러나 잠재적 퇴출 메커니즘이 존재하는 조건에서 만약 생산 노력을 자류지에 사용하면, 집체노동 중의 나태함 보복은 결국 합작 인센티브를 이끌어 내기 어려워진다. 구성원 i가 자류지로부터 획득한 수익이 합작 조건하에 있다고 가정한 것을 φ^c이라고 하고, 불합작 조건하에 있는 것을 φ^n이라 한다. 그러면 틀림없이 $\varphi^n > \varphi^c$이다. 상술한 배경 자료에 근거하면, $\varphi^n > U_i^n$도 존재한다. 그렇다면 U_i^p는 꼭 $(U_i^n + \varphi^n)$보다 높은 것은 아니다. 상술한 조건 ③조차 만족한다고 보장할 수 없다. 이것은 곧 잠재적 퇴출의 존재는 명시적 퇴출의 제한적 위협을 약화시켰다고 할 수 있으므로 Dong & Dow의 결론이 믿을 만하다고 할 수 없다. 더 나아가서, 자류지가 총경지의 일정 비중을 차지할 때($dU_i^n = d\varphi^n$일 때), 그 결론은 더욱 신뢰성을 가지지 못한다.

린이푸(1993)가 Dong & Dow의 비평에 응답한 것과 같이, 위협이 유효하려면 반드시 신뢰할 만해야 한다. 제한적 퇴출의 전제하에, 최종적 결과는 각 구성원의 생산 노력이 0이 되는데, 이것은 나태자를 징벌하려면 기타 구성원은 '굶어 죽어야' 하는 것을 의미한다. 따라서 나태 위협 책략은 확실히 믿을 만한 것이 아니다.

한걸음 더 나아가, 린이푸가 강조한 제2 유형에 대해서 토론해 보자. 구성원 j에 대해서 $U_j^n > U_j^c > U_j^p$일 때, 그는 나태하나 퇴사하지 않는 동기를 취한다. 이런 조건에서 만약 열심히 일하는 구성원의 퇴출권이 박탈되었다면 그 결과는 비합작 균형을 이룰 것이다. 근면한 구성원이 퇴출권을 갖는다고 가정할 때, 그가 j 유형 구성원의 나태함이 일으킨 손실이 팀생산 참여 수익보다 크다는 것을 발견하면, 근면한 구성원은 모두 퇴사할 것이고 인민공사제도는 와해될 것이다. 이런 해산의 가능성은 잠재적 나태자가 다시 그 선택을 고려하도록 강요하게 될 것이다. 그는 당기 게으름을 피우면 장차 $(U_j^n - U_j^c)$의 수익을 얻을 것이지만, 하기에는 $(U_j^c - U_j^p)$의 손실을 대면할 수 있다. 오직 미래에 손실할 어음 할인치가 당기의 일차성 수익보다 크다면, 구성원 j는 합작을 선택할 것이다. ……
그래서 린이푸는 퇴출권의 존재가 합작사의 성공에 있어서 지극히 중요한 것이라고 생각했다.

자류지의 요소에 대해서 고려해 보자. j가 당기 노동에 게으를 때 얻을 수익을 $(U_j^n - U_j^c + \varphi^n)$이라고 하고, 하기 대면할 손실을 $(U_j^c - U_j^p - \varphi^n)$이라고 한다. 앞에서 말한 배경 경험에 근거해서, $U_j^c > U_j^p + \varphi^n$은 증명할 수 없고, $(U_j^c - U_j^p - \varphi^n) > (U_j^n - U_j^c + \varphi^n)$은 더욱 증명할 수 없다. 이것은 잠재적 퇴출의 존재가 명시적인 퇴출의 위협효과를 약화시켰음을 말한다. 이로써, 근면자의 퇴사로 형성되는 위협은 더욱 신뢰할 수 없다. 그래서 잠재적 퇴출은 역시 집체노동의 적극성을 이끌어 내지 못한다. 이것은 린이푸의 결론 역시 성립되지 않음을 표명한다.

4.3 인민공사제도 수호효과 근거: 해석의 프레임과 가설

퇴출을 제한하는 인민공사제도에서 집체노동에 대해 유효한 감독을 실시하는 것이 매우 어렵다는 것을 앞에서 이미 증명했다. 이 때문에, 인민공사 중의 나태 행위는 보편적인 것이라고 할 수 있다. 명시적인 퇴출을 시행할 수 없기 때문에 인민공사는 장기간 동안 해체되지 않았다. 다만 잠재적인 퇴출이 존재하기 때문에 구성원들이 모두 '굶어 죽지'는 않았다.

문제는 왜 효율 저하된 인민공사제도가 20여 년이라는 장기간 동안 계속 존재할 수 있었는가에 대해 대답하는 것이다.

4.3.1 해석의 프레임: 제도 축소-사상 보장-환경 변화

많은 문헌은 제도의 기원과 제도의 변천 문제(Veblen, 1914; Max Weber, 1987; Hayek, 1997, 2000; North, 1981, 1990; Greif, 1993, 1994, 1997, 1998)에 대해서 줄곧 관심을 갖고 있다. North가 경로의존성(Path-Dependence) 문제를 제시했음에도, 오히려 사람들이 호기심을 갖는 것은 저효율 제도가 어떻게 이렇게 장기간 존재할 수 있었냐 하는 부분에 대해 학자들이 제대로 된 답을 하지 못했다는 사실이다.[18]

그에 대한 답을 하자면, 이 저효율성 제도가 생존해 나갈 수 있게 하기 위해 그에 상응하는 제도적 보호 요소가 반드시 존재한다는 것이다.

첫째, 저효율 제도를 축소함으로써 새로운 수입 경로를 형성한다. 제도 경쟁의 압력 속에서 저효율적 제도가 장기간 존재하는 것은, 일종의 제도 변천 메커니즘이 존재해서 이 사회가 새로운 수입 경로를 얻어 저효율 제도를 보호하기 때문이다. 즉, 제도의 설계자는 저효율의 핵심 제도를 고수하는 동시에 이런 제도의 외곽에 비교적 고효율의 '주변 제도(邊緣制度)'를 도입해서 새로운 수입의 근원을 창조함으로써 저효율 제도의 운행을 보호한다(차오쩡한 · 루어삐량, 2003).

둘째, 제도가 관념에 의해 결정된다. 사회의 제도적 안배는 사회 엘리트와 사회 구성원이 동감하는 가치 목표를 실현하기 위해서 공동적으로 선택한(혹은 동감하는) 사회활동을 조직하는 규칙이다(차오쩡한, 2005). 이 선

18 장우창(張五常, 1969)의 『소작농이론(佃農理論)』은 일정 정도 예외다. 그러나 그가 관심을 가진 것은 저효율 제도가 왜 장기간 존재했느냐가 아니고 A 상황에서 저효율인 제도가 왜 B 상황에서 오히려 효율이 좋으냐 하는 부분이다. 이로써 소위 조약 선택의 문제를 해명했다.

택 과정은 사회 엘리트와 사회 구성원 간의 게임 과정을 나타낸다. 소위 '저효율'의 '핵심 제도'를 고수하는 것은 반드시 제도 구성 지도권을 장악하는 정책 결정자의 편호(애호) 및 사상 관념과 서로 일치해야만 하고, 관념 유도, 편호 수정과 행위 제약을 통해서 사회 구성원의 호응을 얻어 내야 한다. 이를 위해 이데올로기를 이용한 제도적 보호를 이루고, 이러한 이데올로기는 제도 운행 및 보호의 원가를 내릴 수도 있기 때문이다. 이데올로기가 같고 열광적이면 집체행동의 원가는 내려가고 집단의 정치 분량은 강화될 수 있다(Eggertsson, 1990).

셋째, 제도적 안배와 그 효율은 교역환경에 명확한 의존성(루어삐량, 2005)을 갖는다. 예를 들어서, 전통 이론에서 생각하는 저효율적인 농업분익 소작제도는 조약의 조건이 고려되면 서로 다른 결론을 얻을 수 있다(Cheung, 1968). Alston 등(1982)은 농업임금계약 형식의 중요 정도와 토지 면적 사이에 역상관관계가 존재한다는 것을 증명했다. 즉, 토지 면적이 커질수록 임금계약을 사용할 기회가 적어진다는 것이다. 이것으로 저효율 제도가 의지하는 환경 조건이 변하면 그 효율은 개선될 수 있다는 것을 알 수 있다.

4.3.2 인민공사제도를 보호하는 여러 가지의 가설

(1) 제도 축소와 '자류지'의 효율적 보호: 인민공사제도는 실제로 두 가지 유형의 생산노동을 포함한다. 하나는 신분상 명시적 퇴출이 불가능한 집체노동이고, 다른 하나는 근면성 측면에서 잠재적 퇴출이 가능한 가정노동이다. 전자는 저효율적이고 후자는 고효율성을 지닌다. 이 때문에 '핵심 제도'로서의 인민공사 규모를 축소하고, '비핵심 제도'로서의 자류지를 확대(1961년 말 5~7%로 회복하기 시작했고, 이후 15%에서 20%까지 점점 확대해 나갔다. 표 1 참고.)하는 것은 수입 경로를 얻는 중요한 길이 되었다. 1961년 제정한 '60조'는 자류지를 핵심으로 하는 가정부업의 성격에 대해 해석했

는데, 구성원의 가정부업을 '사회주의 경제에서 필요한 보충 부분'이라고 여겼다.[19]

1959~1961년 중국에는 대기근이 발생했다. 문제는 1962년과 1963년의 인당 평균 양식 소비량이 1959년보다 11.76% 낮아졌으며, 1965년까지도 1959년의 수준에 못 미쳤다는 것이다. 그런데 왜 대기근 현상은 계속 이어지지 않았는가? 또, 1962~1963년의 농업 산출과 양식 산출이 모두 1959년의 수준보다 낮았다. 심지어 1971~1978년의 총요소 생산율도 1959~1961년의 수준보다 낮았다(표 3). 그럼에도 왜 심각한 농업 위기는 나타나지 않았는가?

결국 그 이유는 1958~1961년의 자류지 정책이 가장 안정적이지 않았었기 때문인데, 설령 그 외에 다른 원인을 찾는다고 하더라도,[20] '자류지' 제도의 효과를 무시할 수는 없다.

자류지는 농민의 이익에 부합하기 때문에 자발적으로 확장하는 내재 동력을 갖는다. 그러나 자류지는 항상 규제되어 있는데, 그 한계선은 규제가 용인하는 한도, 혹은 인민공사의 보충 지위에서 벗어나지 않는다는 것이다.

가설 1: 자류지제도의 고효율은 인민공사노동의 저효율을 메웠다.

(2) 저효율 제도에 대한 이데올로기의 정치적 보장: 농업합작화와 공사화는 당시 중앙정부가 힘주어 추진했던 것으로, 광범위한 정치 동원과 사회적 반향을 얻어 냈다. 대기근은 사람들에게 악몽처럼 다가왔고 새로운 균형이 형성되었다. 소량의 자류지, '일대이공'의 대공사 체제가 소공사 체제화(주요한 것은 규모를 축소하고 생산팀이 기본 정산 단위가 된다는 것이다.)되

19 국가농업위원회사무실, 『농업집체화중요문건회편』(상), 베이징: 중공중앙당교출판사, 1981, p.485.

20 판즈잉 등(范子英, 2008)은 공공 식당을 1962년에 해산시킨 것이 대기근 재발을 방지한 주요한 원인이라고 생각했다.

표 3. 중국의 농업 산출과 총요소생산율

연도	농업 산출 (1952=100)①	총요소생산율 (1952=100)②	인당 평균 양식 산출(kg)③	인당 평균 양식 소비량(kg)④		
				전국	도시와 읍(鎮)	농촌
1952	100.0	100.0	285.1			
1953	103.1	99.6	283.8			
1954	106.6	99.0	281.2	196	236	190
1955	114.7	103.8	299.3	198	214	196
1956	120.5	104.1	306.8	204	200	205
1957	124.8	102.4	301.7	203	196	204
1958	127.8	104.7	303.1	198	186	201
1959	110.4	94.3	252.9	187	201	183
1960	96.4	78.4	216.7	164	193	156
1961	94.1	78.0	224.0	159	179	154
1962	99.9	80.0	237.8	165	184	161
1963	111.5	83.0	245.8	165	190	160
1964	126.7	85.9	266.0	182	200	178
1965	137.1	86.8	268.2	183	211	177
1966	149.0	85.4	287.2	190	206	186
1967	151.3	87.8	285.2			
1968	147.6	87.2	266.3			
1969	149.2	83.0	261.6			
1970	166.4	82.0	289.2			
1971	171.4	76.5	293.6			
1972	169.6	72.2	275.9			
1973	183.8	76.6	297.1			
1974	190.1	78.0	303.0			
1975	196.0	75.8	307.8			
1976	195.3	75.8	305.5			
1977	194.3	74.2	297.8			
1978	210.2	77.6	316.6			

※ ① Lin(1990), ② Wen(1989), ③ Lin(1990)에서의 표 2를 근거로 계산. ④ 판즈잉 등(2008).

었지만 인민공사제도 모형은 계속적으로 유지해 나갔다. 저효율 제도가 운행되도록 하기 위해서 인민공사체제는 마을활동과 농업활동을 정치적 궤도에 들여놓을 필요가 있었다. 지도자를 숭배함으로써 상징적이면서도 초경제적인 강제력을 겸비하고, 구성원이 제약과 규범을 지키게 하는 이데올로기를 형성해 나가고자 했다. 1958년의 '삼면홍기(三面紅旗)', 1960년대의 '사청(四淸)', 10년에 걸친 '문화대혁명'과 그중에서 오랫동안 유지된 '농업학대채(農業學大寨)' 및 정치 학습, 사상 선전, 계급투쟁의 이데올로기 운동으로 만들어진 '혁명을 붙잡고, 생산을 촉진하자'는 구호 등은 정치에 냉담했던 농민 구성원들에게 정치적 열정을 불러일으켰다.

감독이 부족한 합작은 반드시 노동 나태 문제를 수반하게 되는데, 이데올로기 교육, 특히 강권정치는 사람들의 기호와 행위를 단속하고, 심지어 그것을 바꿀 수 있었다. 사실상, 촌락생활의 정치화라는 인민공사의 이데올로기 구조에서, 나태한 사람이 먼저 접하는 것은 진입 위협도 아니고 퇴출 위협도 아닌 '정치 위협'['투사비수(斗私批修)'와 '계급투쟁']이 되는 것이다.[21]

한 사회에서 패덕행위가 실제 발생하는 빈도는 일반적으로 이론상의 발생률보다 낮다. 따라서 제도적 안배가 내포하고 있는 기회주의적 행위의 이론치는 실제 발생하는 현실에서보다 클 수 있다. 이것은 사람들의 행위가 비이성적임을 의미하는 것이 아니라, 이데올로기적 제약에서 비롯된 것이다(루어삐량, 2002). 이 때문에, 인민공사 이데올로기는 구성원의

21 이는 역시 린이푸(1990, 1993)와 Dong & Dow(1993)가 등한시한 문제다. 게다가 린이푸가 '나태한' 구성원의 휴가 기호(嗜好)에 대해 제기한 가정(假定)에 있어서도 의문이 있다. 장지앙화(張江華, 2007)는 이 점이 확실히 경험 사실과 완전히 부합되지 않고 이 시대를 직접 겪은 사람—농민이든 '상산하향(上山下鄕)'의 물결 속에서 시골이나 산골, 변방으로 내려갔던 지식청년이든—의 승인을 얻기 어렵다고 지적했다. 지금까지도 그들은 모두 이 시기의 고강도(농가 간 혹은 개체 간의 차이가 있지만) 생산대 노동에 대한 기억이 마치 새로운 듯하다.

행위에 대한 인센티브와 제약을 통해서 합작 행위 중 나타날 수 있는 기회주의적 행위를 수정·감소 또는 극복할 수 있다. 또한 인민공사는 더욱 낮은 효율 상태(즉 이론상의 '굶어 죽다')로 가지 않게 되었다.

가설 2: 이데올로기적 제약은 인민공사제도가 더욱 낮은 효율 상태로 가는 것을 막았다.

(3) 환경조건 변화가 초래한 효율 개선 : 1959~1961년의 농업위기 이후, 인민공사제도와 관련된 제약조건에 변화가 나타났고 이러한 변화는 서로 다른 방면에서 인민공사 효율을 개선하게 되었다. 본문의 주요 관심사는 다음의 두 가지 부분이다.

첫째, 팀 규모의 변화는 집체노동 중의 감독 노력과 위협효과를 개선했다.

위기가 지나간 후, 인민공사제도는 폐기당하지 않았지만, 그 기능은 이미 관리와 협조 단계로 하락했다. 1961년 하반기부터 생산관리권과 수입분배를 위한 심사는 모두 20~30호(戶)로 구성된 생산소대(소공사체제)로 분리 이관되었다. 생산소대의 규모와 생산 관리는 초급사와 흡사했다(Lin, 1990).[22] 본문의 2절에서 서술한 바와 같이, 팀 규모가 상대적으로 작을 때 구성원 간의 상호감독과 나태 위협이 가능해질 수 있다. Chinn(1979)은 중국 농업생활 기층 단위가 대규모에서 소규모로 변할 때 효율이 개선된 정황을 이룬다고 증명했다.

가설 3: 기타 조건이 불변한다고 가정하면, 인민공사의 노동력 규모와 공사효율은 역방향 관계를 띤다.

둘째, 농업기계화가 농업 노동에 대한 대체로서 인민공사 효율을 충분히 개선할 수 있다.

---

22 1995년, 한 초급사(初級社)는 평균 26.7개의 농가를 포괄하고 있었다[Kung(1993) 주 8 참고].

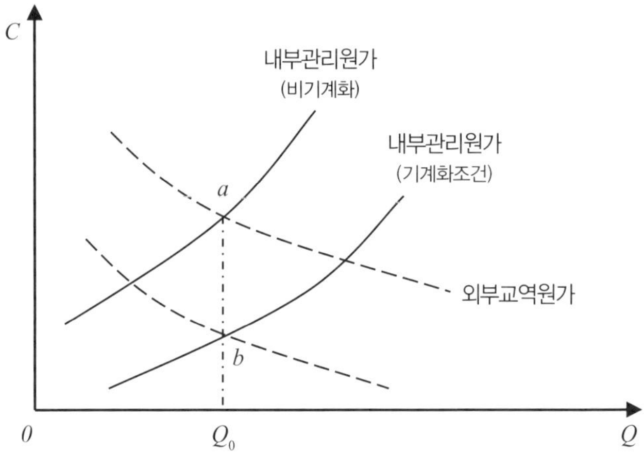

그림 2. 농업기계화 수준과 인민공사체제 효율

우리들은 이미 농업은 공업처럼 광범위한 기계화 조작에 어울리지 않는다고 설명했다. 그러나 나태 행위가 보편적으로 존재하는 인민공사 노동에서 기계로 노동을 대체하는 수법은, 인민공사 효율을 개선할 수 있을 것이다. 기계의 사용이 감독 원가를 하락시키기 때문이다. Alston(1981)은 임의성이 존재하지 않기 때문에 동일 유형 기기의 운행 실적은 완전히 같다고 본다. 따라서 일단 농기계를 쓰게 되면 생산의 표준화를 이룰 수 있다. 노동 성과의 변화성이 작기 때문에 노동력 투입량을 쉽게 측정할 수 있게 되는 것이다. 하지만 짐승 투입이나 사람의 노동력 투입 간의 조합을 감독하는 것은 매우 어렵게 된다.

그림 2는 상술한 생각을 표현한 것이다. 인민공사조직의 규모가 일정하면, 수공노동 조건에서는 농업활동의 감독 원가가 비교적 높다(그림의 a). 그러나 농업기계화 조건에서는 감독 원가가 내려갈 수 있다(그림의 b).

가설 4: 농업기계화 정도의 향상은 인민공사 효율을 개선할 수 있다.

5. 계량 검증: 후베이성 위촨(餘川) 인민공사의 패널데이터(Panel Data) 분석

후베이성 광지현(廣濟縣)은 장강 중류 북쪽 강기슭에 위치해 있고, 구릉과 충적 평야의 혼합 지대에 속하며, 후베이의 농업 대현으로 불렸다. 그 중 위촨은 더욱더 전형적인 농업 종식 지역이다.

앞글의 이론 분석과 그 가설을 검증하기 위해서 우리들은 위촨공사가 할당한 27개 대규모 생산대대(生產大隊)를 선별해서 1957~1975년까지의 패널데이터로 계산 분석에 들어갔다. 뒤에서 살펴볼 인민공사의 효율은 이 데이터 분석에 따른 실제 생산대대의 집체생산 효율을 말하는 것이다.

5.1 계량 모형의 시작 단계

본문은 우선 두 가지 모형(模型)을 설정했다. 모형 A_1은 단순선형 생산함수이다(투입요소의 한계산출이 불변한다는 가정). 모형 A_2는 C−D 생산함수이다(투입요소의 한계함수가 감소한다는 가정).

$$y_{it}=a+\beta_1 l_{it}+\beta_2 cow_{it}+\beta_3 K1_{it}+\beta_4 K2_{it} + \beta_5 K3_{it}+\beta_5 water_{it}+\beta_6 clp_{it}+\mu_{it} \qquad \text{모형 } A_1$$

$$\ln y_{it}=a+\beta_1 \ln l_{it}+\beta_2 \ln cow_{it}+\beta_3 \ln K1_{it}+\beta_4 \ln K2_{it} + \beta_5 \ln K3_{it}+\beta_5 water_{it}+\beta_6 clp_{it}+\mu_{it} \qquad \text{모형 } A_2$$

상술한 모형 중, y는 양식의 단위면적당 생산량을 말한다. l과 cow는 각각 단위토지의 노동력과 경우 수를 말한다. $K1$은 핸드트랙터 마력수, $K2$는 농용펌프 대수, $K3$은 농용동력기 대수이다.[23] $water$는 논밭의 유효한 관개비율로, 농업 수로 설비 상황을 반영하는 데 쓰인다. clp는 자류지와 집체의 비교토지생산율(산출률)로, 자류지 요소가 인민공사 효율에 미치는 영향을 설명해 준다(표 4).

표 4. 생산함수 중 변수 선택과 설명

변수	변수 설명	단위	평균값	표준차
y	양식의 단위면적당 생산량	근/묘	756.0740	377.2312
l	단위토지의 노동력	인/묘	0.2713	0.0855
cow	단위토지의 경우 수	마리/묘	0.06336	0.0222
*K*1	핸드트랙터 마력수	필	2.9864	7.4187
*K*2	농용펌프 대수	대	1.5263	1.7207
*K*3	농용동력기 대수	대	1.6569	1.5510
water	유효 관개율*	%	0.5434	0.2892
clp	비교토지산출률**	–	5.4793	5.9176

* *water*=(유효 관개 면적÷경지 면적)×100% ** *clp*=(부업 수입÷농업 수입) / (자류지 면적÷집체 경지 면적)

Stata 11.0 소프트웨어를 사용해 모형 A_1, A_2에 대해 회귀 분석을 해서 표 5와 같은 결과를 얻었다.

두 모형을 비교해 보면, C-D 모형은 단순선형 모형보다 더욱 이상적으로 보인다. 실증한 결과는 인민공사제도의 콥-더글라스(Cobb-Douglas) 생산함수의 특징과 인민공사 효율의 한계 감소 추세를 지지하고 있다. 이것은 앞에서 말한 '공사조직 규모의 확대가 저효율 현상을 일으킬 수 있다'는 추론을 일정 정도 검증했다.

23 패널데이터는 트랙터, 핸드트랙터, 견인농구, 수확기, 탈곡기, 농용펌프, 이앙기, 농용동력기, 분무기 등 17가지 농업기계 지표를 포함한다. 단계적 회귀(stepwise regression) 분석을 통해서 본문은 *K*1, *K*2, *K*3을 선택했다. 이것은 이 시기 주요한 농업기계장비를 말하는 것이다.

표 5. 생산함수의 쌍대수와 단순선형 형식의 비교

변수/항목	모형A_1		모형A_2	
	회귀계수	표준오차	회귀계수	표준오차
l	1,059.634*** (4.3246)	245.025	0.3314*** (5.3886)	0.0615
cow	1,767.001** (1.9795)	892.631	0.0860* (1.7200)	0.05
*K*1	1.1367 (0.5059)	2.2467	0.0256** (2.0317)	0.0126
*K*2	29.5719** (2.3863)	12.3926	0.1218*** (4.0331)	0.0302
*K*3	38.01215** (2.4537)	15.4919	0.1375*** (3.9740)	0.0346
clp	−2.183194 (−0.9077)	2.4053	−0.0036* (−1.8947)	0.0019
water	174.2188*** (2.8851)	60.3867	0.2660*** (5.0667)	0.0525
상수항	162.4016*** (2.7311)	59.4645	6.9798*** (48.6397)	0.1435
Wald chi2				
자유도	7		7	
카이제곱치	253.23		685.64	
(수반)확률	0		0	
R2				
組內	0.3119		0.5778	
組間	0.6218		0.5353	
總體	0.3415		0.5706	
Hausman검증				
Chi2	1.85		5.6	
(수반)확률	0.9679		0.5866	

※ 괄호 안의 수치는 회귀계수의 *T* 통계치

5.2 계량 모형의 확장

이데올로기와 인민공사 규모 두 종류의 가상 변수가 인민공사 효율에 미치는 영향에 대해 알아보기 위해서, 본문은 모형 A_2를 기초로 모형 확장을 시도했다. 그중에서 모형 B_1에는 이데올로기적 변수(dmt)를 추가했다. 이데올로기적 제약의 지체성 영향을 고려해서 모형 B_2에는 이데올로기적 변수의 지연항(dm_{t-1})을 추가했다.

$$\ln y_{it} = a + \beta_1 \ln l_{it} + \beta_2 \ln cow_{it} + \beta_3 \ln K1_{it} + \beta_4 \ln K2_{it} + \beta_5 \ln K3_{it} + \beta_5 water_{it} + \beta_6 clp_{it} + \beta_7 dm_t + \mu_{it} \quad \text{모형 } B_1$$

$$\ln y_{it} = a + \beta_1 \ln l_{it} + \beta_2 \ln cow_{it} + \beta_3 \ln K1_{it} + \beta_4 \ln K2_{it} + \beta_5 \ln K3_{it} + \beta_5 water_{it} + \beta_6 clp_{it} + \beta_7 dm_t + \beta_8 dm_{t-1} + \mu_{it} \quad \text{모형 } B_2$$

그중에서, 이데올로기적 변수의 값 범위는 위촨 인민공사 1957~1975

표 6. 연도 이데올로기적 변화(dm)의 평가와 값 범위

연도	이데올로기 강도	값 범위	연도	이데올로기 강도	값 범위
1958	강화	1	1967	강화	1
1959	평균 유지	0	1968	평균 유지	0
1960	평균 유지	0	1969	약화	−1
1961	약화	−1	1970	평균 유지	0
1962	약화	−1	1971	약화	−1
1963	강화	1	1972	평균 유지	0
1964	평균 유지	0	1973	평균 유지	0
1965	강화	1	1974	평균 유지	0
1966	강화	1	1975	약화	−1

※『중국농업합작사자료(中國農業合作史資料)』, 1992, 제5~6기와 광지현 위촨전(餘川鎭)의 기록 자료를 참고하여 정리한 것이다.

년간 각 연도의 이데올로기적 관제의 전년 대비 강도에 근거하여 확정된 것이다(표 6).

모형 B_3에는 인민공사 규모(경지 총량과 노동력 총량의 곱)의 가상 변수의 절편항을 추가했다. 모형 B_4에는 인민공사 규모의 가상 변수의 곱항을 추가했다.

그중에서 가상 변수의 생성조건은 다음과 같다. 만약 i 라는 생산대대의 t 연도 총 노동력과 토지의 곱이 관찰치의 평균치를 초과한다면, 값의 범위는 1이 되고 그렇지 않으면 0이 된다.

$$\begin{aligned} \ln y_{it} = a + \beta_1 \ln l_{it} + \beta_2 \ln cow_{it} + \beta_3 \ln K1_{it} + \beta_4 \ln K2_{it} \\ + \beta_5 \ln K3_{it} + \beta_5 water_{it} + \beta_6 clp_{it} + \beta_7 dm_t \\ + \beta_8 dm_{t-1} + \beta_9 size_{it} + \mu_{it} \end{aligned} \quad \text{모형 } B_3$$

$$\begin{aligned} \ln y_{it} = a + \beta_1 \ln l_{it} + \beta_2 \ln cow_{it} + \beta_3 \ln K1_{it} + \beta_4 \ln K2_{it} \\ + \beta_5 \ln K3_{it} + \beta_5 water_{it} + \beta_6 clp_{it} + \beta_7 dm_t \\ + \beta_8 dm_{t-1} + \beta_9 size_{it} + \beta_{10} size_{it} \cdot \ln l_{it} + \mu_{it} \end{aligned} \quad \text{모형 } B_4$$

이 두 가지 모형 중에서, 전자는 인민공사 규모가 산출 수준에 미친 평균 영향, 후자는 인민공사 규모가 노동력 산출 유연성에 미친 영향을 나타낸 것이다.

5.3 예측 결과에 대한 분석

표 7은 원형인 A_2부터 확장 모형 각각의 예측 결과를 반영한 것이다. 여기에서는 첫째, dm_t가 차이값이고, dm_{t-1}이 지연 변수이기 때문에 모형 B_1과 B_2는 비교성을 갖지 못한다. 그러나 모형 B_2, B_3, B_4는 동일한 관

찰치를 포함하고 있기 때문에 R^2과의 비교가 유의미해진다. 이 세 가지 모형은 새로운 변수를 투입함에 따라서 그 해석 능력이 강화되는 특징을 갖는다. 둘째, 고정효과(Fixed-effects)인지 임의효과(Random-effects)인지를 판정하는 Hausman 검증은, 다섯 개 모형의 결과가 원 가설에서 벗어날 수 없는데, 즉 H_0: corr(u_i, X) = 0이 된다. 이로써 표 7에서 제시한 모형은 모두가 임의 효과 모형이고 각 모형도 모두 통계학적으로 의미가 있다.

표 7. 이데올로기와 인민공사 규모 두 가지 요소를 고려한 단계적 회귀 분석

	모형 A_2	모형 B_1	모형 B_2	모형 B_3	모형 B_4
l	0.3314*** (5.3886)	0.3685*** (5.6779)	0.3424*** (5.1566)	0.3530*** (5.2686)	0.4900*** (6.7493)
cow	0.0860* (−1.7200)	0.0911* (1.6267)	0.1106* (1.8938)	0.0965* (1.6355)	0.1188** (2.0342)
*K*1	0.0256** (2.0317)	0.0259** (2.0234)	0.0266** (2.0620)	0.0270** (2.0930)	0.0323*** (2.5634)
*K*2	0.1218*** (4.0331)	0.1239*** (4.0622)	0.1207*** (3.9188)	0.1258*** (4.0711)	0.1256*** (4.1452)
*K*3	0.1375*** (3.9739)	0.1397*** (3.9463)	0.1366*** (3.8478)	0.1401*** (3.9576)	0.1475*** (4.2385)
clp	−0.0036* (−1.8947)	−0.0043** (−2.0476)	−0.0037 (−1.6086)	−0.0041* (−1.7826)	−0.0044** (−2.0000)
water	0.2660*** (5.0666)	0.2603*** (4.7155)	0.2636*** (4.5843)	0.2773*** (4.7810)	0.2748*** (4.8126)
dm		0.0270* (1.8493)	0.0448*** (2.8535)	0.0436*** (2.7770)	0.0382** (2.4967)
dm(−1)			−0.0507*** (−3.2709)	−0.0511*** (−3.3181)	−0.0533*** (−3.5533)
size				−0.06232* (−1.7648)	−0.6022*** (−4.9768)
size×l					−0.4169*** (−4.6477)
상수항	6.9798*** (48.6397)	7.0466 (45.2284)	7.0719*** (43.7346)	7.0607*** (43.3703)	7.3065*** (42.7030)
Obs	513	486	459	459	459
Wald chi2					

	모형 A_2	모형 B_1	모형 B_2	모형 B_3	모형 B_4
자유도	7	8	9	10	11
카이제곱치	685.64	653.36	607.83	614.42	665.43
수반 확률	0.0000	0.0000	0.0000	0.0000	0.0000
R^2					
Within	0.5778	0.5815	0.5794	0.5827	0.6042
Between	0.5353	0.5148	0.5023	0.4863	0.4892
Overall	0.5706	0.5690	0.5643	0.5662	0.5799
Hausman test					
Chi2	5.60	6.12	6.88	2.97	6.79
수반 확률	0.5866	0.6342	0.6492	0.9656	0.8158

※ 괄호 내의 수치는 회귀계수의 *T* 통계치를 나타낸다.

표 7에서 다음의 내용을 확인할 수 있다.

(1) 인민공사제도와 공존하는 자류지 요소가 비록 경지자원, 노동자원과의 경쟁이 있고 인민공사 효율과 역상관관계를 가지지만, 다섯 개의 모형 중에서는 그 회귀계수가 모두 0.0044 이하에 있고 신뢰도가 뚜렷하지 않으며 역효과의 영향도 매우 작다는 것을 알 수 있다. 사실상, 1961~1975년까지 위촨 인민공사는 경지 면적의 3~5%를 차지하는 자류지로 12.3~18.6%의 농업 수입을 제공했다. 자류지의 고효율은 인민공사 시기에 '아사 현상(餓死現象)'이 나타나지 않게 한 주요 원인이다. 이것은 앞에서 제시한 가설 1을 어느 정도 설명한다. 자류지는 이중 효과를 가지고 있는데, 하나는 자신에 대한 고효율 효과이고 또 다른 하나는 인민공사 효율에 대한 손해다. 그러나 전자가 후자에 비해 매우 효과가 크기 때문에 사회 총효율은 개선되었다. 이 때문에, 저효율적인 인민공사제도는 고효율적인 자류지제도의 보충으로 장기간 연속하여 존재할 수 있었던 것이다.

(2) 모형 B_1은 당해의 이데올로기적 제약이 지난해보다 강화되었다는 특징을 가진다면 인민공사 효율을 개선하는 데 유리하다는 것을 나타낸다. 이것은 모형 B_2～B_4에서 모두 안정적인 것으로 나타나 가설 2를 검증했다. 주목할 만한 것은, 인민공사 시기의 '좌'파적 이데올로기 교육은 명백히 강제성을 띠었고 사람들의 사상과 행동의 자유를 구속했기 때문에 구성원의 반감과 위화감을 초래하기 쉬웠다는 것이다. 따라서 일단 사상 규제가 풀어지면 곧 구성원의 행위노력이 떨어지고 나아가 인민공사 효율 저하를 초래하게 된다. 이것은 인민공사 시기에 이데올로기적 관제와 사상 경직화의 경로 의존성이 존재하는 근원을 일정 정도 해석할 수 있다. 결국 인민공사 시기의 이데올로기적 제약은 '양날의 검'이라 할 수 있다.

(3) 모형 B_3와 B_4의 회귀 분석 결과로 보면, 공사 규모의 확장은 산출 수준을 현저히 변화시켰을 뿐만 아니라 노동력의 산출 유연성도 바꿨다. 게다가 모두 명백한 역상관관계이므로 가설 3을 증명했다. 동시에, 공사 생산의 노동 투입도 역시 '양날의 검'이라고 할 수 있다. 노동력 투입을 강화함으로써 인민공사의 총산출 수준을 올릴 수 있지만, 한편으로는 노동력의 증가가 팀 규모 확대와 함께 공사노동 규모의 비경제성을 초래할 수 있기 때문이다.

(4) 다섯 개의 모형은 모두 가축의 노동력(cow)과 농업기계($K1$, $K2$, $K3$) 투입을 증가시켜 노동력을 대체함으로써 인민공사 효율이 현저하게 개선되는 것을 안정적으로 표현했다. 이와 같은 사실을 통해서 가설 4를 증명했다. 이 외에도, 농업 관개조건의 개선도 마찬가지로 인민공사의 효율 상황을 개선할 수 있다는 것을 알았다. 실제로 인민공사 시기의 대규모 수로 시설 건설과 농업장비 수준의 제고가 인민공사 집체노동이 초래한 저효율을 효과적으로 보강했다.

6. 추가 논의

(1) 진입 위협과 퇴출 위협, 이 두 종류의 메커니즘은 합작을 추진하는 중요한 보장 장치이다. 전자는 퇴출 제약을 가하고, 나태라는 진입 위협을 통해서 합작을 보장한다. 후자는 퇴출권을 보류하는 것으로, 퇴출 위협을 통해서 합작을 촉진하는 것이다. 인민공사 합작조직의 실증 고찰을 통해서 우리들은 보복성 나태함과 퇴출 위협 모두가 효과적 역할을 발휘하지 못한다는 것을 알게 되었다. 그중 '자류지' 요소로 형성된 '잠재적 퇴출'은 중요한 해석적 가치가 있다. 명시적 퇴출을 실행할 수 없기 때문에 인민공사는 장기간 동안 해체되지 않았다. 잠재적 퇴출이 존재하기 때문에 구성원은 '아사'하지 않을 수 있었다. 이 때문에 한 합작조직에 있어서 설령 구성원 신분상의 퇴출 제약이 있다 하더라도 만약 효과적인 감독을 진행하지 못하거나 혹은 그 잠재적 퇴출을 제한할 수 없다면 여전히 저효율의 방향으로 진행될 수 있다.

(2) 인민공사의 저효율성이 이미 보편적으로 인정되었지만, 저효율적 제도가 어떻게 장기간 동안 존재할 수 있는지에 대해서는 아직 학계의 주목을 받지 못했다. 인민공사 효율은 실제적으로 두 가지 부분에 의해 결정되는데 하나는 집체노동의 효율이고 또 하나는 자류지 생산의 효율이다. 따라서, '자류지'가 없는 인민공사제도와 '자류지'가 있는 인민공사제도는 매우 큰 제도적 차이를 갖는다. 이전의 문헌에서는 주로 전자에만 주목했고 후자에 대해서는 다루지 않았다.

앞에서 서술한 바와 같이, 저효율 제도가 오랫동안 생존할 수 있었던 까닭은 반드시 상응하는 제도 보호 요소가 존재하기 때문이다. 인민공사에 있어서 '자류지' 요소, 이데올로기 교육, 농업 기초 설비, 장비 조건의 개선은 모두 주요한 보호 요소라고 할 수 있다. 그중에서, '비핵심 제도'로 배정된 '자류지'는 잠재적 수익의 실현으로 '핵심 제도'로서의 인민공사 효율 부족을 효과적으로 보충했다. 이처럼 저효율 핵심 제도가 유지되는 것은 반드시 그에 상응하는 고효율 비핵심 제도가 존재하기 때문이다.

(3) 제도 간 경쟁이 존재하는 것과, 고효율 제도적 안배가 저효율 제도적 안배를 대신하는 것은 기본 추세이다. 따라서 논리적으로 말해 정치적 속박과 제도적 규제가 없다고 가정하면, 고효율의 자류지 제도는 대체성 제도로서 차츰 인민공사제도를 대체할 수 있을 것이다(1978년 농촌개혁 이후의 정황처럼). 문제는 '자류지'가 '자본주의적 성질'로 규정되어, 인민공사의 '보충' 위치에 놓여 시종일관 규제되는 상태에 있다는 것이다. 그 규제의 기본 원칙은 인민공사 효율 부족을 보충하는 데 만족해야 하고, 인민공사 제도의 안정을 보호하는 최저 한계선을 넘어서는 안된다는 것이다. 그래서 거의 20여 년의 인민공사 시기에는 농호도급제가 다섯 차례 추동하고 또 다섯 차례 억압받았다[치하오동(綦好東), 1998]. 정치 질서하에서, 그러한 관료집단 혹은 핵심 지도자의 기호에 맞는 제도적 안배는 충분히 지속적으로 보호받을 수 있는데, 반대로 이와 불일치하는 제도는 항상 억압받게 되어 있음을 여기서 알 수 있다.

참고문헌

Alchian, A. A. and H. Demsetz, Production, Information Costs, and Economic Organizaton[J], *American Economic Review* (12), 1972, pp.77~95.

Alston L. J., Tenure Choice in Southern Agriculture[J], *Explorations in Economic History* 18, pp.211~232.

Alston, L. J. and Higs, Robert, Contractual Mix in Agriculture Since the Civil War: Facts, Hypotheses, and Tests[J], *Journal of Economic History* (42), 1982, pp.327~353.

Binswanger, H., M. Rosenzweig, Behavioural and Material Determinants of Production Relations in Agriculture[J], *Devel. Stuud.* (2), 1986, pp.503~539.

Blinder, Alan S., and Don H. Choi, A Shred of Evidence on Theories of Wage Stickiness[J], *Quarterly Journal of Economics* (4), 1990, pp.1003~1016.

Bonin, J., Work Incentives and Uncertainty on a Collective farm[J], *Journal of Comparative Economics* (1), 1977, pp.77~97.

Boyd Robert and Peter J. Richerson, The Evolution of Reciprocity in Sizable Groups[J], *Journal of Theoretical Biology* (132), 1988, pp.337~356.

Cheung, Steven N. S., Private Property Rights and Sharecropping[J], *Journal of Political Economy* (76), 1968, pp.1107~1122.

Chinn, D. L., Team Cohesion and Collective−Labor Supply in Chinese Agriculture[J], *Journal of Comparative Economics* (13), 1979, pp.375~394.

Dong, X., G. Dow, Does Free Exit Reduce Shirking in Production Team[J], *Journal of Comparative Economics* 17, pp.472~484.

Eggertsson, T., *Economic Behavior and Institutions*[M], Cambridge: Cambridge University Press, 1990.

Grief, A., *Genoa and the Maghribi Traders: Historical and Comparative Institutional Analysis*[M], Cambridge: Cambridge University Press, 1998.

Grief, A., Cultural Beliefs and Organizations of Society: A Historical and Theoretical Reflection on Collectivist and Individual Societies[J], *Journal of Political Economy* 102(5), 1994, pp.912~950.

Greif, A., Contract Enforceability and Economic Institutions in Early Trade: The Maghribi Trader's Coalition[J], *The American Economic Review* 83(3), 1993.

Guttman, J., *Rational Actors, Tit-for Tat Types and the Evolution of Cooperation*[M], Working Paper Bar-Ilan University, 1991.

Guttman, J., The Credibility Game: Reputation and Rational Cooperation in a Changing Population[J], *Journal of Comparative Economics* (16), 1992, pp.619~632.

Hayami, Y., W. Ruttan, *Agricultural Development: an International Perspective, Revised and Exipanded*[M], Baltimore, MD: The Jones Hopkins Press, 1985.

Holmstrom, B., Moral Hazard in Teams[J], *Bell Journal of Economics* (13), 1982, pp.324~340.

Joshi, N. V., Evolution of Cooperation by Reciprocation Within Structured Demes[J], *Journal of Genetic* (66), 1987, pp.69~84.

Kreps, D., P. Milgrom and Wilson Rational Cooperation In the Finitely Repeated Prisoner's Dilemma[J], *Journal of Economic Theory* (27), 1982, pp.245~252.

Kreps, D., Corporate Culture and Economic Theory[J], In J. Alt and K. Shepsle(eds.), *Perspectives on Positive Political Economy*, New York: Cambridge University Press, 1990.

Kung James Kaising, Transaction Costs and Peasants Choice of Institution: Did the Right to Exit Really Free Rider Problem in Chinese Collective Agriculture[J], *Journal of Comparison Economy* (17), 1993, pp.485~503.

Lin Justin Yifu, Collectivization and Chinas' Agricultural Crisis in 1959~1961[J], *Journal of Political Economy* (98), 1990, pp.1~10.

Macleod, W., Equity, Efficiency, and Incentives in Cooperative Teams, *Advances in the Economic Analysis of Participatory and Labor Managed Firms* (3), 1988, pp.5~23.

Meade, J., The Theory of Labour-managed Firms and of Profit Sharing[J], *Economic Journal* (3), pp.402~428.

Nelson, P., Information and Consumer Behavior[J], *Journal of Political Economy* 78(2), 1970, pp.331~359.

North D., *Structure and Change in Economic History*[M], W. W. Norton & Company Inc., 1981.

North D. C., *Institutions, Institutional Change and Economic Performance*[M], Cambridge University Press, 1990.

Olson Mancur, *The Logic of Collective Action: Public Goods and the Theory of Groups*[M], Cambridge: Harvard University Press, 1980.

Perkins, D. and Shahid Yusuf, Rural Development in China(A world Bank Publiction)[M], Baltimore: The Johns Hopkins University Press, 1984.

Putterman, L., G. Skillman, Collectivization and China's Agricultural Crisis[J], *Journal of Comparative Economics* (17), 1993, pp.530~539.

Putterman, L., Voluntary Collectivization: A Model of Producers' Institution Choice[J], *Journal of Comparative Economics* (4), 1980, pp.125~157.

Sen, A., Labor Allocaton in a Cooperative Enterprise[J], *Review of Economic Studies* (33), 1966, pp.361~371.

Telser, L., A Theory of Self–Enforcing Agreement[J], *Journal of Business* (1), 1980, pp.27~44.

Veblen, Thorstein, *The Instinct of Workmanship and the State of Industrial Arts*[M], New York: Augustus M. Kelley, 1914.

Ward, B., The Firm In Illyrian: Market Syndicalism[J], *American Economic Review* (48), 1958, pp.566~589.

奥尔森, 集体行动的逻辑[M], 上海: 上海三联书店, 1995.

曹正汉, 观念如何塑造制度[M], 上海: 上海人民出版社, 2005.
曹正汉·罗必良, 一套低效率制度为什么能够长期生存下来-广东省中山市崖口村公社体制个案[J], 经济学家(6), 2003.
陈剑波, 人民公社的产权制度[J], 经济研究(7), 1994.
范子英·孟令杰, 对阿玛蒂亚·森的饥荒理论的理解及验证: 来自中国的数据[J], 经济研究(8), 2006.
范子英·孟令杰·石慧, 为何1959-1961年大饥荒终结于1962年[J], 经济学(季刊)(1), 2008.
哈耶克, 法律, 立法与自由[M], 邓正来 译, 北京: 中国大百科全书出版社, 2000.
哈耶克, 通往奴役之路[M], 王明毅 等 译, 北京: 中国社会科学出版社, 1997.
綦好东, 新中国农地产权结构的历史变迁[J], 经济学家(1), 1998.
林毅夫, 农业生产合作社中的退出权, 退出成本和偷懒: 一个答复[M]//再论制度, 技术与中国农业发展, 北京: 北京大学出版社, 2000.
罗必良, 信誉的生成机理及其制度性作用[J], 经济理论与经济管理(10), 2002.
罗必良, 新制度经济学 [M], 太原: 山西经济出版社, 2005.
宋海文, 农业生产合作社中自留地问题的探讨[J], 经济研究(4), 1957.
王智慧·蒋馥, 信息技术, 团队生产及底层员工生产组织设计[J] 管理科学学报(4). 2002.
韦伯, 新教伦理与资本主义精神[M], 于晓 等 译, 北京: 三联书店, 1987.
张军, 合作团队的经济学: 一个文献综述[M], 上海: 上海财经大学出版社, 1999.
张乐天, 告别理想-人民公社制度研究[M], 上海: 长海人民出版社, 1998.
赵国杰·翟欣翔·郝清民, 中国1959-1961年农业危机的主因: 对林毅夫假说的定量检验[J], 天津大学学报(社会科学版)(4), 2004.

재산권 규제, 제도적 행위와 경제적 성과*

— 중국 농업경제체제 전환에서 나온 증거(1958~2005)

요약 본고는 '재산권 규제 구조-체제 선택 행위-경제제도 성과'라는 새로운 SCP(구조-행위-성과) 모델을 만들어 냈다. 경제체제 전환의 문제를 분석하기 위한 이론 모델을 고안해 냈으며, 1958~2005년의 중국 농업경제에 관한 실증적 데이터를 이용하여 본고의 기본적 명제를 검증하였다. 전면적 재산권 규제에서 재산권 규제 완화로의 변화는 계획경제체제에서 시장경제체제로의 전환 과정 단계이다. 따라서 중국의 농업경제체제 전환은 실질적으로는 농업자원 재산권 규제 완화의 과정이라 할 수 있으며, 이는 임대료 손실 체감으로 인해 제도 변화로 인한 성과가 체증하는 과정이다. 즉, 재산권 규제의 완화는 중국 농업경제제도 성과 증가의 결정적 요인이라 할 수 있는 것이다.

키워드 **재산권 규제, 임대료 손실, 제도의 성과, 경제 전환, 농업 개혁**

* 본 보고서는 교육부 철학사회과학 중대 과제 고난도 연구 사업 '현재 중국 농촌의 토지거래제도 및 농민 권익 보호 연구'(09JZD0022)의 단계적 연구 성과물이며, 화남 농업대학교 경제관리대학의 '211 공정' 3기 중점학과가 고안해 낸 '재산권 규제 완화 연구'(2010B) 프로젝트의 도움에 감사를 표한다.
본 보고서는『중국농촌경제』(2010, 제10기)에 발표되었으며, 저자는 허이밍(何一鳴), 루어삐량(羅必良)이다. 허이밍은 화남 농업대학교 중국 농촌경제전형발전협동혁신센터 겸 경제관리대학교 부교수, 석사지도교수이다.

1. 들어가는 말

1970년대 말부터 중국 경제는 계획경제에서 시장경제체제로 전환되었다. 이러한 체제 혹은 제도의 변천 과정 속에서 중국 경제는 지속적으로 성장하며 '중국의 기적'을 낳았다. 이러한 대규모의 경세세도 개혁이 가장 낙후되어 있던 농업 부문에서부터 작용하였기 때문에, 농업은 경제체제 전환이 가장 빨리 일어난 영역이자 그 변화가 가장 빈번하고 활발한 산업이 되었다. 농업 부문의 경제체제 개혁은 사람들의 관심과 학계의 주목을 받았는데, 특히 인민공사(人民公社) 시기 국가의 재산권 전면 규제로부터 현재의 가정 중심 재산권 규제로의 변화는 그 폭이 크고 방식이 다양하여 경제 전환 연구의 소중한 자료가 되었다. 뿐만 아니라, 현재의 제도 변화에 대한 이론을 검증하고 풍부하게 만드는 데도 여러 가능성을 제시하고 있다.

실질적으로 국가가 농업재산권 규제를 현저하게 완화된 정책으로 개편한 것은 1970년대 말부터이다. 국가의 포산도호(包産到戶)와 포간도호(包干到戶)에 대한 묵인은 농업자원에 대한 철저한 규제로부터 벗어나게 되었음을 의미한다. 이로써 안정적인 세입과 농민의 정치적 지지를 맞바꾸고, 본래 국가의 규제하에 있던 잉여수취권을 다시 농민에게 되돌려주었다(저우치런, 2002). 이러한 종류의 재산권 규제 구조 변천 현상에 대해 합리적이고 완전한 설명을 할 수 있는 현대 경제 이론은 없다[양캐중 등(楊開忠 等), 2003]. 기존의 제도효과 가설(North, 1999) 또한 재산권제도가 왜 변화하는지만 설명할 수 있을 뿐, 재산권 규제가 완화됨으로써 생겨난 임대료 손실이 체제 전환에 결정적인 영향을 미쳤다는 것은 설명하지 못한다. 현재의 신정치경제학 이론은 대부분의 체제 전환 국가 정부는 '약탈의 손'으로 규제를 강화한다고 설명한다(Shleifer & Vishny, 1998). 그러나 체제 전환 계통의 농업재산권 규제 구조가 어떻게 변화하는지, 또한 재산권 규제의 완화로 인한 성과는 어떻게 측정되는지 등의 문제는 전통적인 경제 이론으로는 논리적이고 일관성 있는 답을 하지 못한다.

정부의 규제 및 완화는 늘 논쟁거리에 휩싸인 과제였다. 18세기 이래로, 고전경제학자들은 규제와 완화의 중요성을 깨닫기 시작했고, 신고전경제학자들의 문헌집에는 특수 산업의 가치와 규제에 대한 문제가 거론되어 있다(키프 비스쿠시 등, 2000). 규제경제학의 창시자인 스티글러(Goerge Joseph Stigler, 1971)는 정부가 지대 추구라는 목적에 사로잡힌 이익집단에 동조하여 산업 진출 규제 정책을 내놓는다면, 그 권위와 임대료는 이익집단에 농단당할 것이라 주장하였다. 이로 인한 결과로 규제의 효과가 저하되고 비생산적인 활동이 증가할 것이라는 것이다. 이후, 정부의 규제 정책에 대한 비판은 좀 더 보편화되었다(Kahn, 1971). 만일 규제 정책이 효과가 있다면, 사람들은 규제 정책으로 인해 피해를 본다고 느낄 것이고(Green & Nadar, 2003), 만일 규제 정책이 효과가 없다면, 사람들은 이를 낭비로 여길 것이다(듀이, 1974). 규제의 실패에 관한 사례는 더 많이 기록되어 있다(예를 들어 Posner, 1974). 그러나 만일 신제도경제학의 관점에서 본다면, 규제는 정부가 시장에서 개인의 계약에 개입하는 수많은 입법 행위 중 하나라 볼 수 있다. 규제제도는 재산권 구조를 바꿀 뿐 아니라, 사회의 부의 분배 및 복지 수준에 영향을 준다(Alston 등, 1996).

재산권이론의 역사 속에서, Cheung(1974)은 최초로 재산권 규제의 두 가지 명제를 만들어 냈다. ① 계약 당사자 한쪽의 수입에 대한 수취권이 완전히 혹은 부분적으로 박탈당하게 되면, 해당 권리가 나머지 당사자에게 완전히 수여되지 않는 이상 전이된 수입은 점점 소실될 것이다. ② 비독점적 수입의 존재 및 해당 수입의 소실 경향은 경제 주체로 하여금 제약 조건을 통해 임대료 손실을 최소화하도록 만든다. 이러한 기초 위에, Demsetz(1988)는 재산권 규제의 핵심 범주에 한계를 정했다. 재산권의 규제로 인해 매수가 불가능한 경우, 가격경쟁이 아닌 비가격경쟁을 강조해야 한다. 가격경쟁은 화폐 자산을 운용하여 사람들의 행위에 영향을 주는 방식이다. 예를 들어, 구매가격을 높게 제시하면 판매자를 찾을 수 있는데 이는 구매자의 자유이다. 이러한 구매자의 자유를 제한한다면 '개성에 의한 경쟁'만이 남게 된다. 이때, 사람들은 생존과 경쟁 자금을 확보하기 위해 피부색·종교·가족 등 개별적 요소에 기대게 된다. 각종 재산권 규제는 사람들의 화폐 단위 소득 극대화 추구를 막는다. 이는 모든 경제 주체들로 하여금 스스로를 포기하고 자신의 기호를 만족시키는 데 주력하도록 만든다. 재산권 규제는 사람들이 각양각색의 대체 방식을 통해 자신의 행위를 조정하여 자신의 이익을 지키도록 한다. 사람들이 구체적으로 어떤 방식을 이용하는지는 정황에 따라 달라진다(Barzel, 1989).

따라서, 사람들이 재산권의 구체적 권리들을 행사하는 능력에 규제가 가해지면 상품 배치나 그 배후의 재부의 분배 구조에도 변화가 생겨난다(Eggertsson, 1990). 한 그룹의 개인에게 권리의 일부분을 규제하여 권리를 행사할 수 있는 능력을 잃게 한다는 것은, 그 부분의 권리가 정부의 관할하에 속하게 된다거나 정부에게로 재분배됨을 의미한다. 이러한 논리에 따르면, 정부는 경제 주체들의 재산을 자유롭게 이용할 권리 혹은 공동으로 책정한 가격으로 타인에게 양도하는 권리 등에 간섭하고 이를 규제하여 재산권을 약화시키는 것이다. 재산권의 배타성에 부과된 대부분의 규제가 거래의 범위를 축소시킬 수 있고, 재산권의 양도와 관련된 규제들이 누가 어떤 이득을 취했는지에 대한 문제의 해결 방법으로서의 가격경쟁을 배제하고 있기 때문이다(Pejovich, 1990). 올슨(Olson, 2000)은 어떤 정부가 사유재산을 창조하고 보호하고 계약 집행을 강제할 수 있는 권력을 지닌 동시에 이 개인들의 권리를 박탈하지 않는다는 약속을 할 수 있다면, '시장 강화형' 정부라 부를 수 있다고 하였다. 바꿔 말하면, 한 나라의 경제 번영은 해당 국가의 정부 행위에 달려 있으며 이는 정부의 재산권 박탈 행위, 즉 재산권 규제가 없다는 것을 의미한다. 재산권 규제 구조의 변화가 장기 경제 성장 효과에 영향을 미친다는 것은 실증 연구를 통해서도 입증되었다(Acemoglu & Johnson, 2005; 루어삐량 · 허이밍, 2008).

중국을 예로 들자면, 제11회 삼중회의 이후 정부는 미시적 경영 기관에 대한 규제를 철회하고 농가에 경영 지주권을 부여하여 생산활동을 격려하기 시작했다. 미시 경제조직과 자원 배치 메커니즘, 거시적 정책 환경으로 구성된 '삼위일체' 식의 규제 완화 제도 구조가 형성된 것이다(린이푸 등, 1999). 인민공사 시기와 비교했을 때, 1978년 이후 중국 농업경제가 현저하게 발전한 것은 재산권 규제 제도와 무관하지 않다. 이러한 현상을 설명하는 주요 문헌은 세 갈래로 나뉜다. 첫째는 린이푸(1992)의 관리 감독, 심사 및 대조, 격려의 시각에서 진행한 수리적 모형 분석이고, 둘째는 재산권 제도가 농업에 미친 영향을 계량 모형으로 진행한 분석(McMillan 등, 1989)이며, 세 번째는 중국의 농지제도 변천 과정을 국가의 일부분이 농민재산권을 반환하는 과정이라고 이해하는 것이다. 즉 국가가 인민공사 재산권 규제를 해체시키게 된 동기는 전면적인 규제에 드는 비용 상승 속도가 규제로 인한 수익 상승 속도보다 높기 때문이었다. 국가의 지출이 지속적으로 상승하였기 때문에 농지재산권 규제 완화가 비로소 시작되었다(Yang 등, 1992; Liu 등, 1998; 허이밍 · 루어삐량, 2009).

본고의 구성은 다음과 같다. 서론에 뒤이어 2절에서는 '재산권 규제 제도 구조–체제 선택 행위–경제제도의 성과(structure–conduct–perform, 구조–행위–제도)' 순의 SCP 모델이 제시 · 적용된다. 3절에서는 1958~2005년의 중국 농업경제 데이터를 이용하여 이러한 분석 모델에 대한 이론과 가설을 실증적으로 검증하고, 4절에서는 본고에서 다룬 전반적 내용에 대한 결론과 의미에 대해 논한다.

2. 신(新)SCP 분석 및 가설

2.1 신(新)SCP 모델의 구성: 재산권 규제 구조, 체제 선택 행위 및 경제제도의 성과

우선, 본 분석 모델에서 다룰 규제 대상은 소유권이 아니라 재산권이다. 소유권은 주체와 재산이 법률상 점유관계에 있거나 명의상 귀속관계에 있는 것이고, 재산권은 이성적 행위 주체가 공공 영역에 진입해 서로 경쟁을 통해 취득한 진실된 권리이다. 그 경쟁 도중에 발생하는 소유권의 유지 및 변경은 임대료 손실과 서로 직접적인 관계가 없다. 만일 재산권의 주체가 계약 중에 어떤 잉여 수입도 얻을 수 없고 경쟁력도 저하된다고 하면 그 주체는 타인과 계약을 체결하거나 임대료의 용도를 규정할 유인을 잃게 된다. 또한, 그 자원에 대한 완전한 소유권을 사용하거나 타인이 상용하는 것을 배제할 능력조차 잃게 된다. 소유권 주체의 경쟁 능력 이외의 임대료는 잠재적 재산권 주체가 약탈하기 시작해 임대료가 완전히 소모될 때까지 공공 영역에 머무르게 된다. 그러나 이때 공공 영역 내의 잉여분에 대한 소유권은 이미 분할되어 임차자의 재산권으로 전이된다. 여기에서 관건은 가격 흥정이 순차게임으로 접어들어 재산권의 국가와 개인 간 재분배가 이루어지고 재산권 규제의 문제가 등장하게 된다는 것이다. 게임 참여자, 혹은 재산권 주체의 행위는 또한 이에 영향받게 된다.

나아가, 만일 '재산권 규제'를 공권력을 가진 국가가 재산권(사용권, 수익권, 양도권을 포함하는 개념으로서의 재산권) 중 어느 하나 혹은 다중의 권리의 운용에 제한 및 배제를 가하는 것으로 정의한다면, 앞서 서술한 임대료 손실이 일어날 것이다(허이밍, 2010). 구체적으로는 재산권에 대한 국가의 규제가 분산적 정책 결정의 주체로 하여금 공공 영역의 임대료에 대한 배타적 점유권을 상실케 한다. 이때, 사람들 간의 경쟁은 공공 영역으로 편입되어 임대료의 순생산액이 0이 된다. 여기에서 주목할 점은 임대료 손실은 정도의 문제이며, 재산권에 규제가 가해지는 한 공공 영역이 생겨난다는 것이다. 이는 재산권 규제의 정도가 강해질수록 공공 영역의 범위도 커지게 되고 임대료 손실 또한 기지게 되는 것을 의미한다. 임대료 손실은 비생산적 경제활동의 결과이고, 따라서 총생산 수준에 부정적 영향을 미치게 된다. 따라서, 재산권 규제의 강도와 임대료 손실의 정도는 정의 관계에 놓여 있는 것이다. 또한, 재산권 규제는 계획경제, 시장경제 및 과도기적 경제체제를 구분할 수 있는 척도로 작용한다. 예를 들어, 계획경제하에서는 재산권이 공권력을 가진 외부의 권위에 의해 박탈당하여 전면적 규제에 놓이게 된다. 반면 시장경제체제에서 재산권은 평균적으로 분산적 정책 결정의 주체에 의해 통제되고, 시장체제를 구성하여 종국에는 재산권에 대한 규제가 사라지기에 이른다. 과도기적 체제하에서는 앞의 두 체제 사이에 위치하게 되어 재산권 규제가 부분적으로 이루어진다. 즉, 계획경제체제의 재산권 규제 정도가 가장 강하며 과도기적 체제가 그다음이고, 시장경제체제가 가장 약하다.

마지막으로, 본고는 '재산권 규제-공공 영역-임대료 손실' 이론의 방면에서 경제체제 전환에 대한 제도의 논리적 메커니즘을 설명하여 '재산권 규제의 구조-체제 선택 행위-경제제도 성과'라는 신(新)SCP 분석 모델을 만들어 냈다(그림 1). 국가 규제 및 규제 완화의 객체는 재산권 다발인데, 재산권 다발 가운데 국가 규제에 의해 재산권의 개수에 변화가 발생하면 전면적 재산권 규제, 부분적 재산권 규제 그리고 재산권 규제 완전 완화 이렇게 세 가지의 재산권 규제 형태가 생기게 될 것이다. 이로써 하나의 재산권 규제 구조가 형성된다. 다른 한편으로는 국가와 개인이 모두 이성적 행위 주체이긴 하지만, 각각 상이한 계약 조건하에 자신의 목적 함수를 극대화하기 때문에 제도 행위가 다르게 나타날 수 있다. 그러나 한 국가가 체제의 그룹(계획경제체제, 과도기적 체제, 시장경제체제) 중에서

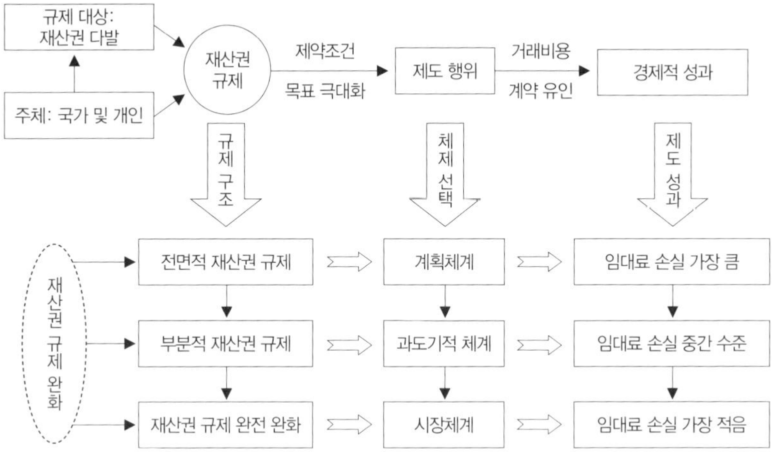

그림 1. '재산권 규제 구조-체제 선택-경제제도 성과'의 신SCP 모델

어떠한 체제를 선택할 것이냐의 문제는 최종적으로는 높은 협상력을 가진 게임 참여자에 달려 있다. 또한, 동일한 제도 행위라도 내생적이든 외생적이든 거래비용 제약(정액, 분배, 임금)과 계약의 유인하에 다른 경제 성과(제도적 성과)[24]를 낸다. 임대료 손실과 제도적 성과 간에는 부의 상관관계가 있기 때문에, 임대료 손실의 정도에 어떠한 제도 행위의 경제적 성과를 반영한다면 재산권 규제 정도에 따라 체제 선택 행위가 달라진다는

24 경제 성과는 직접적으로 계량이 가능한 개념으로, 일반적으로는 총생산 수준으로 표시하며 기술, 제도, 자원 부존에 영향을 받는다. 제도적 성과는 임대료 손실을 충분히 고려한 어떤 제도 행위가 총생산 수준에 대해 발생한 한계공헌이익을 가리키는 것이고 제도 행위의 경제적 성과로 이해할 수 있다. 따라서, 아래 글에서 임대료 손실이 경제적 성과에 가져온 한계치로 간접적으로 제도적 성과를 측정할 것이다. 이러한 논리에 따르면, 임대료 손실이 동일하다면, 생산 수준을 극대화할 수 있는 제도가 제도적 성과도 가장 좋을 것이다. 바꿔 말하면 만일 두 종류의 재산권 제도하에서 총생산 수준이 같다면 임대료 손실이 가장 적은 제도가 제도적 성과가 가장 높다고 할 수 있다. 본문의 재산권 제도에 관한 논리를 종합해 보면, 제도적 성과가 강조하는 것은 상이한 임대료 손실 조건하에서 제도 행위의 경제효과이다. 즉 임대료 손실 한계치를 최소화할 수 있도록 재산권 규제를 완화하는 것을 목표로 해야 한다.

최종 결과가 나타날 것이다. 즉 계획경제체제의 임대료 손실이 가장 크고, 과도기적 체제가 그다음, 시장경제체제가 가장 적다.

구체적으로는 그림 1의 위에서 아래로 그려진 화살표가 재산권 규제 정도를 나타내 재산권 규제 완화 과정을 드러낸다. 전면적 재산권 규제를 기초로 하는 계획경제체제에서 재산권 규제 철폐를 특징으로 하는 시장경제체제로 전환(시장경제체제로의 변화 과정)하는 것은 재산권 규제가 지속적으로 완화되어 임대료 손실이 체감하고 제도적 성과는 체증하는 동태적 과정이라는 것을 보여 준다.

2.2 모델의 기하학적 도해: 재산권 규제 완화에서 경제체제 전환까지

재산권 규제의 정도와 임대료 손실은 정의 상관관계에 놓여 있지만, 임대료 손실과 제도적 성과는 부의 상관관계에 놓여 있다. 그렇다면, 전면적 재산권 규제의 제도적 성과는 가장 낮고 재산권 규제 철폐의 제도적 성과가 가장 높은가? 부분적 재산권 규제의 제도적 성과는 어떠한가?

만일 제도적 성과를 평가하는 측면에서 바라본다면, 세 가지 재산권 규제 제도적 성과에 대한 배열 결과는 더 나아가 임대료 손실(RD)의 크기를 가늠하는 비교 문제로 전환될 수 있다.

그림 2에서 산출의 단위별 가치는 세로축의 P로 표시하였고, 공공 영역 내의 임차 수량은 가로축의 L로 표시하였다. 간단히 하기 위해 평균가치 곡선은 VAP, 한계 가치 곡선은 VMP로 표시하였다. 한계요소비용(MFC)은 여러 가지 선택 가능한 외부 시장의 수급 관계로 결정짓는 W와 같다고 가정하였다.

그림 2에서 알 수 있듯, 공공 영역 내 자원의 가치(공공 임대료)가 일정하면 임대료를 가져가는 경제 주체의 수가 적을수록 가져가는 임대료의 몫은 커진다. 구체적으로는 재산권 규제가 철폐된 상태에서 개인이 가져가

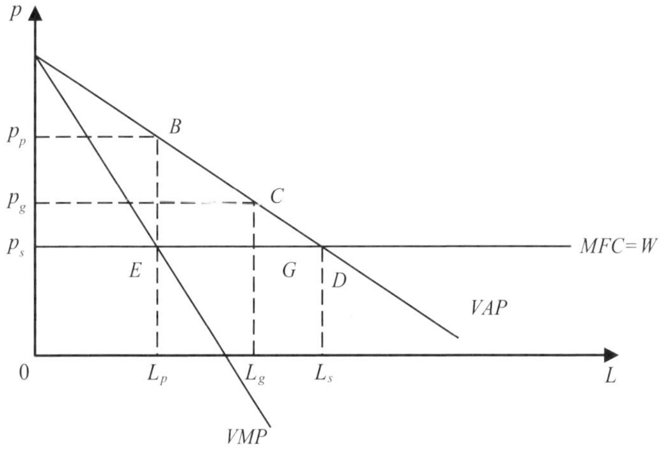

그림 2. 재산권 임대료 손실 모형

는 임대료의 몫이 가장 크고, 부분적 재산권 규제에서의 몫이 그다음으로 크며 전면적 규제에서의 몫은 0에 수렴한다. ① 재산권 규제의 철폐하에서는 공공 영역이 개인의 사적 영역이 된다. 한계조건($VMP=W$)에 의해 임차인의 수가 L_p로 확정되는데, 이때 임대료는 $R_p=S_{P_sP_pBE}$가 된다. ② 전면적 재산권 규제하에서는 국가만이 유일하게 소유권을 갖지만, 이때 재산권의 진정한 소유자는 없으므로 타인이 공공 영역에 들어오지 못하게 할 권리가 누구에게도 없게 될 것이다. 이렇게 되면, 다수의 임차자가 마음대로 공공 영역에 진입하여 공공 임대료를 놓고 경쟁하다가 전부 손실분이 된다($R_s=0$). 이로 인해 균형 상태($VMP=W$)에 도달하는데 이때의 임차인의 수는 L_s가 된다. ③ 부분적 재산권 규제 아래에서 임차인의 수는 재산권 규제가 없을 때보다 더 많지만 전면적 재산권 규제 아래의 임차인 수보다는 적다($L_p<L_g<L_s$). 따라서, 공공 영역 내의 임대료는 재산권 규제가 없을 때보다 낮지만 전면적 재산권 규제하의 몫보다는 많다($R_g=S_{P_sP_gCG}<R_p$, $R_g>R_s=0$). 또한, 각 재산권 규제 제도에서 균형점의 임차금은 총 임대료 가치와 잉여 임대료 가치의 차이와 같다. 임대료의 손실분은 잉여 임대료를 획득하는 비용으로 지출되며, 따라서 임차금의 크기가 곧 임대료 손실분과 같아진다. 이렇게 되면, 임대료 손실의 정도가 점점 커질수록 재산권 규제가 완전히 없을 때의 임대료 손실이 가장 적고($RD_p = S_{P_s P_p BE} - S_{P_s P_p RF} = 0$), 부분적 재산권 규제의 경우 임대료 손실이 그다음으로 적으며($0 < RD_g = S_{P_s P_p BE} - S_{P_s P_g CG} < S_{P_s P_p BE}$), 전면적 재산권 규제의 임대료 손실이 가장 크다($RD_s = S_{P_s P_p BE} - 0 = S_{P_s P_p BE}$). 만일 임대료 손실의 정도로 효율 손실의 고저를 표현하자면 재산권 규제가 완전히 없을 때에는 임대료 손실이 적기 때문에 효율이 가장 높고, 전면적 재산권 규제의 경우에는 임대료가 모두 손실되어 효율이 가장 낮으며, 부분적 재산권 규제의 경우에는 그 중간에 있다.

위에 기술한 분석 모델의 논리에 따라 추론하면, 다음과 같은 두 가지 가설에 도달한다.

가설 1: 전면적 재산권 규제에서 부분적 재산권 규제로의 이행, 그리고 재산권 규제 철폐로의 이행은 계획경제체제에서 시장경제체제로의 과도기적 과정을 의미하며 실질적인 재산권 규제의 완화를 의미한다.

가설 2: 손실의 정도는 재산권 규제의 강도가 약해짐에 따라 체감되며, 따라서 재산권 규제의 완화는 임대료 손실의 체감 및 제도적 성과의 체증을 낳는다.

3. 데이터의 근원, 변수 선택 및 측정

경제체제 전환의 역사 경험을 토대로 보았을 때, 중국 농업자원에 대한 전면적 재산권 규제는 1958년에 시작되었다. 그해 중앙정부는 「농촌의 인민공사 건립 문제에 관한 결의」를 발표하고 호조조(互助組), 초급 합작사, 고급 합작사까지 모두 인민공사로 변화시켰다. 이에 따라 농업자원은 농민 개인의 소유제에서 집체소유제로 변하게 되었으며, 이러한 공사화 운동은 1959년부터 1961년 사이의 심각한 농업위기를 초래했다. 중국은 1962년에 이른바 '대위단위, 삼급소유(隊爲單位三級所有)'의 관리조직을 형성하여 공사제도에 수정을 가했다. 이러한 인민공사의 생산제도는 1983년 전까지는 기본적 농업경제제도였고, 1983년 말까지는 생산대의 94.4%가 가정을 기초로 한 재산권 제도를 채택하기 시작했다. 이에 따라 새로운 재산권 제도로 전환되었다(Lin, 1992). 사실, 인민공사 시기의 집체소유제는 본질적으로 중국의 전면적 재산권 규제 제도 아래에 형성된 것이다. 제도하에서 국가는 농산품 전체를 매입하고 장거리 운송 판매를 엄격히 금지하였으며 자유로운 상업활동을 제한하였다. 농촌의 요소시장을 폐쇄하였고, 도시와 농촌의 인구 유동을 단절시켰다. 결국 국가는 모든 경제요소(토지, 노동, 자본)의 제1 정책 입안자와 통제자, 수익자가 되었다. 집체는 합법적 범위에서 기껏해야 국가의 뜻을 관철시키거나 집행할 뿐이었다. 농업생산의 특수성은 자연스레 단체생활 내에서 기회주의 성향을 가지고 있거나 게으름을 피우는 구성원들을 만들어 냈고, 개인의 공헌 이익을 감독 및 측정하는 원가의 존재는 구성원 간 상호감독의 실패를 초래하게 되었다. 따라서, 전문적인 감독관의 감독이 없으면 단체의 생산효율은 저하될 것이다. 감독관에게 유효한 감독활동을 촉구하기 위해서는 그에게 단체의 잉여 수입에 대한 수취권을 부여하는 방법이 최상이다. 이러한 논리에 따라 인민공사 시기의 농업단체 생산활동에는 감독관에게 잉여수취권을 부여해야 했지만, 인민공사의 생산대제도는 농촌 간부, 대대장 등에게 합법적인 지위를 부여하지 않아 '감독 통제 불가' 상태에 놓이게 되어 효율성 저하에 직면하게 되었다. 1984년 초에, 중국 농촌 지역의 거의 모든 생산대는 가정을 기초 단위로 하는 가정연산승포책임제(家庭聯産承包責任制)를 실시하기 시작하였다. 이 제도는 집체가 대부분의 자원에 대한 사용권과 양도권의 부분적 규제를 보류하였지만, 각 가정이 자신의 경제활동 잉여분을 가질 수 있었기 때문에 노동 해이 문제가 해결되었을 뿐 아니라 임대료 손실분도 대폭 감소하여 농업경제에 높은 제도적 성과를 이룩하였다. 다시 말하면 재산권적 비소유권의 각도에서 중국 농업경제는 국가의 계획경제체제의 전면적 재산권 규제에서 오늘날의 과도기적 체제하의 부분적 재산권 규제로 변화해 온 것이다. 본고는 이미 상이한 재산권 규제하에서는 제도적 성과가 달라진다는 이론 가설을 도출해 냈는데, 이에 대해 역사적 데이터를 통해 검증하고자 한다.

위에 서술한 가설에 대해서 본고는 1958~2005년의 중국 농업경제 데이터를 수집하여 검증하고자 한다. 그중, 1958~1998년의 데이터는 『신중국 오십 년 통계 자료 어셈블리』[25]에서, 1999~2005년의 데이터는 『중국 통계 연감』[26]에서 발췌하였다.

물론, 경제학이 하나의 경험과학이 된 까닭은, 사람들이 행위 가정(假定)과 조건 제한에서 일정 가설이나 이론의 프레임을 도출하고, 그것들의 서로 상관없어 보이는 현상과 속성을 논리적 추리를 통해 엮어 내며 현상에 대해 설명하고 검증 가능한 함의를 이끌어 내기 때문이다. 이러한 방식은 검증하고 새로운 결론을 이끌어 내는 실증분석 방법에 해당하며 이는 추론과 검증에 근거하는 실증분석 전통이고, 본고가 견지하는 방법의 원칙이기도 하다. 따라서, 본고는 상이한 재산권 제도 형태하에서 제도적 성과의 차이를 설명할 때 기타 경험적 경제 연구와의 공통적인 문제에 직면할 수 있다. 하나는 경제행위의 효과에는 다양한 형태가 있다는 것이다. 또 하나는 실제 측정 가능한 변수들을 파악하고 이론으로 단순화하면서도, 주어진 이론 모델과 일치하는 해석 변수를 골라 내는 일이다. 따라서 검증 가능한 이론의 함의를 제고하기 위해서는 주요 변수를 이용하여

25 국가 통계국 국민 경제 종합 통계사, 『신중국 오십 년 통계 자료 어셈블리』, 베이징: 중국통계출판사, 1999.

26 국가 통계국, 『중국 통계연감(2000~2006, 역년)』, 베이징: 중국통계출판사.

관련 경제 행위의 이론 가설을 특정하고, 제약조건하에서 목적함수 최적화(임대료 손실 극소화)를 전형화시켜야 한다. 중국 농업경제체제의 전환에 관해 이미 유도된 이론 모델을 이용하여 설명하기 위해서는 우선 해석 변수를 분석해야 한다. 본고는 그 해석 변수가 임대료 손실이라 보았다.

본고는 자료포락분석(DEA)의 비모수적 방법을 통해 농업자원의 지효율적 배치가 야기한 임대료의 손실을 추산하고, 효율성 손실을 임대료 손실의 측정 지표로 삼고자 한다.

DEA 이론에서 경제효율의 제고는 기술 개선 또는 요소 부존량의 증가에 기인한다. 이는 상이한 시기의 생산가능곡선 확장으로 표시된다. 그러나 해당 이론은 재산권 규제가 없는 경우를 가정한 것이고, 시장경제체제의 발전이 완전히 이루어진 국가나 지역의 경우에 해당한다. 중국 같은 전환 경제체에서 제도요소는 경제의 효율성 개선에 중요한 요소로 작용한다. 따라서 중국 농업경제 성과의 제고는 재산권 규제의 완화 이후 개인이 자원을 가장 잘 활용하여 가치를 극대화하고자 하는 원동력과 자격으로 인한 것이다. 재산권 규제가 완화되면 농업기술의 효율이 향상될 뿐 아니라 기술 최적화가 이루어져, 한정된 시간 내에 정책 결정 단위의 생산가능곡선 내부의 점이 생산가능곡선 위로 이동하게 된다. 더 중요한 것은 개인이 배치적 자원의 잉여통제권 및 수취권을 가졌기 때문에 자신의 비교우위와 선호에 따라 자원에 대한 권리를 운용하여 가치를 향상시킨다는 점이다. 또한 이렇게 비교우위를 발휘하여 특화하면 전문적인 생산이 이루어져, 효율적인 분업 방식의 생산 네트워크 및 작업의 흐름을 형성하게 된다. 재산권 규제의 완화 이후 농민들은 농업자원의 재산권 소유자가 되었고, 이러한 사실은 농민들로 하여금 그 이전보다 더 많은 노동력을 투입하고, 더 큰 면적의 경지를 개발하고, 더 많은 농기구 설비를 사용하게 만들었다. 농업 생산요소 또는 투입되는 물질적 자원량이 기하급수적으로 증가하여 농업의 제도적 성과 또한 기하급수적으로 증가하면서, 그림으로 나타냈을 때의 생산가능곡선이 바깥으로 이동하게 되었다. 반대로 재산권 규제하에서는 기술 진보가 늦춰지거나 심지어 퇴보하기도 하였고, 농민들은 생산 과정에 자신의 노동력을 투입하거나 다른 요소를 투입할 적극성을 잃었다. 특히, 인민공사 내부에서 사원들의 재산권이 규제당하자 그들은 인민공사에 머무를 수밖에 없었고(퇴사권 역시 규제당했으므로), 인민공사 내의 주인이 없는 자원들을 점유하는 것에만 힘을 쏟게 되었다. 즉, 퇴출권을 박탈당한 사원들은 인민공사의 자원 배치 최적화에 대한 원동력을 상실했을 뿐 아니라 공유 자원을 자신의 자류지(自留地)에 이용하려고 경쟁하였다. 이것은 인민공사 내부의 임대료 손실 상황이었고, 그 시기의 제도적 성과가 하락한 이유였다. 즉, 재산권 규제(인민공사 제도)하의 효율성 손실을 임대료 손실로 볼 수 있으며, 이는 생산가능곡선이 내부로 이동한 것으로 나타났다.

본고가 사용한 D(input, output)는 상대적 유효성, 즉 거리함수지만, 농업 경영 규모의 효율 문제를 고려해야 한다. 효율성 손실을 임대료의 손실로 보고 볼록한 형태의 제약조건 $I1^{T}\lambda=1$을 더하면, DEA 모형은 규모에 대한 보수의 변화 조건 아래 거리함수 극소화 문제를 푸는 것과 같다.

$$\underset{\lambda,\theta}{Min}\,\theta = D\ (input, output)$$

$$s.t. - output_i + Q\lambda \geq 0$$

$$\theta input_i + X\lambda \geq 0;\ i=1, \cdots, I$$

$$I1^{T}\lambda = 1$$

$$\lambda \geq 0 \qquad ①$$

만약 I개의 시간 급간이 존재한다고 할 때, 매 시간 단위에는 N개의 투입 요소와 M개의 산출이 있다. i번째 시간 급간의 투입 요소 및 산출은 각각 $input_i$와 $output_i$라 한다. $(N\times I)$ 투입 요소 행렬 X와 $(M\times I)$ 산출 행렬 Q는 모든 I개 시간 급간의 계열 데이터를 의미한다. θ는 스칼라를 의미하고 λ는 $(I\times 1)$의 상수벡터를 의미한다. $I1^T$은 1을 원소로 하는 $(I\times 1)$ 행렬의 전치 형식을 의미한다. 규모의 수익 변화 조건에서 효율성 측정을 위한 시계열 변화는 경제적 효율성 손실분을 $LE=1-TE\times SE$로 분해한다. TE는 순기술효율성, SE는 규모효율성을 의미한다. 본고에서는 농업 종사 인원수(단위: 만 명), 농작물 총 파종 면적(단위: 천 헥타르), 농업용 기구 소비 에너지(단위: 천만 와트)를 투입 변수로 두고 농업 총생산(단위: 1억 위안)을 산출 변수로 두었다. 마지막으로, DEAP2.1 소프트웨어를 사용하여 결과로 표 1을 도출해 냈다.

표 1. 중국 농업자원의 왜곡된 배치로 인한 효율성 손실의 변화(1958~2005)

단위: %

연도	효율성 손실	연도	효율성 손실	연도	효율성 손실
1958	67.6	1974	70.6	1990	50.7
1959	72.0	1975	76.7	1991	49.6
1960	74.2	1976	80.5	1992	46.5
1961	67.9	1977	83.5	1993	38.9
1962	67.8	1978	80.8	1994	18.9
1963	66.5	1979	71.8	1995	10.6
1964	63.3	1980	71.9	1996	9.6
1965	64.1	1981	70.3	1997	3.7
1966	67.6	1982	68.0	1998	6.10
1967	51.9	1983	67.2	1999	12.4
1968	60.1	1984	55.2	2000	18.3
1969	65.9	1985	55.9	2001	17.9
1970	66.0	1986	55.6	2002	18.2
1971	68.9	1987	53.8	2003	19.3
1972	71.6	1988	50.7	2004	1.5
1973	67.8	1989	58.4	2005	9.1

표 1에서 알 수 있듯, 인민공사화운동 이후 중국 농업자원의 왜곡된 배치는 효율성의 손실을 낳았고 그 퍼센티지가 높았다. 예를 들어, 1958년의 효율성 손실은 67.6%에 달했으며 이는 대부분의 농업자원이 효과적으로 이용되지 못했음을 의미한다. 1976~1978년에는 농업 효율성 손실이 모두 80%를 상회했다. 그러나 1978년 시장의 추세가 재산권 규제 완화로 접어들면서 농업자원의 왜곡된 배치로 인한 효율성 손실은 신속하게 감소하였다. 이는 자원의 배치가 개선되고 있음을 설명한다. 특히 1984년 이후, 전국 농업자원의 왜곡된 배치로 인한 효율성 손실은 지속적으로 감소하여 1994년에는 18.9%, 1999년에는 13% 이하로 낮아졌으며 2004년에는 10% 이하까지 떨어졌다. 1979~2005년에는 효율성 손실 비율이 70%p 하락했다.

만일 농업자원의 왜곡된 배치로 인한 효율성 손실을 임대료 손실로 본다면(임대료 손실은 비생산적 활동이라서 효율성 손실이 존재한다.), 앞서 서술한 데이터의 변화 추세는 중국 농업경제체제의 전환이 임대료 손실 극소화를 위한 합리적 선택이었음 또한 증명한다. 사실, 1978년 이후 중국 농업재산권 규제 개혁은 농민에게 잉여수취권을 다시 부여하여 자원의 최적 활용에 적극성을 갖도록 만들었다. 따라서 자원은 비교적 자유롭게 가장 효율적인 주체에게 흘러가게 되었고, 자원 배치의 최적화를 달성했다. 종합하자면, 재산권 규제 완화 이후 농민 가정경영은 전문화된 분업효과와 규모의 경제효과를 얻었고, 이로 인해 기존에 농업자원 배치를 왜곡해 야기했던 효율성 손실, 즉 임대료 손실분이 대폭 감소되어 농업 잉여 생산물이 지속적으로 증가했다.

4. 공적분 분석 및 가설 검정

가설 1을 검증하기 위해서는 재산권 규제 완화 전후의 임대료 손실분 지표인 RD(효율 손실분)와 경제적 성과 지표인 Y(농업 총생산량)의 관계가 어떻게 변화하고 어떤 차이가 있는지 살펴보아야 한다. 이를 위해 본고는 그것들에 대해 구조 안정성(structural stability)을 분석하고 차우 검정(Chow's breakpoint test)을 하겠다.

4.1 구조 안정성의 공적분 분석

이 부분은 Engle–Granger의 'two step procedure'를 사용하여 RD와 Y의 관계에 대해 공적분 분석을 진행했다.

(1) 시계열의 안정성 검정. 공적분 분석 이전에 우선 ADF(augmented Dickey–Fuller) 검정과 PP(Phillips–Perron) 검정을 사용하여 단위 제급근 판정법을 진행한 결과가 표 2에 나와 있다.

표 2. 단위근 검정 결과

시계열	ADF 검정				PP 검정				결론
	ADF 통계치	MacKinnon 임계치	검정 유형	안정성	PP 통계치	MacKinnon 임계치	검정 유형	안정성	
Y	−0.2251	−4.3226	c, t, 1	No	−0.2506	−4.3082	c, t, 3	No	비안정적
ΔY	−2.8779	−4.3382	c, t, 1	No	−2.9481	−4.3226	c, t, 3	No	비안정적
$\Delta^2 Y$	−6.1285	−4.3552	c, t, 1	Yes	−4.1557	−3.6959	c, 0, 3	Yes	안정적
RD	−1.7653	−4.1420	c, t, 1	No	−1.6326	−4.1383	c, t, 3	No	비안정적
ΔRD	−3.3981	−4.1498	c, t, 2	No	−5.8268	−4.1420	c, t, 3	Yes	불확실
$\Delta^2 RD$	−8.0240	−4.1498	c, t, 1	Yes	−10.706	−4.1458	c, t, 3	Yes	안정적

※ 참고: 귀무가설은 변수에 단위근이 존재하는 상황이고, 검정 통계치가 임계치보다 크면 귀무가설은 채택된다는 것이다. 변수의 시계열은 안정적이지 않다. MacKinnon 임계치는 유의 수준이 1%인 임계치이고, 검정 형식의 c는 모델 중의 상수항, t는 시간 추세, l은 오차(滯後階數)를 의미한다.

표 2에서 알 수 있듯이, 본고는 각 시계열 값에 대한 검정을 실행했고, 그 결과는 모두 '단위근이 존재한다'는 원 가설이 부정되지 않음을 보였다. 이는 각 시계열이 모두 비안정적임을 의미한다. 각 시계열에 1차 차분법을 적용하자, 결과는 여전히 현저하게 원 가설을 부정할 수 없는 것으로 드러났다. 2차 차분에 대한 검정은 각 변수의 시계열이 모두 1% 정도의 명확성으로 원 가설을 부정하였다. 따라서, 본고는 샘플의 각 시계열은 모두 불안정한 2차 단정도 정수, 즉 $I(2)$ 과정이라고 보았다. 위에 서술한 내용을 종합하면, 두 변수는 모두 공적분 관계의 전제조건을 갖추고 있어 공적분 분석을 진행할 수 있다.

(2) 공적분 분석. 변수를 최소자승 2차회귀법을 사용하여 생성된 잔차 오차 시계열에 안정성 검정을 시행했다. 검정 결과는 표 3에 나와 있다.

표 3. 잔차오차 시계열 안정성 검정

	ADF 현저성 수준 검정		
	1%	5%	10%
MacKinnon 임계치	−4.3382	−3.5867	−3.2279
ADF 통계치	−1.3603	−1.3603	−1.3603
검정 형식	c, t, 1	c, t, 1	c, t, 1

※ 참고: 귀무가설은 변수에 단위근이 존재하는 상황이고, 검정 통계치가 임계치보다 크면 귀무가설은 채택된다는 것이다. 변수 시계열은 불안정하다. 검정 형식의 c는 상수항, t는 시간 추세, l은 오차를 나타낸다.

표 3에서 알 수 있듯이, 잔차오차 시계열의 ADF 통계치는 세 개의 임계치보다 모두 크며, 이는 잔차오차 시계열이 불안정함을 의미한다. 따라서 본고는 두 개의 변수 간에 공적분 관계가 존재하지 않는다고 본다. 그러나 통상적으로 공적분 검정은 경제 변수 간의 장기적 균형 관계가 샘플 기간에는 계속 내내 안정적이라고 가정한다. 만약 해당 기간 내의 경제

환경에 특별한 변화가 생긴다면 이 가설은 성립하지 못할 것이다. 가설 1에 따라 본고는 농업재산권 규제 구조의 변화가 농업경제의 경제적 성과 및 임대료 손실의 영향에 변화를 주었을 것이라 추측하며 농업경제의 경제적 성과 및 임대료 손실에 미친 영향에 변화가 일어난다고 추측했다. 이에 '특수 제도 사건'이 양자의 장기적 관계에 영향을 준다는 것을 고려해야 한다.

4.2 구조 돌연 변화의 공적분 분석

확실한 구조 돌연 변화 시기를 알기 위해 본고는 가정연산승포책임제가 전국에 추진되어 농업의 경제적 성과에 미친 영향을 결합시켜, '개혁개방 시기'인 1983~1985년의 관측치에 차우 검정을 실행하였다. 그 결과는 표 4에 나와 있다.

표 4. 차우 검정 결과

통계량	전환 시점		
	1983년	1984년	1985년
F 통계치	1.9440(0.1552)	2.1159(0.1326)	1.7226(0.1904)
우도의 대수값 통계치	4.0645(0.1310)	4.4078(0.1104)	3.6186(0.1638)
와트 통계치	3.8881(0.1431)	4.2318(0.1104)	3.4452(0.1786)

※ 괄호 안의 수치는 통계치에 상응하는 수반율이다.

표 4에 나와 있듯이 1983, 1984, 1985년 중 1984년의 통계치가 모두 가장 크다. 농업재산권 규제 완화 이후 제도의 구조적 변화로 인해 생긴 제도적 성과를 고려할 때, 본고는 1984년 이후 구조 매개 변수가 변화했을 것이라 본다. 이는 가설 1을 뒷받침해 주며, 1984년이 재산권 규제가

진정으로 개혁된 전환점이라는 것을 의미한다.

따라서 본고는 1984년을 분기점으로 삼고 중국 농업경제체제를 양분하고자 한다. 1958~1984년은 전면적 재산권 규제가 실시된 계획경제체제 시기로, 1985~2005년은 부분적 재산권 규제가 실시된 과도기적 경제체제 시기로 구분하고 농업의 경제적 성과 및 임대료 손실에 대해 공적분 검정을 실시하였다(표 5). 이를 통해 얻은 단일 방정 오차의 수정 회귀 모형은 표 6에 표시하였다.

표 5. 시기별 Johansen 공적분 관계 검정 결과

시기	우도비 통계치	5% 임계치	1% 임계치	귀무 가설
1958~1984년	3.47	3.76	6.65	공적분 벡터가 최소 하나 이상이 존재한다.
1985~2005년	0.85	3.76	6.65	공적분 벡터가 최소 하나 이상이 존재한다.

※ 참고: 우도비 통계치가 임계치보다 작으면 유의 수준에서 귀무 가설이 채택된다는 것을 의미한다.

표 5에 근거하여 유의 수준 5%에 상응하는 두 기간의 공적분 방정식은 각각 다음과 같다.

$$Y_t^{1958-1984} = -1219.808RD_t^{1958-1984} + 87.53064$$

$$(-1.899108) \qquad (0.092567) \qquad ②$$

$$R^2 = 0.532586 \quad D.W. = 2.102202$$

$$Y_t^{1985-2005} = -21025.79RD_t^{1985-2005} + 16308.75$$

$$(-10.99944) \qquad (21.45943) \qquad ③$$

$$R^2 = 0.858144 \quad D.W. = 2.238178$$

식 ②와 ③에서 괄호 안의 숫자는 회귀계수와 상수항의 t 통계치를 의미한다.

표 6은 두 기간의 임대료 손실 및 농업의 성과 간에 모두 반대 운동 관계가 존재한다는 것을 드러낸다. 그러나 두 기간의 낙후된 시기 오차 수정항의 조정계수는 1958~1984년간, 그리고 1985~2005년간 각각 양수와 음수로 드러난다. 1958~1984년의 경우, $ECM(t-1)>0$일 때, $RD(t-1)$은 장기균형보다 위쪽으로 벗어나 있고, 조정계수 0.1363은 $RD(t)$의 증가량을 증가시켜 $RD(t)$가 장기균형에서 더 크게 벗어나도록 한다. 반대로, $ECM(t-1)<0$일 때, $RD(t-1)$은 장기균형보다 아래로 벗어나 있으며 조정계수 0.1363은 $RD(t)$의 증가량을 감소시켜 $RD(t)$ 곡선이 장기균형으로부터 더욱 많이 벗어나게 한다. 같은 이치로 1985~2005년에도 $ECM(t-1)>0$일 때는 $RD(t-1)$이 장기균형보다 상회하고 있으며 조정계수 −0.0125는 $RD(t)$의 증가량을 감소시켜 $RD(t)$가 장기균형에 근접하도록 한다. 반면, $ECM(t-1)<0$일 때, $RD(t-1)$은 장기균형보다 아래에 위치하며 조정계수 −0.0125는 $RD(t)$의 증가량을 늘려 $RD(t)$가 장기균형에 더 근접하게 한다.

표 6. 구조적 돌연 변화의 양 시기 단일 방정 오차 수정 예측 결과

(종속 변수는 $\Delta Y(t)$일 경우)

해석 변수	방정 1(1958~1984)	방정 2(1985~2005)
$\Delta RD(t)$	-791.2923^{**}(223.4623)	$-10{,}004.6100^{***}$(1,748.9960)
$ECM(t-1)$	0.1363^{***}(0.0309)	-0.0125^{*}(0.0746)
상수항	70.4529^{***}(11.3169)	550.2477^{***}(140.6071)
조정된 적합 계수	0.5463	0.6129
F 검정의 수반율	0.0000	0.0000

※ 참고: *, **, ***은 각각 유의 수준 10%, 5%, 1%를 나타낸다. 괄호 안의 수치는 회귀계수의 표준오차를 나타낸다.

마지막으로, 본고는 표 6을 통해 양 시기 농업의 경제적 성과를 도출하여 표 7에 구체적 결과를 명시하였다.

표 7. 중국 농업경제의 제도적 성과 비교(1958~2005)

재산권 규제 구조	회귀계수①	임대료 손실의 한계값②
전면적 재산권 규제(1958~1984)	−791.2923	0.00126
부분적 재산권 규제(1985~2005)	−10,004.6100	0.00009

※ 참고: ①은 표 6의 회귀계수이고 ②는 회귀계수의 절대값의 역수이다. 회귀계수는 *RD*가 독립변수고, *Y*가 종속변수로 1차 도함수이므로 그 역수의 절대값은 임대료 손실의 한계값이라 할 수 있다.

표 7의 결과는 부분적 재산권 규제하의 임대료 손실이 전면적 재산권 규제하의 임대료 손실보다 적다는 것을 드러낸다. 즉, 전면적 재산권 규제가 부분적 재산권 규제로 전환되는 완화 과정은 임대료 손실분이 지속적으로 감소하는 과정이며 재산권 규제의 완화는 곧 임대료 손실 극소화를 위한 제도 선택 과정인 것이다. 이는 가설 2를 뒷받침해 준다.

이 결과에 대하여 본고는 경제적으로 인민공사 시기 농업자원에 대한 모든 계획은 국가의 주도로 이루어졌으며, 인민공사는 단지 '차급 행동단체'로서 국가 계획을 실질적으로 집행할 뿐 생산할 재화·양·방법·대상 등에 대한 결정권은 존재하지 않았다고 본다. 이렇게 재산권이 완전히 규제되는 환경에서는 규제자인 국가를 제외하고는 어느 개인도 타인의 자원 사용, 수취, 양도를 배제할 수 없다. 이에 따라 사람들은 공유 자원을 서로 가져가기 위해 경쟁하여 종국에는 공공 영역의 자원이 0으로 수렴하게 된다. 이는 결국 심각한 임대료 손실로 이어져 해당 시기 농업의 제도적 성과를 대폭 하락시켰다. 한편, 재산권 규제의 측면에서 본다면, 현재 농가는 수익권을 갖게 되었지만 사용권과 양도권은 아직도 국가 법률의 규제를 받고 있다. 수익권이 개인에게 부여되어 재산권의 임대료는 시장경제에서 자연스럽게 형성된 사유재산에 가깝게 변화하게 되었다. 그러나, 사용권과 양도권에 대한 규제로 인해 현재의 농업재산권을 운용하는 데 드는 비용은 자유경제 시장체제에서 사유재산제도의 운용비용보다 높다. 과거의 전면적 재산권 규제와 비교하면, 현재의 부분적 재산권 규제하에서는 임대료 손실의 한계량에 있어 그 양이 대폭 감소했다. 1958~1984년 전면적 재산권 규제 시기의 한계 임대료 손실은 0.00126이었는데, 이는 매년 농업 산출이 1단위 증가할 때마다 0.00126만큼 임대료 손실이 발생했음을 의미한다. 그러나 중국 농업이 1985~2005년에 부분적 재산권 규제로 접어들면서 임대료 손실 한계값은 0.00009로 하락하였고, 이는 매년 농업 산출이 1단위 증가할 때마다 0.00009만큼의 임대료 손실이 발생함을 의미한다. 즉, 임대료 손실 한계값을 따져 보았을 때 부분적 재산권 규제 시기에는 전면적 규제 시기보다 92.86%나 감소한 것이다. 따라서 임대료 손실이 생산효율의 손실이고, 이것이 경제제도적 성과에 반대되는 값이라면 중국 농업경제제도의 성과는 재산권 규제의 완화 이후 92.86% 증가했음을 알 수 있다.

5. 결론

본고는 '재산권 규제-공공 영역-임대료 손실'의 이론 층위에서 중국 농업경제체제 전환의 제도적 논리 메커니즘을 살펴보고, '재산권 규제 구조-체제 선택 행위-경제제도 성과'라는 신SCP 분석 모델을 만들어 냈다. 이 모델에서 도출해 낸 이론 가설은, 전면적 재산권 규제를 기초로 한 계획경제체제에서 재산권 규제가 철폐된 시장경제체제로의 전환, 즉 시장형 경제로의 전환은 재산권 규제의 지속적 완화로 인해 임대료 손실이 체감되는 과정이라는 것이다. 바꿔 말하면, 중국 농업경제제도의 변천 과정은 사실상 국가가 농업자원에 대한 재산권을 전부 혹은 부분적으로 농민에게 다시 부여하고 운용하고 진행하는 변화의 과정이며, 이로써 임대료 손실을 지속적으로 체감하게 하는 과도적 단계이기도 하다. 종합해 보면, 재산권 규제의 완화는 중국 농업의 경제적 성과를 제고하는 원동력인 것이다. 따라서, 농촌의 집체소유제가 변하지 않는다면 농업재산권 규제를 더욱 완화하여 중국 농업경제 발전의 장기 성장을 도모해야 할 것이다.

가정연산승포책임제가 도입됨에 따라 중국 농업자원의 수익권 규제가 완화되었지만, 소유권은 아직 사유화되지 않고 여전히 집체소유로 남아 있다는 점에 주목해야 한다. '집체소유, 가정도급경영' 제도는 30년 이상 운영되어 왔으며 중앙정부는 가정승포경영을 기초로 하고 통일적으로 분배하는 쌍층경영체제를 장기적으로 안정시킨다고 결정하고, 안정적인 토지도급관계 및 장기적으로 불변하는 정책을 견고하게 관철하고자 한다. 이와 동시에, 정부는 농촌의 토지승포관계에 대한 장기적·안정적 법률을 제정하는 데 박차를 가하고 있다. 농지의 경영권을 농민이 농지에 대한 자원 사용 및 이득을 취하고 양도할 수 있는 권리의 총체로 이해한다면, 현재의 농지경영권은 재산권이 부분적으로 규제받고 있는 상황에 놓여 있는 것이라 볼 수 있다. 이는 가정연산승포책임제가 농민 개인에게 수익권을 비롯한 사용권과 양도권을 제한하여 부여하고 있기 때문이다. 실질적으로 재산권 중 양도권이 가장 중요하게 작용하는데, 경계가 분명한 양도권을 갖게 된다면 사용권과 수익권의 경계 또한 분명해질 것이기 때문이다. 그러나 거꾸로 생각해 보면, 명확한 경계가 있는 사용권과 수익권이 곧 자유로운 양도를 의미하는 것은 아니므로 전통적 농지제도의 개혁(농촌토지의 양도권 규제 완화)이 현 중국 농지제도 개혁의 중요한 내용이다. 특히, 국가가 가정승포경영체제를 실시한 이후 농지의 수익권은 이미 다시 농민에게 부여되었으므로 사용권과 양도권에 대한 규제 완화가 중요하다. 그러나 농지에 대한 사용권 규제 완화는 경제적 문제만이 아닌, 사회적 차원에서의 국가 식량 안보 문제와도 직결된다는 점에 주목해야 한다. 따라서, 국가는 '토지 집체소유권의 성질을 바꾸지 않고, 토지 용도를 바꾸지 않겠다'는 기본 전제를 신중히 고려해 봐야 한다. 또한, 현 중국의 '삼농' 문제에는 농민 수입 문제가 있다. 특히, 농산품 가격과 생산량은 대폭 증가시키기 힘들기 때문에 농민의 수입을 증가시키기 위해서는 농촌의 잉여 노동력을 도시의 노동력으로 전환시켜야 한다. 그러나 농민이 반출된 이후 농지도 '황폐화' 현상에 부딪힐 수 있다. 현재 중국 농촌토지 자원의 양도권이 과도한 제약을 받고 있어 농지 거래가격이 높아지게 되었고, 이는 농민들이 적극적으로 농지 거래를 할 수 없게 만들었다. 이 때문에 농촌의 잉여 노동력 전환이 억제되고, 국가 전체의 도시화 및 공업화 과정이 장벽에 부딪히게 되었다. 따라서, 중국 농지제도 개혁의 다음 단계는 농지양도권 제도의 완화와 새로운 기제 구축이 되어야 한다.

참고문헌

Acemoglu, A., Johnson, S.: Unbundling Institutions, *Journal of Political Economy* 113, 2005, pp.949~996.

Alston, L., Eggertsson, T., North, D.: *Empirical Studies in Institutional Change*, Cambridge University Press, 1996.

Barzel, Y.: *Economic Analysis of Property Rights*, Cambridge University Press, 1989.

Cheung, S.: A Theory of Price Control, *Journal of Law and Economics* No. 117, 1974, pp.53~71.

Demsetz, H.: *Ownership, Control and the Firm*, Basil Blackwell Inc., 1988.

Dewey, J.: The New Learning: One Man's View, *Industrial Concentration: The New Learning*, Brown Company, 1974.

Eggertsson, T.: *Economic Behavior and Institutions*, Cambridge University Press, 1990.

Green, M., Nader, R.: Economic Regulation vs Competition: Uncle Sam the Monopoly Man, *Yale Law Journal* (82), 1973, pp.871~889.

Kahn, E.: *The Economics of Regulation: Principles and Institutions*, John Wiley and Sons, 1971.

Lin, J.: Rural Reforms and Agricultural Growth in China, *American Economic Review* 82, 1992, pp.34~51.

Liu, S., Carter, M., Yao, Y.: Dimensions and Diversity of Property Rights in China: Dilemmas on the Road to Further Reform, *World Development* 21, 1998, pp.1789~1860.

McMillan, J.,Whale, J., Zhu, L.: The Impact of China's Economic Reforms on Agricultural Productivity Growth, *Journal of Political Economy* 97, 1989, pp.781~807.

North, D.: *Institutions, Institutional Change and Economic Performance*, Cambridge

University Press, 1990.

Olson, M.: *Power and Prosperity: Outgrowing Communist and Capitalist Dictatorships*, Basic Books, 2000.

Pejovich, S.: *The Economics of Property Rights: Towards a Theory of Comparative Systems*, Kluwer Academic Publishers, 1990.

Posner, A.: Theories of Economic Regulation, *The Bell Journal of Economics and Management Science* 5, 1974, pp.335~358.

Shleifer, A., Vishny, R.: *The Grabbing Hand: Government Pathologies and Their Cures*, Harvard University Press, 1998.

Stigler, G.: The Theory of Economic Regulation, *The Bell Journal of Economics and Management Science* 2, 1971, pp.13~21.

Viscusi, R., Vernon, T., Harrington, P.: *Economics of Regulation and Antitrust*, MIT Press, 2000.

Yang, X., Wang, J., Wills, I.: Economic Growth, Commercialization and Institutional Changes in Rural China 1979~1987, *China Economic Review* No. 3, 1992, pp.1~37.

何一鸣, 罗必良:《产权管制放松与中国经济转轨绩效》,《经济理论与经济管理》, 2009年 第7期.

何一鸣:《产权管制放松与制度绩效变迁》,《产经评论》2010年 第2期.

林毅夫, 蔡昉, 李周:《中国的奇迹: 发展战略与经济改革(增订版)》, 上海三联书店, 1999年.

罗必良, 何一鸣:《产权管制放松的理论范式与政府行为: 广东例证》,《改革》, 2008年 第9期.

杨开忠, 陶然, 刘明兴:《解除管制, 分权与中国经济转轨》,《中国社会科学》, 2003年 第3期.

周其仁:《产权与制度变迁》, 社会科学文献出版社, 2002年.

자원 특성, 행위능력과 재산권 매칭*

— 중국 농지제도 변천에서 나온 경험적 증거(1949~2009)

요약 재산권의 유형이 경제 성과에 어떠한 영향을 미치는가는 학계에서 자주 다루어지는 문제 중의 하나이다. '자원 특성-행위능력-재산권 매칭'이라는 이론 프레임을 구축함으로써 자원 특성이 재산권의 유형을 선택하는 데 영향을 주는 메커니즘을 설명하였다. 기타 다른 조건이 불변할 때 자원 특성은 실제로 재산권 안배의 선택과 변화 과정에 간접적인 영향을 미치고 자원의 특성으로 인한 재산권 주체의 행위능력 차이는 다시 다른 제도 매칭 관계를 파생시킨다. 동시에 1949~2009년 중국 농지제도 변천 과정 중 성(省)급 패널데이터의 회귀 결과를 보면 자원의 전용성이 높아질수록, 리스크가 커질수록, 규모가 확대될수록 거래비용도 높아진다는 것과 거래비용에 제약이 있을 때 사유재산권 및 국유재산권보다 집체재산권의 제도적 성과가 높다는 것을 알 수 있다. 때문에 정책 결정자는 반드시 제도의 제약조건과 매칭하는 농지 개혁 정책을 추진해야 한다.

키워드 **자원 특성, 재산권 유형, 행위능력, 제도 매칭, 농지 개혁**

* 본문은 교육부 혁신 단체 발전 계획(IRT1062), 국가 자연과학 기금 중점 프로젝트(71333004), 국가 자연과학 기금 청년 프로젝트(41301106), 국가 사회과학 기금 청년 프로젝트(12CJY050), 교육부 인문사회과학 연구 청년 프로젝트(10YJC790082), 광둥(廣東)성 자연과학 기금 박사 가동 프로젝트(S2012040007386), 광둥성 고등교육기관 인문사회과학 연구 일반 프로젝트(2012WYXM_0011)의 단계적인 연구 성과물이다.
본문의 저자는 루어삐량(羅必良)과 허이밍(何一鳴)이다. 본문 초고는 일찍이 '2011년 제도 경제학 연례회의'[2011. 10., 푸저우(福州)]에 입선되었다.

1. 문제의 제시: 사유재산, 국유재산 혹은 기타?

경제적 성과에 대한 재산권의 중요성은 이미 경제학자들이 보편적으로 주목하는 주제가 되었다(North, 1981; Driscoll & Hoskins, 2003). 예를 들어 Acemoglu & Johnson(2005)은 재산권이 상기적인 경제적 성과에 일차적인 영향을 미친다는 것을 발견하였다. 실제 개발도상국에게 재산권은 경제체제를 성공적으로 전환하는 데 필요충분조건이라는 것이 증명되었다(Simon Mc-Millan & Woodruff, 2002). 바꾸어 말해 경제적 성과를 높이려면 완전한 재산권 안배를 보장해야 한다(Acemoglu, 2003). 문제는 사유재산권, 국유재산권, 혹은 기타 다른 재산권 중 어떠한 재산권이 더욱 효과적인가이다.

전통적인 재산권 경제학자들은 대부분 '사유재산권이 가장 효과적인 제도적 안배'라고 여겼다. 이에 대해 Alchian(1965)이 열거한 증거는 다음과 같다. 첫째, 사유재산권의 재산 시가는 기타 사회 구성원의 가치 선호와 수요를 충분히 반영할 수 있다. 둘째, 사유재산은 사람들이 경제자원을 장악하기 위해 벌이는 싸움으로 인해 야기되는 내적 에너지 손실을 피할 수 있다. 셋째, 사유재산권에 대한 범위 확정이 완전할수록 그 시장의 교환 가치는 높아지게 된다. Demsetz(1967)는 재산권이 외부성을 내부화할 수 있다고 여겨 전통적인 재산권 경제학자들과 같은 입장을 보였고, Alchian & Demsetz(1972)는 더 나아가 고전기업이 중심 감독자에게 잔여청구권을 부여하여 중심 감독자가 감독활동을 게으르게 할 수 없도록 했다고 보았다. 만약 잔여청구권을 평등하게 각 단체 구성원에게 분배했다면 단체의 생산율은 대폭 하락했을 것이다. 반면 Block(2000)과 Powell(2002)은 사유재산권을 사람들이 자유경제와 시장거래를 할 수 있는 기반으로 보고 자유로운 시장 시스템은 사회복지 수준을 높이는 중요한 플랫폼이라고 생각하였다(Besley & Chatak, 2010).

기존의 문헌에서는 사유재산권의 효율에 대해 대략 세 가지로 나누어 해석하고 있다.

비교적 직접적인 해석은 사유재산권의 배타성으로 인해 재산권 주체가 사유재산권을 최고의 가치를 가져올 수 있는 곳에 사용하게 되며, 사유재산권의 양도 가능성은 자원을 생산율이 낮은 소유자에게서 생산율이 높은 소유자에게 양도하도록 유인하고 있다는 것이다(Anderson & Bandiera, 2005). 그러나 국유재산권은 독특한 유인비용과 거래비용을 만들어 내고 더 나아가 자원배치의 두 가지 큰 오류를 야기한다. 첫째, 불합리한 자원배치는 사회적 선호의 산출과 계획의 산출 간에 존재하는 명확한 차이에서 비롯된다(Hayek, 1988). 둘째, 사회적 기회집합의 축소는 부정적인 인센티브 메커니즘과 값비싼 거래비용을 만들어 내고, 특히 중앙집권 계획경제가 요구하는 대량 정보를 수집하기 위해 지출하는 거액의 비용 때문에 낭비 및 낮은 효율이 야기된다(Pejovich, 1990).

또 다른 대체 가능한 해석은 다음과 같다. 집체재산권이 사유재산권보다 효율이 낮은 원인은 첫째, 모든 사람이 집체자원을 약탈하는 비생산적인 경쟁에 참여하여 임대료를 산실시켰다는 것이다(Ostrom, 2000). 둘째, 임대료의 산실을 줄이기 위해 빈틈없는 제약과 규제를 제정 및 실시하게 되고 이것은 높은 제도 집행 비용이 필요해진다는 것을 뜻한다(Luo & Fu, 2009). 셋째, 집체재산권 아래에서 개인의 행위에 대한 정확한 심사가 매우 어렵기 때문에 종종 개인의 노력 정도와 실제 보수 간의 차이가 많이 생기게 된다. 따라서 모든 사람은 무임승차 혹은 태업 행위에 편향되어 결국 전체 경제효율을 대폭 하락시킨다(Olson, 2000).

마지막 해석은 만약 계약원가가 '0'일 때 사유재산권과 국유재산권 간에는 별다른 차이가 없다는 것이다(Zax & Malcolm, 2005). 왜냐하면 두 가지 모두 정부가 기업과 모든 것을 포함한 계약을 체결하는데, 이는 앞으로 발생할 수 있는 모든 일들을 예측하고 있기 때문이다(Kato & Sato, 2010). 반대로 불완전계약이 체결된 상황에서 사유재산권과 국유재산권은 달라지게 된다. 이때 정부는 기업자산의 잔여지배권을 소유하지만 다른 상황이라면 이 권리는 개인이 소유하게 된다. 그러나 이러한 '국유–사유재산권' 문제는 단순히 사유재산권 형태가 간단하게 확장된 것이 아니다. 정부는 개인이라는 주체와는 달리 수시로 목표 함수를 바꿀 수 있고 공무원, 정계 인사 및 국민 등 목표가 각기 다른 주체의 집합체를 대표하기 때문에 정치 목표에는 부합하지만 경제 목표에서는 벗어난 재산권 구조를 선택할 수도 있다(Hart, 1995).

사실 재산권 효율 비교에 관한 것은 1960년 코즈가 발표한 「사회비용의 문제」라는 논문에서 시작되었다. 그는 일련의 법률 사례를 통해 거래비용이 '0'보다 높을 때 각기 다른 재산권 구조 혹은 유형이 다른 행위효과를 만들어 낸다고 밝혔다. 또한 어떠한 재산권을 선택하는가가 그 거래비용의 크고 작음에 의해 결정되고, 사유재산권이 절대적으로 효율적인 것은 아니며 제약조건을 어떻게 형상화하느냐가 그 관건이라고 보았다. Cheung(1970)은 재산권 구조가 다양한 형태를 취할 수 있는데 사유재산권이 하나의 극, 국유재산권이 다른 하나의 극이며 대부분의 재산권 안배는 양자 사이에 있다고 본다. 비(非)사유재산권 아래 누구도 타인이 자원을 사용하는 것을 배척할 권리는 없고 모든 사람들이 이를 앞다투어 사용하다 보니 임대료의 현재 순가치는 '0'이 되어 버렸다는 것이다. 이렇게 하나의 재산이 비사유화되는 것은 이것으로 얻을 수 있는 임대료가 배타적 권리를 실시하는 비용보다 낮기 때문이다. 한층 더 나아가 그는 모든 재산권 안배가 범위를 확정하는 데 들어가는 비용을 지불해야 하고, 이러한 비용은 국유재산권이 가장 낮고 사유재산권이 가장 높지만 수익은 정반대의 양상을 보인다고 지적하였다. 때문에 최종적으로 어떠한 안배를 선택하는가는 수익과 비용의 균형에 의해 결정되는 것이다. Barzel(1989) 역시 사유재산권이 반드시 비(非)사유재산권보다 더욱 효율적이라고는 할 수 없다고 밝혔다. 자원은 여러 속성을 지니고 있고 가변적이기 때문에 사람들이 자원에 대한 권리의 범위를 명확히 하면 오히려 비싼 측량 및 감독 비용이 필요하게 될 것이다. 이 비용이 수익을 초과할 때 사람들은 해당 자원을 '공공 영역'에 둘 수밖에 없다. 때문에 비(非)사유재산의 이용이 효율 낭비를 의미하는 것만은 아니다. 또는 어떻게 재산권 안배를 선택할지는 거래비용의 최소화에 기초하는 이성적 선택이라고 할 수 있다(Willianson, 1985).

본문은 거래비용 최소화의 연구 패러다임에 따라 재산권 효율은 유독 '상황 의존'의 특징을 가지며 재산권 대상의 자원 특성, 재산권 자체의 제도 기능, 이로 인해 생겨나는 거래비용 등 여러 분야에 관계되어 있다고 여긴다. 각기 다른 자원은 저마다의 특징을 지니고 있다. 이와 관련하여 각기 다른 재산권 유형은 정도가 다른 제도 기능을 지니고 있기 때문에 성질은 같으나 크기가 다른 거래비용이 생기게 되므로 결국 동일하지 않은 재산권 효율이 생겨난다. 따라서 어떤 상황에서나 '항상 효율적인' 재산권 유형이 존재하지 않는다. 재산권 유형에 따라 인센티브 구조가 다르다. 효율조건은 이미 정해진 제약조건 아래에서의 어떤 재산권 구조의 균형 솔루션으로 간주될 수 있다. 이렇게 행위 주체의 제약조건이 다르면 재산권 시스템의 솔루션도 다르다. 관건은 제약조건의 특성화 처리를 어떻게 하느냐에 있다(De Alessi, 1983). 본문은 이러한 제약조건을 고려하면 효율이 낮아 보이는 재산권 유형의 존재 이유를 찾을 수 있을 것이며, 과거에 말했던 '최적화된 재산권 안배'는 제약조건을 소홀히 하고 심지어 이를 제거해서 성립된 것이라고 판단하고 있다. 때문에 본문은 자원 특성의 도입 및 이것을 재산권 유형 선택의 제약조건으로 삼아 각종 재산권 유형이 존재 및 변화하는 내재적 메커니즘과 논리적 법칙을 설명하기 위한 목적을 가지고 있다.

본문은 네 부분으로 나뉜다. 이번 절의 평론을 비롯하여 2절에서는 간단한 3×3×3의 제도 매칭 모형을 통해 자원 특성 제약조건 아래에서의 재산권 선택 행위를 밝히고 이에 근거하여 몇몇의 명제를 제시하고자 한다. 3절에서는 중국 농지개혁 과정 중 성(省)급 패널데이터로 앞에서 서술한 이론 가설에 대해 실증적 검증을 진행한다. 마지막 부분은 결론 및 그와 상응하는 정책 함의이다.

2. 자원 특성-행위능력-재산권 매칭: 3×3×3의 이론 모형

재산권은 법률 제약 메커니즘, 국가 폭력 잠재력, 사회적 관습 혹은 지위 등급으로 확립된다(Alchian & Demsetz, 1973). 혹자는 재산권이 사회 강제를 통해 실현되는 어떤 자원의 여러 가지 용도를 선택하는 권리라고 말한다(Alchian, 1987). 이것은 집합적인 개념으로 양도권·수익권·사용권을 포함하고 있다.

주목해야 할 것은 본문이 다루는 것이 소유권이 아니라 재산권이라는 점이다. 소유권이 반영하는 것은 사람과 물질 간의 귀속관계로 국가가 개인에게 부여한 법률 권리이다(Furubotn & Pejovich, 1972). 그러나 재산권은 물질이 존재함으로써 생기는 사람과 사람 간 서로가 승인하는 이익 분배 관계로 분산된 정책 결정 주체의 행위능력에 의해 결정된다(허이밍·루어삐량, 2012). 즉 소유권은 법률 문서상의 명의제도를 말하며 자원 배치와는 무관하나, 재산권은 실제 실행되는 제도적 안배로 부여 방식과 통제 정도는 모두 자원 배치의 효율에 영향을 준다. 따라서 신경제학자들은 재산권의 운영에 대해 더 큰 관심을 가지고 있다(허이밍·루어삐량, 2011).

경제 시스템에서 재산권을 배치할 수 있는 행위 주체는 일반적으로 세 가지로 나눌 수 있는데 바로 국가, 사회단체(집체), 개인이다. 따라서 재산권의 형태는 국유재산권, 집체재산권, 사유재산권으로 나뉘게 되었다. 이 세 가지 재산권 주체는 배타, 분할, 거래 등 세 가지 행위능력에서 차이가 있다. 국유재산권의 모든 행위능력이 가장 약하고 집체재산권의 행위능력이 그다음, 사유재산권의 행위능력이 가장 강하다.

다만 이렇게 행위능력의 차이로 세 가지 재산권 주체를 정렬한 것은 자원 특성의 제약을 고려하지 않는 것을 전제로 한 것이다. 재산권 객체의 전용성, 위험성(리스크), 규모성 등 세 가지 특성을 재산권 주체의 행위능력에 추가하면 정렬 순서가 더욱 복잡하고 불확실해질 뿐만 아니라 완전히 상반되는 결과를 낳을 수도 있다.

이상의 내용을 바탕으로 본문은 초보적인 수준의 간단한 3×3×3 재산권 매칭 논리 모형을 얻어 낼 수 있었다. 재산권 선택은 각 재산권 주체의 세 가지 행위능력에 의해 결정되고 자원의 세 가지 특성은 이 세 가지 능력이 발휘되는 것을 제약한다. 그중 자원의 세 가지 특성은 재산권 선택의 최종 변수이고, 재산권 주체의 세 가지 행위능력은 재산권 선택함수의 중간 변수이다. 세 가지 자원 특성은 각각의 행위능력의 크기를 결정지으며 세 가지 행위능력은 또한 재산권의 매칭 범위를 결정짓는다. 이로써 세 가지 재산권 벡터로 조직된 재산권 선택 집합체는 3×3×3의 제도 매칭 모형을 나타내게 된다.

2.1 재산권 유형, 행위능력과 자원 특성

2.1.1 재산권의 세 가지 유형

재산권의 집행과 실시라는 측면에서 사유재산권이 하나의 극단에, 국유재산권이 다른 하나의 극단에 있고, 집체재산권 혹은 단체재산권이 이들 중간에 위치한다고 볼 수 있다.

사유재산권은 분산 의사 결정자 개개인이 독단적으로 가지거나 자유롭게 컨트롤하는 재산권이다. 사유재산권 아래에서 모든 사람은 타인의 허가를 받을 필요 없이 자유롭게 선택할 수 있는 기회 집합을 가진다. 예컨대 A는 모종 자원의 용도를 결정할 수 있고 만약 B가 A의 결정이 마음에

들지 않으면 반드시 A와 담판을 해야 한다. 그러나 A의 이러한 선택의 자유는 자원의 용도에만 국한될 뿐 교환가치에는 영향을 미치지 않으며 B가 A의 선택을 부당 행위로 여겨 생기는 B의 심리적·정신적 부작용과도 관계가 없다.

국유재산권은 사유재산권의 경상체로서 '폭력 잠재력'을 가진 '리바이어던(Leviathan)'이 권리의 사용, 수익 획득, 양도 등에서 모든 개인적 요소를 삭제하고 국가 목표에 따라 행동할 수 있다는 것을 의미한다. 더구나 그 의사 결정 과정은 전 국민의 동의를 얻은 것이 아닐 수도 있다. 이러한 재산권 형태는 국가의 인위적인 통제로 인해 생겨나는 것이다. 이는 국가가 전부 또는 부분적으로 개인이 가진 자원에 대한 사용권, 수익 획득권, 양도권을 박탈했음을 의미한다.

위에서 말한 사유재산권과 국유재산권 사이에 놓인 집체재산권은 둘 이상의 개인이 협동적 잉여의 유혹을 받아 정식 혹은 비정식적으로 자유로운 체결 방식을 통해 조직을 만들어 함께 행사하는 권리다. 이러한 재산권 유형으로 집체 구성원은 동일한 자원에 대한 의사 결정에 참여하게 되는데, 구성원 전체의 동의가 있어야 자원을 운용할 수 있다. 그러나 이것은 집체 구성원에만 국한되며 외부 인사는 배척당할 수 있다. 이러한 '선택적 배타'로 인해 집체사유권의 임대료 산실 정도는 사유재산권보다 커지고 국유재산권보다는 적어진다.

2.1.2 재산권 주체의 세 가지 행위능력

모든 효율적인 재산권 유형의 배치 주체는 배타능력, 거래능력, 분할능력을 보유하며 이것들은 재산권 주체의 행위능력 집합을 공동으로 구성하고 있다.

첫 번째는 배타능력이다. 배타능력은 희소 자원을 사용할 능력이 누구에게 있는가를 결정한다. 재산권 주체가 재산 권리를 행사할 때 드러나는 배타능력은 일정 부분 다음 내용에 기인하고 있다. 첫째, 초기 재산권 범위 확정의 충분도이다. 재산권의 범위 확정이 충분하거나 명확할수록 자원 및 재산권의 거래가 더욱 쉽게 측량되고 배타능력이 강해진다. 이로써 거래계약은 더욱 완벽해진다. 둘째, 자원 특성의 복잡도이다. 하나의 자원은 여러 종류의 용도와 특성을 가질 수 있다. 만약 재산권 주체가 자원에 대한 정보나 지식이 부족하고 담판 테크닉을 갖추지 못하며, 재산권 보호를 행사하는 역량이 한계가 있으면 일부 가치가 있는 자원의 특성은 값비싼 측량 비용으로 인해 공공 영역으로 전락하여 경쟁력이 있는 개인에게 탈취당하게 될 것이다. 때문에 자원의 특성이 복잡할수록 그 권리의 범위 확정이 점점 어려워지고 재산권 주체의 정보가 점점 불완전해지면서 재산권 주체의 배타능력이 충분히 드러날 수 없게 된다.

두 번째는 분할능력이다. 분할능력은 자원 자체의 분리성, 자원이 가진 각종 특성의 분리성과 밀접한 관계가 있다. 일반적으로 자원 특성이 복잡할수록 분할 및 이용되는 자(子) 권리의 선택 공간이 커진다. 그러나 권리의 분할과 재산권 범위 확정이 가진 어려움도 그에 따라 커지게 된다. 이러한 활동들이 정보자원을 소비하고, 정보비용도 자원 속성의 복잡도에 따라 상승하게 되기 때문이다. 재산권이 세부적으로 분할될수록 거래비용이 높아진다는 것은 재산권 주체가 분할능력을 발휘하는 데 거래비용의 제약을 받는다는 것이다.

세 번째는 거래능력이다. 재산권 범위 확정은 거래를 촉진시켜 자원 배치 효율을 개선하기 위한 목적이 아주 크기 때문에 재산권 주체의 거래능력은 매우 중요하다. 재산권 주체의 거래능력은 재산권을 담보·매도·임대하는 방식으로 인해 생겨난 소유자의 신분 및 자격의 변화와 관련이 있고, 또한 원래의 재산권 주체가 자원의 용도 차이에 따라 계약을 통해 잠재적 재산권 주체에게 권리를 양도 및 교환하는 빈도와 규모와도 관련이 있다. 자원의 전용성이 강할수록 원래의 용도에서 기타 용도로 전이되는 대가가 높아지고 양도하는 빈도와 규모는 반드시 제약을 받게 된다. 자원이 오직 특정한 공간 범위·조직 규모·자본 제한에서만 운용된다면 재산권 주체는 이들과 상응하는 특정 조건을 갖춘 거래 대상을 찾지 못해 그 거래능력도 제한을 받게 될 것이다.

2.1.3 자원의 세 가지 특성

자원 특성은 사람들의 요구를 만족시킬 수 있는 자원의 특수한 속성, 즉 자원의 가치 있는 특성을 말한다. 자원 특성을 형상화하는 것은 매우 어려운 일이다. 완전한 정보 세계에서 상품의 모든 측면이 무료로 측정되고 가격이 책정될 수 있기 때문에 우리는 왜 표준경제이론이 지금까지도 물품 특성의 문제를 소홀히 여기는지 이해할 수 있다(T. Eggertsson, 1996). 따라서 자원 특성은 거래비용의 성질과 규모에 직접적으로 영향을 미친다. 재산권 유형 및 그 주체의 행위능력에 대한 분석의 편의를 위해 본문은 전용성·위험성·규모성 세 분야의 자원 특성에 대해 집중적으로 논의하고자 한다(허이밍·루어뻬량, 2011).

먼저 전용성으로 인해 자원의 재산권 다발이 일정한 용도로만 쓰이게 된다. 그중 일부 자(子) 권리가 분리되어 다른 지역에 양도되면 재산권 주체는 매물비용을 회수할 방법이 없을 뿐만 아니라 원래 재산권 주체의 각종 통합적 행위능력이 약화되어 경제 가치의 손실을 입게 된다. 따라서 전용성이 강해질수록 재산권 주체의 거래 및 분할능력은 약해지기 쉽다. 동시에 자원의 전용성이 강할수록 필요한 전용 지식과 특수 기능에 대한 요구가 높아져 비전문가의 사용을 제한하기가 쉬워진다.

둘째, 위험성은 자연 혹은 환경 상태의 변동으로 인해 자원의 기대 사용 수준이 달라지는 것을 의미한다. 위험을 기피할 수 있다는 가정하에 사람들은 관련 정보를 검색하여 자원에 대해 통제를 강화하지만 그 대가는 매우 크다. 재산권 주체의 세 가지 행위능력은 모두 정보 문제와 관련이 있기 때문에 위험성은 여러 재산권 주체의 행위능력을 약화시킬 수 있다.

마지막으로 규모성이 뜻하는 것은 어떤 자원이 많이 사용되든 말든 간에 모두 높은 평균 생산 수준, 큰 활동 공간 및 일정한 자본 설비가 뒷받침되어야 비로소 정상적으로 운용된다는 것이다. 다만 자원 이용의 규모성이 클수록 개인이 단독으로 사용하기는 어려워진다. 이는 타인의 사용 및 침범을 더욱 배제하게 된다. 또한 규모성은 기술적인 불가분할성으로 거래능력에 영향을 미칠 수 있다.

2.2 재산권 매칭 및 명제

위에서 말한 논리대로 본문에서는 자원의 세 가지 특성과 세 가지 재산권 형태 및 그 주체의 세 가지 행위능력을 결합하여 재산권 유형의 매칭 문제에 대해 좀 더 깊이 이야기해 보려 한다.

표 1에서 자원 특성은 '대(大), 소(小)'로 표기하고('1'은 대, '0'은 소를 나타

표 1. 자원 특성에 기반한 재산권 매칭 매트릭스

상태	자원 특성			행위능력			재산권 매칭		
	전용성	위험성	규모성	배타 능력	분할 능력	거래 능력	사유 재산권	집체 재산권	국유 재산권
Z_1	1	1	1	1/3	0	0			√
Z_2	1	1	0	0	1/3	1/3			√
Z_3	1	0	1	2/3	1/3	1/3		√	
Z_4	1	0	0	1/3	2/3	2/3		√	
Z_5	0	1	1	2/3	1/3	2/3		√	
Z_6	0	0	1	1	2/3	2/3	√		
Z_7	0	0	0	2/3	1	1	√		
Z_8	0	1	0	1/3	2/3	2/3		√	

냄), 행위능력은 '강(强), 약(弱)'으로 표기한다. 행위능력은 대응되는 자원 특성에 기반하며 각각 '0, 1/3, 2/3, 1'로 '매우 약함, 비교적 약함, 비교적 강함, 매우 강함'을 나타낸다.

자원 특성이 동일하다는 전제하에 재산권 유형의 선택은 세 가지 행위 능력의 종합 득점에 의해 결정된다.

(1) 세 가지 재산권 주체의 배타능력 비교: 사유재산권 주체는 완전한 재산권의 배타 자격을 가지며 재산의 권한, 역할, 이익의 범위 확정은 명확하므로 중복되는 것이 없다. 게다가 재산권의 운영비용과 수익 등은 모두 개인 소유자에게 달려 있다. 따라서 충분한 '생산성 노력'을 가지게 된다. 집체재산권 주체는 구성원이 아닌 외부 사람의 재산권 이용을 배제시킬 수 있는 능력이 있으나 구성원 내부에서는 '분배성 노력'이 존재할 수 있다. 국유재산권 주체는 두드러진 '분배성 노력'을 가지고 있으며 배타능력은 거의 사라지고 없다.

(2) 세 가지 재산권 주체의 분할능력 비교: 국유재산권 주체는 분할능력 역시 가장 낮다. 국유재산권 주체(명의상 혹은 헌법 의미상) 혹은 전체 국민은 분할할 수 없는 재산권 소유자로 존재할 수밖에 없으며 구체적으로 국민 개개인을 대상화시킬 수 없다. 집체재산권 주체의 분할능력은 국유재산권 주체보다는 강하지만 사유재산권 주체만큼은 아니다. 이것은 권리 분할 시 기타 집체 구성원의 동의가 있어야 이루어지기 때문이다. 사유재산권은 재산권 주체가 자유롭게 사유재산의 각종 자(子) 권리를 분할할 수 있다.

(3) 세 가지 재산권 주체의 거래능력 비교: 거래능력은 사유재산권 주체가 가장 강하고 국유재산권 주체가 가장 약하며 집체재산권 주체가 그 중간에 있다. 사유재산권 주체는 자원을 가장 높은 평가를 받은 곳에 자유롭게 투자할 수 있지만 어느 누구도 국유재산권에 속해 있는 자신의 몫을 가져갈 수는 없다.

이러한 논리에 따라 사유재산권 주체의 통합 행위능력은 가장 높은 점수를 얻었다. 위의 평가 기준으로 보면 사유재산권 주체는 모든 행위능력의 점수가 2/3 혹은 1에 해당한다. 반면 국유재산권 주체의 통합 행위능력은 가장 낮은 점수를 받았으며 모든 행위능력의 점수가 0 혹은 1/3에 해당한다. 집체재산권 주체의 통합 행위능력 점수는 중간 수준으로 모든 행위능력의 점수가 1/3 혹은 2/3에 해당된다. 여기에서 1을 최고점으로 보고 세 단계로 나눌 수 있다. 제1단계는 [0, 1/3]이다. 이때 각각의 행위능력이 모두 '매우 약함' 혹은 '비교적 약함' 수준에 해당된 것은 국유재산권이다. 제2단계는 [1/3, 2/3]이다. 각각의 행위능력은 '비교적 약함' 혹은 '비교적 강함' 수준으로 집체재산권 주체의 상황과 부합한다. 사유재산권은 제3단계인 [2/3, 1] 수준에 분포되어 있는데 행위능력은 '비교적 강함' 혹은 '매우 강함'에 속한다.

다만 위의 재산권 주체의 행위능력 평가 결과는 자원 특성을 고려하지 않는다는 전제하에 얻어진 것임을 강조해야 한다. 자원 특성을 도입하고 중복되지 않는 '0-1'의 랜덤 원칙을 적용하여 다시 할당 계산하면 조합론에서 알 수 있듯이 두 가지 강도의 세 가지 자원 특성을 가지고 여덟 종류의 조합을 가질 수 있다. 때문에 표 1에서는 여덟 종류의 자원 특성 조합 상태를 각각 나타내고 있다(Z_1~Z_8). 예를 들어 Z_1의 경우, 자원의 세 가지 특성의 할당치가 모두 비교적 높은 상태에서 할당치가 모두 1이면 행위능력과 자원 특성의 대응관계 전환에 따라 처음으로 얻게 된 배타능력의 점수는 각각 1(전용성 1), 0(위험성 1), 0(규모성 1)이며, 다시 1/3의 가중치를 두어 가중 평균을 하여 얻은 종합 득점은 1/3로, 배타능력은 '비교적 강함'을 나타낸다. 그다음으로 얻은 분할능력의 점수는 각각 0(전용성 1), 0(위험성 1), 0(규모성 1)으로, 다시 1/3의 가중치를 두어 가중 평균을 하여 얻은 종합 득점은 0이 되어, 분할능력이 '매우 약함'을 나타낸다. 거래능력에서 얻은 각각의 점수는 0(전용성 1), 0(위험성 1), 0(규모성 1)으로, 다시 1/3의 가중치를 두어 가중 평균을 하여 얻은 통합 점수는 0이 되어, 거래능력은 '매우 약함'을 나타내고 있다. 마지막으로 세 가지 재산권 주체의 행위능력 크기에 의해, 배타능력이 비교적 약하고 분할능력 및 거래능력이 모두 약한 자원과 부합하는 재산권 유형은 국유재산권이라 확정할 수 있다. 다른 일곱 개의 상황들도 이와 같이 유추할 수 있다. 구체적인 계산 공식은 다음 장의 수치 시뮬레이션에서 자세히 소개하고자 한다. 현재 표 1의 도출 과정을 통해 네 가지의 중요한 명제를 얻을 수 있다.

명제 1: 자원 특성은 재산권 주체의 행위능력을 결정하고 행위능력은 상응하는 재산권 유형과 매칭한다. 이렇게 재산권 주체의 행위능력은 재산권 유형 매칭함수의 중간함수가 되고 재산권 유형은 자원 특성의 복합함수이다. 즉 자원의 재산권 유형은 대상화된 각종 특성에 따라 선택 및 제한을 해야 한다. 표 1의 Z_3를 보면 자원의 전용성이 매우 강하고 위험성과 규모성이 클 때, 재산권 집합 중에서 기타 제도적 안배가 아니라 국유재산권을 선택해서 매칭해야 한다.

명제 2: 제약조건인 자원 특성에 변화가 생겼을 때 재산권 주체의 행위능력도 달라진다. 이로써 재산권 유형도 그에 따라 변화시켜야 한다. 이것은 재산권 변혁 혹은 제도 변천과 관련된 자원 특성 결정론이다. 자원의 전용성과 위험성이 약해졌다 하더라도 규모성은 변하지 않는다. 표 1의 Z_1 상태가 Z_8의 상태로 변화하면 이때 재산권 집합 중 기존의 국유재산권 대신 사유재산권을 선택하여 매칭해야 한다.

명제 3: 자원 특성의 차이는 동일한 재산권 주체의 행위능력의 강도가 불일치하는 현상을 야기한다. 이것은 제약조건의 차이로 인해 생긴 행위능력의 불균형 때문에 생겨나게 된 것이다. 표 1의 Z_3와 Z_4는 모두 국유재산권으로 선택하기에 적합하다. 그러나 Z_3 상태에서 국유재산권 주체의 행위능력 종합 득점은 Z_4 상태에서 국유재산권 주체의 행위능력 종합 득점보다 낮다. 배타능력 이외의 Z_3 상태에서 국유재산권 주체의 기타 두 가지 행위능력 점수는 Z_4 상태에서의 국유재산권 주체의 행위능력보다 낮다. 이러한 행위능력의 불일치성은 자원 특성의 차이로 인해 생겨난 것이다.

명제 4: 모든 사회에 현존하거나 역사상 이미 나타났던 각종 재산권 유형은 자원 특성 방면에서 존재의 이유를 찾아낼 수 있다. 어떠한 재산권과 자원 특성이 서로 매칭한다면 장기적으로 존재할 수 있다. 반대로 재산권과 자원 특성이 서로 매칭하지 않으면 다른 제약조건과 제도환경에 적합한 재산권 유형으로 대체될 수 있다.

2.3 자원 특성이 행위능력에 미치는 영향 및 수치 시뮬레이션

앞에서 말한 3×3×3 제도 매칭 모형을 통해 $S=S(E, D, T)$라는 재산권 주체의 행위능력 함수 표현식을 얻을 수 있다. 이것은 행위능력 S는 재산권 주체의 배타능력 E, 거래능력 T, 분할능력 D로 구성되며 또한 모든 능력들은 전용성(*SPECIFIC*), 규모성(*SCALE*), 위험성(*RISK*)의 함수라는 것을 의미한다. 즉, 이 세 가지 행위능력은 자원 특성의 제약을 받기 때문에 모두 자원 특성의 함수로 간주된다. 즉, 배타능력=E(전용성, 위험성, 규모성), 거래능력=D(전용성, 위험성, 규모성), 분할능력=T(전용성, 위험성, 규모성), $E, D, T \in [0, 1]$이다.

앞에서 말한 분석을 통해 다음과 같은 결과를 얻을 수 있다.

$E'_1>0$, $E'_2<0$, $E'_3<0$; $D'_1<0$, $D'_2<0$, $D'_3<0$; $T'_1<0$, $T'_2<0$, $T'_3<0$

분석의 편의를 위해 본문은 일반적인 것에 매이지 않고 다음과 같이 설정하였다.

$$E = \frac{1}{3}\left[SPECIFIC + (1-RISK) + (1-SCALE)\right]$$

$$D = \frac{1}{3}\left[(1-SPECIFIC) + (1-RISK) + (1-SCALE)\right]$$

$$T = \frac{1}{3}\left[(1-SPECIFIC) + (1-RISK) + (1-SCALE)\right]$$

그렇다면, $\frac{\partial E}{\partial SPECIFIC} > 0$, $\frac{\partial D}{\partial SPECIFIC} < 0$, $\frac{\partial T}{\partial SPECIFIC} < 0$, $\frac{\partial^2 E}{\partial D \partial T} < 0$, $\frac{\partial D}{\partial T} > 0$ 이다.

분석의 편의를 위해 $E = \frac{TD^2}{T^2 + D^2}$ 으로 설정하고 MATLAB2009a 프로

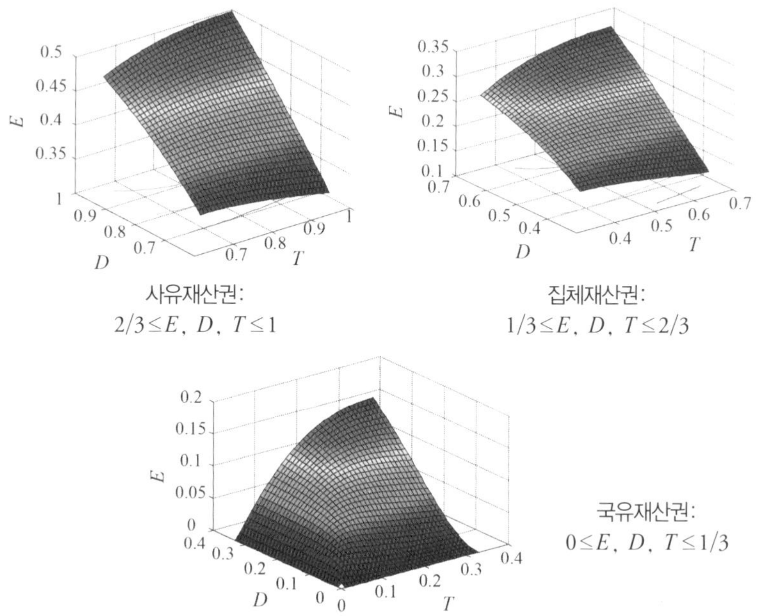

사유재산권: $2/3 \leq E, D, T \leq 1$

집체재산권: $1/3 \leq E, D, T \leq 2/3$

국유재산권: $0 \leq E, D, T \leq 1/3$

그림 1. 세 가지 재산권 주체의 행위능력 시뮬레이션 3D 도형

그램을 통해 세 가지 자원 특성에 기반한 세 종류 재산권 유형의 행위능력 시뮬레이션 도형을 만들었다(그림 1).

3. 가설 검증: 중국 농지제도 변천의 경험적 증거

이번 장에서는 1949~2009년 중국 농지재산권 제도 변천의 성(省)급 패널데이터를 가지고 위에서 말한 이론 결과를 검증하고자 한다. 중국의 농지재산권 변천사를 보면 사유, 국유, 집체재산권의 세 가지 유형을 모두 겪었기 때문에 우리는 그러한 경험 데이터를 이용하여 도출된 관련 이론 가설을 검증할 수 있다.

3.1 중국 농지재산권제도 변천의 역사와 진전: 1949~2009년

3.1.1 신(新)중국 성립 초기의 농지제도(1949~1957): 국가가 만든 사유재산권

1949년 신중국 성립 전 중국의 농촌사회는 농지 사유제도에 기초한 것이며 자작농과 소작농, 몇몇의 지주 부농 경제가 당시 농촌의 기본적인 경제 형태가 되었다(Cheung, 1969). 국가가 1950년 6월 반포한 「중화인민공화국 토지개혁법」에 따라 지주소유권이 없어졌고 농민의 토지 사유재산권이 실시되었다. 1952년 말, 전국의 토지개혁과, 생산재와 노동자가 직접 결합하는 사회주의적 개조가 기본적으로 완성되었다[리우광둥(劉廣棟)·청지우먀오(程久苗), 2007]. 1953년부터 점차 협동화된 집권운동의 붐이 일기 시작했으나 농지재산권은 1958년 말 인민공사에 강제로 가입되기 전까지 여전히 농민 개인의 소유였다. 국가가 정치운동을 통해 만들어 낸 토지의 농민 사유재산권이 토지개혁의 결과인데, 이러한 사유재산권은 재산권 시장에서 장기적인 자발적 거래의 산물이 아닐 뿐만 아니라 국가가 농지재산권의 자발적 거래 과정에 어떠한 제재를 가하여 만들어진 것도 아니다(루어삐량, 2008). 재산권 주체의 배타능력을 보면 국가가 만든 재산권은 집행 및 보호되는 개인의 비용이 시장거래를 통해 자연히 생겨난 사유제의 운영비용보다 훨씬 높다는 것을 알 수 있다. 특히 농업사원 자체의 특수한 전용성, 위험성, 토지경영 규모성이 결정짓는 거래비용은 개인이 단독으로 감당할 수 없으며 국가의 '폭력 잠재력'만이 이 제도를 유지시킬 수 있다(허이밍·루어삐량, 2012).

3.1.2 인민공사의 제도적 안배(1958~1983): 전면적 규제의 국유재산권

빠른 산업화라는 국가의 전략 목표를 실현하기 위해 국가는 '일괄구입 및 일괄판매'라는 방식과 '인민공사(人民公社)'의 생산조직 형태를 결합하여 공업과 농업 간의 '협상 가격차'를 얻게 되었다(린이푸·차이팡·리저우, 1999). 국가는 농업조세를 한곳으로 집중시키기 위해 1958년 「농촌 인민공사 건립 문제에 관한 결의」를 발의하고 농민생산조직을 호조조(互助組)에서 초급사(初級社)로, 초급사에서 다시 고급사(高級社)로, 마지막엔 인민공사로 모두 바꾸었다. 이로써 토지는 개별 농민소유제에서 집체소유제로 변경되었다(Lin, 1990). 이러한 재산권 유형에서 국가는 농산품의 모든 수매를 독점하고 장거리 화물 운송을 엄격히 금했으며 자유상업무역을 제한하고 농촌 요소시장을 폐쇄시켰고 도농 간의 인구 유동을 단절시켜 소유제 경제 요소(토지, 노동, 자본)의 첫 번째 정책 결정자·지배자·수익자가 되었고, 집체는 합법적인 범위 안에서 국가의지의 관철자이자 집행자일 뿐이었다(저우치런, 2002). '대약진'과 공사화가 야기한 3년의 경제적 어려움으로 인해 집체경제의 재산권 구조가 어쩔 수 없이 '삼급소유, 대위기초(三級所有隊爲基礎)'라는 것으로 되돌아갔다고 하면, 1962년 제정 및 실시한 「농촌 인민공사 공작 조례 초안」으로 인해 인민공사 구성원의 자류지와 부지 역시 국가에 귀속되었다(허이밍·루어삐량, 2009). 그러나 1983년 이전까지만 해도 인민공사의 생산대(生産隊)제도는 당시의 기본적인 농지제도였는데 1983년 말부터 중국의 94.4%의 농가가 가족을 기초로 하는 농지제도를 선택하기 시작하여 새로운 기본적인 농지제도가 형성되었다(Lin, 1992).

3.1.3 개혁개방 이후의 농지제도(1984~2009): 가정도급의 집체재산권

1970년대 말부터 시작된 중국 농촌개혁으로 인해 농업생산조직 형태는 가족을 핵심으로 하는 전통적 형태로 복원되었다(야오양, 1998). 동시에 농지제도 역시 기존의 전국이 단일화된 인민공사 국가재산권에서 자연촌(自然村)을 기반으로 하는 각기 다른 신흥 집체재산권 형태로 변하였다(Liu & Carter & Yao, 1996). '가정연산승포책임제'라는 가족 단위 농업생산책임제는 농촌 토지재산권의 집단적 성질을 변화시키지 못했고, '국가에 충분히 납부하고, 집체에게 충분히 남겨 주고, 남는 것은 모두 자신의 것'이라는 것이 기본 구조였다. 특히 2006년 농업세가 없어진 뒤 이러한 가정도급제에서의 집체재산권은 비록 대부분의 자원 사용권 및 양도권에 대한 일부 관리 감독을 집체에게 남겨 두었지만 완전한 잔여청구권은 농민에게 주어 가정은 자체 경제활동의 잔여청구자가 되었다. 이것은 노동을 게을리하는 문제를 효과적으로 해결하였고, 낮아진 임대료 소실 역시 농업경제제도의 성과를 제고시켰다(허이밍·루어삐량, 2012). 이를 기반으로 정부는 가정도급 위주의 책임제, 집권과 분권이 서로 결합되는 이중 경영체제를 중국의 기본적 제도로 삼고 일련의 조치를 취하여 장기적이고 안정적이며 완전해지도록 하였다[지시엔칭(冀縣卿)·치엔중하오(錢忠好), 2010]. 그중 가장 중요한 것은 도급 기간을 연장하는 것인데 1993년 중국 정부는 제1차 도급 기간 만료 후 30년을 재연장할 것이라고 결정을 내렸고, 2008년 또 도급 기간이 장기적으로 변하지 않는다고 하였다. 이렇게 도급제는 영원한 소작제가 되었다[장수광(張曙光)·청리엔(程煉), 2012].

재산권 측면에서 보면 중국의 농지는 국가가 만든 사유재산권에서 국가가 전면적으로 규제하는 국유재산권으로, 또다시 가정도급의 집체재산권으로 세 가지 제도 변천 과정을 겪었다.

3.2 가설 제시, 변수 선택과 데이터 출처

자원 특성은 각종 거래비용을 만들어 내고, 재산권 주체의 행위능력 행사는 그러한 거래비용의 제약을 받는다. 그러므로 행위능력 측정의 어려움을 고려했을 때 본문에서는 자원 특성이 행위능력과 재산권 유형 선택에 미친 영향을 거래비용의 측면에서 실증하고자 한다. 따라서 본문은 다음 네 가지의 검증 가능한 가설을 제시한다.

가설 1: 농지자원의 전용성이 거래비용에 긍정적인 효과를 준다.

가설 2: 농지자원의 위험성이 거래비용에 긍정적인 효과를 준다.

가설 3: 농지자원의 규모성이 거래비용에 긍정적인 효과를 준다.

가설 4: 거래비용에 일정한 제약이 있는 상태에서 농지 집체재산권의 제도 성과가 가장 높다.

위의 가설에 근거하여 본문이 선택한 변수는 다음의 표 2에 제시되어 있다.

표 2. 변수의 지표 설계

변수	표시	정의
경제성과지수	*Y*	농업 총생산액/농촌 취업 인구
거래비용지수	*TC*	1－경제효율
위험성지수	*RISK*	성(省)급 식량 생산량과 전국 식량 생산량의 공분산/전국 식량 생산량 분산
규모성지수	*SCALE*	농가 평균 인원×농촌주민 평균 경작지 면적
전용성지수	*SPECIFIC*	유효한 관개 면적/농작물 파종 총면적

본문은 황샤오안(黃少安), 순셩민(孫聖民), 궁밍버(宮明波)(2005)의 데이터 처리 방법을 사용하여 실증적 분석을 진행하였다. 그러나 이것은 1949~1978년 중국의 토지제도 변천 성과에 대한 고찰일 뿐 본문의 데이터 자료는 1949~2009년 사이 중국 31개 성(직할시) 중 29개 성에 대한 패널데이터를 사용하였다. 하이난(海南)은 1988년 광둥(廣東) 행정구역에서 분리되었고 충칭(重慶)은 1997년에야 직할시가 되었기 때문에 모형을 추정할 때 충칭과 하이난의 데이터는 포함되지 않았다. 데이터 출처는 『신중국 60년 통계자료 편람』, 각 해당 연도의 『중국 통계연감』, 『중국 농촌 통계연감』, 『신중국 농업 60년 통계자료』 등이다. 그 밖의 본문의 계량 점검은 주로 MATLAB의 ECONOMITRICS 소프트웨어 패키지를 사용하여 완성하였다.

표 3. 변수의 기술통계

변수	평균치	표준차	최소치	최대치	표본 크기
Y	0.1148	0.1685	0.0078	1.9213	1,769
TC	0.8795	0.15801	0.0001	0.9920	1,769
RISK	0.1148	0.1685	0.0078	1.9213	1,769
SCALE	0.0028	0.0098	0.0144	0.1549	1,769
SPECIFIC	0.3901	0.7601	0.0003	6.5638	1,769

표 3은 변수의 기술통계를 제시하며, 변수의 처리 방법은 다음과 같다.

(1) 자료 포락 분석(DEA)을 사용하는 비모수적 방법으로 농업의 저효율 배분이 생겨난 거래비용을 추산한다[Hu & Wang, 2006; 예하오(葉浩)·푸리제(濮勵傑), 2011]. 그중 농촌 취업 인구수(단위: 만 명), 농작물 파종 총면적(단위: 헥타르), 농업용 기계 총동력(단위: 만 킬로와트)을 투입 변수로 한다. 연구에 시간적 차이가 있다는 것을 고려했을 때 해당 기간 동안 비교적 큰 가

격 변동으로 인해 생기는 측산오차를 피하기 위해 본문은 1990년 불변 가격을 기준으로 삼고 농업 총생산액 축소지수에 근거하여 각 해당 연도의 불변 가격을 환산하였다[Yang & Wu & Lin, 2010; 리우위하이(劉玉海)·장리(張麗), 2012]. 마지막으로 DEAP 2.1로 중국 농업경제효율을 계산한 후 1을 빼는데, 그것은 효율 손실치이다. 즉, 농업자원의 왜곡된 배치 효율 손실을 거래비용으로 설명하였다(허이밍·루어삐량, 2010).

(2) 규모성은 농가 평균 인원과 농촌 주민 평균 경작지 면적을 곱한 값으로 농가의 평균 경작지 면적을 대표한다[요우허위안(遊和遠)·우츠방(吳次芳), 2010].

(3) 위험성은 성(省)급 식량 생산량과 전국 식량 생산량의 공분산으로 전국 식량 생산량 분산을 나눈 값이다.

(4) 전용성은 유효한 관개 면적으로 농작물 파종 총면적을 나눈 값으로, 지리 전용성 특징과 농경지 수리 시설의 전용성 투자가 차지하는 비중을 간접적으로 보여 준다.

3.3 패널 단위근 검증

가성회귀를 피하기 위해 본문은 먼저 데이터에 대해 관련 패널 단위근과 공적분(Cointegration) 검증을 진행하였다.

패널데이터는 주로 다음과 같은 다섯 개의 단위근 검증 방법이 있다. 즉, LLC 검증·IPS 검증·Breitung 검증·Fisher 검증(ADF와 PP 검증 포함)·Hadri검증 등이다. 그중 LLC 검증, Breitung 검증의 원 가설은 '모두 단위근이 존재하고 비정상적'이라는 것이고 대립 가설은 '모두 정상적'이라는 것이다. IPS 검증, Fisher 검증의 원 가설은 '모든 서열은 비안정적'이고 대립 가설은 '단지 일부가 안정적'이라는 것이다. Hadri 검증의 원 가설은 '모두 안정적'이고 대립 가설은 '부분적으로 비정상적'이라는 것이

표 4. 패널 단위근 검증 결과

검증 방법	LLC 검증		IPS 검증		Breitung 검증	
변수	통계치	P치	통계치	P치	통계치	P치
Y	16.4724	1.0000	29.7599	1.0000	13.5444	1.0000
△*Y*	8.4118	1.0000	−6.9686	0.0000	9.4298	1.0000
TC	15.9623	1.0000	26.4793	1.0000	15.1710	1.0000
△*TC*	−0.4845	0.3140	−11.7769	0.0000	7.0608	1.0000
RISK	903.7071	1.0000	18.4144	1.0000	9.7069	1.0000
△*RISK*	423.6717	1.0000	36.7592	0.0000	11.0349	1.0000
SCALE	1.2713	0.8982	1.1777	0.8805	2.4567	0.9930
△*SCALE*	−22.9820	0.0000	−27.3096	0.0000	−10.5052	0.0000
SPECIFIC	3.4245	0.9997	7.3326	1.0000	6.4772	1.0000
△*SPECIFIC*	−25.3014	0.0000	−27.0938	0.0000	−6.0616	0.0000
검증 방법	ADF 검증		PP 검증		Hadri 검증	
변수	통계치	P치	통계치	P치	통계치	P치
Y	1.1358	1.0000	1.0770	1.0000	19.3884	0.0000
△*Y*	258.0494	0.0000	382.4690	0.0000	2.2990	1.0000
TC	1.5364	1.0000	2.8557	1.0000	19.6418	0.0000
△*TC*	327.4571	0.0000	371.0020	0.0000	0.9197	0.1789
RISK	5.3119	1.0000	12.5895	1.0000	14.7651	0.0000
△*RISK*	0.7978	0.0000	613.0090	0.0000	5.9721	1.0000
SCALE	73.8887	0.0779	97.0628	0.0010	12.6900	0.0000
△*SCALE*	668.5680	0.0000	739.8090	0.0000	8.3050	1.0000
SPECIFIC	19.9137	1.0000	20.7626	1.0000	18.1572	0.0000
△*SPECIFIC*	597.3250	0.0000	663.1660	0.0000	2.4703	0.0068

※ ① 지연차수는 Schwarz 법칙을 사용하여 자동선택 되도록 하였고 최대 지연차수는 2이다. ② 윈도우폭은 Newey-West 방법을 사용하여 자동선택 되도록 하였고 윈도우폭의 최대치는 3이다.

다. 시간적 거리가 있기 때문에 검증 시 비교적 긴 지연기를 선택하였고 샘플 등 여러 방면의 요소를 결합하였다. 또한 지연차수(lagged order)는 AIC 법칙을 채용하여 자동으로 선택되도록 하였으며 최대 지연차수는 2이다. 표 4를 보면 해당 결과로 *Y*와 *TC*· *RISK*· *SCALE*· *SPECIFIC* 각 변수에는 모두 단위근이 존재하고, 일차 계차 변수는 모두 안정적이며 이것은 모두 *I*(1)임을 설명하고 있음을 알 수 있다. 장시간의 균형관계 존재 여부를 검증하기 위해 위에서 언급한 변수에 대해서 공적분 검증을 지속할 필요가 있다.

3.4 패널 공적분 검증

우리는 먼저 Kao(1999)가 제시한 ADF 검증과 수정된 ADF 검증으로 동질의 패널 공적분 검증을 진행한 후 Pedroni(2003) 공적분 검증 방법을 가지고 이질 패널의 공적분 검증을 동시에 진행했다. 이러한 방법은 절편 및 타임 트랜드가 허용될 수 있고 비균형 패널데이터에 적용되어 앞의 방법에 비해 훨씬 효율적이다. 주의해야 할 것은 이 두 가지 공적분 방법은 모두 잔여 오류의 패널 공적분 검증에 기반하고 통계량은 중요한 가설조건을 내포하고 있다는 것이다. 즉 장기 오차수정계수(변수의 수평값)는 단기 동태조정계수(변수의 계차값)와 같아 소위 '공통 인소 제한(Common Factor Restriction)'이라 할 수 있다는 것이다. 그러나 Banerjee & Carrion-I-Silvestre(2004)의 공적분 검증 방법은 이 가설을 만족시킬 수 없을 때 잔여 오류를 기초로 하는 패널 공적분 검증의 검증효과가 대폭 하락할 수 있다고 밝히고 있다. 때문에 오차 수정 모형을 기반으로 하는 공적분 검증은 Pedroni(1999)의 공적분 검증에 기반하는 모수 추정이므로 이러한 제약을 피할 수 있다. 이 방법은 단면 이질성(장기 오차수정관계와 단기 동태관계)뿐만 아니라 단면 내의 계열상관 및 단면 간의 상관성을 고려하고 있다. 그 밖에 위에서 말한 방법의 원 가설은 모두 공적분 관계가 없다(표 5~8).

표 5. *Y*와 *TC*의 패널 공적분 검증 결과

동질 패널의 Kao-ADF 검증 및 수정된 ADF 검증				동질과 이질 패널 결합의 Pedroni 검증		
ADF 통계량값	*P*치	ADF 수정 통계량값	*P*치	통계량명	통계량값	*P*치
297.2000	0.0000	−2.981569	0.0014	Panel v-Statistic	3.3143	0.0005
이질 패널의 구조 돌변에 기반한 Banerjee 검증				Panel rho-Statistic	−2.3219	0.0101
통계량명		통계량값	*P*치	Panel PP-Statistic	−1.2129	0.0126
Gt		−66.2510	0.0000	Panel ADF-Statistic	−6.9482	0.0000
Ga		−6.6970	1.0000	Group rho-Statistic	1.3641	0.9137
Pt		−18.5680	0.0000	Group PP-Statistic	3.6689	0.9999
Pa		−15.3480	0.0000	Group ADF-Statistic	−4.4457	0.0000

※ ① Pedroni 검증에서 앞의 네 개 통계량은 동질 패널의 공적분 관계를 주로 검증하고 뒤의 세 개 통계량은 이질 패널의 공적분 관계를 주로 검증하였다. ② Banerjee 검증은 AIC 법칙을 사용해 지연 및 선도 종결을 선택하였고 상수항(constant term)과 타임 트랜드 모형이 있으며 Bartlett 스펙트럼밀도(Spectral density) 윈도우는 3이고, *Gt*와 *Pt* 통계량은 계열상관을 고려하지 않고 *Ga*와 *Pa* 통계량은 계열상관을 고려하였다.

표 6. *TC*와 *RISK*의 패널 공적분 검증 결과

동질 패널의 Kao-ADF 검증 및 수정된 ADF 검증				동질과 이질 패널 결합의 Pedroni 검증		
ADF 통계량값	*P*치	ADF 수정 통계량값	*P*치	통계량명	통계량값	*P*치
270.9000	0.0000	−3.0647	0.0011	Panel v-Statistic	17.3220	0.0005
이질 패널의 구조 돌변에 기반한 Banerjee 검증				Panel rho-Statistic	3.6820	0.0101
통계량명		통계량값	*P*치	Panel PP-Statistic	−2.3568	0.0126

Gt	−25.8180	0.0000	Panel ADF-Statistic	1.9873	0.0000
Ga	−7.3500	1.0000	Group rho-Statistic	4.7720	0.0000
Pt	−19.5440	0.000	Group PP-Statistic	−2.4529	0.0071
Pa	−27.6830	0.0000	Group ADF-Statistic	5.2365	0.0006

※ 표 5와 동일.

표 7. *TC*와 *SCALE*의 패널 공적분 검증 결과

동질 패널의 Kao-ADF 검증 및 수정된 ADF 검증				동질과 이질 패널 결합의 Pedroni 검증		
ADF 통계량값	*P*치	ADF 수정 통계량값	*P*치	통계량명	통계량값	*P*치
92.9500	0.0024	−2.6945	0.0035	Panel v-Statistic	−556.3310	0.0005
이질 패널의 구조 돌변에 기반한 Banerjee 검증				Panel rho-Statistic	4.1390	0.0101
통계량명		통계량값	*P*치	Panel PP-Statistic	−7.3090	0.0126
Gt		−85.3250	0.0000	Panel ADF-Statistic	0.1300	0.0000
Ga		−6.7850	1.0000	Group rho-Statistic	107.5000	0.0001
Pt		−17.6530	0.0000	Group PP-Statistic	−2.4459	0.0072
Pa		−8.8100	0.5520	Group ADF-Statistic	5.3656	0.0002

※ 표 5와 동일.

표 8. *TC*와 *SPECIFIC*의 패널 공적분 검증 결과

동질 패널의 Kao-ADF 검증 및 수정된 ADF 검증				동질과 이질 패널 결합의 Pedroni 검증		
ADF 통계량값	*P*치	ADF 수정 통계량값	*P*치	통계량명	통계량값	*P*치
139.2000	0.0000	−5.9681	0.0000	Panel v-Statistic	−115.8140	0.0005

이질 패널의 구조 돌변에 기반한 Banerjee 검증			Panel rho-Statistic	5.7020	0.0101
통계량명	통계량값	*P*치	Panel PP-Statistic	−22.133	0.0126
Gt	−19.6280	0.0000	Panel ADF-Statistic	1.3160	0.0000
Ga	−4.8540	1.0000	Group rho-Statistic	164.6	0.0000
Pt	−30.3800	0.0000	Group PP-Statistic	−2.808249	0.0025
Pa	−10.4140	0.0094	Group ADF-Statistic	4.962371	0.0001

※ 표 5와 동일.

표 5를 보면 Pedroni Group rho와 Group PP 검증의 P치(0.9137과 0.9999)는 *TC*와 *Y*에 공적분 관계가 존재한다고 여기지 않는다. 그러나 나머지 검증 방법들에서 P치는 모두 이들 간에 공적분 관계가 존재함을 밝히고 있다. 동시에 표 6~8에서 *TC*는 각각 *SCALE*과, *SPECIFIC*과, *RISK* 간의 공적분 관계가 존재함을 밝히고 있다.

3.5 세 가지 자원 특성 이론 가설의 패널 오차 수정 모형 검증

강인성과 공적분 검증 후 앞서 말한 세 가지 자원 특성 이론 가설에 대해 검증을 더 진행한다. *TC*, *RISK*, *SCALE*, *SPECIFIC*의 회귀계수가 1949~2009년 전국 성(省)급 패널데이터에 대해 명확한 차이가 있을 수 있다는 것을 고려하여 본문은 패널 '겉보기 무관 회귀(SUR)' PSUR 방법으로 일반화 최소자승(GLS) 추정을 진행하여 오차 수정 모형을 얻었다. 그밖의 본문의 패널 오차 수정 모형은 1차 계차의 오차 수정 실현을 응용하여 Pooled Mean-Group, Mean-Group, Dynamic Fixed-Effects 모형 방법을 운용할 것으로 예측된다.

(1) 오차 수정 모형(PMG): MLE 예측 방법을 통해 모든 지역의 장기 탄성계수가 동일하나 단기 동태계수와 오차 수정 속도는 단면 이질성을 가진다고 가정한다.

(2) 오차 수정 모형(MG): OLS를 통해 모든 단면의 예측계수를 얻고 모든 지역의 장기 오차수정계수와 단기 계수가 동일하지 않지만 완전한 단면 이질성을 가진다고 가정한다.

(3) 오차 수정 모형(DFE): 단면 관련성을 고려하여 고정효과 동태 패널 예측 방법을 통해 모든 지역은 동일한 단기 및 장기 계수를 지니나 각기 다른 절편항을 가진다고 가정한다.

표 9. Δ*TC*와 Δ*RISK*의 패널 오차 수정 모형(피설명변수를 Δ*TC*로 표기)

설명변수	PSUR 모형	PMG 모형	MG 모형	DFE 모형
Δ*RISK*	0.0166*** (8.2260)	0.0188*** (8.2800)	0.0291*** (5.3500)	0.0206*** (4.9300)
ECM(*t*−1)	3.8148* (2.2143)	−0.2870*** (−9.6900)	−0.3690*** (−12.8800)	−0.2630*** (−8.7000)
RISK(*t*)	−	0.0324*** (4.7800)	0.0314*** (4.3600)	0.0264*** (5.5800)
상수항	0.8782*** (9.1236)	0.6330*** (6.3600)	0.7370*** (6.3400)	0.5650*** (8.2600)
Hausman 검증 *P*치	0.3496(FE)	0.9508(RE)	0.9052(RE)	0.9110(RE)
그룹 내 R^2	0.6837	0.7866	0.5126	0.6962
Prob(F-statistic)	0.0000	0.0000	0.0000	0.0000
표본 크기	1,769	1,769	1,769	1,769

※ ① ***은 해당 변수가 1% 수준에서, **은 5% 수준에서, *은 10% 수준에서 현저한 효과가 있음을 표시한다. ② 괄호로 표기한 것은 z 통계량이다. ③ Hausman 검증은 상응하는 예측 형식을 선택하였고 그중 FE는 고정효과 모형을 나타내고 RE는 랜덤효과 모형을 나타낸다.

표 10. ΔTC와 ΔSCALE의 패널 오차 수정 모형(피설명변수를 ΔTC로 표기)

설명변수	PSUR 모형	PMG 모형	MG 모형	DFE 모형
Δ*SCALE*	1.1502*** (0.0177)	0.0051*** (6.5400)	0.0065*** (6.6800)	0.0051*** (5.8800)
ECM(*t*−1)	2.6679** (1.3629)	−0.5940*** (−18.9500)	−0.6110*** (−17.7900)	−0.6130*** (−15.1300)
SCALE(*t*)	–	0.0105*** (4.6500)	0.0103*** (3.3900)	0.0101*** (4.3100)
상수항	−0.0354** (0.0141)	0.7530*** (18.4900)	0.8110*** (12.3300)	0.7830*** (14.9700)
Hausman 검증 *P*치	0.0000(FE)	0.9965(RE)	0.9632(RE)	0.9420(RE)
그룹 내 R^2	0.8457	0.5638	0.5693	0.6322
Prob(F-statistic)	0.0000	0.0000	0.0000	0.0000
표본 크기	1,769	1,769	1,769	1,769

※ 표 9와 동일.

표 11. ΔTC와 ΔSPECIFIC의 패널 오차 수정 모형(피설명변수를 ΔTC로 표기)

설명변수	PSUR 모형	PMG 모형	MG 모형	DFE 모형
Δ*SPECIFIC*	1.8405*** (2.8200)	0.0049*** (4.1300)	0.0057*** (5.1400)	0.0044*** (3.2900)
ECM(*t*−1)	−1.0354* (32.4900)	−0.4810*** (−16.2200)	−0.4940*** (−15.5000)	−0.4740*** (−11.6700)
SPECIFIC(*t*)	–	0.0041 (0.9900)	0.0029 (0.6400)	0.0054 (1.8700)
상수항	0.8559*** (0.0038)	0.6090*** (15.1000)	0.6310*** (11.3400)	0.5940*** (11.0300)
Hausman 검증 *P*치	0.0000(FE)	0.9739(RE)	0.9521(RE)	0.9324(RE)
그룹 내 R^2	0.8989	0.7586	0.5985	0.6389
Prob(F-statistic)	0.0000	0.0000	0.0000	0.0000
표본 크기	1,769	1,769	1,769	1,769

※ 표 9와 동일.

표 9~11에서 알 수 있듯이 TC와 $RISK$, $SCALE$, $SPECIFIC$은 단기든 장기든 모두 정방향의 균형 변동 관계를 보이고 있다. 이로써 위에서 언급한 세 가지 이론 가설이 증명되었다.

3.6 가설 4의 검증: 도구변수법(TSLS)에 기반함

3.6.1 농지재산권제도 (거래)비용과 농업의 장기 경제성과의 내생성 문제 처리

가설 4에 대한 검증을 진행하기 전에 우리는 TC와 Y 간의 내생성 문제를 처리할 필요가 있다. 제도경제학의 이론에서 볼 때 경제 성과의 제고는 거래비용의 감축에 기인한다. 그러나 Wallis & North(1986)의 실증 연구를 보면 경제가 성장함에 따라 상품과 서비스의 거래 빈도와 규모는 모두 커졌다. 만약 이러한 내생성 문제를 잘 처리하지 못하면 결과에는 오차가 있을 수 있다. 이에 대해 본문은 두 단계로 회귀하는 도구변수법(TSLS)을 사용하려 한다. 개체효과를 없애기 위해 변수에 일차 계차가 필요하다. 또한 차분법 모형은 피설명변수의 지연 1기 $Y(t-1)$을 설명변수 TC의 도구변수로 삼을 수 있다(Anderson & Hisao, 1982). 구체적인 설명은 표 12와 같다.

표 12. ΔY와 ΔTC의 패널 오차 수정 모형(피설명변수를 ΔY로 표기)

설명변수	TSLS 모형	PMG 모형	MG 모형	DFE 모형
ΔTC	−496.6957*** (24.7200)	−0.0033*** (−4.4100)	−0.0044*** (−4.8600)	−0.0036*** (−4.1400)
$ECM(t-1)$	−331.9470*** (23.9400)	−0.5280*** (−13.5700)	−0.5440*** (−12.4200)	−0.5270*** (−13.9100)
$TC(t)$	–	0.0176** *(6.0900)	0.0177*** (5.2400)	0.0123*** (6.0200)

상수항	−496.6500* (44.7200)	0.6470*** (12.9600)	0.6890*** (12.2300)	0.6630*** (13.9600)
Hausman 검증 P치	0.0000(FE)	0.9856(RE)	1.0000(RE)	0.9694(RE)
그룹 내 R^2	0.8176	0.9046	0.7203	0.6513
그룹 간 R^2	0.9103	−	−	−
Wald 검증값	89.7400	−	−	−
Sargan-Hansen 검증 P치	0.6522	−	−	−
Arellano-Bond 1차 검증 P치	0.7976	−	−	−
Arellano-Bond 2차 검증 P치	0.0780	−	−	−
Prob(F-statistic)	0.0000	0.0000	0.0000	0.0000
표본 크기	1,769	1,769	1,769	1,769

※ ① ***은 해당 변수가 1% 수준에서, **은 5% 수준에서, *은 10% 수준에서 현저한 효과가 있음을 표시한다. ② 괄호로 표기한 것은 z 통계량이다. ③ Hausman 검증은 상응하는 예측 형식을 선택하였고 그중 FE는 고정효과 모형을 나타내고 RE는 랜덤효과 모형을 나타낸다.

표 12를 보면 TC와 Y 간에는 단방향의 상반운동 관계가 존재하는데, 즉 거래비용이 높을수록 경제 성과는 낮아진다는 것을 알 수 있다.

3.6.2 농지재산권 제도적 성과 가설: 한계거래비용계수에 기반한 비교

실제로 가설 4를 검증하려면 중국 농지재산권 변혁의 세 가지 역사 단계의 회귀계수를 정확하게 계산해야 한다. 따라서 앞에서 고려한 1949~2009년에 나타난 두 번의 명확한 농지재산권 제도 변혁 역사 사건과 결합하여 1959년과 1984년 이후 방정식 변수 구조에 변화가 생겼다고 가정한다. 이 두 시기를 분수령으로 삼아 중국 농지재산권제도의 성과와 거래비용의 관계를 세 가지 단계로 나누고 각 단계에 'Panel Cross Section Weights(PCSW)'의 TSLS 오차 수정을 진행한다. 예측 결과는 표 13과 같다.

표 13. 1949~2009년 동안 중국 농지 재산권제도 변혁의 세 가지 역사적 단계의 PCSW-TSLS 오차 수정 예측 결과

방정식	방정식 I (1949~1958)	방정식 II (1959~1983)	방정식 III (1984~2009)
변수	ΔY	ΔY	$\triangle Y$
ΔTC	−256.4862*** (0.0625)	−651.2894*** (12.7584)	−1,053.1100*** (17.9585)
$ECM(t-1)$	−0.0315* (0.0199)	0.0024*** (0.0108)	0.0251** (0.0100)
상수항	0.5747*** (0.0625)	0.8449*** (0.0924)	4.5979*** (0.5899)
Hausman 검증 P치	0.0071(FE)	0.0001(FE)	0.0000(FE)
그룹 내 R^2	0.5514	0.8039	0.8666
그룹 간 R^2	0.6521	0.8537	0.7852
Wald 검증값	72.5600	89.5300	80.4700
Sargan-Hansen 검증 P치	0.5651	0.6527	0.6639
Arellano-Bond 1차 검증 P치	0.5995	0.6898	0.6073
Arellano-Bond 2차 검증 P치	0.1586	0.2543	0.2018
Prob(F-statistic)	0.0000	0.0000	0.000000
표본 크기	290	725	754

※ ① ***은 해당 변수가 1% 수준에서, **은 5% 수준에서 현저한 효과가 있음을 표시한다. ② 변수의 예측치 이하는 패널 강인성 표준차(PCSE)이다. ③ Hausman 검증은 상응하는 예측 형식을 선택하였고 그중 FE는 고정효과 모형을 나타낸다.

마지막으로 표 13을 통해 세 기간의 농지제도 성과를 계산할 수 있다. 구체적인 결과는 표 14와 같다.

표 14. 중국 농지재산권제도 성과 비교(1949~2009)

재산권 유형과 대응하는 제도적 성과 평가	회귀계수①	한계거래비용②
국가 수립의 사유재산권(1949~1958)	−256.4862	0.0039
진면직 규제의 국유재산권(1959~1983)	−651.2894	0.0015
가정도급의 집체재산권(1984~2009)	−1,053.1100	0.0009

※ ①의 수치는 표 13에서 ΔTC의 회귀계수를 나타낸다. ②는 ①의 절대값의 역수이며 회귀계수는 TC가 독립변수로서, Y가 종속변수로서의 1차 도함수값이기 때문에 역수의 절대값은 거래비용의 한계치이다.

표 14의 결과에서 보듯이 집체재산권의 한계거래비용이 가장 작고(0.0009) 국유재산권이 그다음이며(0.0015) 사유재산권이 가장 높은(0.0039) 것을 알 수 있다. 바꾸어 말하면 자원 특성의 제약조건을 고려했을 때 집체재산권의 제도적 성과가 가장 높다. 이 역시 가설 4를 검증하였다.

3.6.3 계량 결과가 내포하고 있는 재산권 경제학의 함의

(1) 농지 사유재산권 단계에서 정치적 운동이라는 배경으로 인해 토지를 분배받은 농민에게는 언제 국가가 토지를 다시 회수해 갈지 모른다는 불확실성의 '이성적 기대'가 형성된다. 이때 사유재산권의 정치적 위험성은 매우 높으므로 사유재산권 주체의 행위능력 행사는 크게 약화된다. 이 단계에서 농지 사유재산권 임대료의 소실 정도가 높은 편은 아니지만 위험성이 야기하는 비싼 거래비용은 제도적 성과를 현저히 떨어뜨리게 된다.

(2) 농업생산 자체는 한 부분으로 집중될 수 없고 한 가지 유형의 농사일에서 다른 종류의 농사일로 계속 전환할 필요가 있다. 또한 생산 중 개별 노동자는 반드시 습도, 기온 및 기타 기후조건에 맞는 신속한 대응을 해야 하기 때문에 세밀한 관리 감독을 진행하는 비용이 매우 높아진다. 더욱이 대규모 생산과 조직적인 인민공사 내부에서 노동 투자 및 노력 정

도에 대한 관리 감독과 평가에 큰 어려움이 있고 비용도 많이 들어 무임승차 현상이 성행하게 된다. 농지 규모가 클수록 생산과 조직에 대한 관리 감독의 비용 역시 높아지기 때문에 이때의 농업생산 효율은 대폭 하락하게 되는 것이다.

(3) 현행 농지 집체재산권 안배는 '꾸준하고 변함없는' 안정적 정책과 가정 소규모 경영을 고수하고 있어 농지재산권 주체의 배타능력은 시장거래를 거쳐 자연적으로 진화 및 형성되는 사유재산권에 매우 가까워졌다. 이전의 국가가 만든 사유재산권과 전면적 규제의 국유재산권과 비교했을 때 현재의 농지 집체재산권은 생산효율이나 거래비용에 있어서 모두 효과적인 발전과 절약을 이룬 것으로 제도적 성과 역시 가장 높다는 것은 분명한 사실이다.

그 밖에 표 14에서 마지막 한 줄의 데이터 감소 추세를 보면 중국 농지재산권제도 변천은 거래비용 최소화의 이성적인 선택이었음을 알 수 있다.

4. 결론 및 시사점

우선 본문은 자원 특성이 재산권 유형 선택에 어떠한 영향을 미치는지 고찰하였고 3×3×3의 제도 매칭 이론 모형(자원 특성→행위능력→재산권 유형)을 얻었다. 기본적인 결론은, 어떠한 재산권 안배를 선택하는가는 주로 각 자원 특성의 거래비용 크기에 의해 결정되며 사유재산권이 항상 효율적인 것만은 아니라는 것이다. 구체적으로는 다음과 같다.

(1) 자원의 위험성·규모성·전용성이 재산권 안배 선택에 결정적인 작용을 하며, 이들로 인해 생겨난 재산권 주체의 행위능력 차이는 서로 다른 제도 매칭 관계를 만들어 낸다. 특히 자원 특성의 차이 정도는 동일한

재산권 안배에서 행위능력의 불일치를 야기하고 자원 특성에 변화가 생길 때 재산권 주체의 행위능력, 더 나아가 재산권 유형의 선택도 따라서 변화한다. 때문에 자원 특성은 재산권 유형 선택 및 그 변천을 해석하는 데 새로운 시각을 제공한다.

(2) 각 재산권 유형은 모두 자원 특성이 개시되면서부터 그 존재의 이유를 찾을 수 있다. 만약 어떠한 재산권과 자원 특성이 매칭되면 장기적으로 존재할 수 있지만 반대로 재산권과 자원 특성이 서로 매칭되지 않으면 현존하는 기타 적합한 제약조건과 제도환경의 재산권 유형이 이를 대체할 수 있다.

다음으로 이론상 시장이 완전경쟁이라는 가설하에 자원의 최적화된 배치를 실현할 수 있다. 일단 자원배치가 파레토 최적조건을 벗어나면 차선의 결과 혹은 소위 '저효율'로 판단된다. '칠판경제학'의 논리로 동일한 자원으로 인해 거래비용이 '0'인 세계라고 가정할 때 '사유재산권이 반드시 가장 우수하다'라는 잘못된 이론을 얻게 된다. 그러나 실제 상황에서 다른 자원 특성, 다른 행위능력은 반드시 다른 재산권 유형과 매칭한다는 것을 의미한다. 어떠한 재산권 형태도 어떠한 상황 아래서 항상 효율적일 수는 없다. 중국의 농지재산권 제도 및 그 성과가 이에 대해 이미 명확한 실제적 증거를 제공하였다.

마지막으로 자원 특성에 기반한 재산권 매칭 이론은 과거 중국의 농지 제도를 새롭게 평가하고 앞으로의 정층 설계(top-level design)에 또 다른 논리적 사고를 제공하었다. 농지자원의 이용은 계절성, 공간 분산성, 활동의 연속성, 장주기성 등 특수한 속성을 가지고 있다. 이러한 특성들은 다른 제도환경에서 다른 거래비용을 만들어 낸다. 때문에 새로운 농지재산권 안배를 설계 및 선택할 때 거래비용을 절약하는 각도에서 각종 조직 형태, 지배체제, 체결 형태의 제약조건에 대한 적응성 및 호환성을 충분히 고려해야 한다. 또는 각 농촌 지역은 각각의 요소 자질과 자원 특성 등 제약조건에 따라 재산권 유형을 매칭하고 이로써 다원화된 농지재산권 제도 변혁의 발전 경로로 발전해 나갈 수 있는 새로운 구조를 형성해야 한다. 가장 중요한 것은 농업대국인 중국이 단순하게 사유화 혹은 국유화를 농지 개혁 정책의 유일한 선택 모형으로 삼아서는 안 된다는 것이다.

참고문헌

Acemoglu, A., S. Johnson: Unbundling Institutions, *Journal of Political Economy* 11(3), 2005, pp.949~996.

Acemoglu, A.: Why not a Political Coase Theorem? Social Conflict, Commitment, and Politics, *Journal of Comparative Economics* 31(4), 2003, pp.620~652.

Alchian, A., H. Demsetz: Production, Information Costs and Economic Organization, *American Economic Review* 62(9), 1972, pp.777~795.

Alchian, A., H. Demsetz: The Property Rights Paradigm, *Journal of Economic History* 33(1), 1973, pp.16~27.

Alchian, A.: Some Economics of Property Rights, *Political* 30(1), 1965, pp.816~829.

Alchian, A.: Property Rights, in J. Eatwell, M. Milgate and P. Newman(eds), *The New Palgrave: A Dictionary of Economics,* London: Macmillan and New York: Stockton Press, 1987.

Anderson, J., O. Bandiera: Private Enforcement and Social Efficiency, *Journal of Development Economics* 77(8), 2005, pp.341~366.

Anderson, T., H. Cheng: Formulation and Estimation of Dynamic Models Using Panel Data, *Journal of Econometrics* 18(1), 1982, pp.47~82.

Atsushi Kato and Takahiro Sato: Effect of Threats to Property Rights on Economic Performance of the Manufacturing Sector of Indian States, *Discussion Paper Series* 244, Research Institute for Economics & Business Administration, Kobe University, 2009.

Banerjee, A., Carrion-i-Silvestre J. L.: *Breaking Panel Cointegration, Mimeo*, European University Institute, 2004.

Barzel, Y.: *Economic Analysis of Property Rights*, Cambridge: Cambridge University Press, 1989.

Besley, T., M. Ghatak: Property Rights and Economic Development, In Dani Rodrik and Mark Rosenzweig, editors: *Handbook of Development Economics* Vol. 5, The Netherlands: North-Holland, 2010.

Block, W.: Private-Property Rights, Erroneous Interpretations, Morality, and Economics: Reply to Demsetz, *The Quarterly Journal of Austrian Economics* 12(3), 2000, pp.63~78.

Cheung, S.: *The Theory of Share Tenancy*, Chicago: University of Chicago Press, 1969.

Cheung, S.: The Structure of a Contract and the Theory of a Non-Exclusive Resource, *Journal of Law and Economics* 13(1), 1970, pp.49~70.

Coase, R.: The Problem of Social Cost, *Journal of Law and Economics* 3(1), 1960, pp.1~44.

De Alessi, L.: Property Rights, Transaction Costs, and X-Efficiency: An Essay in Economic Theory, *American Economic Review* 73(4), 1983, pp.64~81.

Demsetz, H.: Toward a Theory of Property Rights, *American Economic Review* 57(5), 1967, pp.347~359.

Driscoll, G. and L. Hoskins: Property Rights: The Key to Economic Development, *Cato Journal* 48(2), 2003, pp.1~17.

Eggertsson, T.: *Economic Behavior and Institution*, Cambridge: Cambridge University Press, 1990.

Furubotn, G., and Pejovich S.: Property Rights and Economic Theory: A Survey of Recent Literature, *Journal of Economic Literature* 10(4), 1972, pp.1137~1162.

Hart, O.: *Firms, Contracts, and Financial Structure,* Oxford: Clarendon Press, 1995.

Hayek, F.: *The Fatal Conceit: the Errors of Socialism*, Chicago: The University of Chicago Press, 1988.

Hu, L., Wang S.: Total-factor Energy Efficiency of Regions in China, *Energy Policy* 34(3), 2006, pp.3206~3217.

Kao, C.: Spurious Regression and Residual-Based Tests for Cointegration in Panel Data, *Journal of Econometrics* 90(1), 1999, pp.1~44.

Lin, J.: Collectivization and China's Agricultural Crisis in 1959~1961, *Journal of Political Economy* 98(6), 1990, pp.1228~1252.

Lin, J.: Rural Reforms and Agricultural Growth in China, *American Economic Review* 82(10), 1992, pp.34~51.

Liu S, Carter Michael and Yao Y.: Dimensions and Diversity of Property Rights in China: Dilemmas on the Road to Further Reform, *World Development* 21(10), 1998, pp.1789~1860.

Luo Biliang, and Fu Bo: The farmland property rights deformity: history, reality and reform, *China Agricultural Economic Review* 1(4), 2009, pp.435~458.

North, D.: *Structure and Change in Economic History*, New York: Norton,1981.

Olson M.: *Power and Prosperity: Outgrowing Communist and Capitalist Dictatorships*, New York: Basic Books, 2000.

Pedori, P.: Panel Cointegration Asymptotic and Finite Sample Properties of Pllled Time Series Tests with an Application to the PPP Hypothesis, *Revised Working paper*, Indiana University, 2003.

Pedroni, P.: Critical Values for Cointegration Tests in Heterogeneous Panels with Multiple Regressors, *Oxford Bulletin of Economics and Statistics* 61(2), 1999, pp.653~670.

Pejovich, S.: *The Economics of Property Rights: Towards a Theory of Comparative Systems*, Kluwer Academic Publishers, Ostrom, E. Private and Common Property Rights[A], In *Encyclopedia of Law and Economics*, Bouckaert, B. and G. D. Geest eds, Aldershot: Edward Elgar Publishing, 2000.

Powell, B.: Private Property Rights, Economic Freedom, and Well Being, *Working Paper* 19, George Mason University Mercatus Center, 2002.

Simon, J., J. McMillan, and Woodruff, C.: Property Rights and Finance, *American*

Economic Review 92(2), 2002, pp.1335~1356.

Wallis, J., D. North, Measuring the Transaction Sector in the American Economy 1870~1970, in S. L. Engerman and R. E. Crallman eds., *Long-term Factors in American Economic Growth*, Chicago: University of Chicago Press, 1986.

Williamson, O.: *The Economic Institutions of Capitalism: Firms, Market and Relational Contracting*, New York and London: Free Press, 1985.

Yang C. H., Wu L., and Lin H. L.: Analysis of Total-factor Cultiviated Land Efficiency in China's Agriculture, *Agricultural Economics-Czech* 5(7), 2010, pp. 231~242.

Zax and Malcolm: Economic Development, Eminent Domain and the Property Rights Movement, *The Real Estate Finance Journal* 12(2), 2005, pp.1~7.

何一鸣, 罗必良:《产权管制, 制度行为与经济绩效−来自中国农业经济体制转轨的证据(1958~2005年)》,《中国农村经济》, 2010年 第10期.

何一鸣, 罗必良:《中国农地制度改革阐释: 以所有权, 产权为肯綮》,《改革》, 2011年 第5期.

何一鸣, 罗必良:《产权管制范式》,《制度经济学研究》, 2012年 第2期.

何一鸣, 罗必良:《农地流转, 交易费用与产权管制: 理论范式与博弈分析》,《农村经济》, 2012年 第1期.

何一鸣, 罗必良:《新中国农地制度变迁的经验证据研究》,《河南社会科学》, 2012年 第4期.

何一鸣, 罗必良:《制度变迁理论及其在中国的修正》,《当代财经》, 2012年 第3期.

黄少安, 孙圣民, 宫波明:《中国土地产权制度对农业增长的影响》,《中国社会科学》, 2005年 第3期.

冀县卿, 钱忠好:《中国农业增长的源泉: 基于农地产权结构视角的分析》,《管理世界》, 2010年 第11期.

林毅夫, 蔡昉, 李周:《中国的奇迹: 发展战略与经济改革》(增订版), 上海三联店, 1999年.

刘广栋, 程久苗:《1949年以来中国农村土地制度变迁的理论和实践》,《中国农村观察》, 2007年 第2期.

刘玉海, 张丽:《耕地生产率与全要素耕地利用效率-基于SBM~DEA 方法的省际数据比较》,《农业技术经济》, 2012年 第6期.

罗必良:《农村土地制度: 变革历程与创新意义》,《南方经济》, 2008年 第11期.

姚洋:《农地制度与农业绩效的实证研究》,《中国农村观察》, 1998年 第6期.

叶浩, 濮励杰:《我国耕地利用效率的区域差异及其收敛性研究》,《自然资源学报》, 2011年 第9期.

游和远, 吴次芳:《农地流转, 禀赋依赖与农村劳动力转移》,《管理世界》, 2010年 第3期.

张曙光, 程炼:《复杂产权论和有效产权论-中国地权变迁的一个分析框架》,《经济学(季刊)》, 2012年 第4期.

周其仁:《产权与制度变迁-中国改革的经验研究》, 社会科学文献出版社, 2002年.

제3장

사례 분석

계약, 불완전계약 및 계약 관리*

— 둥진(東進) 농목회사 토지 임차 사례를 토대로

요약 본문은 둥진기업의 토지 임차 사례를 통해 불완전계약이 유지되고 지속될 수 있는 방법에 대해 설명하려 한다. 기업은 왜 불완전계약을 선택했을까? 계약 자체를 변경하지 않고 기존의 계약 관리 방식을 유지하는 이유는 무엇일까? 둥진기업의 혁신적인 실험은 바로 계약으로 계약을 매칭하고, 계약으로 계약을 관리하는 것이었다. 우리는 '주변적 계약'으로 '핵심적 계약'을 유지하는 두 가지 방식을 발견하였고, 요소계약과 상품계약의 관계를 명확히 하였다. 나아가 둥진기업 사례가 중국 농업의 조직 혁신과 현대화 실현 메커니즘에 대해 가지고 있는 거시적 의미에 대해서도 설명하였다.

키워드 **토지 임차, 불완전계약, 계약 관리, 핵심적 계약, 주변적 계약**

* 본 연구는 베이징 톈저(天則)경제연구소, 독일재단, 보위안재단(博源基金会)의 후원을 받았다. 본문은 또한 교육부 혁신 단체 발전 계획 '중국 농촌기본경영제도'(IRT1062), 교육부 철학사회과학 연구 중대 과제 고난도 연구 사업(09JZD0022)의 단계적 성과이기도 하다. 평론가 한차오화(韓朝華), 리우예진(劉業進) 두 분의 평론에 감사 드리며 장수광(張曙光), 성훙(盛洪), 저우치런(周其仁) 등 회의 참석 전문가의 강평에도 감사드린다. 본문 저자는 루어삐량이다. 초고는 베이징 톈저경제연구소가 펴낸 『중국 제도 변천의 사례연구』(제8권)[집행편집장: 장수광(張曙光), 류서우잉(劉守英), 중국재정경제출판사, 2011]에 발표. 수정본인 「계약이론의 다중경지 및 현실적 연역: 광둥성 개별 사례(合約理論的多重境界及其現實演繹)」는 『개혁』 2012년 5기(期)에 발표.

1. 문제 제기

홍콩 헝싱(恒興) 식품유한공사는 양돈업을 주업으로 하는 홍콩 기업이다. 홍콩의 산업이 업그레이드되고 부지 및 환경 보호에 대한 부담이 가중됨에 따라 기업 역시 새로운 발전 가능성을 모색해야만 했다. 광둥성 후이저우시 후이둥현(廣東省惠州市惠東縣)은 경제 발전이 비교적 느린 농업도시로 1997년 홍콩에서 투자 유치 활동을 하였다. 허신량(何新良) 홍콩 헝싱 식품유한공사 회장은 후이둥현 바이화진 푸톈촌(惠東縣白花鎭莆田村) 출신인 데다(1974년에 홍콩으로 건너온 뒤 양돈업과 도축업에 종사함) 후이둥은 넓고 저렴한 토지, 풍부한 노동력, 편리한 교통 여건을 갖추고 있어서 투자 유치에 적극적으로 호응하였다. 푸톈촌 바이링(百嶺) 촌민 소위원회(자연부락)에서 광둥 둥진 농목주식유한공사(이하 '둥진기업') 설립을 계획하여 창립하였다.

둥진기업은 바이링촌에 총면적 2,729묘(畝)에 이르는 토지를 임차하였고, 홍콩 헝싱 식품유한공사의 주력 산업인 양돈업이 주 경영 산업이었다. 세월이 흘러 둥진기업은 우량종 번식, 살코기형 돼지 사육, 도축, 육류 제품 정밀 가공, 고품질 사료 가공, 과일 및 채소 재배, 담수양식, 부식물 편의점 등으로 사업을 확장하여 '생산-공급-판매'가 가능한 농목업 산업사슬(사료 가공-양돈 번식-사육-환경 보호 양식-친환경 과일 및 채소-돼지 도축-콜드체인 가공운송-육류 제품 정밀 가공-자영 부식물 체인점)을 갖추게 되었다.

토지임대차계약은 자연부락별로 회사와 촌 위원회가 체결한다. 임대차 기한은 30년이고 임대료는 해마다 묘당 벼 1천 근을 시장가에 따라 현금으로 환산하여 직접 농가에 지급한다.(당시 대략 400위안 정도였고, 추후 곡물 가격에 따라 조정함.)[1] 기업은 분산되어 있는 농가의 토지를 모아 기존의 가정

1 당초 3년마다 임대료를 조정하며 3년간의 최고 곡물가로 조정하기로 협의하였다. 그러

경영을 전부 기업형 경영으로 바꾸었다. 더불어 촌 전체의 노동력에 대해 취업을 약속하였고 촌민의 선택에 따라 입사 여부를 결정할 수 있게 하였다. 노동자의 월급은 800위안이며 임무를 초과 완수하면 보너스가 지급된다.

둥진기업은 촌민의 토지를 수용하지 않고 임차만 하며 주주가 되지 않는 방식으로 기업형 경영을 추진하였다. 추후 양돈장이나 종돈장을 주변 여러 마을로 확대하더라도 매년 묘당 토지 임차비는 벼 1천 근의 시장가 수준으로 통제하였다.

본질적으로 둥진기업의 토지 임차 형식은 학계에서 말하는 '반포도조(反包倒租)'이다. '반포도조'는 집체경제조직 명의로 농민의 소작지를 임차하여 다시 외부 기업이나 대농가 등에 임대를 하거나 그곳에 투자를 한 후, 해당 마을의 농가나 농업 경영자에게 '재임대하는(倒包)' 것을 의미한다.

사람들은 '반포도조'라는 개념이 생긴 이후 끊임없이 의혹을 제기하였고, 이러한 의혹은 대략 두 가지로 압축해 볼 수 있다[천시원(陳錫文), 2002; 두안잉삐(段應碧), 2002; 장훙위(張紅宇) 등, 2002]. 먼저 대기업과 투자자가 소농가를 대체하면 농민들은 그간 생계를 이어 왔던 토지를 잃게 되고 취업의 기회가 부족해진다는 것이다. 또 다른 하나는 집체 대리인이 권력을 이용하여 농가토지를 강제로 도급받은 후 재임대를 함으로써 농가의 토지임대료 부담을 가중시켜 지대 추구나 다른 여러 문제가 불거진다는 것이다[리옌민(李彦敏), 2002]. 2008년 중국 농지 유전 총면적은 1억 묘가 넘어 전국 도급 경작지 면적의 8.6%를 차지하였다. 그중 하청임대가 농지 회전의 대부분을 차지하면서 전체 유전 면적의 78% 이상을 초과하였다. 농가 간 진행된 농지 유전은 64%, 양수자가 기업 등 다른 주체인 경우는 36%였다. 그러나 유전 농지의 80%에서 이익 분쟁이 발생하였다는 조사 결과가

나 조사 농가는 수년 동안 한 번도 조정이 되지 않았다고 말했다.

나왔고[2] 2008년 중국 농촌기층 토지도급 관리 부서에 접수된 토지도급경영권 분쟁은 15만 건에 달했다.[3] 그러므로 일부 사람들은 장기 토지임대계약인 '반조도포'는 변수가 많기 때문에 매우 신중히 결정해야 한다고 강조한다[장훙위(張紅宇) 등 2002; 저우리췬(周立群)·자오리췬(曺利群), 2002].[4]

사실 '반조도포' 제도가 시행되면서 대부분의 기업은 이윤을 창출하고 새로운 수익 분야를 개척하기 위해 토지를 임차하여 농업에 투자하였다. 만약 농업 상황이 예측 가능한 시일 내에 호전된다면 상술한 성장 발전의 기회와 가능성은 분명 존재하기 때문에 기업과 지역사회 및 농가의 이익 모두 타협점을 찾을 수 있다. 그러나 생산과 경영의 불확실성, 특히 제품 수요와 시장의 불확실성 때문에 농업경영은 여러 변수와 리스크에 직면할 수밖에 없다. 사실 토지도급 과정에서 사후의 기회주의는 종종 분쟁의 불씨가 되곤 한다.

때문에 둥진기업과 바이링촌의 토지임대차계약이 불완전하다고 볼 수도 있지만 이 불완전해 보이는 계약은 10여 년이나 지속되어 오고 있다. 둥진기업은 생산 라인이 하나뿐인 사육장을 일곱 개의 자회사를 둔 농목업 그룹으로 키워 냈다. 또한 2001년에는 시급, 2002년에는 성급, 2004년에는 국가급 농업 선두 기업으로 선정되기도 하였다. 2008년 자산 총액은 1억 9,100만 위안이며 연간 생산액은 3억 9,300만 위안에 이르렀다. 뿐만 아니라 촌민의 연간 소득은 1997년 농가당 1,500위안 수준이던 것이 2008년 1인당 8천 위안 이상으로 늘어났고 10여 년간 민원이나 문제를 일으킨 농가는 한 곳도 없었다.

기업과 농가 간의 협력이 성공적으로 이루어지긴 하나 실패하는 경우

2 농보왕(農博網), 2009. 04. 01.

3 런민왕(人民網), 2009. 06. 29.

4 본문을 포함한 모든 토론은 '농지 집체소유제'를 전제로 진행된 것이며, 본문은 소유제의 완화나 개혁에 대해 논하지는 않음.

가 더 많다. 둥진기업과 바이링촌 및 주변 마을의 협력은 현재로서는 성공적이라 할 수 있다.

우리의 의문점 중 하나는 불완전계약이 어떻게 유지 및 지속될 수 있느냐 하는 것이다.

1절은 배경 설명과 문제 제기이며, 2절은 간단하게 문헌을 정리하였고 본문의 사상적 모델을 밝혔다. 3절은 제품계약과 요소계약을 간단하게 평론한 다음에 둥진기업과 농가의 협력이 어떻게 '계약농업'에서 '토지 임대'로 발전하게 되었는지 설명하였다. 4절은 토지 임대의 관계적 계약의 불완전성을 지적하고, 둥진기업의 계약 유지 방법 및 존재하는 문제에 대해 분석하였다. 5절은 계약으로 계약을 매칭하고 계약으로 계약을 관리하는 혁신적인 관리 전략을 밝혔다. 6절은 더 나아가 논의하였다.

2. 문헌 분석과 사상적 모델

1960~1970년대 이래 계약이론(Contract Theory)은 경제학에서 매우 활발하게 연구되는 분야이다. 이 연구의 핵심은 정보 비대칭 아래에서 소득의 이동과 각기 다른 리스크의 당사자 간 리스크 부담(Hart & Holmstrom, 1987)의 두 가지로 나뉜다. 결론적으로 계약이론은 크게 보면 완전계약이론과 불완전계약이론의 두 가지로 나뉜다[왕용(王勇), 2002; 양치징(楊其靜), 2003; 양루이롱(楊瑞龍)·녜후이화(聶輝華), 2006; 패트릭 볼턴, 2008].

2.1 완전계약이론

완전계약이란 쌍방 모두 계약 기한 내에 발생 가능한 모든 돌발 사건을 예측할 수 있고 쌍방이 체결한 계약 조항을 준수하기를 희망하며, 계약

조항에 이견이 발생하였을 경우 제3자(법원 등)가 강제로 계약을 집행하게 하는 것을 의미한다. 완전계약은 사전에 각종 불확실한 상황에서의 당사자 권리와 책임을 규정해 놓는다. 그 문제의 핵심은 바로 사후의 관리 감독 문제이다.

완전계약이론은 '주인-대리인' 이론 또는 유인이론의 대명사로 간주되어 왔다. 그중 역선택 모델, 모럴 해저드 모델, 신호 모형은 여러 연구의 키 포인트가 되었다(장웨이잉, 1996; 장 자크 라퐁 · 데이빗 마티모트, 2002; Bernard Salanie, 2008). 그중 가장 주목받는 것은 바로 당사자 간의 정보 비대칭이다(양치징, 2003). 그렇기 때문에 완전계약이론 연구의 본질적 문제는 "최적 계약이 존재할까? 어떻게 최적 계약을 만들어 낼 수 있을까? 다시 말해 주인은 어떻게 유인되는 계약을 만들어 대리인을 통제할 수 있을까? 즉 주인은 어떠한 방식으로 최적의 계약을 선택 또는 설계하여 '주인-대리인'의 목표 또는 동기 갈등을 해소할 수 있을까?"이다[천즈쥔(陳志俊), 2000; 지아밍더(賈明德) · 리링옌(李靈燕), 2002]. 그중 대리인의 참여 조건과 유인 양립 조건은 계약 설계의 기본 원칙이 되었다.

완전계약이론은 처음부터 계약 이외의 다른 루트에서 문제의 해결 방안을 찾으려는 의도가 없었다고 볼 수 있다. 대리인의 참여에 비용이 필요한 경우 그 어떤 대리인도 참여하지 않을 것이다(Salanie, 1996). 또한 근본적으로 전통적인 Arrow-Debreu 모델을 뛰어넘지도 못했다. 계약이 완벽하지 못했을 뿐 아니라 계약의 체결 및 이행 비용이 간과되었으며 재산권과 해당 배치는 규정된 외생 변수로만 존재한다(양치징, 2003).

2.2 불완전계약이론

소위 불완전계약이란 사전에 계약 당사자들의 미래 권리와 의무를 빠짐없이 규정할 수 없거나 비용 없이 계약을 이행하게 할 수 있는 공정한

제3자가 없다는 것을 의미한다(Hart & Holmstrom, 1987). 여러 불확실한 상황에서 당사자의 권리와 책임을 규정할 수 없기 때문에 불완전계약이론은 자연 상태가 실현된 다음에 재협상을 통해 해결한다고 주장한다. 그래서 사전 권리에 대해 체계적 설계나 제도적 장치를 마련하는 것이 핵심이다(양루이롱 · 녜후이화, 2006).

코즈(Coase, 1937)는 자신의 논문에서 "예측이 힘들기 때문에 상품 또는 노동 공급의 계약 기간이 길어질수록 구매자 입장에서는 상대방의 해당 의무를 명확히 규정하기 힘들어지고, 규정하기에 적합하지도 않다."라고 지적하였다. 불확실성, 제약불가성, 증명불가성(Tirole, 1999) 때문에 현실적으로 계약은 항상 불완전한 것이다.

윌리암슨(Williamson, 1979)을 대표로 하는 거래비용 경제학은 거래비용과 계약 불완전성에 높은 관심을 보이고 여러 조직의 형성에 대해서도 설명하고 있다. 그러나 권력에 관한 중요한 관점이나 제도가 경제 주체 간의 권력 배치 설계에 얼마나 중요한 영향을 미치는지에 대해 관심을 갖기에는 역부족이었다. 다시 말하자면 거래비용이론은 조직 내부의 '권력'의 출처에 대해 고찰할 생각을 하지 못하였고 조직 내부 권력이 어떻게 배치되어야 하는지에 대해 연구할 시스템도 없었다는 것이다(양치징, 2003). 이러한 것들을 감안하여 그로스만과 올리버 하트(Grossman & Hart, 1986), 올리버 하트와 무어(Hart & Moore, 1990)는 소유권 구조의 모델을 구축하였다. GHM 모델은 잔여지배권 개념을 도입하여 거래비용이론을 토대로 재산권과 인센티브 각도에서 일체화된 비용과 수익을 다시 고찰하고, first-order 방법과 게임이론으로 치밀한 형식화 분석 프레임워크를 만들어 불완전계약이론과 재산권이론을 성공적으로 결합시켜 강력한 '신(新)재산권이론'을 만들어 냈다.

그러나 거래비용경제학에서 자금이 묶이는 문제에 대한 GHM 이론의 연구와 분석은 거래비용 학파의 비판을 받았다. GHM 이론에서는 모든 비효율성은 사전에 진행된 왜곡된 인적 자본 투자 때문이지 계약 이행 과정의 비탄력성 때문이 아니라고 주장하며, 제로원가 재협상을 통해 사후의 비탄력성을 증발시켰다고 지적하였다(Williamsom, 1996, 2000). GHM 이론은 일방적으로 계약의 사전 인센티브 기능만 강조했을 뿐 거래관계에서의 관리 역시 일련의 연속 과정이라는 것을 간과했다. 그리하여 계약의 사후 적합성 기능도 간과하게 된 것이다(양치징, 2003). 이론 기반이 견고하지 못하고 사람의 자산전용성 가설에 너무 치우쳤으며, 권한 위임에 대해 적절히 설명하지 못한 것 등이 줄곧 GHM 이론에 제기되는 의문의 핵심 문제이다(녜후이화, 2011).

초기의 불완전계약이론은 통상적으로 계약의 불완전성이 외부 요인에 기인한 것이라 본다. 그리고 모종의 거래비용이 존재하기 때문에 참여자가 자연 상태에 의존하는 완전계약을 체결할 수는 없다고 본다. 이로써 대부분의 연구는 협상 시 사후 수익 분배가 사전 전용 투자 인센티브에 미치는 영향에 관해 주로 고찰하고 최적의 재산권 구조를 구축하는 것에 치우쳤다(Grossman & Hart, 1986; Hart & Moore, 1990; Chiu, 1998). 때문에 불완전계약이론에 관한 대부분의 연구는 실제적으로는 불완전계약으로 인한 효율 문제를 또 다른 형태의 계약으로 해결하는 것이다(황카이난, 2010). 이런 의미에서 살펴보면 관련 연구는 아직 불완전계약 자체가 아닌 완전계약에만 집중했고 어떻게 완전계약으로 불완전계약을 대체할지에만 관심을 가졌다.

최근 연구들은 불완전계약의 내재적 문제에 대해 주목하기 시작하였다(Anderlini 등, 2004; Hart & Moore, 2008; Tirole, 2009; Bolton 등, 2010). 일부 연구는 여전히 완전한 합리성 가설을 고수하며 각기 다른 측면에서 불완전계약은 계약자의 합리적 선택의 결과라고 논증하고 있다. 많은 연구 결과에서 나타나듯 환경이 복잡하거나 체결비용과 이행비용이 과도한 경우에는 간단한 계약이나 계약이 없는 신사협정이 최적의 계약이다(Horn 등, 2010).

완전한 합리성 가설을 완화시키려 시도하는 또 다른 연구 결과도 있다. 제한된 합리성을 전제로 하여 계약자가 정보 수집 인지 비용과 수익을 가늠하는 것을 통해 불완전계약의 내생성을 드러낸 것이다. 그러나 이러한 분석 모형은 본질적으로는 더 복잡한 합리적 선택 모형일 뿐이다(Pagano, 2007). 그래서 이러한 불완전계약은 본질적으로는 여전히 완전한 것이다(황카이난, 2010).

이렇듯 불완전계약이론을 연구한 결과는 불완전계약을 해결하는 문제인데 아예 '해결하지 않거나'(계약을 간소화하거나 아예 계약서 없이 '구두화'하는 것), 어떻게든 좀 더 완벽한(합리적 균형) 계약을 찾아내거나의 둘 중 하나이다. 결국 불완전계약이론은 계약 이외의 곳에서 문제를 해결할 생각은 하지 않는다.

2.3 계약으로 계약을 관리: 사상적 모델

앞부분의 계약이론 주장과 달리 일부 연구에서는 계약과 계약 간의 상호관계에 대해 더욱 중점을 두고 있다(Ellison, 1994; Schmidt & Schnitz, 1995; Lazzarini 등, 2004). 비즈니스 거래에서 정식 계약과 비공식 계약은 종종 동시에 사용되기 때문이다. 이 두 가지 계약의 상호작용에 대한 분석은 계약이론 연구의 새로운 분야로 거론되고 있다[우더성(吳德勝)·리웨이안(李維安), 2010].

Corts & Singh(2004)는 비공식 계약과 정식 계약 간의 대체관계를 간접적으로 증명하였는데 거래 빈도가 높아질수록 거래자의 정식 계약은 줄어들었다. Ryall & Sampson(2009)은 기업 간 기술 연구를 모델로 한 결과 거래가 반복적으로 발생할수록 기업은 더욱 자세하고 정식적인 계약을 맺는다는 것을 발견하였고, 정식 계약과 비공식 계약은 상호보완적 관계라는 결론을 간접적으로 도출해 냈다. Poppo & Zenger(2002)는 정보서비스업의 조사 연구 데이터를 통해 비공식 계약과 정식 계약 간의 상호보완적 관계를 검증하였다. 계약이 복잡해질수록 계약자는 비공식 관리 메커니즘을 찾았고 반대 상황에서도 마찬가지였다. 거래 실적 설명 부분에서 비공식 계약과 정식 계약은 상호보완적인 모습을 보였다. Lazzarini 외(2004)는 실험을 통해 거래 빈도와 계약비용이 계약 선택에 미치는 영향에 대해 고찰하였다. 해당 논문은 비공식 계약과 정식 계약 간의 상호보완 관계를 직접적으로 검증했다는 점이 상술한 문헌과는 다른 점인데 정식 계약과 비공식 계약을 함께 사용하는 것이 단독으로 사용하는 것보다 더 효과적이었다. 우더성과 리웨이안(2010)의 연구는 이보다 더 나아가 계약원가가 낮을 경우 정식 계약이 비공식 계약을 대체하는 구축효과가 나타나고 계약원가가 높을 경우 정식 계약이 비공식 계약을 보완하며, 계약원가가 매우 높을 경우에는 정식 계약이 거래 측의 비공식 계약에 대한 선택에 영향을 미치지 않는다고 한다.

상술한 문헌은 계약의 상호작용 관계와 계약 선택 간의 관계에 대해 주목하고 있다. 이러한 '상호작용 관계 이론'이 계약 간의 대체관계를 주로 설명하고 있기는 하나, 불완전계약이 어떻게 진행되는지에 대한 설명은 부족하다. 그럼에도 불구하고 '상호보완'성 계약 매칭 개념이 우리에게 시사하는 바는 크다.

우리가 궁금했던 것은 불완전계약의 계약원가가 높을 경우, 그 계약이 (대체되는 것이 아닌) 집행이나 이행이 될 가능성이 있는지의 여부이다.

결론부터 말하자면 가능하다는 것이 우리의 입장이다.

우리의 이론은 '패치이론'이라고 할 수 있다. 컴퓨터 분야에서 운영 프로그램 설계가 불완전해서 제품을 사용하였거나 그 이후에 문제가 발생하면, 즉 소위 말하는 버그가 발생하면 복구를 해야 한다. 이때 이런 버그를 복구하고 프로그램을 편집 및 보완하는 것이 바로 패치이다. 버그가 있는 소프트웨어(불완전계약과 같음)가 있다고 가정해 보자. 그러면 우리는 버그가 발생한 소프트웨어를 분석해서 더 완벽한 프로그램(완전계약)으로 만들려 하거나 새로운 소프트웨어로 바꾸거나 아예 폐기(불완전계약의 대체)할 생각을 하는 것이 아니라, 일반적으로 '패치'를 이용해 '버그' 자체를 해결하려 한다. 대상을 바꿔 다시 설명하자면 새로운 계약을 배칭하는 방식으로 기존의 불완전계약을 이행하도록 하는 것이다. 이것이 바로 본문이 강조하는 '계약으로 계약을 관리'하는 핵심 내용이다.

구체적으로 설명하면 계약 A는 불완전계약이고 효율성이 떨어진다. 그렇다면 계약 A를 바꾸지 않는다는 전제하에 새로운 계약 X를 맺으면 전체 계약의 효율은 개선될 수 있다.

먼저 계약 공급자 is 와 계약 수요자 id, 두 명의 '계약자'가 있다고 가정하자. '계약 제품'을 생산하고 인도하기(계약 이행) 전에는 양측 모두 해당 계약의 '품질'에 문제가 있을지 알 수 없다. 만약 이 '제품'의 '품질'이나 해당 계약의 불완전성을 개선시키려면 계약 공급자 is는 일정량의 정보 탐색비용 SC를 들여야 한다. 또한 계약 수요자 id는 계약 실시 전에 '재산권 전용성 투자'를 통해 '계약 제품'의 '품질 개선' 수준을 향상시킬 수 있으며, 이러한 일이 발생할 가능성을 q 라고 가정한다. 만약 id가 전용성 투자를 진행한다면 일종의 계약 자본금 $CC(q)=q^2/2$ 을 형성한다. 이때 is는 id가 진행한 전용성 투자 수준을 살펴볼 수 있긴 하나 제3자에 의해 증명할 수는 없기 때문에 양측은 불완전한 내용을 계약에 집어넣을 수 없다. 이 외에 '계약 제품'의 '품질 개선'으로 인해 id가 얻은 임대료를 $\overline{IR}$ 이라고 가정하면, 이는 이원적 확률 변수이다.

$$\overline{IR}=\begin{cases} IR,\ q \\ 0,\ 1-q \end{cases}$$

다음으로 공급자와 수요자가 '계약 제품'에 의견 일치를 본 완전계약 모델에 대해 토론해 보자. 이때 계약 쌍방의 정보는 완전히 대칭되고 계약의 불완전성은 전혀 존재하지 않는다. 쌍방의 최적화된 선택은 최종적으로 '둘 사이'에서는 최적화된 사회적 결책 행위가 된다. 때문에 빌프레도 파레토의 최적화된 사회복지 W의 최대 기대치는 다음과 같다.

$$\max_{q} E(W_{o}) = q(IR-SC)+(1-q)(0-0)-CC(q)$$

그 1차 미분 조건은

$$\frac{E(W_{o})}{\partial q} = (IR-SC)-q=0$$

이고, 거기서

$$q^{*} = IR-SC$$

가 된다. 그렇게 계산할 경우 최대 사회복지 수준은

$$E_{max}(W_{c}^{*}) = \frac{IR-SC}{2}$$

이고, 거래 최소비용은

$$tc_{min}^{*} = SC+\frac{IR-SC}{2}$$

이다.

그 후 한 단계 더 나아가 불완전계약 상황을 분석하겠다. 정보의 비대칭과 미래의 불확실성 때문에 계약 쌍방은 계약 조항에 대해 협상을 진행한다. 하지만 쌍방이 의견 일치를 보지 못할 경우 계약의 불완전성은 해소될 수 없다. 그래서 우리는 나쉬 협상법을 이용하여 기대 순임대료가 고르게 분배된 상황에서 계약 양측 모두에게 최적인 전략을 계산한다. 또한, 계약 수요자의 기대 순임대료는 최대화가

$$\max_{q} E(NR_{is}) = \frac{1}{2}[q(IR-SC)+(1-q)(0-0)]-CC$$

이다. 그 1차 미분 조건은

$$\frac{\partial E(NR_{is})}{\partial q} = \frac{1}{2}(IR-SC)-q=0$$

이고, 거기서

$$q^{**} = \frac{IR-SC}{2}$$

가 된다. 그럴 경우, 계약 수요자의 기대 순임대료 최대 금액은

$$E(NR_{is}^{**}) = \frac{IR-SC}{2}$$

이다. 이 외에, 계약 공급자의 최대 기대 순임대료는 전자의 총 임대료이다. 즉,

$$E(NR_{is}^{***}) = \frac{1}{2}[q^{**}(IR-SC)+(1-2)(0-0)] = \frac{(IR-SC)^2}{2}$$

이 된다. 그러면 사회복지의 총 기대치는

$$E(W_{n}^{*}) = E(NR_{id}^{**}) + E(NR_{is}^{**}) = \frac{3(IR-SC)^2}{2}$$

이 된다. 이때의 최소 거래비용은

$$tc^{**}_{\min} = SC + \frac{IR-SC}{2}$$

이다. 다시 우리는 '계약으로 계약을 관리하는' 제도적 매칭 모형을 구축하려 한다. 계약의 공급과 수요 쌍방은 일체화 협약 제정에 동의한다. 또한 원 계약 수요자 id는 남은 임대료 IR을 가지고 있지만 원 계약 공급자 is의 SC 절반을 책임져야 한다. 이때 원 계약 수요자 id의 기대 순임대료 최대 금액은

$$\max_q E(NR'_{id}) = [1 \cdot IR + (1-q)SC/2] - CC$$

이다. 하지만 is의 절반을 id가 부담하더라도 그 임대료는 전부 후자에게 양도된다. 만약 원 계약 공급자 is가 최소 보류 임대료 $\overline{R}$의 일부를 받는다고 가정할 경우 이 계약을 받아들일 것이다. 다시 말해 기존 계약 A는 그대로 두고 보충하는 계약 X를 추가하여 매칭한다는 것이다.

$$E(N'_{is}) = q(0-SC) + (1-q)\frac{SS}{2}$$

위와 같은 논리라면 문제는 계약 X의 제약하에서 id의 최대화인 $E(NR'_{id})$로 전환된다.

$E(NR'_{id})$:

$$\begin{cases} \max_q E(NR'_{id}) = [\, q \cdot IR + (1-q)\dfrac{SS}{2}\,] - \dfrac{q^2}{2} \\ \\ s.t.\, q(0-SC) + (1-q)\dfrac{SS}{2} - \overline{R} \geq 0 \end{cases}$$

라그랑지 함수 :

$$L(q, \lambda) = [\, q \cdot IR + (1-q)\frac{SC}{2} - \frac{q^2}{2}\,] + \lambda\,[\, q(0-SC) + (1-q)\frac{SS}{2} - \overline{R}\,]$$

Kuhn-Fucker 정리에서 위 공식의 1차 조건

$$q^{***} = IR - \frac{SC}{2}(1-3\lambda),\ \lambda > 0$$

을 얻는다. 그로부터 얻는 사회복지 기대 금액은

$$E(W_g^{***}) = (IR - \frac{1-3\lambda}{2}SC)(IR - \frac{3}{2}SC) - \frac{1}{2}(IR - \frac{1-3\lambda}{2})^2 + \frac{1}{2}SC$$

이다. 이때의 거래 비용은

$$tc_{\min}^{***} = SC + \frac{1}{2}(IR - \frac{1-3\lambda}{2})^2$$

이다. 마지막으로 불완전계약 모형과 '계약으로 계약을 관리'하는 모형의 제도적 효과를 비교함으로써 계약 매칭 메커니즘을 설명한다.

우리는 제도적 효과가 사회복지의 한계거래비용이라고 정의하였다. 즉

$$\frac{\partial tc}{\partial E(W)} = \frac{\partial tc}{\partial q} \cdot \frac{\partial q}{\partial E(W)}$$

이다. 이는 단위당 잔여 임대료가 증가할 때마다 소비되는 단위 거래비용이다. 해당 한계치가 클수록 제도적 효과는 낮다.

$$(1)\ \frac{\partial tc^{**}}{\partial E(W^{**})} = 2q^{**}\cdot\frac{2}{3q^{**}} = \frac{4}{3}$$

$$(2)\ \frac{\partial tc^{***}}{\partial E(W^{***})} = 2q^{***}\cdot\frac{2}{2IR-3SC-4q^{***}} = \frac{2SC(1-3\lambda)-4IR}{SC(1+6\lambda)-2IR}$$

귀류법으로는

$$\frac{\partial tc^{**}}{\partial E(W^{**})} = \frac{4}{3} < \frac{2SC(1-3\lambda)-4IR}{SC(1+6\lambda)-2IR} = \frac{\partial tc^{***}}{\partial E(W^{***})}$$

이고, 여기서 도출된 부등식은 $\lambda < \frac{1}{21} - \frac{10}{21}\cdot\frac{IR}{SC}$ 이다.

이성적(합리적) 계약 공급자가 요구하는 협약 참여조건은 $IT \geq SC$이고, 이로써

$$\frac{1}{21} - \frac{10}{21}\cdot\frac{IR}{SC} < -\frac{9}{21},\ 즉\ \lambda < -\frac{9}{21} < 0$$

이 된다. 또한 이미 $\lambda > 0$을 알고 있기 때문에 원 가설은 성립하지 않는다.

이로써 $\frac{\partial tc^{***}}{\partial E(W^{***})} < \frac{\partial tc^{**}}{\partial E(W^{**})}$ 가 된다.

바꿔 말하면 제도적 효과 측면에서 계약으로 계약을 관리하는 제도적 매칭 메커니즘은 불완전계약보다 뛰어나다.

3. 상품계약부터 요소계약까지 : 둥진기업의 초기 실천

3.1 두 종류의 계약과 그에 대한 평가

알다시피 코즈는, 신고전경제학자들이 기업을 생산함수로 간주하는 것이 불만이어서, 처음으로 '만약 시장이 효과적으로 자원을 배치할 수 있다면 기업의 존재 이유는 무엇인가?'라는 문제 제기를 하면서 시장이 자원을 배치하려면 비용이 들고, 기업의 존재 이유는 바로 기업이 '계약으로 일련의 계약을 대체'할 수 있고, '장기 계약으로 단기 계약을 대체'할 수 있으므로 결과적으로 계약의 수가 대폭 줄어들기 때문이라고 결론을 내렸다. 장우창(1983)은 이러한 코즈 정리를 분석하고 한 단계 더 발전시켰다. 기업이 시장을 대체하는 것은 실질적으로는 계약의 종류를 대체하는 것이며, 요소계약이 상품계약을 대체한 것이야말로 코즈 논문의 정수라고 장우창은 밝혔다. Michael Jensen & William Meckling(1976)은 기업을 포함한 조직을 본질적으로는 일련의 계약관계의 결합(nexus)이라고 정의하였다. 이후부터 계약의 관점에서 기업과 조직, 특히 계약 유형과 계약제도에 대한 연구가 주로 이루어져 주목받는 이론 분과가 되었다. Alchian & Harold Demsetz(1972) 역시 이 분과에 속하지만 둘은 요소계약과 상품계약 간에는 어떠한 차이도 없다고 보았고 이러한 결론은 여러 비판을 받게 되었다(저우리췬 · 자오리췬, 2002).[5]

농업의 산업화 과정에서 '기업+농가'는 중요한 조직 형태인데 여기서 기업과 농가의 계약관계는 주로 상품계약과 요소계약의 두 가지 형식으로 나뉘었다.

상품계약에서 가장 전형적인 형식을 '계약농업'이라 부른다. 계약농업

5 우리는 양자 분리의 '이분법' 토론은 적절하지 못하다고 생각한다.

의 기본 방식은 선두 기업이 농가와 계약을 체결하고 시장가격에 따라 농산물을 수매하는 것이다. 좀 더 복잡한 계약은 최저가를 책정해 놓거나 계약 수매가격을 시장가격보다 높은 비중으로 규정해 놓는 정도이며, 기업 역시 계약 요구사항에 따라 일정 기술이나 생산 자료를 제공해야 할 수도 있다. 모든 상품계약에서 선두 기업과 농가는 모두 독립적인 시장 주체이며 농가는 생산에 대해 부분적인 잔여 지배권을 갖고, 생산 과정 중 외부 감독자는 없다.

요소계약의 가장 전형적인 형식은 기업이 진행하는 '반조도포'이다. 통상적인 방법은 기업이 먼저 농가의 기존 토지 사용권을 임차한 후 다시 토지에 종속된 농민을 작업자로 고용하는 것이다. 기업은 완전한 잔여 수급권과 잔여 지배권을 갖는다. 기업이 농민을 고용하여 생산을 하고, 관리 감독을 하는 전제하에 농민의 임금을 책정한다. 이러한 계약 형식에서 농민은 두 가지 수익을 얻을 수 있다. 하나는 토지사용권을 양도하여 얻는 임대료이고, 또 하나는 노동에 따른 대가(임금)이다. 이러한 형식의 계약을 통해 기업은 농가의 토지와 노동력을 직접 지배 및 배치할 수 있고, 통일된 지휘와 관리 감독하에 농산물의 생산과 가공을 진행할 수 있다.

농산물 시장에 존재하는 리스크와 시장가격이 계약가격보다 낮다는 가정하에,[6] 선두 기업의 '평판 시스템'과 전용성 투자로 인해 상품계약은 장기적으로 안정적일 것이며, 요소계약보다 훨씬 우월하다고 저우리췬 등(2002)은 주장하였다. 이와 마찬가지로 브라질, 멕시코, 남아프리카 및 폴란드 등 다른 국가의 계약 이행 관련 연구 결과 역시 신뢰와 전용성 자산의 투자는 계약 이행률을 높이는 데 매우 큰 영향을 미친다고 나타났다(Frank, 1992; Little 등, 1994; Hennessy 등, 1999; Goodhue, 1999; Hobbs, 1999; Eaton, 2001; Boger, 2001; Dorward, 2001; Key 등, 2003 등).[7]

6 이는 매우 약한 가설이다.

그러나 이 모든 연구는 계약 중 거래되는 농산물의 품질이 동일하거나 상품 품질 심사나 평가가 쉽다는 가정하에 진행되었다는 것이 결함이다. 선두 기업이 전용성 자산을 형성할 경우 농산물의 불균질성, 품질 차원의 다양성이 결정짓는 고가의 심사비용으로 인해 농가는 계약 이행에 있어 기회주의적 행동을 할 가능성이 있으며 농산물 계약거래에서 '레몬시장'을 낳을 가능성도 높다(루어삐량, 2008).[8] 사실 중국 계약농업의 위약률은 80%에 이른다(리우펑친, 2003).

3.2 계약농업부터 토지임대까지: 둥진기업의 선택

허신량(何新良) 둥진기업 회장은 1997년 고향으로 돌아와 투자를 시작할 당시, 먼저 후이둥현의 고기 가공 처리 공장을 인수하여 돼지 수매, 도축, 육류 제품 가공에 종사하는 동시에 기존 홍콩 헝싱(恒興) 식품유한공사를 이용하여 대홍콩 무역을 시작하였다. 그러나 가격 변동과 돼지 공급 불안정으로 인해 둥진기업의 경영도 큰 영향을 받았다. 그리하여 둥진은 '기업+농가'라는 계약식 협력 방법을 모색하게 되었다.

허신량 둥진기업 회장이 바이링촌에 투자를 하기 전, 홍콩 사람인 장(庄)모씨가 이미 친구들과 함께 '롄신(連心) 양돈장'을 설립하였으나 새끼돼지 원산지를 잘 관리하지 못해 유행성 전염병이 자주 발생하였다. 그렇다고 수매시장의 돼지를 구매하면 원산지가 다양해서 전염병 검사 진행이 어려웠고 이로 인해 도축 육류의 품질을 보증하기 힘들어졌으며, 결국 수

7 우열을 논쟁하는 것은 의미가 없다고 생각한다. 그 이유는 각기 다른 계약은 거래환경에 대한 적합성도 모두 다르기 때문이다. 또한 일부 여건에서 이 두 요소는 상호작용하고 보완하는 역할을 할 것이다. 뒷부분에서 더 심도 있는 분석을 진행할 것이다.

8 쌍방이 상호보완적인 전용성 자산을 형성했으면 계약이 안정적일지도 모른다. 그러나 제품 품질 관련 심사 및 가격에 관한 '의견 일치'에는 여전히 높은 비용이 필요하다. 다시 말해 계약의 유지비용이 높다는 것이다. 이는 농업과 부속 제품의 특성이 결정짓는다.

년간 적자를 보다 도산하게 되었다.

렌신 양돈장의 경험을 교훈 삼아 둥진기업은 종돈장을 직접 만들어 농가에 새끼돼지를 공급하고 사료장을 만들어 농가에 사료를 제공하였으며 백신과 기술도 제공하였다. 또한 '계약수매'와 '최저 이윤을 보장'하는 '기업+농가'라는 협력 방식을 만들어 냈다. 기업은 계약농가가 기른 출하 돼지를 수매하고, 농가가 기업으로부터 구매한 새끼돼지, 사료, 백신 비용을 제외한 돼지당 이윤이 50위안보다 적어서는 안 되며, 50위안보다 적을 경우 회사가 보충한다고 계약은 규정하고 있다.

그러나 상술한 방식의 상품계약은 바로 방역, 농가의 계약 위반 등 아래와 같은 여러 문제에 부딪히게 되었다.

첫째, 농가는 모두 소규모이고 양돈을 겸업하고 있어 양돈장의 시설표준·기술표준을 보장하기 어려워 돼지의 전염병과 폐사가 자주 발생한다.

둘째, 돼지시장 경기가 좋을 때 많은 계약농가는 돼지가 폐사했다고 거짓말하고 다른 수매자에게 높은 가격으로 판매한다.

셋째, 돼지시장이 불경기일 때 계약농가는 회사에 기본 이윤을 기준으로 수매해 달라고 요구한다. 더욱 심각한 것은 농가가 주변에서 품질 보증이 되지 않은 저가의 돼지를 구매해 회사에 이윤 보장 수매를 요구하는 것이다.

넷째, 회사가 '최저 이윤 보장'을 약속한 것을 전제로 농가는 비용을 낮추기 위해 방역비 지출을 최대한 줄이기 때문에 감염병 통제가 어렵다.

다섯째, 품질 검사가 매우 힘든 것을 아는 농가는 종종 시장에서 파는 저가의 사료를 구매해 돼지를 사육하기 때문에 수매하는 돼지의 품질을 보증할 수 없다.

여섯째, 회사와 단일 농가의 계약에 일정한 비용이 발생한다. 다만 여러 농가와의 계약은 중복되는 부분이 많아 전체의 '계약비용'이 두드러지지는 않는다. 문제는 농가가 분산되어 있어 회사가 농가의 사육에 대해 효과적인 관리 감독을 할 수 없다는 데에 있다. 때문에 회사가 직면한 '계약 이행 비용' 또는 '계약 이행 리스크'가 매우 높다.

이와 같은 문제로 '계약수매, 최저 이윤 보장'은 둥진기업을 궁지에 몰리게 하였다.

(1) 홍콩 헝싱 식품유한기업을 통해 홍콩에 수출하는 돼지고기가 품질 문제를 이유로 제지당하고 허신량 회장의 기업 명예에 영향을 끼쳤다.

(2) 둥진기업은 종종 '협박당하는' 불리한 입장에 처하게 되었다. 회사가 투자한 종돈장, 종자 번식장, 사료 공장, 도축 가공 생산라인, 육류 제품 가공 설비, 냉장창고 등은 자산 전용성이 강하기 때문에, 회사는 한편으로는 농가에 계약을 이행하게 하도록 '퇴출 협박'을 할 수도 없다. 계약 위반 농가의 돼지를 수매하지 않으면 유휴자산이나 과소생산이 발생하거나(매몰비용 지급), 시장에서 시세에 맞게 수매해야 하기 때문이다(시장가격 리스크와 품질 안전 리스크를 부담해야 함). 반대로 불경기일 경우 계약농가가 계약대로 회사에 기본 이윤을 기준으로 수매해 달라고 압박하고, 경기가 좋을 경우 퇴출 위협을 통해 높은 가격을 지불해 달라고 협박할 수 있었다.

(3) 계약을 위반한 농가에 대한 기업의 '퇴출 위협'이 별로 위협이 되지 않는 것이 가장 큰 문제이다. 만약 정말 농가를 퇴출할 경우 우선 기업의 돼지 공급이 불안정해진다. 또한 관리 감독이 제한적이기 때문에 기업은 농가의 위반 행위를 식별해 내기 어려울 뿐 아니라 퇴출 대상을 선택하기도 힘들다. 반대로 농가의 경우 사육 규모가 작아 기업이 거부하더라도 시장에서 제품 판매를 하기가 쉽다. 또한 농가의 극히 적은 투자에 투자자물쇠를 채우는 것은 불가능하다. 특히 농가가 겸업을 하는 상황에서 회사가 계약농가를 퇴출시키겠다는 협박은 분명 한계가 있다.

이와 같은 상황에서 둥진기업은 2000년부터 자사만의 표준화된 양돈장 건설을 계획 및 실시하여 회사 무역에 필요한 요건들을 충족시켜 나갔다.

2002년 둥진기업은 바이링촌에 토지 2,729묘를 임차해 현대화된 양돈장을 세우고[현재 둥진기업은 이 양돈장을 '둥진일선(東進一線)'이라 부른다.] 우량종 종돈 번식, 살코기형 돼지 사육 및 도축, 육류 제품 정밀 가공, 우수 품질 사료 가공, '생산–공급–판매'가 가능한 원스톱 농목 산업 네트워크를 구축하였다. 2004년 회사는 저온신선 돈육 수출 인증을 통해 홍콩 정부로부터 계약을 수주하였고 2005년 둥진기업은 홍콩과 마카오에 돼지 공급을 할 수 있는 양돈장으로 등록되었다.

4. 토지임대: 계약의 불안정성과 유지

일반적으로 요소계약은 수직적 통합(기업화)으로 해석된다. '반조도포'는 상품계약을 대신하였지만 토지요소는 농가가 도급한 토지를 임차해 사용하는 것이기 때문에 이로 형성된 토지요소계약은 단순히 기업의 '권위'이론으로 결정될 수 없다. 뿐만 아니라 '반조도포'는 토지에 종속된 농민을 고용한다는 약속을 기업에 요구하였다. 다만 해당 농민의 임금 수준은 현지 노동시장과 기업의 '권위 메커니즘'에 의해 결정되며 토지시장(토지임대비용)과도 밀접한 관련이 있다.

때문에 둥진기업의 토지임대 및 해당 요소계약은 '관계적 계약'으로 간주할 수 있으며 불안정성을 띠고 있다.

4.1 관계적 계약과 그로 인한 불안정성 문제

Williamson(1979)은 관계적 계약(Relational Contract)을 거래비용 경제학에 도입시켰고 Grossman & Hart(1986), Hart & Moore(1990)가 제시한 불완전 계약 개념(Incomplete Contract)은 관계적 계약의 존재 공간을 설명하였다. 간단히 설명하면 계약 조항에 대한 실증이 불가능하고 미래 상태에 대한 예측과 기술이 불가능하기 때문에 거래 당사자는 융통성 있게 상황에 적합한 관계적 계약을 맺는 것에 만족할 수밖에 없다는 것이다. 정식 계약은 반드시 사후에 증명 가능한 조항을 사전에 자세히 규정해 놓지만 관계적 계약에서는 거래 당사자가 반복적인 거래 상황에서의 동기 부여 및 처벌 메커니즘에 따라서만 거래 당사자의 협력 행위를 보장할 수 있다. 만약 일방이 기만하는 행위를 할 경우 다른 일방은 거래관계 중단(퇴출 위협)과 같은 처벌을 내릴 수 있다. 그렇기 때문에 관계적 계약은 제3자(법원이나 다른 에이전시)의 집행이 불가능한 것이 두 계약의 가장 큰 차이점이다. 관계적 계약은 환경의 변화에 따라 이행되기 때문에 계약의 안정성이 상대적으로 낮은 편이다.

관계적 계약의 안정성은 미래의 할인율, 계약사업 가치 변동 폭[Williamson(1979)이 말한 불확실성 정도], 계약사업 대체성(Alternative) 용도의 효용가치(우더성, 2008)에 영향을 받는다. 할인율이 클수록 미래의 가치는 현재 계약 이행 중 얻는 현재 수입보다 적다. 그렇기 때문에 거래 당사자는 계약을 위반할 수도 있다. 계약사업 가치 변동 폭이 클수록(불확실성이 높을수록) 거래 당사자의 계약 위반 가능성도 더 커진다. 계약사업 대체성 용도 효용가치가 클수록, 다시 말해 전용성 정도가 낮을수록 거래 당사자는 계약에 집중하기 어려워지고, 계약의 안정성 역시 낮아진다.

Gibbons(1997)는 무한반복게임 모형으로 양자 관계적 계약의 안정성을 분석하였고, 우더성(2008)은 이것을 기반으로 그 해석을 더 확대하였다. 우리는 이것을 다시 둥진기업과 농가 간 요소계약의 안정성 분석에 응용해 보았다.

가정: 거래 당사자 A(둥진기업)가 먼저 협력을 선택하고(농가의 토지 임차 및 농민 고용), 그 후 B(농가)가 협력을 선택하면(도급지 임대 또는 양돈장 취업) A는 협력 여부를 선택할 수 있다. 회당 할인율은 r 이다.

현재 문제 제기: 만약 A가 협력을 선택하면 B는 계약 이행을 선택할

것인가, 아니면 계약 위반을 선택할 것인가?

상황 1: 확실한 상황

B(농가)가 계약 이행을 선택하여 계약 중 얻는 수익이 C이고, 계약 위반을 선택하여 얻는 수익이 D라고 가정해 보자. 농가가 이전의 협력관계에서 전용성 자산을 형성하였다면 '퇴출 위협'을 받은 후의 수익은 P이다. 그렇다면 $D > C > P$가 된다.

농가가 계약 이행을 선택하였을 경우 수익의 흐름은 (C, C, $C\cdots$)이고, 계약 위반을 선택하였을 경우 수익의 흐름은 (D, P, $P\cdots$)이다. 농가가 계약 이행을 해서 얻는 수익이 계약 위반을 하였을 때 얻는 수익보다 클 경우에만 계약 이행을 선택할 것이다. 즉

$$C + \frac{C}{r} > D + \frac{P}{r} \qquad ①$$

이다. 사실 농가의 협력 수익 C에는 둥진기업에서 일한 임금 소득(W)과 토지임대 소득(R)이 포함되어 있다. 확실성이 보장된 상황에서(농가의 농사 소득이 낮고 비농 관련 취업 기회가 적으며 토지 유전이나 임대가 힘든 경우 등) 농가의 이성적인 선택은 계약 이행이다.

위의 공식 ①을 정리해 보면

$$0 < r < \frac{C-P}{D-C} = r^* \qquad ②$$

이 된다. $r < r^*$이 될 때 관계적 계약은 안정적이다. r이 적을수록, 다시 말해 농가가 미래 수익에 치중할수록 계약 위반(당회 소득이 $D-C$이고, 이후 매회 소득은 P)보다는 계약 이행에 집중하는 확률이 높아진다(이후 매회 소득은 $C-P$).

상황 2: 불확실성의 존재

한 단계 더 나아가 불확실한 상황에서의 계약 안정 문제를 분석해 보자. 상술한 것과 대응하여, 농가가 계약 이행과 불이행을 선택하였을 때 소득 흐름은 각각 $(C_1, C_2, C_3 \cdots)$와 $(D_1, P_2, P_3 \cdots)$이고, $E(C_t) = C$, $E(P_t) = P$이다. 분석을 간소화하기 위해 농가의 리스크는 중산 농급이며 농가는 기대 수익에만 관심이 있고 수익의 리스크는 고려하지 않는다고 가정해 보자. 그러면 거래관계의 안정조건은 다음과 같이 변한다.

$$C_1 + \frac{C}{r} > D_1 + \frac{P}{r} \qquad ③$$

다시 정리하면

$$r < \frac{C-P}{D_1 - C_1} = r^* \qquad ④$$

이다. 확실한 상황과 비교하여 다른 부분은, 이 계약관계의 안정조건은 D_1과 C_1의 극값에 의해 결정된다는 것이다. 즉 D_1의 상한 $SupD_1$과 C_1의 하한 $InfC_1$에 의해 결정된다.

$$r < \frac{C-P}{SupD_1 - InfC_1} = r^{**} \qquad ⑤$$

만약 위의 공식에서 나오는 값에 만족하지 못한다면 농가는 계약 위반을 할 동기가 부여된다. 극값 상황에서 $r^* > r^{**}$이면 계약은 불안정한 것이다.

불확실성 문제는 다음과 같다. 첫째, 비농업산업이 발전함에 따라 농가는 비농업 분야의 취업 기회가 더 많아진다. 농가는 쉽게 계약조건의 W가 불만스러울 수 있다. 둘째, 산업화와 도시화가 진행되고 상공자본이 농업계에 진출하면서 토지는 점점 귀해지고 임대료는 끊임없이 상승해

계약조건의 *R*에 불만을 표시할 수 있다. 셋째, 농민의 인적 자본 축적과 농업 분업화가 개선됨에 따라 일부 농가의 농사 소득은 어느 정도 증가할 수 있다. 더욱 중요한 것은 농가가 이전의 계약관계에서 전용성 자산을 형성하지 않아서 *P*치가 눈에 띄게 낮아지지는 않을 것이라는 사실이다.

이러한 연유로 불확실한 상황에서 농가는 계약을 파기하든지 아니면 '협박'을 하는 방식으로 임금과 토지임대료를 인상해 달라고 요구할 것이다. 그래서 둥진기업의 '반조도포'나 농가와의 관계적 요소계약은 불완전한 것이다.

4.2 계약 관리: 불완전계약에 대한 유지

4.2.1 초기 관리: '보상' 메커니즘

양돈장은 투자 문턱이 높아 일정 정도 이상의 경제 수준을 요구한다. 통상적으로 연간 돼지 출하량이 2천 마리 이상이고, 연간 비축 출하량이 1천 마리 이상일 경우 어느 정도의 경제적 효과가 있다. 그러나 돼지의 대규모 양식은 환경오염 문제를 야기시킬 수밖에 없다. 역겨운 '돼지 분변' 냄새 때문에 여러 지역에서 양돈장과 주변 주민들 간에 충돌이 발생하곤 한다. 둥진기업은 2000년 자사만의 양돈장을 계획할 당시 벌써 이러한 문제들을 알아차렸다.

허신량은 발생 가능한 '컴플레인 시장' 문제를 해소하는 동시에 애향정신으로 오랜 시간 저소득에 시달린 고향민들에게 보답하고 싶어 2002년 토지를 임대해 건물을 세우기 전 막대한 자금을 투자해 바이링촌의 공익사업과 복지를 대대적으로 개선시켰다. ① 2001년부터 500만 위안을 연이어 투자하여 마을 전체에서 총 6,400m^{2}의 면적에 20채의 주민주택단지를 조성하였고, 이에 맞는 문화센터 · 도로 · 전기 · 용수 · 유선 TV · 전화 등 생활 인프라도 구축하였다. ② 2001년부터 회사는 바이링촌 전체 노년층과 생활 보호 대상자들을 위해 한 사람당 매월 200위안의 지원금을 제공하였다.

비록 둥진기업 사업 초반에 환경보호 조치가 제대로 이루어지지 않아 마을에는 '돼지 분변' 냄새가 만연하였지만 복지를 개선하는 '보상' 메커니즘으로 마을 사람들은 이에 대해 불만을 품지 않고 오히려 허신량을 '우리 사장님'이라고 치켜세워 양돈장 건설의 물꼬를 틔웠다.

4.2.2 관계 안정 유지: 대체 메커니즘

비농산업의 발전과 농업의 투자 경쟁으로 인해 토지임대료가 점차 상승하는 추세에서 둥진기업은 마을 사람들이 토지 임대에 '압력'을 가하지 못하도록 이익을 보상하는 여러 대체법을 사용하였다. ① 2003년부터 마을 전체 노년층과 생활 보호 대상자들을 위해 무료로 노인식당을 열어(식사비용은 1인당 매월 200위안) 노년생활을 좀 더 풍요롭게 하였다(추후 식당에서 무료로 식사를 하거나 200위안의 식사비용을 직접 수령할 수 있도록 규정을 수정하였음). ② 2004년 둥진기업은 4만 위안으로 바이링촌에 희망야간학교를 설립하여 밤이나 휴식 기간을 이용해 주민들에게 교육을 제공하여 바이링촌과 둥진기업 직원 자녀들에게 좋은 교육 플랫폼을 만들어 주었다. ③ 대학에 합격한 마을 주민에게 1만 위안의 장려금을 제공하였다. ④ 매년 구정마다 마을 주민 모두에게 600위안의 세뱃돈을 지급하였다. ⑤ 마을 주민이 중증 질환에 걸린 경우 일정 자금을 지원해 주었다. ⑥ 양돈장과 함께 바이오가스 탱크를 만들어 환경오염 문제를 해결하고 농가에 무료로 가스를 제공하였다. 이러한 일련의 대체 메커니즘으로 주민들의 부담을 대폭 줄이는 동시에 토지요소계약의 안정성을 보장하였다.

노동력 요소계약은 아주 복잡한 것이다. 사실 둥진기업이 지급한 직원 임금은 현지에서 높은 편은 아니지만 약간의 대체 메커니즘이 효과를 발휘하였다.

(1) 생각 유도: '이데올로기' 교육을 통해 청년들에게 '식견을 넓히고 넓은 세상으로 나가야 한다'고 교육시켜 청년들이 타지에 취업하도록 유도하였다. 마을 청년들이 회사에서 일할 때 열심히 하지는 않으면서 높은 임금을 요구하는 것을 캐치한 둥진기업은 청년들에게 외부 취업을 독려하여 '호소 압박'으로부터 벗어났다.

(2) 경쟁 체제: 마을에서 '성숙하고', '능력 있는' 청년들은 더 나은 업무 환경과 포지션을 맡을 수 있었다. 사실 수준이 높지 않은 '성숙한 주민'도 사무실 잡일이나 기사 같은 깨끗하고 가벼운 업무를 할 수 있어 '미성숙한 사람'들에 대한 차별을 강화하였다.

(3) 실업 보장: 둥진기업은 바이링촌 주민들을 모두 직원으로 수용하였다. 청년들이 외지에서 일자리를 잃게 될 경우 회사는 이러한 인력도 수용하였다. 둥진에서 일하기를 희망하는 주민들은 모두 수용하였다. 바이링에서 온 한 직원은 1998년부터 둥진에서 일했으며 중간에 세 번이나 회사를 그만두었다가 다시 돌아와도 회사는 자신을 받아 주었다고 밝혔다.

(4) 노후 예상: 사람은 모두 늙게 마련이다. 매월 400위안(200위안의 노령연금과 200위안의 식사지원비)을 제공하여 주민들에게 안정적인 노후생활을 제공하였다.

농민들의 가장 큰 근심거리는 바로 자녀 교육, 질병 치료와 노후 문제인 경우가 대부분이다. 둥진기업은 주민들의 이러한 근심을 해결하여 안정된 관계적 계약을 지속해 나갔다.

4.2.3 계약 관리의 핵심: '권위' 시스템

상술한 관리 시스템은 모두 비용이 많이 든다. 둥진기업이 주민들에게 '보상'하고 복리후생을 제공하는 것이 주민들의 의존성과 '한계복지 요구사항'을 증폭시키지는 않을까? 대답은 그렇지 않다. 핵심은 둥진기업이 '방화벽'으로서의 '권위 시스템'을 구축했다는 것이다.

첫째, 리더 권위이다. 바이링촌과 주변 몇 개 부락은 거의 허씨 성을 가진 씨족마을이기 때문에 허신량 회장이 바이링촌 허씨 성의 가장이라 볼 수 있다. '고향 사람들에게 보답하여 모두 부자가 되자'는 이념의 전파, 선행적인 이미지 메이킹과 그에 따른 평판효과는 허신량 회장을 바이링촌의 권위 있는 리더로 만들었다. 매년 음력 12월 25일 열리는 허씨 문중회의도 허 회장이 기획부터 자금 지원까지 진행한다. 크게는 마을의 일부터 작게는 동네 사람들의 다툼까지 관여하며, 심지어는 관혼상제에까지 허 회장의 입김이 영향을 미친다.

우리가 바이링촌에 방문조사를 갔을 때 주민들은 적극적으로 호응해 주었다. 먼저 마을 주민들에게 형용사 몇 개를 보여 준 후 둥진기업과 가장 어울리는 단어와 어울리지 않는 단어를 고르게 하는 방식으로 방문조사를 진행하였다. 주민들이 허신량 회장과 둥진기업에 어울린다고 고른 단어는 주로 '존경받는', '믿음이 가는', '농민을 위해 복지하는', '공평한', '성실한', '우호적인'이었으며 어울리지 않는 단어는 '사리사욕'이었다.[9]

둘째, 정부 권위이다. 둥진기업은 큰 의미에서 정부의 직책을 대신하거나 지원하는 역할을 담당했다. 예를 들면 2002년 둥진기업은 푸톈(莆田) 초등학교와 중학교의 정보화 건설에 30만 위안을 출자하였고 2002년 35만 위안을 출자하여 후이둥현 고등학교에 기숙사를 세웠으며 가난한 학생에게 경제 지원을 하고 우수 학생에게 20만 위안에 이르는 장학금을 주기도 하였다. 2004년에는 푸톈촌 위원회에 총 2만 5천 위안을 출자하여 촌 위원회 사무실 환경을 개선시켰다. 2003년부터 둥진기업은 매년 3만 위안을 들여 푸톈촌 인프라를 개선시켰다. 2004년에는 10만여 위안을

9 다른 마을(둥진기업과 계약을 체결하였으나 바이링촌과는 다른 조건임. 뒷부분에서 다룰 예정.)을 방문조사하였을 때 선택된 어울리지 않는 단어는 '사리사욕', '농민 복지를 도모하는'과 '존경받는'이었다. 일부 마을은 둥진기업에 매우 적대적이었으며 심지어 우리의 조사를 거절하는 곳도 있었다.

들여 푸톈촌의 수리시설과 댐을 개조하였다. 이러한 경제적 지원으로 인해 지역사회 및 지역 정부는 둥진기업을 적극 지원하고 지지하게 되었다. 기업과 상급 정부 부서 간의 관계 및 기업과 주민 간의 관계를 조율하여 2001, 2002, 2004년 시급·성급·국가급 농업 선두 기업으로 선정되는 데에도 도움이 많이 되었다.

셋째, '터줏대감' 권위이다. 앞서 언급했듯이 후이둥현은 전통적인 농업마을이며 바이링촌의 경제적 수준은 줄곧 낮은 편이었다. 서양식 주택에 살면서 노령연금을 받는 것은 나이가 많은 농민들에게는 '상상도 못했던 일'이었다.[10] 그렇기 때문에 노인들은 둥진기업에 감사한 마음과 함께 '친밀감'까지 갖게 되었다. 또한 바이링촌은 전통적인 씨족마을로 주로 어르신들에게 발언권이 있었다. 마을과 기업의 관계적 계약을 유지하고 지속하는 데에 이러한 것들은 매우 긍정적 역할을 하였다.

상술한 내용을 종합해 보면 낮은 임대료의 토지계약이 '일시적으로는' 안정을 유지할 수 있어 보이는데, 이는 상술한 여러 관리 시스템이 작용한 결과이다. 현재까지 마을 주민들은 비교적 낮은 토지임대료에 불만을 가지고 있다. 하지만 조사 결과 마을 주민들이 전체적으로는 둥진기업에 비교적 만족하는 것으로 나타났다. 특히 최근 몇 년 동안 곡물 가격이 상승하는 상황인데도 마을 주민들은 둥진기업에 토지임대료 인상 문제를 언급하지 않고 있다. 마을 주민들은 그 이유로 "이렇게 좋은 집과 도로를 주셨는데 어떻게 또 회장님한테 그런 말까지 하나요?"라고 답했다.[11]

---

10 이는 바이링촌 노령인구의 보편적인 생각이다.

11 언급한 바와 같이 1997년 당시 곡물 1천 근의 가격은 대략 400위안이었으나 2009년의 임대료는 겨우 500위안으로 조정되었다. 당시 곡물 1천 근의 시장가는 이미 1,060위안이었다. 여기서 '잠시나마 안정'적이라고 강조한 것은 그다음 협상에서 둥진기업이 고비용을 들여 관리 시스템을 강화하거나 토지임대료를 인상하거나의 둘 중 하나는 선택해야 한다는 것을 의미한다.

4.3 당면 과제: 계약비용과 확장 제약

둥진기업과 바이링촌 농가의 토지임대계약(이하 '바이링 계약')은 둥진기업에 다음과 같은 이점을 가져다주었다.

첫째, 이미지 투자와 평판 시스템의 형성은 둥진기업이 바이링촌에 굳건히 뿌리내릴 수 있는 밑거름이 되었고 둥진기업과 홍콩 헝싱그룹의 산업을 연결하는 교두보 역할을 하였다.

둘째, 둥진기업의 대규모 전용성 자산 투자를 보장해 주었다. 또한 종돈장, 도축 가공 생산라인, 육류 제품 가공설비, 냉장창고 등에 대한 투자는 기업의 양돈 규모를 확장하는 데 서포트 역할을 하였다.

셋째, 허신량 회장의 '고향민에게 보답하고, 모두가 부자가 되자'는 개인적인 사명과 가치관을 실현시켰고 낮은 토지 임대료로 운영할 수 있게 되었다.

넷째, 농업 산업화 국가 중점 선두 기업으로서 우대 정책 혜택을 많이 지원받았다. 2007년과 2008년에 총 225만 위안의 재정 지원을 받았다(그 중 165만 위안은 성 재정, 60만 위안은 시 재정이었음).

그러나 완전계약의 이면에는 높은 유지비용이 필요하듯 낮은 임대료 토지계약의 이면에는 높은 관리비용이 들어간다는 것이 문제점이었다. 둥진기업은 바이링촌의 사회복지를 '무한대'로 책임지고 있었기 때문이다. 또 다른 문제는 양돈 규모를 어떻게 확대할 것인가이다. 바이링촌의 2,729묘의 토지에서 돼지를 사육하기에는 수용 능력이 제한적이었다. 또한 환경 문제[12]와 전염병 문제[13]도 도사리고 있었다.

12 5~6마리의 돼지 분변은 농경지 1묘의 비옥도를 만족시키기에 충분하다. 돼지 사육이 '과밀'하면 영양분이 고농축되고 환경오염을 유발할 수 있다.

13 정부 관련 법률에 따르면 일단 돼지 전염병이 발생하면 발병 지역 3~5km 근방의 돼지는 살처분해야 한다.

때문에 둥진기업은 협력의 범위를 넓히는 동시에 계약비용을 낮춰야 하는 문제에 직면해 있다. '바이링 계약'은 무턱대고 따라하기는 어려운 것임이 분명하다.

몇 해 전부터 둥진기업은 한 해를 끝마치면서 "회사가 발전하면서 정부와 민간이 우리 기업에 원하는 요구사항이 점점 늘어났고, 져야 하는 사회적 책임 역시 많아졌다. 그 중압감을 버텨 내기가 힘들다."라고 반복적으로 강조하였다.

둥진기업은 주변의 간취안촌(甘泉村)에 토지를 임대하여 '외곽 양돈장'(바이링촌을 중심지로 보았을 때)을 확장 건설하는 방안도 연구해 보았다. '마을과 기업이 함께 새로운 농촌을 만드는 의견 모집' 계획안은 둥진기업에 다음과 같은 사항을 요구하였다.[14]

첫째, 부지를 선정하여 마을 사무실 한 채를 새로 짓는다.

둘째, 물 공급 문제를 해결한다. 장기와 단기 두 개 방안 중 선택할 수 있다. 장기적인 방안으로는 이웃 마을의 수원을 연결하는 방법이 있으나 두 마을 간 해결 방안을 좀 더 협상해야 하고 거리가 비교적 멀어 비용이 많이 발생할 것이다. 단기적인 방법으로는 둥진 양돈장에서 비교적 멀고 마을 농가와는 가까운 언덕을 찾아 100미터 깊이의 우물을 파서 마을 전체에 용수를 공급하는 방법이다.

셋째, 간취안 양돈장을 증축한다. 환경이 오염되지 않고 국가의 환경보호 기준에 부합하는 것을 전제로 '선두 기업+은행+농가'라는 혁신적인 금융 시스템을 이용한다. 모든 농가를 '회사+기지+농가'라는 주식경영 협력제에 편입시키고 둥진 농목그룹은 간취안 양돈장 증축에 자금을 출자한다. 그럴 경우 간취안촌의 농가 소득은 매년 3,600위안이 늘어나게

14 둥진기업이 제공한 「후이둥현 바이화진 간취안 마을-기업이 공동으로 사회주의 신농촌을 건설하는 업무 방안」(의견 모집안, 2006)에서 인용함.

되고 1인당 소득 역시 매년 715위안이 증가하게 된다.

넷째, 바이오가스 사업을 시행한다. 간취안 양돈장을 증축한다는 전제 하에 농업국의 바이오가스 사업 보조금(가구당 800~1,200위안이며, 부족 부분은 둥진 농목그룹이 충당)을 이용하여 농가에 가스를 보급하고, 바이오가스를 매개로 한 '돼지－바이오가스－과일'이라는 생태농업 모델을 구축한다. 이를 통해 농업 순환경제 발전을 도모할 뿐 아니라 가구당 매년 1,200위안에 이르는 가스 지출비도 절약할 수 있다.

다섯째, 간취안촌의 도로와 골목길 포장을 위해 적극적으로 기금을 모은다.

여섯째, 농민 취업을 촉진한다. 둥진 농목그룹은 5년 내에 생산 기능과 농업 실용기술 육성교육을 여러 차례 실시하고 주민의 종합적인 수준을 제고시켜 취업 실력을 강화할 수 있도록 해야 한다.

간취안촌의 '제시 조건'이 너무 비싼 값이어서 지금까지 둥진기업과 간취안촌은 의견 협의를 보지 못한 상황이다. 이를 통해 우리는 둥진기업의 토지임대계약 범위 확대 사업이 얼마나 큰 부담에 직면해 있는지 알 수 있다.

5. 새로운 시도: 계약으로 계약을 관리

5.1 실험적 전략

바이링촌의 토지 수용 능력이 제한적이다 보니, 둥진기업은 전부터 바이링촌 외곽에 새로운 양돈장을 세우려고 계획하고 있었다. 그러나 계약 관계가 '계약식' 아니면 '도급식'이어서 모두 비싼 거래비용이나 관리비용이 들어가 사업 확장과 효율에 제약을 받게 되었다.

둥진기업의 토지에 대한 '반조도포'에는 중요한 특징이 한 가지 있다.

바로 임대만 하고 자본 참여는 하지 않는다는 것이다. 농지 자본 참여 방식을 채택하면 권리 확립 확정 비용과 해마다 배당 문제 해결 비용이 발생한다. 뿐만 아니라 둥진기업은 분산된 농가 주주가 사회관계망을 이용하여 기업경영에 관여할까 염려하여 이러한 방식을 채택하지 않는다. 임대는 기업이 임차 기간 내에 독립적으로 지배권과 완전한 잔여 통제권을 갖도록 보장한다.

여기에서 토지임대가 핵심인 관계적 계약의 불안정성과 그로 인해 야기되는 높은 계약 관리 비용이 문제가 된다.[15]

다시 공식 ③으로 돌아가서, 이것을 $rC_1 + C > rD_1 + P$로 전환해 보자.

계약 이행 수익이 일정하다는 가정하에 만약 계약 위반 수익 D_1 및 향후 독자 경영 소득 P에 대한 농가의 기대를 낮출 수 있다면 계약은 안정될 것이다.

더 나아가 가정해 보자. 소규모로 분산되어 경영하는 구도에서 농가의 독자 경영 수익은 협력 수익보다 적다. 즉 $C > P$이다. 그렇다면 임차계약의 안정을 보장하는 관건은 바로 농가의 계약 위반 협박을 어떻게 피하느냐에 달려 있다. 둥진의 요소계약을 예로 들면 농민들이 토지를 계속 임대하면서 임대료 인상을 요구하지 않게 하는 것이 관건이다.

이처럼 학계는 요소계약과 상품계약에 관해 토론할 때 항상 '이분법' 상태에 놓인다. 하지만 우리는 우열을 가리는 논쟁이 큰 의미가 없다고 생각한다. 왜냐하면 이것은 결코 이분법적으로 반드시 대체해야 하는 계약 선택이 아니기 때문이다.

일반적으로 계약이 합의되지 않을 경우 사람들은 종종 계약 내용을 바꾸거나 보완하는 전략을 선택한다. 작게는 계약이론부터 크게는 제도 변

15 이 역시 '바이링 계약'의 최대 '불편함'으로 꼽힌다. 이런 '불편함' 때문에 회사는 더 나은 방법을 모색할 수밖에 없다.

천 이론까지 모두 책략과 같은 정형화된 사고방식을 보인다.

하지만 계약이 불안정할 경우 기존의 계약을 변경하지 않고 관련된 계약을 매칭함으로써 기존 계약의 안정성과 자율 이행을 유지할 수 없는 것일까? 이것이 바로 우리의 의문점이고 결론부터 얘기하자면 가능하다. 둥진기업의 혁신적 실험인 '계약으로 계약을 매칭하고, 계약으로 계약을 관리하는 것'에 바로 그 답이 있다.

5.2 요소계약과 상품계약의 매칭

2004년부터 둥진기업은 국가가 지원하는 소액 대출 정책을 십분 이용해 왔다. 정부, 농촌신용조합, 농민과의 소통과 조율을 통해 바이링촌과 가까운 시산촌(西山村)에 새로운 계약 협력을 시작하였다.

2004년 4월 시산촌 위원회는 둥진기업에 서신을 보내 '농민들이 잘 살고 마을 경제의 발전을 위해' 둥진기업이 시산촌과 협력하여 입체적인 양식업을 함께하고, 수년간 묵혀 둔 과수원에 '비교적 규모가 있는' 양돈장을 만들어 시산촌의 과수 재배와 담수양식, 농경지 경제의 발전을 도모해 달라고 요청하였다. 그해 5월 둥진기업은 묵혀 둔 과수원에 양돈장을 건설 투자 하는 것에 대해 동의한다고 답신을 보냈다. 그러나 옮겨 심어야 하는 과수에 대해서는 시산촌 위원회가 알아서 해결해야 하며, 환경보호 조치도 약속해야 한다고 밝혔다. 또한 시산촌민에게 바이오가스 슬러리와 잔여물을 제공하여 농경지 관개 및 양식장과 과수 경작을 할 수 있도록 하겠다고 밝혔다.[16]

2004년 7월 양측은 협력계약을 정식으로 체결하고 둥진기업은 시산촌

16 재배와 양어장은 반드시 둥진기업이 이미 임차한 토지를 재임차해야 한다. 대부분의 토지는 둥진기업이 자영하고 있고, 일부 토지는 외부 도급자와 현지 주민들에게 비교적 낮은 임대료로 임대하고 있는 실정이다.

의 전체 토지(농경지·과수원·양어장을 포함해 총 150묘, 임대료는 매년 묘당 500위안)를 임차하여 여전히 기존의 요소계약을 답습하였다.

그러나 바이링촌과 다르게 둥진기업과 시산 농가 간 계약은 토지요소계약을 토대로 다음과 같은 여러 계약 방식을 택했다.

(1) 자본계약:

— 양돈장 건설[부지임대, 삼통일평(三通一平), 돼지우리, 새끼돼지, 사료, 방역 및 환경보호 등]에는 총 120만 위안의 투자금이 들어갔다. 120만 위안을 주식 2천 주로 환산하면 한 주당 600위안인 셈이다. 최대 40가구(명)가 주식 투자를 할 수 있다. 만약 40가구(명) 미만이라면 남는 부분은 둥진기업이 책임지기로 하였다.

— 농가가 자금이 없을 경우 은행(농촌신용조합)에 소액 대출을 신청할 수 있고, 둥진기업이 담보를 제공한다.

(2) 대리계약:

— 농가는 양돈장의 경영에 참여하지 않고(단 노동에 참여하는 것은 가능), '자발적으로' 둥진기업에 전권을 위임한다.

(3) 상품계약:

— 양돈장이 사용하는 새끼돼지, 사료, 백신은 반드시 둥진기업에서 구매한다.

— 양돈장이 출하하는 돼지는 둥진기업이 수매한다. 양돈장은 20kg짜리 새끼돼지를 100kg까지 키워 출하해야 하며 매해 세 차례, 3천 마리 이상 출하해야 하고 1천 마리 이상 사육 가능해야 한다.

(4) 수익배당계약:

— 농가가 자비로 출자금을 냈을 경우, 해마다 20% 이상의 투자 수익을 볼 수 있다.

— 농가가 대출을 해서 출자금을 냈을 경우, 해마다 12%의 투자 수익을 볼 수 있다.(대출이자는 회사가 수익에서 제하고 은행에 대납한다.)

— 출자 방식 수익률 규정에 따라 1년에 두 차례 이익금을 배당한다.

이 새로운 계약 내용이 실질적으로는 여러 계약을 합쳐 놓았다는 것을 알 수 있다. 상술한 계약에서 둥진기업의 계약 리스크는 대폭 감소하였다. 먼저 자본의 요소계약을 통해 기업의 투지를 농가의 출자 방식으로 대체하여 기업의 투자 부담과 리스크를 감소시켰다. 둘째, 양돈장에 새끼돼지와 사료 및 백신 등을 독점 공급하여 회사가 회수하는 돼지의 품질 리스크를 줄이고 규모경제와 지역경제를 효과적으로 이루어 냈다. 셋째, 우대 정책으로 정상 대출보다 5% 낮은 금리로 농가의 소액 신용대출이 이루어졌다.

농가는 '최저 이윤 보장'과 '수익 약속'을 받았기 때문에 '양돈계약'을 잘 이행할 것이다. 하지만 토지임대는 기업 소관이기 때문에 농가는 양돈장의 경영비용을 신경쓰지 않고 토지임대료를 인상해 달라고 '호소'할 수도 있고, 이로 인해 임대료가 이윤을 잠식하는 상황이 벌어질 수도 있다. 이것은 여전히 남아 있는 문제이다.

5.3 주요 방법: 계약으로 계약을 관리

상술한 계약이 얻은 성과는 다음과 같다.

첫째, 농가 전용성 투자 방식으로 농가의 토지계약 파기 조건이 강화되어(연소득 4천 위안 미만의 농민에게 3만 위안의 투자금은 결코 적은 액수가 아니다.) 근본적으로 계약을 안정적으로 유지할 수 있게 되었다.

둘째, 자본 리스크 부담 방식으로 기업은 양돈장 경영통제권을 얻게 되어 관리와 기술상 리스크를 피할 수 있게 되었다.

셋째, 바이링촌의 관계적 계약과 다른 점은 시산촌 역시 '허씨' 성의 씨족마을이긴 하지만 바이링촌과는 달리 인맥 관리를 하지 않아 정식적인 계약 관리를 할 수 있었다는 것이다.

시산촌에 대한 방문조사는 우리의 계약관계에 대한 판단을 검증하는 과정이었다. 조사에 응한 주민들은 기업과 어울리는 단어로 '공평한', '말에 책임을 지는' 것을 꼽았고, 어울리지 않는 단어로는 '농민을 위해 복지를 꾀하는', '만족스러운', '사리사욕'을 꼽았다. 이로써 기업과 농가의 거래가 정식 계약화되었다는 것을 알 수 있다.

언급한 바와 같이 토지임대료를 총 투자금에 포함시켰더라도 둥진기업은 '최저 이윤 보장' 또는 '수익 약속'을 농가에 내걸었기 때문에, 농가가 기업의 경영비용은 고려하지 않고 계속 '임대료를 호소'하는 것이 문제가 되었다. 그리고 정말 그런 상황이 발생하였고 기업은 기존 계약의 수익률이 너무 높고 치러야 할 대가가 너무 크다는 것을 깨달았다.

2009년 7월, 둥진기업과 시산촌의 첫 번째 계약 기간이 종료되고 새로운 계약 협상이 시작되었다. 바이링촌의 관계계약과는 다르게 이번에 둥진기업은 농가가 이미 만들어 놓은 '투자 자물쇠'를 이용하여 토지임대와 투자 수익 협상에서 주도권을 잡았다. 그리하여 기존 계약을 토대로 다음과 같은 새로운 수익 조항을 덧붙이게 되었다.

(1) 양돈장 독립채산.

(2) 투자한 모든 농가에 매년 9.6% 이상의 수익률을 보장한다.

(3) 해당 수익률을 근거로 매년 '예측 이윤을 배당'함, 3년에 한 차례 심사를 하고 3년 동안 기업이 해당 양돈장에서 9.6% 이하의 수익을 보았을 경우 농가의 배당금은 기존과 동일하다.

(4) 만약 3년 동안 양돈장의 연간 수익률이 9.6%보다 높을 경우 실질 수익률에 따라 농가에 추가 이윤을 배당한다.

투자금에 토지임대료가 포함되고 둥진기업이 배당금 계산 컨트롤 타워가 되기 때문에, 농가가 임대료 인상을 요구했을 때 효과적으로 이를 컨트롤할 수 있게 되었다.

첫째, 농가가 요구하는 토지임대료가 과도하게 높을 경우 배당금을 잠식

할 수밖에 없다. 만약 더 많은 배당금을 원할 경우, 높은 임대료 수익은 포기해야 한다. 이를 통해 임대료와 배당금 사이에서 균형을 잡을 수 있게 된다.

둘째, 농가마다 토지임대와 출자가 다를 수 있다. 예를 들면 한 농가는 토지임대도 하고 출자도 하는 반면 또 다른 농가는 토지만 임대했다. 그럴 경우 출자는 하지 않고 토지만 임대한 농가는 높은 토지임대료를 요구할 것이다. 토지임대료가 높으면 배당금을 잠식하게 되기 때문에 출자 농가는 이에 동의하지 않을 것이다. 이로써 출자 농가와 토지임대 농가 간에 힘겨루기가 발생할 것이고 기업과 농가 간의 마찰비용은 줄어들게 된다.

셋째, 가장 핵심이자 최후의 협상 마지노선은 바로 기업이 농가의 전용성 투자를 이용해 '퇴출 위협'을 할 수 있고, 이를 통해 토지임대와 이윤배당 사이에 '안전밸브'를 설치하는 것이다.

여기서 우리는 앞글의 모형을 확장해 볼 수 있다.

먼저 둥진기업의 이윤함수가 $Z(\pi, R) = L - (R + \pi) - X$ 라고 가정해 보자. 그중 L은 회사 수익이고, X는 임대료와 배당금을 제외한 기타 지출이며 배당금 $\pi = 9.6\%Z$이다.

그렇다면 음함수 미분으로 구해 보면

$$\frac{d\pi}{dR} = -\frac{\frac{\partial Z}{dR}}{\frac{\partial Z}{d\pi}} = -1.070663812 < 0$$

이다. 토지임대 R과 배당금 π는 트레이드오프 관계인 것을 분명히 알 수 있다.

이어서 우리는 출자 농가와 토지임대 농가의 관련 겨루기 효과 G와 농가가 만든 전용성 투자 S가 계약의 안정성에 미치는 영향에 대해 고려해 보았다. 한편 출자 농가와 토지임대 농가의 관련 겨루기 메커니즘은 기업과 농가 간 마찰의 총비용인 TTC를 줄이고 농가가 부담해야 할 비용 TC도 같이 줄여 계약 이행 수익을 늘린다. 즉 $TC = TC(G)$, $\frac{dTC}{dG} < 0$, $C = C(TC)$, $\frac{dC}{dTC} > 0$이다. 또한 농가의 자산전용성이 높아질수록 '퇴출 위협'을 당한 뒤의 수익은 낮아진다. 이것은 $P = P(S)$, $\frac{dP}{dS} < 0$이 된다는 것을 의미한다. 그래서 계약 이행 안정성의 극값은

$$r(G, S)^* = \frac{C[TC(G)] - P(S)}{D - C[TC(G)]}$$

이다. 더 나아가 각각 r에 대해 G와 S에 관한 편도함수를 구해 보면

$$\underset{(-)}{\frac{\partial r}{\partial P}}\ \underset{(-)}{\frac{\partial P}{\partial S}} = (-1) \times \underset{(-)}{\frac{\partial P}{\partial S}} = \frac{\partial r}{\partial S} > 0,$$

$$\underset{(+)}{\frac{\partial r}{\partial C}}\ \underset{(-)}{\frac{\partial C}{\partial TC}}\ \underset{(-)}{\frac{\partial TC}{\partial G}} = \frac{D-P}{(D-C)^2}\ \underset{(-)}{\frac{\partial C}{\partial TC}}\ \underset{(-)}{\frac{\partial TC}{\partial G}} = \frac{\partial r}{\partial G} > 0$$

이다. 이로써 알 수 있듯이 r은 S와 G가 상승할수록 커지고 계약 이행 구간도 넓어진다.

이 시점에서 둥진기업과 농가의 계약관계가 안정적이고, 복제 가능하게 되었으며[17] 자체 실행[18]도 가능해졌다.

17 둥진기업은 그 후 부근의 난룽(南龍)과 밍싱(明星) 관리구역 등 여러 마을과 비슷한 협력계약을 맺었다(그림 1).

18 만약 회사가 농가에 준 수익률이 너무 낮다면 농가는 토지임대로 기업에 압력을 넣을 수 있고 심지어 양돈장 경영권 회수로 압박할 수도 있다. 그러나 농가가 너무 높은 금액을 요구할 경우 회사는 농가의 투자 자물쇠로 대응하고 토지임대료계약을 파기할 수도 있다.

6. 추가 논의

6.1 '핵심적 계약'과 '주변적 계약'

우리는 '핵심 제도'와 '주변적 제도' 개념을 언급한 바 있고, 광둥성 중산시 야커우촌(廣東省崖口村)을 예로 들어 '저효율 제도가 왜 오래 살아남는가'라는 문제에 대해 설명한 바 있다(차오쩡한·루어삐량, 2003). 제도경쟁의 부담 속에서 효율이 낮은 제도가 오랜 시간 버틸 수 있었던 이유는 제도가 변천하는 메커니즘 때문에 사회는 충분한 소득을 얻을 수 있었고 그것을 다시 그들이 지지하는 효율이 낮은 제도를 보호하는 데 사용했기 때문이라는 것이 우리의 결론이다. 이러한 제도 변천 메커니즘은 다음과 같이 이루어진다. 사회의 지도집단이 효율이 낮은 제도의 커버 범위를 축소시키는 동시에 이 제도 주변에 효율이 높은 제도를 도입하여 저효율 제도의 운행을 위해 새로운 수입원을 만들어 낸다. 이것이 바로 '핵심 제도 축소 및 주변적 제도 혁신'인 것이다. 또한 소위 '저효율'의 '핵심 제도'를 고수하는 것은 야커우촌 지도자의 '공사제도' 가치관과 밀접한 관련이 있다.

본문의 사례에서 우리는 야커우촌의 '핵심적 계약' 및 '주변적 계약'과 다른 두 가지의 유형을 발견할 수 있다.

유형 1: 바이링촌이 만든 관계적 '핵심적 계약'과 시산촌 등 '주변 마을'의 공식적인 '주변적 계약'.

계약이 이와 같이 차이가 나는 이유를 우리는 지리적인 부분에서 찾아볼 수 있다(그림 1).

그 형성 메커니즘은 야커우촌과 매우 비슷하다. 먼저 '핵심 제도'와 '핵심적 계약'은 모두 상대적으로 효율이 낮은 편이다. 다음으로 생산과 유지는 모두 핵심 인물의 가치관과 관련이 있다.

다른 점은 ① 야커우촌은 '핵심 제도 축소'와 '주변적 제도 혁신'으로 제

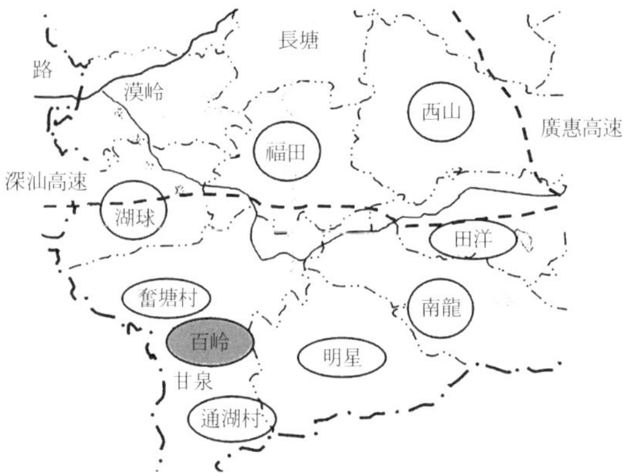

바이링촌을 '핵심'으로 한 양돈장을 제외하고, 그림의 다른 지역은 모두 둥진기업이 농가와 계약한 '주변' 양돈장이다.

그림 1. 둥진기업이 농가와 계약한 양돈장 분포도

도 효율을 개선시켰다는 것이다. 다시 말해 그 '핵심'이 '주변'의 보호를 받은 것이다. 둥진기업은 상대적으로 낮은 효율의 '핵심적 계약'으로 주변 마을에서 계속 복제하는 고효율의 '주변적 계약'을 지원하였다. 다시 말해 '주변'의 모방과 확장이 '핵심'의 혜택을 본 셈이다. 그렇기 때문에 우리는 야커우촌과 다른 '저효율 제도가 어떻게 오랜 시간 유지될 수 있는가'의 '둥진 버전'을 보게 된 것이다. ② 또한 야커우촌의 핵심 제도는 주로 지도자 그룹의 가치관에서 시작된 것이고, '바이링 계약'은 핵심적 계약이라는 것 외에도 그것이 책임져야 할 경제적 기능과도 관련이 있다(본문 3절에서 언급한 투자 보장과 산업 부대 능력 등)는 것이다.

유형 2: '핵심적 계약'인 임대계약과 '주변적 계약'인 매칭 계약.

토지 집체소유제와 가정도급제라는 제도적 배경 아래에서 둥진기업은 농가와 협력할 때 줄곧 토지임대계약을 기반으로 하였다. 바이링촌의 관계적 계약이나 시산촌의 정식 계약은 모두 토지임대가 계약의 핵심이었다.

돼지 사육은 업계적 특징을 띠고 있다. 첫째, 다른 농업 분야와는 다르게 투자 문턱이 비교적 높고 규모경제에 대한 요구사항이 까다롭다. 둘째, 쉽게 환경오염을 일으킬 수 있기 때문에 반드시 돼지 규모와 사육 밀도를 잘 통제하여 환경을 보호해 '환경 문제'(정부 부처의 관리 감독, 주변 주민의 민원 및 손해 보상 포함)를 피해야 한다. 셋째, 방역 문제가 있다. 자연부락에서 주체가 다른 여러 양돈장이 함께 있을 경우 한 집에서 전염병이 발생하면 거의 전멸 수준으로 이어질 수 있다.

이 때문에 둥진기업은 토지에 대한 통제권을 가지고 있어야 한다. 그래서 둥진기업은 주로 한 마을의 토지 전체를 임대하는 방식을 취했다. 다른 행위 주체의 토지경영권에 대해 배타적 권리가 있어, 투자를 안정시키고 환경을 보호하며 전염병을 예방할 수 있다는 것이 이 방식의 핵심이다. 그렇기 때문에 모든 관계 관리와 계약 관리는 모두 '주변적 계약'으로서, 토지임대라는 '핵심적 계약'을 보조한 것이라고 볼 수 있다. 유형 1과 달리 전자는 결정권자의 가치관에 의해 결정되지만 토지임대는 '핵심적 계약'으로 산업의 특성에 의해 결정된다.

6.2 계약 불완전성과 효율 개선 문제

Grossman & Hart(1986), Hart & Moore(1990)의 논문이 발표된 후 불완전계약이론은 계약과 기업이론의 연구에 아주 큰 영향을 미쳤다. 여러 계약과 기업이론 문헌에서 이 이론을 응용 및 연구하거나 아니면 비평하는 태도의 두 가지 반응을 보였다. GHM 이론에서 계약은 모두 불완전성이라는 성질만 가지고 있다고 밝혔다. 그리고 거의 모든 연구에서 이를 표준으로 하여 '실현 가능한 완전성(feasible completeness)'이나 '최적의 완전계약(optimal complete contract)' 연구에 몰두하였다(Saussier, 2000; 양치징, 2002).

둥진 사례는 이에 대해 시사하는 바가 크다. 계약의 효율을 개선시키는 것에는 적어도 두 가지의 방법이 있다. 먼저 문헌이 이미 주목하고 있는 것으로, 예를 들어 계약 내용을 조정 및 변경하거나 새로운 요소를 집어

넣거나 새로운 체결을 함으로써 계약의 효율을 개선시키는 것이다. 두 번째는 기존 계약을 바꾸지 않고 유지하면서 새로운 계약으로 기존 계약을 개선하는 것이다. 풍부한 실천 경험은 더 많은 선택지를 제공할 수도 있다.

특히 우리가 주목해야 할 것은 '계약효율' 평가는 반드시 '신중히' 접근해야 한다는 것이다. '바이링 계약'은 고비용이라기보다는 복지 혜택이 많은 계약이라고 할 수 있다. 이는 허 회장의 '고향민에게 보답하고, 모든 사람이 부자가 되자'는 생각과 일치하기 때문이다. 그리고 허신량 회장이 얻은 명성과 선행 이미지 역시 '고효율'인 셈이다.

그보다 더 중요한 것은 '바이링 계약'은 '외부 경제성' 특징이 두드러진다는 것이다. 상술한 바와 같이 '바이링 계약'을 유지하려면 둥진기업이 많은 자금을 투입해야 하지만 상대적으로 토지임대료는 매우 저렴하다. 둥진기업이 주변 마을로 확장하는 과정에서 바이링촌의 토지임대료 가격 책정은 향후 둥진기업이 토지를 임차할 때 '기준 가격'이나 가격 '시범' 역할을 톡톡히 하여 토지임대라는 '핵심적 계약'의 안정성을 크게 강화시켰다. 수년 동안 여러 상황이 변하였지만 둥진기업이 지불하는 토지임대료는 여전히 낮은 수준을 유지하였다(표 1, 2).

표 1. 후이저우시(惠州市)와 후이둥현(惠東縣)의 농지임대 상황

		2003	2005	2007	2009
농지임대 (만 묘)	후이저우	20.6	22.9	32.4	35.5
	후이둥	2.3	2.2	6.5	11.0
곡물가격 (위안/근)	후이저우	0.80	1.00	1.02	1.08
	후이둥	0.80	0.95	1.00	1.06
회사 토지임차료* (위안/묘)	후이저우, 후이둥	400~800	500~900	500~1,000	500~1,000

※ 농경지 토질, 지리적 위치, 관개 및 배수에 따라 결정된다.

표 2. 둥진기업의 토지임대료 상황

기간	2002. 1.	2002. 11.	2003. 1.	2005. 1.	2006. 11.	2009~2010
지역 (자연 부락)	두안시(段西), 라오우(老屋), 신평(新豊) 등	신츠(新池), 신시(新西) 등	황우 (黃屋) 등	신시산지 (新西山地)	톈양(田洋), 가오둔(高墩) 등	새계약
면적(묘)	384.65	419.45	114.1	18	23	
기간(년)	10	10	10	35	15	
임대료 (위안/묘)	350	350	밭: 350 논: 400	166.7 (매년 3,000)	350	500 정도

※ 둥진기업과 일부 자연 부락 간 체결한 계약 원문 정리

위와 같이 초기 계약에서 규정한 '매년 묘당 곡물 1천 근의 시장가 수준'이 실질적으로는 이행되지 않았다는 것을 우리는 알 수 있다. 여기서 강조하고 싶은 것은 상대적으로 '싼 가격'의 토지계약을 유지하는 것이 현실적으로 어렵다는 것이다. 그 이유는 다음의 두 부분에서 찾아볼 수 있다. 첫째, 농지의 집체소유 및 해당 도급경영권을 부여받은 농가가 토지 사용에 대한 '독점적' 지위를 갖게 되어 토지 회전이 순조롭지 못하고 시장이 발전하지 못하게 된다. 이러한 현상은 농가가 기준 임대료에 집착하는 현상을 초래한다. 둘째, 기업의 기업가 능력과 '정보 장치' 우위로 얻은 생산요소 배치효율은 토지의 가치기능을 강화시킬 수 있다. 이럴 경우 농가는 가치 상승의 원인이 토지 때문이라는 잘못된 '가치 환상'을 가질 수밖에 없다. 그리고 이러한 '환상'이 심해지면 임대료에 대한 목소리가 커진다.[19]

---

19 20세기 초 슘페터(중국어 번역판, 2009)는 이미 이 문제에 대해 관심을 갖고 있었다. "사람들은 토지 서비스를 토지의 생산물이라고 생각하고, 토지 자체를 원시 생산요소로 보고 토지로 인한 제품의 가치를 모두 토지로 귀속시켜야 한다고 생각한다. 이는 매우 황당무계한 논리가 아닐 수 없다. 토지는 독립적인 상품이 아니기 때문에 자체의 서비스와 분리할 수 없다. 토지는 단지 이러한 서비스들의 총합일 뿐이다."라고 슘페

그렇기 때문에 바이링촌의 '싼' 토지계약은 '보상', '대체', '권위' 메커니즘으로 보완이 이루어졌지만 비용이 많이 들 뿐만 아니라 비용이 점점 더 늘어나는 특징을 보이고 있다. 시산촌 등지에서는 '자본 수익 공유 계약'으로 이러한 문제를 해결하고 두 가지 계약이 매칭과 균형을 이루었다. 이로써 토지요소계약이 바이링촌이라는 특정한 지역을 벗어나 내생성을 확보하고 보편성을 띠게 되었다.

6.3 상품계약과 요소계약의 장단점

앞서 말한 것과 같이 요소계약과 상품계약은 각자에게 적합한 역할을 할 수 있는 공간이 있기 때문에 이분법적 논의는 큰 의미가 없을 수도 있다. 여기서 우리가 강조하고 싶은 점은 계약의 안정성에 필요한 환경과 주요 변수를 무시해서는 안 된다는 것이다.

첫째, 상품의 이질성 문제다. 과일 같은 동일 농산물도 제품마다 현격한 차이를 보인다. 동일 품종, 심지어 같은 과수의 과일도 품질 차이는 있다. 이러한 상황에서 효과적인 분류 기준과 품질 측정 기술이 부족하다면 상품계약 선택은 높은 계약비용을 부담할 수밖에 없다.[20]

그러나 양돈 사업에서 상품계약을 선택할 경우 양적인 측면에서는 농가의 계약 이행을 쉽게 평가할 수 있다. 기업이 농가마다 공급한 새끼돼지 수와 회수한 돼지 수량을 쉽게 계산하고 체크할 수 있다. 하지만 소규모의 농가에 퇴출 압박을 가하기는 불가능하다. 소규모 양식을 할 경우 시장에서 쉽게 새끼돼지를 구할 수도 있고, 기업이 아니어도 시장에서 돼지를 팔기 쉽기 때문이다.

터는 주장하였다.

20 저우리췬 외(2002)는 상품계약이 요소계약보다 우월하다고 생각하는 것은 결정적으로 구체적인 협력산업과 상품 대상을 검토하지 않았기 때문이라고 본다.

또한 소규모 농가와의 상품계약에서 주로 문제가 되는 것은 돼지 회수량 보장이 아니라 위험요소에 있다. 먼저 소규모 양식은 전염병이라는 위험요소가 도사리고 있다. 다음으로 홍콩의 돼지 품질 검사가 엄격하기 때문에 회사는 홍콩 납품 자격 상실이라는 리스크를 감수할 수 없다.

이 때문에 상품계약은 대규모 양식농가와 맺는 것이 적합하다. 투자 자물쇠와 시장 리스크가 있기 때문에 대규모 양식농가는 전체 생산 과정에서 엄격하고 표준화된 생산과 품질 관리[21]를 할 수밖에 없기 때문이다. 그러나 이를 위해서는 회사가 반드시 기술, 가공 능력 및 시장 판로를 확보하고 있어야 한다.

둘째, 노동요소계약에서 만약 노동자의 수준이 제대로 검증되지 않거나 노동 성과가 노동자 수준에 의해서만 결정되는 게 아니라면 대부분의 노동자는 불성실한 태도를 보일 것이다. 더 중요한 점은, 농업생산은 지속적이고 돌이킬 수 없다는 특징을 지니고 있어 생산 결과가 단순히 생산 과정의 한 부분이나 제조공정(기술)으로 결정되는 것이 아니라는 것이다. 때문에 재배업 분야에서 품질 심사 기준이 부족하거나 생산 과정에서의 통제 능력이 잘 갖추어지지 않으므로 요소계약을 선택하는 것이 합리적인 것은 아니다. 요소계약을 선택할 경우 반드시 기계화 작업이 보편화되어야 한다.(이는 어느 정도 경영 규모화를 갖춘 농장에서만 가능하다.) 양식업(특히 가축·가금업)은 공장화되어 있기 때문에 요소계약의 합리성이 어느 정도 개선될 것이다. 사실 둥진기업의 양식 기지는 모두 컴퓨터 소프트웨어를 사용하여 체계적으로 관리 통제를 하고 있으며 생산 과정에 ISO, HACCP 등 기술 관리 규정을 도입하여 회사가 관리·방역·사료·종자·양성·품질·환경보호를 통일하여, 농업생산활동의 표준화·규격화·정량화를 실

21 이 조건은 매우 엄격하다. 일반적인 농가는 이런 엄격한 요구사항을 눈 가리고 아웅 식으로 때울 수 없다. 또한 전염병 예방과 같은 지역적 요구사항도 무시할 수 없다.

현시켜 노동 성과의 가변성과 불확실성을 줄이고 요소계약의 심사 능력을 대대적으로 개선시켰다.

셋째, 토지요소의 계약 문제와 관련해서는 이미 앞에서 논의한 바 있다. 돼지 사육의 방역 위험과 홍콩 납품 고기 품질의 안전 문제 특수성 때문에 둥진기업은 '토지요소 임대계약' 외에는 선택의 여지가 없었다. 사실 자본이 토지에 먹히는 상황에서 토지요소계약은 종종 농가의 '토지가격 환상'이라는 복병에 부딪혀 토지임대가 이윤을 잠식하는 현실적 문제를 야기시키곤 했다.

그렇기 때문에 우리는 둥진기업과 농가의 계약이 요소계약이든 요소계약과 상품계약의 결합 중 하나이든 단일한 상품계약은 불가능하다고 판단했다. 때문에 실전에서 계약의 매칭 방법은 더욱 다양할 것으로 예상한다.

6.4 농업의 조직화 문제

둥진기업과 농가의 정식 계약 협력은 사실상 '선두 기업+농장' 모델을 선택한 것이다(이하 '둥진 모델' 또는 '둥진 테스트'). 이 모델은 중국 농업의 조직화에 중요한 의의를 지니고 있다.

중국 농업이 현대화 과정에서 직면한 난제는 어떻게 현대 농업을 발전시킬 수 있는 농장 규모로 영세농업 규모를 키우느냐이다. 농장 규모가 현대 생산 능력에서 요구하는 마지노선에도 미치지 못할 경우 과학기술 응용, 설비, 시장 진입, 생계 유지 소득, 농업 종사 열정 등 모든 부분에서 지속 가능성이 없어 농업의 현대화는 요원해지고 만다[허시우룽(何秀榮), 2009].[22]

1986년 농가는 평균 9.2묘의 농경지를 소유하였고 당시의 평균주의

22 이하 수치는 모두 본문에 근거한 것이다.

분배 방식으로 농가당 경작지가 8.4개로 분산되어 있었다. 더욱 염려스러운 것은 영세한 농가 규모가 농지의 유실과 인구 증가에 따라 점점 더 영세화되는 것이었다. 농가 규모의 축소에 대응해서 농업 소득이 농가 소득에서 차지하는 비중이 1985년 75.02%에서 2007년 42.1%로 줄어들었다. 영세한 소규모 농업은 소득 문제 외에도 다음과 같은 문제를 야기했다. 농가경제에서 농업이 차지하는 비중이 점점 줄어들고 겸업을 하거나 농업을 포기하는 것이 보편적인 현상이 되어 농업은 '쇠락'의 길을 걷게 되었다. 그리고 적은 생산과 큰 시장의 갈등이 겹치고 사고 팔기 힘든 상황이 반복되다가, 이러한 현상이 보편화되었다. 또한 농업의 표준화와 농산물 품질 안전은 극복할 수 없는 문제가 되었다.

이에 따라 농업의 산업화가 의제화되었다. 최근 사람들은 농장 규모를 확대하고, 영세농들의 단점을 보완하기 위한 방법을 강구하기 위해 노력하고 있다. 예를 들면 농경지를 대농에게 몰아 주고, 농민 전문 협력조직 설립을 독려하며 선두 기업과 농가를 연결하는 등의 노력을 하고 있다. 문제는 이러한 방법이 통하느냐 하는 것이다.

(1) 토지 유전의 경우, 1999년 중국 농가가 하청을 주는 농경지는 평균 0.2묘로, 2.53%의 농경지만이 유전되었다. 2006년에는 4.57%, 2008년에는 8%에 불과했다. 사실 농경지가 유전되면서 2007년 말 중국 농가의 농지 평균 경작 면적은 1986년보다 20% 축소된 7.4묘로 줄어들었다. 일본은 1950년대 말부터 농장 규모 확대 정책을 실시하였으나, 50년의 정책 추진 결과는 평균 농장 규모가 처음의 1헥타르에서 2헥타르로 늘어난 것이 전부다. 농장 규모가 수치상 두 배로 커졌음에도 불구하고 현재의 농업환경에서는 여전히 크지 않은 규모이기 때문에 미국의 대규모 농장과는 비교조차 되지 않는 수준이다.

1978~2002년 사이에 기업형 농장은 5만 개에서 7만 4천여 개로 늘어났고 가정형 농장은 56만 가구가 줄어들어 기업형 농장이 전체 농장에서

차지하는 비중이 2.22%에서 3.47%로 늘어났다. 참고로 2002년 미국의 농업 센서스 데이터에 따르면 규모가 1천 에이커 이상인 농장은 전체 농장의 8.6%지만, 이들이 차지하는 농경지는 전체의 67%에 이른다고 한다.

(2) 합작사는 약자끼리 협력을 통해 서로 취약한 부분을 보완하는 효과적인 방법으로 여겨지고 있다. 그러나 농업의 특성상 합작사의 제도비용이 너무 높아 노동력 관리 감독·품질 검증 및 사후 기회주의 행동 등의 문제점이 산재해 있는 한편, 소규모의 합작사 역시 시장화되고 국제화된 경쟁환경에 적응하기 힘든 측면도 있다. 현재 세계 농업의 경쟁은 과거 그 어느 때보다도 규모경제와 전문성을 강조하기 때문에 농업 전문 합작사가 중국 농업의 기본적인 조직 형태가 될 가능성은 매우 낮다.

(3) '기업(선두 기업)+농가'에서의 '주문식 농업'은 표면적으로는 중국의 소규모, 분업화된 가정형 경영에 적합한 방식이다. 규모경제를 개선하고 시장 진출 문제를 해소하였지만 가장 큰 문제는 계약의 안정성이 떨어지고 계약 파기율이 높다는 것이다. 또 다른 하나는 기업의 농가 행위에 대한 관리 감독이 힘들고 상품의 품질을 식별하기 어려워 농산물 품질 안전에 잠재적 위험요소가 도사리고 있다는 점이다.

현재의 가정도급경영제도에는 실질적으로 큰 결함이 존재한다. 첫째, 토지균등도급제는 폐쇄된 소농경제 상황에서는 효율적이지만 인구 이동이나 변화가 생기면 자연적으로 결함이 발생한다. 토지집체제에 따라 마을의 모든 법적 구성원에게는 그 마을의 땅을 소유할 권리가 주어지기 때문에 지역사회의 농민은 모두가 평등하게 도급권을 갖게 된다. 그 결과 토지 분배는 인구의 변화에 따라 변하고 불안정성과 분산성이라는 제도적 결함이 발생할 수밖에 없다. 둘째, 도시화와 비농산업이 발전함에 따라 반(半)자급성 소규모 토지경영을 하는 농가가 겸업 및 부업을 하는 현상이 나타났다. 농지의 방치, 분산 사용, 소규모 경영으로 자원 배치의 효율성이 떨어졌고 국가의 식량 안보와 식품 안전을 위협하였다. 문제는 인구 이동과 토지 유전 과정에서 행위 주체의 효과적인 토지 '퇴출 메커니즘'과 '진입 메커니즘'이 구축되지 않았다는 것이다. 농민에게 충분한 토지도급경영권을 보장한다는 전제하에 토지자원 배치의 효율을 개선시키고 기존의 분산·협소·저효율의 토지 사용 구도를 변화시키며, 노동력 이동에 대응하는 '토지 퇴출 메커니즘'을 구축하여 토지 집중 메커니즘을 만들어야 한다. 이를 통해 규모경영을 실시하고 제도 변화를 의제화시키는 것이 가능하다.

그래서 둥진의 '기업+농장+농가' 모델은 첫째로 토지 집중과 규모경영 문제를 해결하였고, 둘째로 농민의 토지 이익을 보장하였으며, 셋째로 상품의 품질 안전 문제를 극복하였다.

주목해야 할 점은 '주문식 농업'은 농민에게 효과적인 '토지 퇴출 메커니즘'을 만들지 못했고, 오히려 농민을 어느 정도 토지에 '얽매이게' 하였다. 둥진 실험은 '토지가 이동하고(地動)', '사람이 움직이는(人動)' 양방향 메커니즘을(농민에게 땅을 포기하고 타지로 가서 일자리를 찾도록 독려하는 동시에 농민에게 토지 수익을 제공하고 실업을 했을 때 취업을 보장) 구축하였을 뿐 아니라 농민이 자본 수익을 함께 나눌 수 있는 채널도 만들었다(은행 대출, 회사 담보, 농가 투자, 최저 이윤 보장, 초과 배당금 및 토지임대료 수익 분배).

둥진 모델에서 농장은 기본적으로 임대식 농장(토지임대와 자본 투자)의 특징을 보이고, 산업사슬의 다운스트림에 있는 모회사에 의존하여 독립적인 법인 지위를 갖지 못하며 농산물을 모회사에 공급한다는 것을 알 수 있다. 실질적으로는 상공자본이 작은 농장을 흡수한 후 만든 대규모 임대경영 농장인 셈이다.

국내외로 기업형 농장은 강한 생명력을 가지고 있다. 비교적 경영 규모가 크고 생산 부분마다 밀접하게 연결되어 있어 규모의 경제를 갖추고 있다. 전문화·표준화된 생산이 용이하고 새로운 기술이나 설비를 쉽게 들일 수 있어 기술과 경제적 효율성을 제고시키는 데에도 유리하다.

일본 정부는 오랜 기간 기업형 농장을 엄격히 제한하였다. 하지만 경제가 글로벌화되는 상황에서 국제적 압박을 받고 고액의 농업 보조금과 농민의 고령화 때문에 일본 정부의 농업 정책도 소농가를 기반으로 한 농업을 보호하기 힘들어졌고, 기업형 농장(법인농장)에 대한 법률 제재를 완화하였다. 1995년부터 기업형 법인농장은 급속도로 증가하여 1995년부터 2000년까지 5년 동안 그 수가 2,815개에서 4,393개로 56%나 증가하였다. 더 나아가 2003년 일본 정부는 일반 기업이 농지를 임대하는 방식으로 농업에 참여하는 것을 허가하였다. 프랑스 역시 농업경영 시스템 중 기업형 농장이 빠른 속도로 발전하고 있다.

결국 중국이 농업의 현대화를 위해 어떠한 방법을 선택할 것인지가 가장 근본적인 전략 문제이다. 농업의 현대화 실현 메커니즘은 농업조직화의 혁신에 달려 있고, 이는 분명 둥진 실험이 지닌 정책적 의미와 거시적 가치를 결정짓는 것이다.

참고문헌

Anderlini L. and Felli L., Bounded Rationality and in Completes Contracts, *Research in Economics* 58, 2004, pp.3~30.

Boger, S., Quality and Contractual Choice: A Transaction Cost Approach to the Polish Hog Market, *European Review of Agricultural Economics* 28(3), 2001, pp.241~262.

Bolton L. and Faure-Grimaud A., Sacrificing Contracts, *Review of Economic Studies* 77(3), 2010, pp.937~971.

Chiu Y. S., Non-cooperative, Hostages, and Optimal Asset Ownership, *American Economic Review* 88, 1998, pp.882~901.

Corts K. S. and Singh J. T., The Effect of Repeated Interaction on Contract Choice: Evidence from offshore drilling, *Journal of Law, Economics, and Organization* 20(1), 2004, pp.230~260.

Dorward, A., The Effects of Transaction Costs, Power and Risk On Contractual Arrangements: A Conceptual Framework for Quantitative Analysis, *Journal of Agricultural Economics* 52(2), 2001, pp.59~73.

Eaton, C., and Shepherd A., Contract Farming Partnerships for Growth, *FAO Agricultural Services Bulletin* 145, 2001.

Ellison G., Cooperation in the Prisoners' Dilemma with Anonymous Random Matching, *Review of Economic Studies* 61(3), 1994, pp.567~588.

Frank, S. and Henderson, D., Transaction Costs as Determinants of Vertical Coordination in the U. S. Food Industries, *American Journal of Agricultural Economics* 74, 1992, pp.941~950.

Goodhue, R., Input Control in Agricultural Production Contracts, *American Journal of Agricultural Economics* 81, 1999, pp.616~620.

Grossman, S. and Hart, O., The Costs and Benefits of Ownership: A Theory of Vertical and Lateral Integration, *Journal of Political Economy* 94(4), 1986, pp.691~719.

Hart O. D. and B. Holmstrom, The Theory of Contracts, in T. F. Bewley(ed.), *Advanced in Economic Theory* 3, Cambridge Univ. Press, 1987, pp.71~155.

Hart O. D. and Moore J., Contracts as Reference Points, *Quarterly Journal of Economics* 123, 2008, pp.1~48.

Hart O. D. and Moore J., Property Rights and the Nature of the Firm, *Journal of Political Economy* 98(6), 1990, pp.1119~1158.

Hennessy, D. and Lawrence, J., Contractual Relations, Control, and Quality in the Hog Sector, *Review of Agricultural Economics* 21(1), 1999, pp.52~67.

Hobbs, J. and Young, L., Increasing Vertical Linkages in Agrifood Supply Chain: A Conceptual Model and Some Preliminary Evidence, *Montana State University Research Discussion Paper* No. 35, 1999.

Horn H., Maggi G., and Staiger R. W., Trade Agreements as Endogenously Incomplete Contracts, *American Economic Review* 100(1), 2010, pp.394~419.

Jensen, M., and Meckling, W., Theory of the Firm: Managerial Behavior, Agency Costs and Ownership Structure, *Journal of Financial Economics* 3(4), 1976, pp.305~360.

Key, N., and McBride, W., Production Contracts and Productivity in the U. S. Hog Section, *American Journal of Agricultural Economics* 85(1), 2003, pp.121~133.

Lazzarini S. G., Miller G. J., and Zenger T. R., Orderwith Some Law: Complementarity Versus Substitution of Formal and Informal Arrangements *Journal of Law, Economics, and Organization* 20, 2004, pp.261~298.

Little, P., and Watts, M., *Living Under Contract: Contract Farming and Agrarian Transformation in the Sub-Saharan African*, the University of Wisconsin Press, 1994.

Poppo L., and Zenger T., Do Formal Contracts and Relational Governance Function as Substitutes or Complements, *Strategic Management Journal* 23, 2002, pp.707~725.

Ryall M. D. and Sampson R. C., Formal Contracts in the Presence of Relational Enforcement Mechanisms: Evidence from Technology Development Projects, *Management Science* 55(6), 2009, pp.906~925.

Salanie, *The Economics of Contracts: a Primer*, Cambridge, Mass: MIT Press, 1996.

Saussier, S., When Incomplete Contract Theory Meets Transaction Cost Economics: A Test, In *Institutions, Contracts, and Organizations: Perspectives from Institutional Economics*, edited by Ménard, C., Edward Elgar Publishing Limited, 2000, p.388.

Schmidt K., and Schnitzer M., The Interaction of Explicit and Implicit Contracts, *Economic Letters* 48, 1995, pp.193~199.

Tirole, J., Incomplete Contracts: Where Do We Stand?, *Econometrica* 67(4), 1999, pp.741~781.

Williamson, O., Transaction-Cost Economics: The Governance of Contractual Relations, *Journal of Law and Economics* 22, 1979, pp.233~261.

Williamson, O., *The Mechanism of Governance*, NY: Oxford University Press, 1996.

Williamson, O., The New Institutional Economics: Taking Stock, Looking Ahead, *Economic Literature* (38), 2000, pp.595~613.

阿尔奇安, 德姆塞茨:《生产, 信息费用与经济组织》, 载《财产权利与制度变迁》, 上海三联书店, 1994年.

贝尔纳·萨拉尼耶著, 费方域等译:《合同经济学》, 上海财经大学出版社, 2008年.

曹正汉, 罗必良:《一套低效率制度为什么能够长期生存下来—广东省中山市崖口村公社体制个案》,《经济学家》, 2003年 第6期.

陈锡文:《慎重对待农地流转—在稳定土地承包权的基础上让农民自主选

择》,《经济研究参考》, 2002年 第7期.
陈志俊:《不完全契约理论前沿评述》,《经济学动态》, 2000年 第12期.
段应碧:《如何搞好土地使用权流转工作》, "中国农民土地使用权法律保障国际研讨会"会议论文, 2002年.
郭红东, 蒋文华:《龙头企业与农户的订单安排与履约——一个一般分析框架的构建及对订单蜂业的应用分析》,《制度经济学研究》, 2007年 第1期.
何秀荣:《公司农场: 我国农业微观组织的未来选择?》,《中国农村经济》, 2009年 第11期.
黄凯南:《不完全合同理论-基于演化经济学的分析视角》,《2010年中国制度经济学论文集》, 浙江金华, 2010年 10月.
贾明德, 李灵燕:《契约的不完全性与敲竹杠问题》,《经济学动态》, 2002年 第7期.
李彦敏:《"龙头企业+农户"模式: 类型, 问题与对策》,《中国合作经济》, 2005年 第7期.
刘凤芹:《不完全合约与履约障碍-以订单农业为例》,《经济研究》, 2003年 第4期.
罗必良:《合作机理, 交易对象与制度绩效-温氏集团与长青水果场的比较研究》,《中国制度变迁的案例研究》(第六集), 中国财政经济出版社, 2008年.
聂辉华:《不完全契约理论的转变》,《教学与研究》, 2011年 第1期.
帕特里克·博尔顿等著, 费方域等译:《合同理论》, 格致出版社, 上海三联书店和上海人民出版社, 2008年.
让-雅克·拉丰, 大卫·马赫蒂摩等著,陈志俊等译:《激励理论-委托-代理模型》, 中国人民大学出版社, 2008年.
王勇:《完全契约与不完全契约-两种分析方法的一个比较》,《经济学动态》, 2002年 第7期.
吴德胜, 李维安:《非正式契约与正式契约交互关系研究》,《管理科学学报》, 2010年 第12期.

吴德胜:《农业产业化中的契约演进-从分包制到反租倒包》,《农业经济问题》, 2008年 第2期.

熊彼特:《经济周期循环理论: 对利润, 资本, 信贷, 利息以及经济周期的探究》, 中国长安出版社, 2009年.

杨其静:《合同与企业理论前沿综述》,《经济研究》, 2002年 第1期.

杨其静:《合同与企业理论前沿综述》,《经济研究》, 2003年 第1期.

杨其静:《从完全合同理论到不完全合同理论》,《教学与研究》, 2003年 第7期.

杨瑞龙, 聂辉华:《不完全契约理论: 一个综述》,《经济研究》, 2006年 第2期.

张红宇, 刘玫, 王晖:《农村土地使用制度变迁: 阶段性, 多样性与政策调整》,《农业经济问题》, 2002年 第2期.

张维迎:《企业的企业家: 契约理论》, 上海三联书店, 上海人民出版社, 1995年.

张五常:《企业的契约性质》, 载《企业制度和市场组织》, 上海三联书店, 1995年.

周立群, 曹利群:《商品契约优于要素契约-以农业产业化经营中的契约选择为例》,《经济研究》, 2002年 第1期.

⁝ 계약 자본, 거래 형태 및 수익 분배*

— '기업+농가' 형태의 WENS 그룹 사례를 중심으로

요약 학자들은 오랫동안 경제적 거래 형태를 이분법적으로 분류하고 조직 형태를 특정 유형으로 한정 지어 왔다. 본고의 개념 모델은 협력 네트워크의 노드로서 기업들이 계약으로 인해 서로 연관이 있다고 밝혔다. 핵심 구성원들은 계약 자본의 우위에 기대어 상대방과의 거래 형태를 크로스캐스팅(cross-casting)하고 이로 인해 거래 형태는 상태 의존적인 형태로 바뀌게 된다. '크로스캐스팅'은 핵심 구성원의 효용 극대화에 기초하고 있으며, 협동적 잉여 생산물의 분배 메커니즘 및 쌍방 계약 자본 구조와 관련이 있다. WENS 그룹과 농가의 거래 형태를 사례로, 신탁투자에서 시장거래의 협력 생산으로 변화한 다음 불완전계약으로 인해 WENS 그룹이 상하류 산업사슬 단계에서 계약 자본의 우위를 이용하여 시장거래를 경영거래로 크로스캐스팅하는 과정을 살펴보고, 이를 코스의 정리와 마셜의 정리에 의거하여 증명한다. '크로스캐스팅'은 WENS 그룹이 원가 리스크 및 생산 리스크를 외부화하고 감독원가를 절약하며 도덕적 리스크 문제를 회피함으로써 가격 경쟁력을 획득하게끔 한다. 농가는 비농업 취업 수입, 투자 수익, WENS 그룹의 프리미엄 가치사슬의 2차 분배로 인한 경제적 잉여분의 세 가지 이익을 얻게 된다.

키워드 **계약 자본의 비대칭성, 거래 형태의 크로스캐스팅(cross-casting), 가치사슬 이익 분배, 농업 산업화, WENS 그룹**

---

* 본고는 국가 사회과학 기금 프로젝트 '협력 메커니즘, 거래 대상과 제도 효과–농업 산

1. 경제적 거래 형태: 이분법적인가? 아니면 의존적인가?

코스는 경제조직 형태를 귀납적으로 기업(혹은 관료제)과 시장으로 '양분'하여 바라보았다. 경제학자들은 중간 형태 또는 혼합 형태의 소식이 존재한다는 사실을 인지하고는 있지만, 여전히 복잡하고 다양한 조직 형태를 특정 유형에 한정 지어 연구하는 타성에 젖어 있었다. 경제학은 원가의 측면에서 기업의 본질에 대해 탐구하고 경영학은 가치 창출의 측면에서 경제조직 형태의 분류 지표를 내세우는데, 이러한 방식은 여전히 이분법적 사고에서 벗어나지 못한 것이다.

개혁개방 이래로 중국 경제조직 유형의 내생화는 지속적으로 강화되어 다양화의 발전 추세로까지 이어졌으며 학자들은 이 문제에 큰 관심을 가지게 되었다. 선두 기업이 이끄는 조직 형태는 농업 산업화의 중요한 조직 방식이며, 종종 '기업+농가'의 조직 방식을 취한다. '기업+농가'의 조직 방식은 기업조직의 기본적 특징을 내포하고 있으면서도 업종의 특징 또한 가지고 있어 다양한 이론이 적용될 여지가 있다. 학자들은 기업과 농가 간의 거래 형태를 경영 관리와 시장, 혼합 형태의 세 가지 유형으로 분류해 왔다. 거래의 복잡성과 평가라는 두 가지 척도에 근거하여 혼합 형태를 또 다시 방만형, 반(半)긴밀형, 긴밀형으로 분류하는 학자도 있다 [예를 들어, 인원쑹(尹雲松), 2003].

'기업+농가'의 형태가 심오한 경제적 거래의 본질을 내포하고 있음에도 상술한 문헌과 케이스 스터디 모두 여전히 코스 모델의 프레임에서 벗

업조직 협력 메커니즘 선택의 이론과 실증 연구'(07BJY100)와 교육부 인문사회과학 기금 청년 프로젝트 '정보, 대리와 국유은행 신용 리스크'(06JC790016)의 단계적 성과물이다. 해당 보고서의 집필자는 미위안성(米遠生)과 루어삐량이며 「계약 자본의 비대칭성, 거래 형태의 크로스캐스팅(cross-casting)과 가치사슬 이익 분배-'기업+농가' 형태의 WENS 그룹 모델을 사례로(契約資本非對稱性, 交易形式反串與價值鏈的收益分配: 以'公司+農戶'的溫氏模式為例)」라는 제목으로 『중국농촌경제』 2009년 제8기(期)에 등재되었다.

어나지 못하고 있다. 예를 들어, 완쥔이(萬俊毅) 교수가 2008년 제12기 『관리세계』에 발표한 「준(準)수직 일체화, 관계 거버넌스 및 계약 이행」에서는 광둥의 WENS Food Group(이하 WENS 그룹)과 농가 간의 거래 형태를 '준(準)수직 일체화'로 정의하였다. 하지만 '준(準)수직 일체화'로 WENS와 농가 간 거래 형태의 복잡성을 설명하기는 힘들다.[23] 계약 조항에 의거하면, WENS와 목축민의 비즈니스 모델은 거래관계에 해당한다. 그러나 고위 관리자와 일반 직원들은 목축민을 '작업장'으로 여길 뿐이다. WENS와 농가 간의 계약 형태는 관료제와 시장의 특징을 이중적으로 갖고 있다. 이렇게 모순적으로 보이는 현상에 대해 어떻게 설명해야 할까? 이런 관계는 어떻게 발생한 것인가? 또, 쌍방의 이익 문제에는 어떤 영향을 미치는가? 이 모든 문제들은 모두 연구할 가치가 있다.

다음과 같은 이유들에 의하여, 본고는 WENS 그룹에 대한 케이스 스터디를 통해 기업조직 형태의 상황 의존 현상을 면밀히 분석하였다. 첫째, 필자는 WENS 그룹에 대해 이미 여러 차례 조사한 바 있어, WENS 그룹과 농가 간의 관계에 대해 꽤 깊은 이해를 하고 있다. 둘째, 조직 형태의 보편성 및 특수성의 결합 때문에 이 문제를 연구하는 데 있어 WENS 그룹의 케이스가 가장 적합하다고 보인다. 셋째, 협력 네트워크의 구성원 간에는 각종 경제적 관계가 생겨난다. 문제를 간단히 하면서도 결론이 바뀌지 않게 하기 위해 연구 중에 구성원을 둘 고르는 것이 적합하고, 그 구성원 간 상대적 지위의 격차가 클수록 좋다. 넷째, '기업+농가'의 형태가 상술한 조건에 부합한다. WENS 모델은 '기업+농가'의 공통적인 특징을 갖고 있으며, 현대 기업의 전형적 특성 또한 가지고 있기 때문에 연구의 조건에 부합한다. 본고는 완쥔이 교수의 논문과 유사한 연구 방법을 차용

23 완쥔이 교수의 논문에서 중요한 부분은 WENS 그룹과 농호 간의 거래 형태가 아니라, 계약 이행에 있어 관계 네트워크를 분석하는 데 있다.

하고 있지만, 탐험적 사례 연구에서는 사고 실험 및 연역 논리의 방법을 활용하였다.

2. 사례 배경: WENS 및 목축민 간의 거래관계

WENS 그룹은 1983년에 만들어졌고, 본부는 광둥성 윈푸시(雲浮市) 신흥현(新興縣)에 위치하고 있다. 26년간 빠른 속도로 성장하여, 현재는 양계업을 주도하고 돼지 및 육류 가공품을 대량 생산하는 농업기업이 되었다. 2008년에 WENS 그룹의 매출 수익은 160억 위안을 넘어섰다. WENS 그룹은 경제적으로도 우수한 성과를 거두었을 뿐 아니라, 농가 취직 등의 문제를 해결해 줌으로써 사회적으로도 기여했다. 1999년, 그리고 그 이듬해인 2000년에도 WENS 그룹은 성(省)·국가 차원에서 농업 산업화의 중점 선두 기업이라 평가받았다. WENS 그룹이 '소량 생산'과 '대규모 시장'의 모순을 해결하는 데 성공한 경험은 'WENS 모델'이라 불리며 사회적 반향을 일으켰다. 2008년 5월, 농업부와 광둥성 인민정부는 공동으로 회의를 열었는데, 'WENS 모델'을 전국적으로 보편화하기로 하였다.

'WENS 모델'의 핵심 요소와 이에 대한 이해가 학자들 간에 일치하지는 않지만, 대부분 '기업+농가'라는 형태가 분석의 출발점이라고 본다. 그러나 깊이 파고들면, WENS 그룹과 농가 간의 경제적 거래 형태는 복잡해진다. 본고가 서론 부분에서 언급한 바와 같이, WENS 그룹의 재무제표가 제공하는 관련 정보들 또한 경제적 거래 형태의 이중성을 띠고 있다. 기업의 대차대조표와 그 주석에서 나타나는 매출채권의 매출은 병아리, 새끼돼지, 사료, 약물 및 백신 등의 상품을 포함한 것이다. 유동 부채는 목축민에게 치러야 할 미지급 대금(계약금)을 포함하고, 미지급금은 목축민의 이익 잉여금을 포함한다. 경영 수입은 육계, 병아리, 계란 및 사료, 백신과 수의약을 포함한다. 이러한 정보들을 통해 WENS와 목축민의 관계는 전형적인 시장거래의 관계임을 알 수 있다. 그러나 대차대조표 상의 농가원가 명세는 사료비용을 원가비용 및 구매비용으로 분류하고 있으며, 구매비용이 원가비용보다 더 높다. WENS 그룹은 농가에 제공하는 사료를 매출로 보고 있다. 동시에, WENS 그룹의 매출, 경영 관리 등 주요 비용은 농가 생산원가에 포함시켜 놓았다. 이로 미루어 보아 WENS 그룹과 농가의 관계는 경영거래관계라고도 볼 수 있다.

실제적인 상황에 비추어 보면, WENS 그룹과 농가의 거래관계는 시장의 형태를 띠고 있기도 하고, 경영의 형태를 띠고 있기도 하다. WENS 그룹은 어떤 원칙에 따라 두 관계 중에 하나를 고르는 것일까? 어떤 생성 메커니즘인가? 이 메커니즘과 WENS 그룹의 성공은 어떤 연관성을 갖는가? 본고는 거래 형태의 크로스캐스팅 이론을 도입해서 계약 자본의 비대칭성으로 그 생성 메커니즘을 설명하고자 한다. 또한, 협동적 잉여의 분배 문제도 다루고자 한다.

3. 이론의 프레임워크

오랫동안 신고전경제학은 가격 메커니즘의 자원 배치 기능에 집중하였고, 기업 본질에 대한 문제에는 소홀했다. 나이트(2006)가 기업은 리스크를 견디는 존재라는 시각을 피력한 후에야 이 상황에는 다소 변화가 생겼다. 이후, 산업조직이론과 신제도경제학은 각각의 시각에서 이 문제에 대해 답하기 시작했다. 산업조직이론은 생산 과정에서의 기술 의존성, 독점의 동기(예를 들어 쌍방 독점, 배척 행위, 진입장벽과 가격 차별 등), 산업 생명 주기 및 시장의 규모, 불확정성 등 내외적 환경의 제약조건으로 기업조직 형태의 생성 메커니즘을 분석해 왔다. 신고전경제학은 주로 원가와 비용의 시각에서 분석해 왔다. 존 코먼스(1997)는 우선 거래의 형태를 분류하고 진화 메커니즘을 분석했다. 기업은 경영거래, 시장은 매매거래로 분류했으며, 경영거래의 원가가 매매거래의 원가보다 적을 때 기업이 생겨난다고 보았다. 고스(1937)는 기업 본질의 거래비용이론을 제시했다. 기업은 가격 메커니즘(시장)의 대체물이며, 관리비용 및 거래비용의 크기가 기업과 시장의 거래 형태 선택에 영향을 준다고 주장했다. 코스는 기업 본질 문제의 '블랙박스'를 열어 많은 논쟁거리를 야기했다. 학자들은 각기 다른 이론 배경을 바탕으로 상호보완적인 관점을 제안했고, 그중 영향력이 큰 이론은 올리버 윌리엄슨(Williamson)의 자산 특수성, 아르멘 앨버트 알치안(Armen Albert Alchian, 1985)과 하롤드 뎀세츠(Harold Demsetz, 1972)의 팀 프로젝트 이론, 청(Steven Cheung, 1983)의 요소시장의 재화시장 대체, 그로스만(Grossman, 1986)과 하트(Hart, 1986)의 불완전계약, 옌센(Jensen, 1976)과 맥클링(Meckling, 1976)의 대리인 이론, 양샤오카이(楊小凱, 1997)의 전문화 분업 등이 있다.

상술한 학자들의 노력으로 도덕적 리스크, 역선택, 기회주의 및 생산의 대리인 비용 등의 개념이 널리 알려지게 되었다. 산일 구조, 기업의 긍정적 엔트로피(원가 및 비용) 감소는 여전히 중요하다. 그러나 기업이라는 경제적 생명체에 있어서 부정적 엔트로피를 증가시키는 것은 더욱 중요하다. 가치 창출이라는 시각에서 보았을 때 경영학자는 몇 가지 방면에서 기업의 본질에 대해 귀납적으로 결론지었다.

앞서 이야기한 이론들은 기업 본질의 문제에 대해 경제적 거래 형태를 분류해야 한다는 입장을 취하고 있다. 코스가 주장한 장기 계약의 특수 형태에 윌리엄슨이 1985년 혼합형을 추가하였다. 경영학 역시 다양화 이론의 시각을 제시하였다. 예를 들어 Gullander & Larson(2000)은 '시장-조직-관료제'라는 세 층위의 분석 프레임을 제시하였다. 거버넌스 모델의 시각에서는 기업 간 협력 네트워크의 각 행위 주체 간 협조 능력의 크기에 따라 글로벌 가치사슬이론이 거래 형태를 시장형, 모듈형, 관계형, 포섭형, 위계제의 다섯 가지로 유형화했다(Gereffi & Humphrey & Sturgeon, 2003).

산업조직이론의 환경 기반 관점, 신제도경제학의 원가 관점, 경영학의 가치사슬 관점과 조직 진화 관점은 한데 어우러져 기업조직 형태에 관련된 기본 인지체계를 구성한다. 상술한 관점들은 각기 다른 이론적 배경을 가지고 있지만 연구 대상을 한 모형에 특정하는 습관으로 인해 아래의 보편적 현상을 등한시했다는 공통점이 있다. 첫째, 조직 형태는 거래 과정의 다른 한쪽을 말하는 것이다. 둘째, 협력 네트워크의 노드로서 기업 간 계약으로 인해 이미 서로 관련이 있다면, 핵심 구성원들은 어떠한 핵심 능력(예를 들어, 비교적 강한 협상력)에 기대어 상대방과의 거래 형태를 크로스캐스팅시켜 상태 의존적인 성격으로 변화시킬 수 있다. 셋째, 거래 형태는 종종 경영 모델(또는 더 일반적으로는 비즈니스 모델)과 연관이 있으며, 각기 다른 거래 형태는 당사자 간의 권리 분배와 가치 분배에 영향을 미치고 더 나아가서는 이를 결정짓는 요소가 되기도 한다. 이에 의거하여 본고는 거래 형태의 크로스캐스팅에 대한 가설을 제시하고, 이것이 조직 간 권리 배치와 가치 분배에 어떤 영향을 주는지 분석하며 WENS 그룹의 사례에서 알 수 있는 미시적 증거들에 대해 분석하고자 한다.

4. '기업+농가' 거래의 크로스캐스팅 기제: 개념 모델과 사상 실험

4.1 연관 개념: 경제적 거래 형태와 크로스캐스팅, 계약 자본

경제적 거래 형태와 경제 조직 형태는 다르지만 긴밀한 관계를 갖는 개념이다. 본고는 코먼스(1997)의 전통을 따르기로 해서 일부러 양자를 구분하지 않았다.[24] 크로스캐스팅(cross-casting)은 중국어로 '反串'이라 하고, 『현대한어규범사전』에 의하면 이는 희곡 배우들이 잠시 자신의 배역이 아닌 다른 역할을 연기하는 것을 의미한다. 본고에서는 이 용어를 특정 주체가 고유의 역할(기능)에서 벗어나 다른 역할을 수행하거나, 표면상의 역할과 실제적인 역할 사이에 차이가 있을 때 사용하였다. '크로스캐스팅'은 역할뿐 아니라 행위가 바뀌는 때에도 적용된다. 역할의 크로스캐스팅은 영화, 드라마 등에서 연기자의 성별이 바뀌는 경우나 희곡에서 청의(青衣)가 소생(小生)의 역할을 하여 신분이 뒤바뀌는 경우 등으로 나타난다.* 연기자가 스타 가수로 등장하기도 하고, MC가 게스트로 등장하기도 하며, 국어 선생님이 음악 선생님으로 나오는 등의 것도 행위 '크로스캐스팅'이라 할 수 있다. 본고는 '거래 형태의 크로스캐스팅'이라는 용어로 특정 기제의 힘을 빌려 기업 가치의 극대화를 위해 기업 협력 네트워크의 핵심 구성원과 다른 구성원의 표면적 거래 형태를 바꾸는 현상을 표현한다.

'계약 자본'은 본고에서 제시하는 새로운 개념이다. 옌센과 맥클링(Jensen & Meckling, 1976)은 기업을 계약관계들의 결합체라고 보았다. 협력 네트워크에서 기업 간의 권리 배치는 계약에 의해 결정되며, 거래 형태의 구체적 성질은 구성원 간의 힘 대결에 따라 결정된다. 경제적 거래 형태의 본질은 시장과 같아서 복잡한 가운데 균형을 찾아가는 과정의 결과라 할 수 있다. 본고가 사용한 '계약 자본'은 다음과 같은 현상을 의미한다. 핵심 구성원이 자신에게 유리한 조항을 체결할 수 있는데, 그 계약이 불완전한 경우 숨겨진 조건이 자신에게 유리하도록 보충 설명하거나 또는 일방적인 규정 해석 권리가 자신에게 속하도록 하는 행위를 포함한다. 계약 자

24 코먼스는 거래의 형태를 구체적으로 다음의 세 가지로 나누었다. ① 시장거래 또는 매매거래: 조직 또는 개인이 시장을 통해 거래를 하는 경우, ② 경영거래 또는 기업거래: 조직 내부의 상하 관계 사이의 거래, ③ 할당거래 혹은 정부거래. 본고는 경제조직 형태와 경제적 거래 형태를 굳이 구분하지 않는다.

* 중국 전통 희곡에서 청의(青衣)는 푸른 빛의 옷을 입고 등장하는 천한 신분의 역할을 가리키며, 소생(小生)은 젊은 남성 배역을 의미한다.(옮긴이)

본 배치의 비대칭성에 따라 기관 간 거래 형태의 성질이 변화할 수 있고, 표면상의 형태와 실질적 형태 사이의 괴리도 발생할 수 있다. 계약 자본 배치의 비대칭성에 따라 새로운 잉여분이 생겨나기도 하며, 협동적 잉여의 재분배까지도 야기할 수 있다.(우위에 있는 쪽이 상대방에게 비용을 전가시키고 수익을 점유할 수 있다.) 계약 자본 배치의 비대칭성은 광범위하게 존재한다. 터널효과, 대주주의 이익 수용, 내부인 통제 등의 문제와 연관이 있다. 본고는 계약이 불완전할 때 핵심 구성원이 숨겨진 조건을 해석할 때 기회를 틈타 상대방과의 거래 형태를 크로스캐스팅시키는 현상을 분석하고자 한다.

4.2 기업과 농가 간 경제적 거래의 초기 형태: 신탁투자

기업은 정보를 수집, 가공 및 판매하는 특수한 시장 메커니즘이다. 예를 들어, 고용주는 관련 정보를 제공하여 노동력과 자본을 가장 효율적으로 사용할 수 있다. 각 기업, 또는 분산된 생산 주체들을 연합하여 단일 소유자로 조직시키는 각종 조직을 모두 신탁투자자라고 볼 수 있다(뎀세츠, 1999). '소량 생산'과 '대규모 시장'이라는 소농경제의 기본적인 모순은 농가가 기업가 자질이 부족하고 정보를 수집, 처리, 피드백하는 능력이 충분치 못하기 때문에 발생한다. 재화의 수요에 대한 정보에 관한 이해가 없고 기술 발전에 대해서도 무지하다면, 농가는 생산 규모를 자급자족하는 정도의 낮은 수준에 그쳐야 한다. 농업 산업화의 세 가지 모델 중, 정보 문제를 해결하는 데 있어 기업형 모델이 특화시장형과 중개조직형에 비해 우위에 있다. 기업과 농가의 제1차 결합은 정보 열세에 놓인 농가가 노동력과 자본 등의 요소를 기업에 위탁하여 그 용도를 최적화하기 위함이라고 볼 수 있다. 이러한 의의에서 보자면 '기업+농가' 형태의 시작은 신탁투자에서 비롯된 것이라 볼 수 있다.

4.3 기업과 농가 간 경제적 거래 형태의 진화: 신탁에서 협력으로

농가가 생산요소를 기업에 위탁한 후, 기업은 이 자원들을 배치하는 데 있어 최적화를 달성해 주어야 했다. 기업은 기업가로서의 자질, 정보, 기술 및 업종에 대한 지식 등에서 우위를 차지함으로써 농업생산 경영 및 관리에 더 능력을 보였다. 이에, 농가의 생산요소를 또다시 농업 영역에 투입하였다. 농업생산의 고위험과 저수익을 고려하여 보수적 발전 전략을 선택한 생산가공형 농업기업은 협약의 방식으로 농가와 연합하여 생산하였다. 기업과 농가의 경제적 거래 형태를 상호관계의 친밀도에 근거하여 수직 일체화, 순수 시장 모델, 중간형 모델의 세 가지로 분류할 수 있다. 코스에 따르면, 중간형 모델은 수직 일체화도, 시장형도 아니며 장기 계약에 해당하는 개념이다.

4.4 기업과 농가 간 경제적 거래 형태: 협력에 기초한 크로스캐스팅

비교우위가 서로 보완되어 쌍방이 계약 형태로 묶이면 혼합형 조직이 형성되지만, 시나리오는 언제든지 바뀔 수 있다. 생산요소의 희소 정도와 계약 자본의 비대칭성 배치는 기관 간 통제권 소유 문제에 영향을 미칠 수 있으며, 심지어는 거래 형태를 변화시킬 수도 있다. 핵심 요소의 소유자는 거래 형태의 교묘한 크로스캐스팅을 통해 시장거래와 경영거래상의 이중 이익을 취하는 유인과 능력이 있다. 이러한 시나리오는 긴밀형 '기업+농가'의 모델에서 일어날 법하다. 생산형 기업은 시장의 리스크를 통제할 수 있는 강한 억제력은 갖고 있지만, 여전히 큰 자연적 리스크를 떠안고 있다. 수직 일체화가 아닌 협력의 형태로 농가를 고용하게 되면 기업은 생산 위험의 외부화를 실현시킬 수 있게 된다. 농가가 닭을 키워 기업에 팔게 되면 서로가 상업상 거래관계에 놓이게 되고, 이 모델은 기업이 노동력에 대한 대금 지불 등의 비용을 아끼게 해 준다. 그러나 그 영향이 여기에만 그치는 것은 아니다. 농가는 토지에 투자하여 고정 자본을 사들인다. 기업은 기업가의 자질, 인적 자본을 제공하여 잉여 생산물에 대한 수취권과 이에 따른 수익 등을 가진다. 만일 농가가 벌어들인 몫이 노동력의 가치와 같다면, 고정 자본과 토지라는 두 개의 요소로부터 얻은 소득이 없다는 뜻이거나 소득이 있더라도 내부 수익보다 낮았다는 의미가 된다. 이는 농가가 기업에 낮은 원가 자금을 투입했음을 의미한다. 이때 농가와 기업 간의 거래는 표면적으로는 여전히 시장거래이지만 실제로는 경영거래의 성질을 갖게 된다.

시나리오는 아직 끝나지 않았다. 농가는 계약에 따라 닭을 키우지만, 투입되는 요소의 품질에 대한 감별이나 질병 진단 등의 능력이 부족하여 이에 상응하는 대책을 강구하게 된다. 농가는 기술과 투입품에 대한 수요가 있고, 기업은 완제품의 질을 보장하기 위해 그 수요에 맞춰 제공한다.[25] 거래비용을 절약하기 위해 농가와 기업은 다시금 계약 형태로 결합한다. 상향식이든 하향식이든, 농가와 기업은 이익으로 묶인 관계가 된다. 계약 자본의 비대칭성 배치는 가격 메커니즘의 사용에 영향을 주며 계약 형태의 크로스캐스팅도 발생시킬 수 있다. 코스의 정리에 의하면, 계약 쌍방의 경제적 거래 관계의 성질은 관리비용의 부담 방식에 근거해 판단할 수 있다. 쌍방의 관계가 시장거래관계라면, 집중된 거래에서는 규모의 경제가 발생하여 비용이 감소한다. 보통의 상황에서 거래비용 절약은 수입의 재분배 기능을 갖고 있지 않다. 투자 구매의 단계에서는 농가가 이득을 얻고, 완제품 판매 단계에서는 기업이 이익을 얻는다. 문제는 기업이 집중된 거래에 상응하는 무언가를 만들어 내야 한다는 것이다. 이

25 완제품의 품질을 보장하기 위해 기업은 적극적으로 농가에 기술과 백신 등의 서비스 및 재화를 제공할 수도 있다.

를 위해 기업은 관리비용을 부담하고 규모의 경제를 실현시킨다. 그러나 이런 상황에서 기업은 결국 비용을 지출해야 하고, 농가를 관리비용의 실제 부담자로 전가시킬 유인이 생긴다. 생산 전과 생산 과정 중, 그리고 생산한 후 선부 정보에 우위를 가지며, 시장 파워가 있을 때 기업은 계약의 불완전성을 이용하여 농가가 관리 및 판매비용의 실질적 부담자가 되도록 만들 수 있다. 이때, 명시된 조항에 규정한 가격은 완제품의 희소성을 측정하는 기능을 잃게 만든다.

4.5 기업과 농가 간 경제적 거래 형태의 크로스 캐스팅: 이론에 대한 총결

'기업+농가'의 거래 형태는 신탁투자에서 시작하였다. 계약을 체결한 이후에 양자는 요소의 우위를 상호보완해야 하므로 생산에 협력하게 된다. 긴밀형 '기업+농가'의 모델에서 농가와 기업은 상하류 산업사슬에서 모두 계약 방식으로 연결되어 쌍방의 계약 조항에 명시한 규정 가격에 따라 시장의 방식으로 거래한다. 계약 체결 전의 협상은 차치하더라도, 체결 후 계약이 불완전한 경우 계약 자본의 우위를 점한 기업은 '제안되지 않은' 이들에 대해 자신이 유리하게 해석한다. 명시된 조항에 원가 및 비용의 부담 방식을 명확히 해 놓지 않았기 때문에 기업은 계약 자본에 있어서의 우위를 이용하여 농가생산과 무관한 원가와 비용을 상품가격에 삽입한다. 이러한 과정 중에 기업은 시장거래와 경영거래를 크로스캐스팅시켜 버린다. 거래의 크로스캐스팅은 쌍방의 이익 분배에 영향을 미친다. 시장거래 모델 하에서 농가는 노동력과 토지, 고정 자본을 제공하고 기업을 위해 노동력과 임금 등 다양한 자기금융을 해 주며 생산 리스크도 부담한다. 경영관계일 때는 농가가 기업을 위해 경영, 판매 및 재무 등의 비용을 부담한다.

거래 형태의 크로스캐스팅은 좋은 기능을 하는 것 같지만, 실제로는 양자가 가진 주요 요소에 따라 달라진다. 첫째로 계약 자본에 우위를 가진 기업은 반드시 서로 이익과 혜택을 주는 원칙에 따라 농가의 신임을 얻어야 하고, 장기 게임에서 최대 수익을 얻어야 한다. 둘째, 농가는 결국 가치 생산자이지만, 기업은 가치 발견 능력이 뛰어나야 비로소 기업 자신도 발전하고 농가도 기본적인 수익을 올릴 수 있다. 가치 발견 능력이 탁월하고 사회적 책임감이 높은 기업만이 상술한 두 가지 조건을 구비하여 거래의 크로스캐스팅으로 인한 경제적 기능을 충분히 발휘할 수 있다.

5. 경제적 거래 형태의 크로스캐스팅: WENS 그룹 사례의 미시적 증거에 기반하여

5.1 WENS 그룹과 농가: WENS 그룹의 기업가로서의 자질

WENS 그룹의 창시자인 원베이잉(溫北英)은 농민 출신이지만 풍부한 인적 자본을 소유하고 있었다. 그는 신흥현 석두충촌(石頭冲村)의 구식 지주 가정에서 태어났다. 그의 집안은 선비 집안이었고, 농촌에서 서당에 다니며 어릴 때부터 『삼자경(三字經)』, 『사서오경(四書五經)』 등의 경전을 익혀 전통문화에 대한 깊은 인상을 가지고 있었다. 1949년 이후 그는 자오칭 사범대학교(肇慶師範大學)에 입학하였으며, 졸업 후 쓰후이현(四會縣)에서 농촌 초등학교 선생님이 되었다. 1957년 원베이잉은 우파로 몰리게 되었고, 우파로 몰려 지낸 20년간의 생애 동안 그는 스스로 닭을 키워 유명한 '닭 왕'이 되었다. 그 기간 동안 인민공사의 서기 천페이위안(陳培源)이 원베이잉에게 양계생산의 교육을 부탁하였다. 1979년에 누명이 벗겨진 이후, 그는 양계 기술자가 되어 신닝현(新寧縣) 식품공사에서 일하게 되었다. 1983년에 그는 회사에서 퇴직하고 스스로 양계장을 설립하였다.

5.2 '기업+농가' 거래관계의 형성: 신탁에서 협력으로

WENS 그룹이 '기업+농가'의 형태를 채택해 온 역사는 꽤 길다. 1986년 WENS 그룹의 사업이 날로 번영하는 것을 보고, 광둥 신닝 러주(簕竹) 인민공사의 농민 다섯 명은 원베이잉을 찾아가 그가 사육하던 병아리를 넘겨 달라고 했다. 또한 그들은 WENS 그룹의 기술 지지를 원했으며 자신들의 상품도 판매해 달라고 했고, 자본의 병목 현상을 우려한 원베이잉은 그들의 요청을 수락했다. 처음에는 WENS 그룹과 농가의 관계가 신탁투자관계였지만, 빠른 속도로 협력관계로 변화하였다. WENS 그룹은 끊임없이 농가와의 장기적 협력관계를 위해 제도를 개선해 왔다.[26] 1996년 이후 WENS 그룹의 경영 모델은 돼지 사육 등의 산업에 광범위하게 전파되었다.

5.3 WENS 그룹과 농가: 계약의 특징 및 계약 자본의 비대칭성 배치

WENS 그룹과 농가 간의 계약은 사실상 선도매입계약을 체결한 것이라 할 수 있다. 계약의 조항에 따르면 쌍방은 시장거래관계이고, 쌍방의 이익은 가격 메커니즘에 의거하여 조정된다. 그러나 계약에서 구매 가격이 포함하는 원가 항목과 그 계산 방식, 그리고 구매 가격과 목축민의 실질적 원가 사이에 부가되는 비율 등 실제적 내용이 빠져 있다. 계약의 불

26 WENS 그룹의 재무제표는 '기업+농가'의 협력 모델을 명확히 설명하고 있다. "기업의 통합을 주축으로 하여 주변 농가와 그룹회사를 연결하여 양계 또는 돼지 사육 산업에서 협력하게 하고, 기업은 일정 비율을 정하여 목축민에게 병아리·사료·약물·기술·판매 등 생산 과정의 전반에 걸친 일괄 서비스를 제공한다."

완전성은 쉽게 발견된다. 계약 자본의 우위를 점하고 있는 WENS 그룹은 농가와의 거래관계를 크로스캐스팅할 수 있다.

5.4 WENS 그룹과 농가 간의 거래 형태 크로스캐스팅: 거래 과정과 가치 분배의 정성적 분석

WENS 그룹과 농가의 거래 과정은 그림 1과 같다.

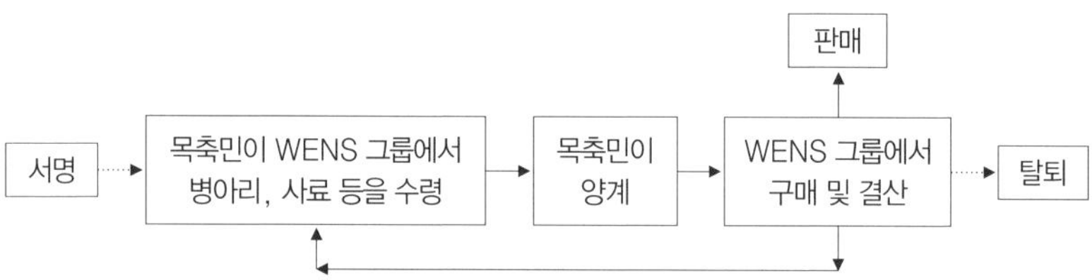

그림 1. WENS 그룹의 '기업+농가' 운영 메커니즘

그림 1에는 연구 개발, 설계, 기준 설정, 판매 및 브랜드 출고 등의 과정은 생략되고 농가와 관련된 주요 생산 과정만 서술되어 있다. 1단계는 서명인데, 목축민은 WENS 그룹에서 종묘·사료·백신·약품 등을 구매한다. 2단계는 목축민이 닭을 기르고 생산 리스크를 부담하는 과정이다. 3단계는(대개 3달 소요) 목축민이 닭을 WENS 그룹에 되팔고 결산을 진행하는 과정이다. 목축민은 2단계부터 계약을 연장할 수도 있고, 4단계에서 탈퇴하기로 결정할 수도 있다. 5단계는 WENS 그룹이 닭을 판매자에게 출고하는 과정이다. 그림 1에 대응되는 가치 흐름의 과정은 다음과 같다. 먼저, WENS 그룹이 병아리 등 중간 생산물을 원가보다 높게 책정하여 일정한 비율의 가격으로 목축민에게 판매한다. WENS 그룹은 이를 시장거래로 보고 소득을 판매 수입으로 계산한다. 닭 한 마리당 5위안을 기준으로 하여 목축민은 WENS 그룹에 계약금을 납입한다. 사료 등 투입

품의 지출은 WENS 그룹이 이를 위해 만든 명세에 기록한다. 3단계에서 WENS 그룹은 구매가격 중 투입품의 원가를 제하고 목축민은 그에 상응하는 보수를 얻는다.

이렇게 되면 기업과 농민 간의 관계가 경영거래인지 시장거래인지 불분명하다. 목축민은 중간 투입품을 구입하고 노동력, 토지, 자본 등 생산요소를 제공하며 생산과 관련된 리스크 원가도 부담한다. 이러한 측면에서 보면, 양측은 시장거래관계에 놓여 있다. 그러나 동시에 계약에 의하면 농가가 수령했던 중간 투입품과 완제품의 소유권이 모두 WENS 그룹에게 있게 되어 목축민은 하나의 작업장으로 보이기도 한다. 이러한 측면에서는 양측이 경영거래관계에 놓여 있다. 이 지점에서 거래 형태에 크로스캐스팅이 일어날 수 있다.

5.5 WENS 그룹과 농가 간 거래 형태의 크로스캐스팅: 재정적 데이터의 정량적 분석

명시된 계약과 탐방 조사 과정에서 얻은 기초적 결론은 WENS 그룹의 재무제표에서 충분한 검증을 할 수 있다는 것이다(표 1).

분석을 용이하게 하기 위해 본고는 관리비용을 직접 및 간접의 두 가지 종류로 나누었다. 직접 비용은 농가와의 거래에서 발생하는 비용이고(예를 들어 복무부[27]의 비용 지출), 간접 비용은 목축민과 무관한 다른 과정에서 발생하는 비용이다(예를 들어 판매 및 중간 투입품 생산 과정 등에 들어가는 비용). 코스 정리에 의하면, 경제적 거래의 성질을 판단하는 시금석은 관리비용의 분담 방식이다. 목축민이 생산원가 및 직접 관리비용을 동시에 부담하

27 복무부(服務部)는 WENS 그룹의 기관 중 하나이다. 이 기관은 기업과 목축민 간 각종 거래 업무를 전담한다.

표 1. WENS 그룹 ○○ 품종 닭의 '원가 및 이윤 명세표'

단위: 위안/kg

이윤, 원가(비용)	수량	이윤, 원가(비용)	수량
구매 가격	13.0256	비용	0.4216
병아리 원가	1.3852	원가 합계 및 비용	11.8186
사료 원가	8.2892	판매 균형 가격	14.1616
약품 원가	0.294	이윤	2.343
원가 합계	9.9684	회계이익률	16.54%
목축민 이익	1.4286	실질이익률	19.82%

※참고: '구매 가격'은 WENS 그룹이 목축민에게 닭을 구매할 때 지불한 견적 가격이다. '원가 합계'는 병아리·사료·약품 세 가지 항목의 원가를 합친 것이고, '목축민 이익'은 기업이 목축민에게 지불한 보수이다. '비용'은 판매·경영 및 재무 비용을 의미하고, '판매 균형 가격'은 기업이 판매상에게 제시한 가격(시장가격)을 의미한다. '회계이익률'은 '이익'을 '판매 균형 가격'으로 나눠서 얻은 것이고, 실질이익률은 '이익'을 '원가 합계 및 비용'으로 나눠서 얻은 값이다. 목축민이 WENS 그룹의 관련 비용을 부담하고 있기 때문에 WENS 그룹의 실질이익률은 회계이익률보다 높다.(자료 출처: 기업 내부 데이터)

면 쌍방의 관계는 시장거래관계라 할 수 있다. 만일 목축민이 직접 및 간접 관리비용을 모두 부담한다면 쌍방의 관계는 경영거래관계라 할 수 있다. 표 1은 닭을 목축민이 생산한 것으로 보지만 목축민의 생산 과정과는 무관한 모든 비용(판매 및 재무비용)은 닭의 원가 및 비용으로 분류했다. 분명한 것은 목축민이 모든 직접 관리비용을 부담하는 것 외에도 직접적인 생산 과정과 무관한 재무 및 판매비용을 부담하고 있어, 쌍방의 관계는 경영거래관계가 된다는 것이다. 또한, 목축민의 생산 과정 중에 발생한 생산원가 제반(노동력, 토지, 리스크 원가)은 '목축민 이익'에 포함되어 있다. 이때, 당사자 간의 관계는 시장거래관계이다.

경제적 거래의 성질을 판단하는 또 다른 기준은 마셜의 기준이다. 신고전경제학 모델에 의하면 자원의 희소성을 반영하는 것으로서 가격의 주요 기능은 자원을 적재적소에 배치하는 것이다. 이는 기업 간 경제적 연결고리의 주축이자, 주요한 이익 조화 메커니즘이다. 그리하여 본고는 마셜의 기준을 사용하여 본고에서 제시한 기본 가설을 한번 더 검증하고자 한다. 닭 1kg당 사료·약품 및 병아리의 세 가지 중간 투입품 원가의 합은 9.9684위안이고, 비용(0.4216)과 목축민 이익(1.4286)의 합은 1.8502위안이다. 앞의 과정에서 발생한 원가와 비용의 총합은 11.8186위안이며, WENS 그룹이 목축민에게 지불한 구매가격은 13.0256위안이다. 3단계에서 WENS 그룹은 1.207위안의 순이익을 얻었다. WENS 그룹의 실질 판매가격(5단계, 14.1616위안)에서 구매가격을 제하면 1.136위안의 이익을 얻는다. 판매(5단계)와 구매(3단계) 두 단계의 이익의 합은 표 1에 나타난 이익 2.343위안과 같다. '목축민 이익'(1.4286)은 구매가격(13.0256)과 중간 투입품 원가(9.9684)의 차이(3.0572)도 아니고, 구매가격과 모든 원가 및 비용의 차이(2.6356)도 아니다. WENS 그룹이 목축민에게 제시한 판매가격은 내부 정산 가격이라 실질적으로는 의미가 없다. 이런 현상은 정상적이다. 자원 배치의 기능은 농가가 아니라 WENS 그룹에 의해 완성되는 것인 만큼, 구매가격은 자연히 완제품의 희소성에 의해 정해지는 것이 아니다. 원가의 총합(목축민 이익 포함)이 이미 정해진 상황에서 구매가격은 기업의 수익에도 영향을 주지 않고, 목축민의 보수와도 무관하다. 구매가격의 범위가 원가 총액(11.8186)과 시장가격(14.1616) 사이에 있으면, 기업의 이윤은 변하지 않는다. 독자들은 1단계와 3단계 내지 5단계에 이르기까지 목축민이 '작업장'으로 간주되어 중간 투입품 등의 원가 중심이기도 하고, 비용 중심이기도 하다는 것을 발견할 수 있다. 마셜의 기준에 따르면, 구매가격은 실질적인 의미가 없다는 점에서 농가와 기업의 관계가 실질적으로는 경영거래관계라는 뜻이 되고, 농가의 생산 과정 중에 발생한 원가와 비용의 귀속으로 인해 농가와 기업의 관계는 시장거래관계라 할 수 있다.

간단히 말하자면, 표 1은 WENS 그룹이 다음의 원칙에 따라 기회를 틈타 시장거래와 경영거래 사이를 잰다는 것이다. 첫째, 모든 목축민의 생산 과정에서 발생한 원가와 비용은 대체로 시장거래의 원칙에 따라 처분된다. 둘째, 목축민과 관계가 있든 없든, 모든 WENS 기업의 비용은 경영거래의 원칙에 따라 처분되어 목축민이 부담한다. 셋째, 잉여 가치의 재분배에서 기업이 목축민에게 제시한 구매가격은 실질적인 의미가 없다. 목축민의 이익에 영향을 주지도 않고, 기업의 이윤에도 영향을 주지 않는다. 이렇게 하는 이유는 무엇인가? 본고는 아래의 설명을 통해 거래 형태의 기회주의적 처분이 WENS 기업을 지속적으로 성장시킨 원인이었음을 말하고자 한다.

6. 경제적 거래 형태의 크로스캐스팅과 WENS 그룹의 가치 분배

크로스캐스팅은 WENS 그룹과 농가 사이의 경제적 거래 형태를 기회적인 변수로 만들었다. 거래 형태의 크로스캐스팅은 어떤 경제적 의의를 갖는가? WENS 그룹과 농가는 이로부터 무엇을 얻는가? 거래 쌍방은 어떤 공동의 이익이 있는가?

6.1 재무원가 절약

다른 산업에 비해 농업은 생산의 리스크가 특히 큰 산업이다. 리스크와 수익의 비대칭으로 인한 시장실패는 농업 기업이 외부 자본을 획득하는데 장애물로 작용한다. 기업들은 방어형 재무 전략을 실행할 수밖에 없게 되어 자기금융 모델을 취한다. WENS 그룹은 거래 형태의 크로스캐스팅으로 인해 다음과 같은 내부 금융을 획득하게 된다. 첫째, 경영거래관계에서 목축민은 기업 대신 모든 비용을 부담한다. 둘째, 시장거래관계에서 목축민은 WENS 그룹의 노동력, 토지 및 고정 자본 등의 원가를 대신 지불하며 WENS 그룹은 이를 통해 생산원가를 절약하게 된다. 셋째, 시장 거래관계에서 목축민이 납부하는 계약금은 WENS 그룹이 상업신용을 제공하는 비용이 된다. 넷째, 내부 화폐시장을 형성하게 된다. 집중화된 거래 모델에서 기업은 목축민 대신 정산할 계좌를 개설한다. 투입품을 구매하는 단계에서 목축민은 대금을 지불할 필요가 없다. 구매 단계에서 투입품의 원가를 제하고 난 뒤, 목축민은 순소득을 가져갈 필요 없이 계좌에 입금하면 된다. 생산 과정은 연속적이기 때문에 목축민은 다음 단계에서(실제적인 지출이 없더라도) 투입품을 구매하기 위한 자금을 마련해야 하고, 목축민 또한 기꺼이 이 방법을 선택할 것이다. 이 과정에서 생성된 내부 화폐시장은 WENS 그룹의 유동 자금으로 흘러들어 가게 된다. 마지막으로, 리스크 원가가 외부화된다. 시장거래의 원칙에 의해, 상품의 품질이 요구에 부합해야만 WENS 그룹이 상품을 구매한다. WENS 그룹은 농가를 대신하여 시장 리스크를 떠안고, 농가는 WENS 그룹을 대신하여 생산 리스크를 감수하는 것이다.

실제 상황을 통해 알 수 있듯, 거래 형태의 크로스캐스팅이 가져오는 융자 기능은 강력하다. 목축민이 노동력 원가와 생산 손실 등으로 인한 비용을 대신하고 있다는 점을 고려하지 않고 상업신용, 고정 자본 및 내부 화폐시장만 생각한다면 목축민이 WENS 그룹을 대신하여 유입한 자기금융은 상당하다. 2007년 자기금융 수치는 35.7억 위안에 다다랐고, 이는 WENS 그룹 자기자본의 94%를 차지하였다. 만일 목축민이 관련 비용을 대신 부담하고 있다는 점을 고려한다면, 자기금융의 총량은 상당 부분 증가할 것이다. 거래 형태의 크로스캐스팅이 강력한 자기금융 기능을 갖기 때문에 WENS 그룹은 낮은 재무 레버리지를 유지할 수 있고, 방어적 재무 전략을 확보하여 은행으로부터 차관이 적어지는 것이다. 2002~2007년 사이 WENS 그룹의 단기 차관 증가량은 매년 각각 67.8만 위안, 146.46만 위안, 126.32만 위안, −41만 위안, −126.13만 위안,

192.33만 위안으로 다르게 나타났다. 연매출 수입이 160억 위안을 상회하는 대형 기업에 있어서 이는 그야말로 불가사의라 할 수 있다.

6.2 간접원가 절약: 기회주의와 감독원가

목축민이 투자한 고정 자본의 특수성은 낮은 편인데, '바가지를 씌움'으로써 WENS 그룹에 임대료를 수탈할 수 있는 가능성을 감소시켰다. 고정 자본은 침몰원가가 목축민의 기회주의 행태를 억제하는 데 작용한다. 만일 목축민이 투기로 교묘한 수를 쓰게 되면(예를 들어, 생산 과정에서의 태만 행위, 판매 과정 중 닭을 다른 기업에 팔아 넘기는 행위 등) 스스로 그 손실과 원가를 부담하게 되고, WENS 그룹 역시 어느 단계에서든 목축민에게 보복을 가할 수 있도록 하는 것이다(예를 들어, 계약 규정을 따르지 않고 상품을 구매하는 행위, 제공해야 하는 투입품을 중지하는 행위). 만일 WENS 그룹이 판매 단계에 있어 우위에 있는 점을 이용하여 기회주의적 행태를 보인다면(예를 들어 계약 규정에 따르지 않고 상품을 구매하는 행위), 투입품으로 인한 판매 및 생산에 지급받아야 하는 장부상의 자금은 모두 부실 채권, 더 나아가서는 회수 불능 채무로 변할 수 있다. WENS 그룹이 어쩌면 투입품 판매 단계에서 일방적으로 가격을 올릴 수도 있겠으나, 이는 단기적 수입만 가져다줄 뿐, 장기적으로는 농가에 의해 퇴출당해 얻는 것보다 잃는 것이 더 많아질 것이다. 하물며 WENS 그룹이 농가에 할당하여 판매하는 투입품은 말할 것도 없다. 목축민이 무임승차 문제를 해결하여 집단적으로 구매를 중지한다면 WENS 그룹은 큰 손실을 입게 될 것이다. 경제적 요소와 강력한 사회적 책임감 때문에, WENS 그룹은 잠재적 지식과 정보의 편재 등 다양한 방면에서 우위에 있더라도 적극적으로 농가와 전략적 연맹을 만들고 이로써 기회주의적 행태와 도덕적 리스크를 제거한다. 거래 형태의 크로스캐스팅은 주식회사의 골칫거리인 기회주의 행태 문제를 해결해 주며, 이는 이익과 리스크의 상호 긴밀성으로 인해 제거되는 것이다.

감독원가는 기회주의 원가와 관련이 있다. 기업의 고속 성장에는 관리계층의 증가가 수반되며, 기회주의 행태를 감독하기도 점점 어려워지기 때문에 갈등이 생겨나며, 이로 인해 기업이 쇠퇴하거나 소멸되기도 한다. ASA, Giant, 진지(秦池)사, 삼주(三株)사 등의 사례는 이러한 현상이 보편적임을 보여 준다. WENS 그룹은 거래 형태의 크로스캐스팅에 의존하여 이 난제를 여유롭게 해결했다. 시장거래라는 명목하에 고정 자본의 소유권을 목축민에게 귀속시켜 감독 문제를 해결했다. 거래 쌍방에 직접적 충돌이 생기더라도, 목축민은 자산의 잠금 때문에 WENS 그룹의 이익에 영향을 미칠 수 없게 된다. WENS 그룹 본부의 기능은 이렇듯 결정하고 통제하는 '두화(頭化)'[28] 현상에 집중되어 있다. 기업과 농가 간의 일상적 사무는 복무부의 관할이다. 관리의 완전한 정보화를 실현했기 때문에 복무부는 목축민을 관리하는 한계원가가 0에 수렴한다. 이에 따라, 농가가 4만 호에 달함에도 불구하고 WENS 그룹의 관리기구는 간단명료하며 고효율이고 기업이 고속 성장하는 과정에서도 질서정연함을 잃지 않았다.

6.3 가격 경쟁 및 가격 설정의 우위

자원을 통합하는 데 능한 기업이 경쟁력을 가진다. 이질적인 기업 간의 협력은 수익과 경쟁우위를 창출해 낸다(Grandori, 1995). 거래 형태의 크로스캐스팅을 통해 WENS 그룹은 가격 경쟁에서의 어마어마한 우위를 갖게 되었다. WENS 그룹이 목축민에게 투입품을 판매하는 것은 가상의 행위이다. 시장이 불경기일 때 목축민의 중간 투입품 원가에서 가산한 부분

28 두화(Cephalizaton)는 생물학 용어인데, 유기생명체의 머리가 진화 과정 중 사고나 정책 결정 등의 고급 기능을 발휘하는 것을 말한다. 가치사슬이론은 정책 결정과 통제 부분을 담당하는 '무엇을 하고 어떻게 하는' 등의 직무능력을 '두화'로 정의한다.

으로 인한 이익은 내부적 회계 처리를 통해 정산된다. 목축민이 기업에 상품을 판매할 때 생산된 이익도 같은 방식으로 처리된다. 가상 판매의 세금 회피를 고려하면,[29] WENS 그룹의 상품 정가는 유동성이 크다. 스위지 모형의 굴절수요곡선에서 알 수 있듯이, 가격 구간이 크면 WENS 그룹은 통상적으로 이윤 극대화를 이룰 수 있다. WENS 그룹이 비용 절약으로 인해 얻은 경쟁우위는 분명하다. 1999년에 WENS 그룹은 육계 한 마리 당 3펀(分)의 재무비용이 들었지만, 경쟁 기업인 원무휘(溫木輝) 공사의 양계 이자비용이 1위안 더 높아 30배나 차이가 있었다. 1990년대 말 조류독감이 발생했을 때, 원무휘 공사는 육계 가격을 낮출 수 없어 파산하였으며 다른 두 경쟁 기업[(원슈한양계그룹(溫樹漢養鷄集團), 구장한완이공사(古章漢萬益公司)] 또한 비슷한 이유로 도산하였다. WENS 그룹은 이 위기에서(2003년 조류독감 사태도 포함) 놀랍게도 위기에 처하지 않았다. WENS 그룹은 자기금융으로 인해 비용이 적게 들어 우위를 점하고 있었고, 유동적인 가격 책정 구간으로 경쟁력을 확보하여 리스크를 돌파하는 능력을 갖추고 있었음을 알 수 있다.

6.4 거래 형태의 크로스캐스팅 시 목축민의 수익

WENS 그룹은 거래 형태의 크로스캐스팅을 통해 농가로부터 유동가 및 조직을 확장시키는 데 유리하게 작용되는 음의 엔트로피를 얻어 냈다. WENS 그룹과 농가 간 정의 엔트로피는 협동적 잉여 생산물을 대량으로 만들어 냈다. 국가 차원에서의 농업 산업화 선두 기업으로서, WENS 그룹은 취업 문제를 해결하는 데 기여한 바가 크다. 2007년에 WENS 그룹

29 농업 선두 기업으로서 WENS 그룹은 당연히 본래 법에 의거해서도 세금 우혜 대우를 받을 수 있다.

은 36,500호의 목축 가정을 채용하여, 호당 노동력을 부부 두 명으로 계산했을 때 약 7만 명의 취업 자리를 제공한 것이다. WENS 그룹이 목축민에게 부를 가져다준 사회적 기여 또한 두드러진다. 2007년 목축민은 11.35억 위안의 이익을 달성했다. 절대적·상대적 기준 모두에 있어 목축민의 경제 수준은 크게 개선되었다. 대부분의 시간 동안 WENS 그룹 목축민의 소득 수준은 해당 지역(광둥성 윈푸시) 평균 임금 수준보다 높았으며, 도시 근로자들의 평균 임금 수준보다도 높았다. 이 사실은 다양한 함의를 내포한다. 목축 인적 자본의 수준이 낮고 연령의 편차가 커서 도시에서는 취업하기가 힘들다. 임금은 한계노동력과 같기 때문에 최저임금만을 벌어들일 수 있었다. 그러나 WENS 그룹과의 협력을 통해 목축민들은 농가 수입보다 높은 수준의 소득을 얻을 수 있었으며 이는 도시 근로자들의 소득 수준보다도 높았다. 이는 다른 기업과의 뚜렷한 차이점이다. 예를 들어, 황주휘(黃祖輝, 2008) 등은 허베이(河北)성의 배 농사 산업은 기업과의 협력을 통해 생산한 것은 같지만 농사 짓는 농가는 가치사슬에서 증가한 가치 중에 적은 수익만을 가져간다고 밝혔다.

7. 거래 형태 크로스캐스팅의 가치 창출 및 그 한계

7.1 가치 생산과 가치 발현의 분업

노동력의 소득은 일반적으로 무위험 계약으로 인한 수익이다. 대부분의 상황에서 목축민이 가진 고정 자산의 기회비용은 매우 낮다. 특화 및 분업에 있어 농가는 저부가가치 생산에 종사하는 것과 마찬가지이기 때문에 수익률이 낮다. 본고는 WENS 그룹의 목축 수입이 보통의 노동력이 벌어들이는 수입보다 높다는 것을 밝혀 냈다. 이러한 목표 이상의 수익은 WENS 그룹이 가치사슬의 다른 부분으로부터 가져온 잉여 생산물 때문에 발생하는 것이다. WENS 그룹이 취하는 재화 내 특화라는 상업 모델은 가치사슬에 분할을 야기한다. WENS 그룹은 주로 가치사슬의 스마일 곡선 부분의 양 끝에서 기준을 설정하고[30] 연구 개발을 설계하며 상품 판매 및 브랜드 메이킹 등의 고부가가치 사업을 진행한다. 거래 형태의 크로스캐스팅을 통해 농가에서 WENS 그룹으로 자원이 대량 이동하며, 그 후에 WENS 그룹에 의해 가치사슬의 프리미엄 부분으로 다시 흘러가게 된다. 이에 대응하여, 사회적 책임에 의해 WENS 그룹은 고부가가치 산업에서 획득한 경제적 잉여분을 농가에 다시 환원한다. 협력으로 인해 WENS 그룹은 높은 수익과 낮은 리스크 원가,[31] 명예, 기업 인지도, 선수권 대회[32] 및 신임 등 관계에서의 통치 메커니즘에 더하여 목축민이 WENS 그룹에 가지는 고도의 충성심과 신임을 얻는다. 이로 인해 단기적 계약의 장기화를 꾀하였을 뿐 아니라 계약에 자기실현적(self-fulfilling) 성질을 부여하였다. 또한, WENS 그룹은 장기적으로 문제가 되었던 '기업+농가' 모델의 높은 위약률(리우펑친, 2003)을 효과적으로 해결하였다.

---

30 WENS 그룹은 농가에 표준화된 종묘, 사료, 약물을 제공했을 뿐 아니라 표준화된 기술과 생산(사육) 관리 방법까지도 제공하였다. 표준화된 공급체계 하에, 목축민들은 정해진 바에 따라 생산만 하면 되었다.

31 경제적 거래의 성격에 따르면 생산 리스크는 농가가 부담해야 한다. 사회적 책임과 전략적 연맹 등의 요소(당연히 이익관계에 대한 고려도 포함되어 있다.) 때문에 농가가 조류독감 등 다양한 위기에 처했을 때 WENS 그룹은 보조금 등의 방식으로 농가를 도와주었다. 다양한 상황에서 WENS 그룹의 목축민은 닭 한 마리당 1~2위안의 이익을 얻었으며, 1998년 초 홍콩 조류독감의 영향을 가장 심각하게 받았을 당시에도 WENS 그룹은 매일 130만 위안을 손해 보면서도 농가에는 일정한 보조금을 지급하였다. 그럼에도 불구하고, 목축민들이 경영상의 문제로 손해를 입게 되는 부분이 있으며 어떤 목축민은 이로 인해 WENS 그룹과 생산에서 갈등을 빚어 법률 소송까지 진행된 적도 있었다. 이러한 예외적 현상을 제외하고는, 대부분 목축민의 WENS 그룹에 대한 평가는 좋은 편이다.

32 농가를 격려하기 위해 WENS 그룹은 다양한 기제를 고안해 냈다. 예를 들어, 농가에서 원가를 절감하면 상을 준다. 예를 들어, 죽은 닭과 '차등급의 닭'(주로 체중이 과다

7.2 거래 형태 크로스캐스팅의 가치 분배 및 기업 가치의 성장

산일구조이론을 통해 거래 형태 크로스캐스팅의 중요성을 이해할 수 있다. WENS 그룹과 목축민이 상하류 산업사슬에서 크로스캐스팅되어 목축민은 상대적으로 폐쇄적인 시스템에 놓이게 되고 WENS 그룹은 1980년대 이후 부지불식간에 가치사슬의 전이 규율에 따라 이익을 보게 되었다[리하이찌엔(李海艦) 등을 참고, 2005]. 자원은 상품 연구 개발, 브랜드 메이킹, 표준 설정 등 고부가가치 단계에 집중적으로 배치된다. WENS 그룹은 구매자가 추진한 가치사슬 모델과 비슷한 모델을 실행했다. 또한 외부와 긴밀한 정보의 흐름, 유동가, 물질 순환을 유지하였다. WENS 그룹은 임의 요소가 교란될 때, 즉 시스템이 요동칠 때(예를 들어, 조류독감 사건) 균형과는 자동적으로 동떨어진 개방적 상태를 유지했다. 1980년대 이래 수직적 분열에 마주했을 때, 변방의 산골짜기에 위치한 WENS 그룹은 거래 형태의 크로스캐스팅을 이용하여 비선형 시스템 속에서 안정적인 자기 조직 구조를 유지하여 '고요함'을 물리쳤다. 신소재를 계속해서 개발해 내고 가치 성장을 빠르게 이뤄 냈다. 1985~2008년 사이에는 WENS 그룹의 연판매 수익이 35만 위안에서 160억 위안으로 45,714배나 증가하였고, 평균 성장 속도가 56%를 상회하였다.

7.3 거래 형태 크로스캐스팅의 기능 및 한계

경제적 거래 형태의 크로스캐스팅은 다양한 기능을 갖는다. '기업+농가'의 모델로 말하자면, WENS 그룹은 클로버잎 모형의 통제 기제 중 리스크를 회피하는 잎사귀[샤오하이린(肖海林) 등을 참고]는 얻었으나, 기업 발

하거나 미달인 닭)으로 인해 발생한 손실을 농가가 부담하는 것이 있다.

전에는 다른 두 잎사귀(효율성 제고 및 혁신의 원동력)가 필요하다. 이 외에도 거래 형태의 크로스캐스팅으로 인한 리스크 회피와 원가 분담의 기능이 있지만, 이것으로는 부족하다. 자기금융의 기능을 예로 들자면, 어떤 것은 자발적이며 어떤 것은 상태에 의존적이고, 어떤 것은 '양날의 검'과 같다. 자발적 자기금융은 주로 노동력 원가의 대지급, 고정 자본 투자 및 유휴 자본[33]을 포함한다. 중간 투입품은 '양날의 검'과 같다. 기업이 생산품을 전부 판매할 수 있는 경우에는 비용의 자본화를 실현할 수 있지만, 그렇지 않은 경우 큰 손실이 발생하게 된다. 투입 단계에서 WENS 그룹과 목축민의 경영거래관계는 시장 봉쇄라는 기능을 가진다. 하지만 이런 내부 시장은 결국 가상의 판매이다. WENS 그룹이 최종 생산물 시장에서 상품을 전부 판매할 수 없다면 농가에 투자한 몫은 회수 불가 대금이 된다. 만일 WENS 그룹과 목축민의 관계가 완전시장형 관계라면, 이러한 손실은 피할 수 있다. 예를 들어, 판매 및 재무 비용의 자본화는 WENS 그룹의 시장 개척 능력에 따라 달라진다. WENS 그룹이 목축민에 판매한 중간 투입품은 가상의 판매이지 실제 판매가 아니다. 투입품의 원가 자본화는 표면적으로 기업 구매의 일환으로 나타난다(3단계). 그러나 실질적으로는 기업의 판매, 즉 5단계에서 완성된다. 만약 마지막 단계에서 문제가 생기면 목축민이 투입품을 구매하는 과정에서 발생한 상품 대금은 악성 부채가 되고, 원가 자본화 과정이 자연적으로 중단되어 비용 자본화는 사라지며,[34] 리스크의 외부화 과정 또한 중단될 것이다. 만일 WENS 그

---

33 질병 예방 등의 요소를 고려하면, 다 기른 닭을 판매한 이후 계사는 한 달 정도의 유휴 기간이 지나야 다시 사용할 수 있다. 그 사이 고정 자본과 노동력은 유휴 상태가 되고, 사용 자본 및 소비 자본의 차액이 벌어지게 된다.

34 경제학의 기본 원리에 따라, 기업은 생산 과정 중에 발생한 원가(투입품)를 기초로 하여 판매가격을 설정하고, 원가는 자본이라고 본다. 통상적 회계원칙은 판매 수입에서 원가를 뺀 값을 총이익이라 하고, 여기에서 비용을 제한 몫(세전)을 이익으로 본다. 회계 원칙에 따르면, 비용은 원가에 포함되지 않는다. 본고의 사례에서 목축민이 생산

룹이 사료를 부분적으로 외부에서 판매하게 되면, 시장 리스크로 인한 재무의 리스크는 훨씬 작아진다. 이러한 모델은 WENS 그룹의 시장 개척 능력에 많은 부분 의존한다. 이 단계에서 문제가 발생하게 되면 이윤 경로가 단일한 WENS 그룹은 현금의 흐름이 도미노 패가 무너지듯 잇따라 붕괴될 것이다.

8. 결론과 토론

8.1 연구의 결론

(1) 협력 네트워크에서는 어떤 경제적 거래 형태들이 상태 의존적인 것일 수 있다.

현존하는 연구는 학자들이 대부분 어떠한 조직 형식을 한 특정 유형으로 규격화하는 데 습관화되어 있다. 그러나 사실 협력 네트워크에서는

과정 중 관리 및 판매 단계에서 발생시킨 비용은 양계 원가에 포함된다. 원가와 비용에 일정한 비율을 더하여 판매가격을 설정한다. 비용은 원가로 보며, 가치를 증가시키는 기능을 가진다. 본고는 비용 자본화를 통해 이러한 독특한 경제 현상을 나타냈다. 이 외에도, WENS 그룹이 목축민에게 중간 투입품을 판매할 때 그 가격은 이익에 가산하는 부분을 포함한다. WENS 그룹이 완성된 닭을 판매할 때 투입품은 다시금 원가로서 가산된다. 본고에서 원가 자본화는 중간 투입품이 두 번에 걸쳐 가산되는 현상을 가리킨다. 비용 자본화와 원가 자본화는 본고가 WENS 그룹과 목축민 간 경제적 거래 형태의 크로스캐스팅을 분석할 때 사용한 개념이다. 이는 회계 정산 방법의 하나로, WENS 그룹이 실제로 행한 바를 의미하지는 않는다. 실제로는 비용과 원가의 정산 및 그 분담 방식이 회계제도에 의해 정해진다. 또한, 기업이 비용의 자본화를 실현할 수 있느냐 하는 것은 최종적으로 시장 경쟁력에 달려 있다. 본고에서 사용한 개념들과 WENS 그룹에 대한 분석은 어떠한 가치 판단도 포함되어 있지 않으며, 학술적으로만 논의하고 있을 뿐이다. '정산' 과정에서도 비용을 계산하는 순서는 기업의 이익 총량에 영향을 주지 않는다. 기업가의 재능 같은 것이야말로 이익 총량을 결정짓는 가장 중요한 요소이다.

경제적 거래 형태들이 상태 의존적인 것일 수 있다. 이러한 현상을 야기하는 많은 원인 중에는 계약 자본의 비대칭성 배치도 포함된다. 계약 자본의 비대칭성 배치 상황에서 우위를 차지하는 측은 계약의 명시적 조항을 바꾸거나 불완전계약을 기회로 삼아 해석하여 상대방의 협력 네트워크에서의 상대적 지위를 변화시킬 수 있다. 본고는 WENS 그룹의 사례를 통해 긴밀형 '기업+농가' 모델 하에서 거래 형태의 크로스캐스팅을 해부해 보았다. 명시적인 조항에 의하면 목축민과 WENS 그룹은 모두가 독립적인 경제 주체이며, 양측은 거래관계로 계약에 따라 규정된 선물가격에 의해 거래한다. 그러나 계약이 비용 부담 방식에 대해 명확히 규정하고 있지 않을 때에는 계약의 불완전성이 두드러지게 된다. 계약 자본의 우위를 이용하여 WENS 그룹은 기회적 해석을 통해 관리, 판매 등 항목의 비용을 목축민의 생산원가에 삽입한다. WENS 기업과 목축민 간의 거래 형태는 상태 의존적으로 변하게 되며, 목축민의 요소 투입 비용은 시장 원칙에 따라 처리된다. 또한 WENS 기업의 주요 비용은 목축민과의 상관관계와 무관하게 경영거래 원칙에 의해 처리된다.

(2) 거래 형태의 크로스캐스팅은 거래 쌍방의 권리 배치 구조를 변화시키며 이익 분배에도 영향을 준다.

시장거래관계에 의해 WENS 기업은 원가를 외부화할 수 있었으며, 이를 통해 목축민의 자기금융을 취하고 감독원가와 기회주의 원가를 절감했다. 경영거래를 통해 WENS 그룹은 목축민을 '작업장'으로 변화시켜 원가의 중심이 되도록 한다. 크로스캐스팅은 원가에 있어 우위를 점할 수 있게 해 주며 가격 경쟁력을 크게 향상시킨다. 목축민에게는 크로스캐스팅이 현대화 생산 시스템으로의 편입을 가능케 하며 이를 통해 본래의 인적 자본, 정보 및 기업가적 재능 등의 한계를 극복해서 생산 규모를 확대할 수 있게 된다. 소량 생산과 대규모 시장 사이의 갈등을 원만하게 해결해 주며, 농가는 노동력에 대한 보수를 얻고 WENS 그룹의 프리미엄 가치 단계에서 전이된 부분의 이익을 취할 수 있다. 양측 모두에게 있어서 상하류 산업사슬 간의 상호 크로스캐스팅은 WENS 그룹과 목축민의 관계가 긴밀한 이익 공동체로 이행되게끔 만든다. 이는 계약 쌍방의 자산 특수성 및 단체 생산으로 인한 기회주의적 행태에 대한 문제를 없애 준다. 뿐만 아니라, 단기 계약의 장기화, 계약의 자기실현적 성격 탑재를 가능케 하며 WENS 그룹 역시 이로 인해 빠른 속도로 성장하며 자기조직 시스템을 가질 수 있다.

(3) 가치사슬의 관점에서 보면 거래 형태의 크로스 캐스팅이 WENS 그룹에 미친 주요한 영향은 저(低)원가, 저(低)리스크라는 가치 생산이다.

WENS 그룹의 주요 이익은 프리미엄 단계에서 발생한다. WENS 그룹은 '보이지 않는 손'과 '보이는 손', '악수'의 세 가지 손을 교묘하고 유동적으로 사용해서 상호보완성 복합 자원 합력 네트워크를 만들었다. 경제적 거래 형태로 보면 이는 실로 대단한 것이다. WENS 그룹은 공업 기계화 시대의 보편적인 방법, 즉 수직 일체화를 활용하면서 상품 가치사슬의 수직적 통합을 이뤄 냈다(Klein, 1978 참고). 또한, 1980년대 이후 수직분해 사조도 따랐다(HUallachain, 1984 참고). 거래 형태의 크로스캐스팅을 통해 WENS 그룹은 하이예크 식 '시장의 기적'과 버나드 식 '조직의 기적' 사이에서의 취사 선택이라는 난제를 회피하였다. 또한 경영거래와 시장거래의 일체화를 교묘하게 이뤄 냈다. WENS 그룹의 고속 성장 비결은 이와 밀접한 관련이 있다.

8.2 함의 및 한계

탐험적 사례 연구로서 본고는 계약 자본의 개념과 계약 자본의 비대칭성 배치가 경제적 거래 형태에 어떤 영향을 미치는지에 대해 알아보았다. 본고는 경제적 거래 형태가 상태 의존적일 수 있으며, 기업 간의 거래 형태 및 비즈니스 모델은 종종 연관되어 있으며 계약 자본의 비대칭성 배치는 다양한 거래 형태의 차이를 모호하게 한다는 것을 드러냈다. 거래 형태의 크로스캐스팅은 당사자 간의 권리 배치와 이익 분배에 영향을 미친다. 상술한 문제들은 보편적인 경제 현상이며, 필자는 이 점에 주목하여 WENS 그룹의 사례를 통해 미시적 증거를 제시하였다. 이러한 시도는 관련 연구를 확장시켰으며, 이론 개혁의 가능성도 가지고 있다.

본고는 이론 명제 하나를 제시하였을 수도 있고 어떤 현상을 발견하였을 수도 있으며 어떤 함의를 내포하고 있을 수도 있지만, 분명한 한계점 또한 가지고 있다. 이론의 측면에서, 거래 과정 중 당사자의 협상 능력은 계약 자본인가, 아닌가? 계약 자본에 영향을 주는 결정적 요소에는 어떤 것이 있는가? 계약 자본은 여러 가지 방면에 영향을 줄 수 있다. 계약 자본이 경제적 거래 형태의 크로스캐스팅에 주는 영향에 관한 보편적인 규율이 있는가? 거래 형태의 크로스캐스팅이 가치의 분배에 영향을 주는 측면에서 보자면, WENS 그룹은 긍정적 엔트로피를 가지지만 이것이 보편적 규칙이라는 것은 밝혀 내지 못했다. 거래 형태의 크로스캐스팅이 기업 가치에 영향을 미치는 메커니즘은 가치를 생산하는 것인가, 가치를 발견하는 것인가? 본고의 사례는 긴밀형 농업생산화 조직 형태, 즉 '기업+농가' 모형 거래 형태의 크로스캐스팅만을 다루었을 뿐이다. 다른 산업, 혹은 동일 산업 중 다른 비즈니스 모델, 혹은 동일한 비즈니스 모델 중 다른 구체적인 형태나 거래 형태 크로스캐스팅의 발생 메커니즘과 가치 분배 및 경제적 기능은 공통점이 있을 수도 있고 그 차이가 클 수도 있다. 본고는 이러한 점에 대해 함부로 결론 내릴 수 없었다. WENS 그룹에 대한 체험은 끝났지만, 다르게 접근한다면 결론도 달라질 수 있을 것이다. 본고는 가능한 부분만을 연구했을 뿐이어서, 파노라마식 관점을 제시하지는 못했다. 필자는 상술한 문제들에 관한 학술계의 진지한 비평을 통해 관련 연구가 활성화되기를 기대한다.

참고문헌

Cheung, S.: The Contractual Nature of the Firm, *Journal of Law and Economics* 26, 1983, pp.1~21.

Coase, Ronald: The Nature of the Firm, *Economica* 4(6), 1937, pp.386~405.

Demsetz, H., and Alchian, A. A.: Production, Information Costs and Economics Organization, *American Economic Review* 62(50), 1972, pp.777~795.

Gereffi, G., Humphrey, J., and Sturgeon T.: The Governance of Global Value Chains, *Review of International Political Economy* 12(1), 2003, pp.78~104.

Grandori, A. S.: Interfirm Networks: Antecedents, Mechanisms and Forms, *Organization Studies* 16(2), 1995, pp.183~214.

Grossman, S., and Hart, O.: The Costs and Benefits of Ownership: A Theory of Vertical and Lateral Integration, *Journal of Political Economy* 94(4), 1986, pp.691~719.

Gullander, Staffan and Larsson, Anders: Outsourcing and Location: Comparing "Industrial Parks in the Automotive Industry" and "Contract Manufacturing" in the electronics industry, *Linköping Institute of Technology working paper*, 1996.

HUallachain: The Identification of Industrial Complexes, *Annals of the Association of American Geographers* 74(1), 1984, pp.420~436.

Jensen, M. C., and Mecking, W.: Theory of Firm: Managerial Behavior, Agency Costs and Ownership Structure, *Journal of Financial Economics* 3(4), 1976, pp.305~360.

Klein, Crawford, and Alchian, A. A.: Vertical Integration, Appropriable Rents and the Competitive Contracting Process, *Journal of Law and Economics* 21(2), 1978, pp.297~326.

Williamsom, O. E.: Strategy Research: Governance and Competence Perspectives, *Strategic Management Journal* 20, 1999, pp.1087~1108.

Williamson, O.: *The Economic Institutions of Capitalism Firms, Markets, Relational Contracting*, New York: the Free Press, 1985.

德姆塞茨:《所有权控制与企业: 论经济活动的组织》, 段毅才等译, 经济科学出版社, 1999年.

黄祖辉, 张静, 陈志钢:《中国梨果产业价值链分析》,《中国农村经济》, 2008年 第7期.

康芒斯:《制度经济学》(上), 于树生译, 商务印书馆, 1997年.

李海舰, 原磊:《基于价值链层的利润转移研究》,《中国工业经济》, 2005年 第6期.

刘凤芹:《不完全合约与履约障碍: 以订单农业为例》,《经济研究》, 2003年 第4期.

奈特:《风险, 不确定性与利润》, 安佳译, 商务印书馆, 2006年.

万俊毅:《准纵向一体化, 关系治理与合约履行》,《管理世界》, 2006年 第12期.

肖海林, 闻学:《超级竞争条件下企业整体管理的基本维度与共生型控制模式》,《管理世界》, 2006年 第12期.

杨明洪:《农业产业化经营组织形式演进》,《中国农村经济》, 2002年 第10期.

杨小凯:《经济学原理》, 中国社会科学出版社, 1998年.

尹云松:《公司与农户间商品契约的类型及其稳定性考察》,《中国农村经济》, 2003年 第8期.

마을 토지소유권, 재산권 매칭과 효율의 원천*

— 광둥성 화저우시 랑산촌(浪山村)의 개별 사례를 중심으로

요약 본문은 '농지의 가치 속성', '주체의 행위능력', '재산권 권한 배치'라는 세 가지 요소의 매칭이 효율을 제고한다는 이론적 분석 프레임을 제시하고 랑산촌의 토지소유권이 효율적으로 배치될 수 있었던 배경과 그 실천 효과에 대해 분석하였다. 분석 결과 다음과 같은 사실을 확인하였다. 첫째, 농지경영권 경매제도가 농지의 요소 가치 실현 및 농업의 규모화·전문화 분업 효율을 향상시켰다. 둘째, 모든 농가에 주어진 가치형 농지도급권이 농지의 자산가치를 구현하고 농지 양도의 효율을 제고하는 데 이바지하였다. 셋째, 마을조직의 농지통제권이 농지의 공공 가치를 실현하고 공공 상품 공급의 효율을 높여 주었다. 이상의 사실을 토대로 마을 토지소유권 분리가 여러 종류의 기본 권한을 형성하며, 각각의 권한을 적합한 재산권 주체에 배치할 시 농지의 다중가치적 속성을 구현하는 동시에 마을 내 각종 효율을 고르게 향상시키는 목표를 달성할 수 있다는 사실을 발견하였다. 랑산촌 실험은 중국의 마을 토지소유권 제도를 혁신하고 마을의 발전과 전환을 이루는 방법을 모색함에 있어 경험과 깨달음을 주었다.

키워드 **마을 토지소유권, 가치 속성, 행동능력, 재산권 매칭, 효율의 원천**

---

* 본문은 교육부 혁신 단체 발전 계획 '중국 농촌기본경영제도: 전환 이론과 창신 논리'(IRT1062), 국가 자연과학 기금 중점 프로젝트 '농촌토지 및 관련 요소의 시장 육성과 개혁 연구'(71333004), 광둥성 철학사회과학 프로젝트 '농업 관련 기업의 농지 인수 연

1. 문제 제기

중국 농지제도는 지난 30여 년의 개혁 과정 중 미시적 변천을 겪었지만 '집체소유, 균전도급과 가정경영'이라는 전체적 골격에는 변함이 없었다. 1979년 전후의 역사적 배경 속에서 인민공사 집체경영제도를 대체한 가족 단위 농지도급경영제도는 괄목할 만한 정책적 효과를 거두었다. 이는 역사적 합리성을 지닌 불가역적 개혁이었다.

그러나 1985년부터 중국 농업은 수년간 정체 상태에 빠졌으며, 가정도급경영제도의 폐단이 점차 드러나며 다음과 같은 여러 문제에 부딪혔다. 첫째, '균전도급' 제도하에서 세분화·파편화된 농업경영과 규모화경영 간 충돌이 일어나게 되었다. 이로 인해 규모의 경제와 그에 상응하는 범위의 경제가 희생되면서 효율 손실 문제가 발생하였다[덩훙투(鄧宏圖) 외, 2008]. 둘째, '균전도급' 제도하에서 인적 자원과 토지자원 간 미스매칭 문제가 발생하였다. 즉 '어떻게 하면 인력과 토지 간 선순환적 상호 시스템을 통해, 능력 미달자를 토지에서 떠나게 하고 능력 우수자가 농사를 짓도록 하여 규모화·전문화된 농지경영을 꾀하는 동시에 안정적이고 혁신적인 노동력 이전을 이룰 수 있는가'가 해결이 시급한 난제가 되었다. 셋째, 분산경영과 농업 공공성 간 미스매칭 문제가 드러났다. 현행 법률의 제도적 프레임 안에서 농지재산권의 집단적 성격이 확립되었으나 농민들이 실질적으로 농지 '준(準)소유권'(황샤오안, 1995)을 지니고 있어 헌법상의 집체재산권이 사실상 의미를 상실하기 시작하였다. 이후 마을조직은 경

구-계약 안배와 거래 성과'(GD11CYJ14), 그리고 광둥성 과학기술계획 프로젝트 '농가의 기술 선택 행위와 보급 모델 연구'(2012B020315002)의 단계적 성과물이다.

본문의 저자는 후신옌(胡新艶), 주원줴(朱文珏), 류카이(劉凱)이다. 후신옌은 화난농업대학교(華南農業大學) 경제관리대학 중국 농촌경제전환발전협동혁신센터 교수, 석사생 지도교수이다. 류카이는 화난농업대학교 경제관리대학 석사과정생이다.

제 기초가 흔들리고 주요 집단 재원이 쇠퇴하는 등 많은 문제를 겪게 되었으며, 농토 수리(水利)와 같은 공공시설 건설은 '죄수의 딜레마'라는 파레토 비효율적인 상태에 놓이게 되었다(덩훙투 외, 2008). 이에 어떻게 하면 '토지집체소유, 가정도급경영'의 기본 제도 안에서 농업의 전문화·규모화 경영을 실현하는 한편 대량의 농업 노동력을 효과적으로 배치하고 향촌 공공재화의 심각한 부족 문제를 해결할 수 있는가가 가정도급경영제도 개혁의 초점이 되었다.

제도적 실천은 구체적 시공간 속에 깊이 뿌리박고 있다(Giddens, 1984). 중국 마을의 토지소유권 제도는 실제 적용 과정 중 지역 간 차이로 인해 이질성과 다양성이 나타나게 되었다. 그러나 지금까지 진행된 연구는 대부분 거시 국가 차원에서 '상명하달식'으로 농지재산권의 바람직한 기능과 개혁 방향을 연구한 것이며, '아래에서 위로 진행된' 마을 재산권 실천에 관한 경험 연구는 상대적으로 부족한 실정이다.

1980년대 초 가정도급경영제도가 전국적으로 시행되었지만, 광둥성(廣東省) 마오밍시(茂名市) 양메이진(楊梅鎭)에 위치한 랑산촌(浪山村)은 국가 토지소유권 제도에 따른 거시적 계획을 따르지 않고 이 마을만의 독특한 특성을 만들었다. 랑산촌 마을조직은 1980년 당시 각 농가에 균등하게 배분된 농토를 1987년 일괄 회수한 뒤 양어장을 만들고 경매도급경영제를 실시하였다. 새로운 구조적 요소를 도입한 재산권 배치는 랑산촌의 전문화·규모화된 어업 경영, 노동력 이전 및 마을 공공 건설을 효과적으로 추진할 수 있게 하였으며 랑산촌을 행복한 마을의 대명사로 만들어 주었다. 이는 신(新)농촌 건설의 전형으로 볼 수 있는데, 본문은 '랑산촌의 토지소유권 배치 모델이 어떻게 전문화된 어업 경영을 실현하는 한편 농업 노동력을 대량으로 이전시키면서 동시에 향촌 공공 재화의 심각한 부족 문제를 해결할 수 있었는가' 하는 문제에 답하고자 한다.

2. 개별 사례 서술

2.1 마을 개황

광둥성 마오밍시에 위치한 랑산촌은 광둥성 서부 지역에 속하며 화저우시(化州市, 현급) 양메이진의 관할지이다. 인민공사 기간에 랑산촌은 생산대대였다. 현재 마을에는 여전히 촌(대대)·생산대의 조직구조가 남아 있으며 여덟 개의 생산대를 관할하고 있다. 이 여덟 개의 생산대는 서로 긴밀하게 연결되어 하나의 대규모 마을을 형성하고 있다. 랑산촌의 마을 주민들은 모두가 같은 '왕(王)씨' 성 사람들이다. 1987년 마을에 일괄적으로 '양어장 만들기' 프로젝트가 실시된 이래 양어장 면적이 전체 농토의 82.14%를 차지하게 되었다. 이후 민물양식이 마을 특색 산업으로 자리잡으면서 랑산촌은 '마오밍시 담수어양식 제일 마을(茂名市淡水魚養殖第壹村)', 그리고 '광둥성 특색 농업 마을(廣東省特色農業名村)'이라는 이름을 얻었다. 2011년 기준 마을 전체 인구는 2,218명, 노동 인구는 998명, 농가당 연간 소득은 22,000위안으로 집계되었다.

2.2 토지소유권의 제도적 안배

랑산촌은 위에시(粤西) 지역에서 논은 거의 찾아볼 수 없는 대신 넓은 면적의 양어장을 지닌 유일한 마을이다. 이는 일부 농지를 양어장으로 변화시킨 발전 과정이 있었기 때문이다. 랑산촌은 젠강(鑒江) 유역에 위치하고 있는데, 지대가 낮은 탓에 저지대 논밭이 침수되는 등 매년 수해를 입었고 밭을 일궈도 수확이 없는 경우가 대부분이었다. 마을 주민들은 '고지대는 높게, 저지대는 낮게 배수'하거나 부들을 심는 등 여러 가지 시도를 해 보았지만 모두 실패로 돌아갔다. 1980년 랑산촌은 중국의 다른 모든 지역과 마찬가지로 농가마다 일정량의 토지를 배분하여 도급경영을 맡기는 제도를 시행하였다. 그러나 비탈밭은 가물고 논은 침수되는 상황은 여전했고, 여기에 마을 주민들이 합심하여 재해에 공동 대응을 하기 힘들어 주민들의 생활 여건은 더 어려워졌다. 이후 중국에서 농업시장 개혁이 추진되었고 광둥성이 우선적으로 생선 가격을 자율화하면서 개방 초기 생선 값이 네 배 가까이 상승했다. 당시 어업의 잠재이익이 크다는 사실은 일반 농민부터 마을 간부까지 모두가 알 수 있는 사실이었다. 이에 1987년 랑산촌 마을위원회는 단점을 강점으로 변모시키기로 결정했다. 농지를 회수하고 통일된 계획하에 이를 양어장으로 바꾸어 민어 양식업을 발전시키기로 한 것이다. 이 같은 개조 작업 이후 양어장 총면적은 1,380묘에 이르게 되었다.

'농지 회수와 양어장 개조' 이후 마을조직은 농지자원 통제권을 얻었으며 현지 주민들은 양어장을 '대(隊) 안의 양어장'으로 부르기 시작했다. 마을 지부 왕상구이(王尙貴) 서기의 지도하에 마을조직은 수차례 마을 주민 대표 회의를 열어 양어장 경매도급경영 세칙과 소득 분배 방안을 결정하였으며 그 내용은 다음과 같다. ① 경매의 조직 관리: 경매는 마을 위원회가 총괄적으로 조직·관리하며 마을 주민들의 현장 감독하에 순서 표시에 따라 차례로 도급경영을 실시한다. ② 경매 세칙: 랑산촌의 모든 농가는 농가를 단위로 경매에 참여한다. 경매에는 최저 가격을 정해 두지 않고 입찰가 통일은 식량 생산량의 많고 적음을 기준으로 하며, 제시 가격이 높은 사람에게 돌아가는 것으로 한다. 각 농가는 경매를 통해 최대 2~3곳의 양어장을 입찰 받을 수 있다. 입찰 성공 후에는 개인적인 양도가 불가하다. 경영 기한은 15년으로 한다. ③ 양어장 임대 수입 분배: 임대 수입 분배는 공개적이고 투명해야 한다. 임대 수입의 일부는 개인 배당금으로 하여 직접 농가에 지급한다. 랑산촌에 호구를 두고 있으면서 산아제한정책을 위반한 사실이 없는 마을 주민이라면 누구나 받을 수 있다. 배당금을 받는 인구수는 당해 연도의 인구 증감 상황에 따라 연말에 조정한다. 임대 수입의 또 다른 일부는 집체 적립금으로 하여 마을조직이 이를 이용해 마을에 총괄적으로 공공 재화나 서비스를 제공하도록 한다.

랑산촌 양어장 자원의 재산권제도는 그림 1로 도식화할 수 있다. 그림 1에서 법권상의 농지소유권은 농지를 농용으로 사용한다는 사실을 바꾸지 않는다는 전제하에 '농지통제권', '농지도급권', '농지경영권'이라는 세 가지의 기본 재산권 권한으로 분리된다. 이 세 가지 권한은 각각 세 분류의 재산권 주체에 매칭된다. 즉 마을조직은 양어장 자원의 통제권을, 모든 농가는 양어장 도급권을, 그리고 경매에 성공한 농가는 양어장 경영권을 갖게 되는 것이다. 마을조직은 양어장 경매도급경영제도의 규정 세칙 결정권을 포함한 양어장 자원 통제권을 지니며 양어장 경매도급경영을 총괄 조직한다. 또한, 양어장 임대 수입을 나눌 권한을 갖고 마을에 공공 재화와 서비스를 제공한다. 모든 농가는 양어장 경영권 경매에 참여할 자격을 지니며 양어장 임대 수입을 나눠 갖는데, 이를 통해 모든 농가가 양어장 도급권을 갖는다는 사실을 알 수 있다. 한편 입찰에 성공한 농가는 입찰에 따른 임대료를 지불한 후 15년 기한 동안의 배타적 양어장 경영 권익을 소유하게 된다.

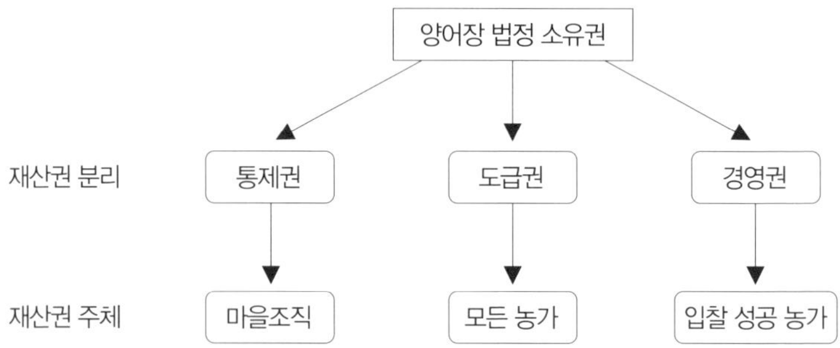

그림 1. 랑산촌 토지소유권의 제도적 안배

3. 재산권 매칭 문제의 분석 방법

현재 개혁과 전환에 관한 주요 문헌은 대개 토지재산권과 인센티브의 관계에 초점이 맞춰져 있으며, 재산권 귀속의 차이가 개인의 행동 선택에 영향을 미쳐 당사자가 이익을 추구하는 방식이나 경영 방식에 차이가 생기게 되고 이에 따라 서로 다른 경제효율과 복지효과를 가져올 수 있다고 주장한다(Cheung, 1968; 저우치런, 1996). 본문에서는 소유제의 문제는 논하지 않기로 하고 재산권 권한의 배치 운용을 이론의 기초로 삼아 '가치 속성, 행동능력, 권한 배치와 효율 제고'의 재산권 매칭에 대한 분석 방식을 제시하고자 한다.

3.1 농지의 다중가치 속성과 재산권 배치

토지는 재산권 객체의 농지자원으로서 자연, 생태, 사회, 경제의 복합체이며 다중가치적 속성을 지니고 있다. 첫째, 농지의 집체소유권 성질로 인해 '집체행동체제'를 구축할 필요성이 생겨났으며 농가 경영 과정에서 모종의 행동 일치성, 조화성, 그리고 상호보완성이 형성되었다. 그리하여 세분화·파편화된 농가 단위의 토지를 경영하는 가운데 상호에게 이익이 되는 '스필오버 효과'가 나타나게 되었고 이로써 농지의 공공 가치적 속성이 결정되었다. 둘째, 농지는 농민의 실질적 가치재산으로서의 성질을 띤다. 농민은 토지 자본화와 농지경영권 양도 등의 방식을 통해 재산적 이익을 얻을 수 있는데, 이로써 농지는 농가의 토지재산 권익을 보장하는 투자 자산적 가치 속성을 지닌다. 셋째, 희소한 농지자원은 농업생산경영에 있어 대체 불가한 기본 생산요소로서 농업생산과 경영활동을 위한 장소를 제공해 주며 부가가치를 창출하는 생산적 자본이다. 효율 추구는 토지의 내재적 경제요소이고 토지는 생산요소라는 가치 속성을 지닌다.

규범화된 권리 배치는 가치 발현의 중요 수단 중 하나이다. 따라서 재산권제도가 뒷받침되어야 농지의 다중가치가 드러날 수 있으며 토지소유권 제도의 개혁 방향은 농지의 각종 가치 속성이 최대한 표출되도록 하는 것이다.

3.2 주체 간 행동능력의 이질성과 재산권 배치

행동능력의 이질성이란 제한된 이성을 가진 행동 주체가 역사 혹은 자산, 기술, 신체조건 등 주어진 조건의 예속을 받아 동일한 경제활동 중 서로 다른 소득과 자본 수준을 나타내고 나아가 비교우위나 열세를 지닌 결책조직이나 개인이 형성되는 것을 말한다. 재산권 주체의 행동능력에는 차이가 있기 때문에 동일한 자원에 대한 권리요소가 주어졌을지라도 그 자원을 이용해 생산해 내는 가치에 큰 차이가 나타날 수 있다. 따라서 재산권 배치에 있어 반드시 두 가지 문제를 구분해야 한다. 첫째는 누군가가 재산권을 소유하는 것이 중요하다는 점을 인정하는 문제이고, 둘째는 누구에게 재산권을 분할해 주는 것이 더 효과적인가 하는 문제이다(장웨이잉, 2001). 그러나 현재의 연구는 대개 후자를 간과하는 경향이 있다. 재산권 주체의 행동능력에 이질성이 있다고 가정한다면 임대 수입이 낭비되는 상황을 막기 위해 행동능력과 권리 부여의 대칭 원칙에 따라 '재산권의 가치에 대한 평가가 가장 높은 행동 주체에게 재산권 권리를 분할하여 주는 것'으로 그 효율 원칙을 정리할 수 있다(후신옌 외, 2013).

3.3 가치 속성, 행동능력과 권한 배치의 재산권 매칭 이론

재산권은 권리의 일종으로, 재산권의 분해와 합병은 재산권 배치의 수단이며, 이는 많은 자원 배치의 여지를 제공해 준다. 중국의 '농촌토지 집체소유, 농가 도급경영'이라는 기본적 제도 안에서 토지소유권 권한은 크게 소유권과 도급경영권 두 가지의 '분리된 권한'으로 나눌 수 있다. 그런데 농지 유전이 정책적으로 장려되면서 농지도급권과 경영권은 한층 더 분리되어 소유권, 도급권, 경영권 등 세 가지의 분리된 권한으로 나뉘게 되었다. 행동 주체의 행동능력에 이질성이 존재한다고 가정하면 권한을 충분히 활용하고 자원 이용의 효율을 증진시키기 위해서는 반드시 각각 분리된 권한을 그에 맞는 행동능력을 갖춘 사람에게 분배함으로써 분리된 권한이 각자의 전문 영역으로 확장되도록 해야 한다. 재산권 주체는 각자의 기본적으로 분리된 권한을 활용하게 되며 농지의 서로 다른 가치 속성과 매칭된다. 이렇게 되면 토지소유권 제도의 기본 목표물인 농지자원의 진정한 가치가 합리적이고 전방위적으로 표출되어 제도를 효율적으로 실현할 수 있게 된다. 종합해 보면 '재산권 객체의 가치 속성, 재산권 주체의 행동능력과 재산권 권한 배치'의 매칭이 이루어짐으로써 효율을 끌어 낸다는 이론을 제시할 수 있다. 아래는 랑산촌의 토지소유권 배치제도의 실천 효율에 대한 설명이다.

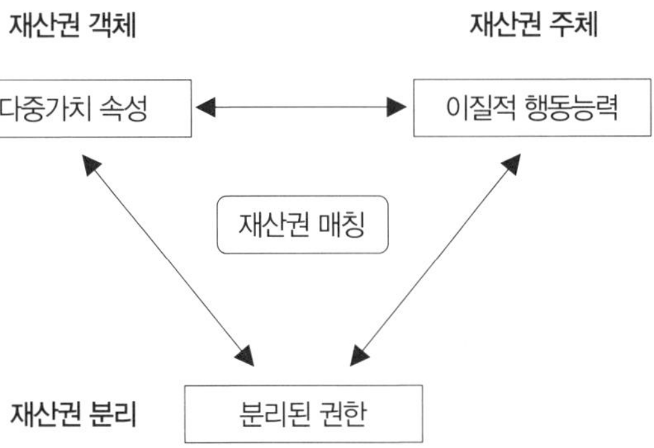

그림 2. 재산권 매칭 이론 설명도

4. 랑산촌 토지소유권 배치효율의 원천

새로운 구조적 요소를 갖춘 랑산촌의 토지소유권 배치 모델은 어떻게 전문화된 어업 경영을 촉진시키고 대량의 농업 노동력을 이전시키는 동시에 향촌 공공 재화의 심각한 부족 문제를 해결할 수 있었을까?

4.1 양어장 경매경영권: 농지의 요소 가치 실현 및 전문화 분업 효율

농지경영권은 농가가 농지를 가장 오랜 시간, 그리고 가장 직접적으로 활용하는 방안이며 경영자의 이익을 전제로 하고 농지자원 활용의 효율에 의지하는 것이 그 본질이다. 재산권 주체의 행동능력에 이질성이 존재한다는 점을 고려했을 때 임대 수입의 낭비를 막기 위해 재산권 권리를 반드시 그 가치에 대한 평가가 가장 높은 행동 주체에 분할해 주어야 한다. 예를 들어 랑산촌의 각 농가가 서로 다른 양어능력을 가지고 있다고 가정해 보자. 양어능력에 우위를 지닌 농가는 양어장을 경영함으로써 얻는 이익이 양어장 경영권을 양도함으로써 얻는 이익보다 높을 것이며 양어장 경영권이 가져다주는 효용에 대한 평가가 높을 것이다. 반대로 양어능력이 낮은 농가는 양어장 경영권의 효용에 대한 평가가 낮을 것이다. L은 양어능력이 우수하지 않은 농가이며 H는 양어능력이 우수한 농가를 나타낸다. 양어장 경영권의 가격은 경매를 통해 양어장 경영권을 거래하는 과정 중 외부에서 주어진 것이다.

$$\frac{P_L}{P_H} = 1 \qquad ①$$

$$\frac{MU_L}{MU_H} \leq 1 \qquad ②$$

여기서 P_L과 P_H는 각각 농가 L과 농가 H가 1단위 양어장의 경영권 양도거래를 진행하는 데 필요한 임대료이다. MU_L과 MU_H는 각각 농가 L과 농가 H가 1단위 양어장의 경영권을 양도받아 경영할 때 발생하는 경제효용이다. 능식 ①은 마을 수민 H가 1단위 양어장의 경영권을 양도받을 때 내야 하는 임대료가 주민 L이 1단위 양어장의 경영권을 양도하여 받는 임대 수입과 같다는 것을 나타낸다. 즉 시장가격이 동일하다는 것이다. 부등식 ②는 동일하게 1단위의 양어장을 경영했을 때 농가 L이 얻는 경제적 효용 MU_L이 양어능력이 우수한 농가 H가 얻는 경제효용 MU_H보다 적다는 것을 나타낸다. 양어능력이 다른 두 농가는 양어장을 경영함으로써 얻을 수 있는 효용에 대한 평가가 다르다. 이로 인해 양측은 양어장 경영권 경쟁을 놓고 서로 다른 행동을 택하는 것이다. 마을의 양어장 경영권 거래시장은 일종의 불균형 상태에 있기 때문에 양어장 경영권 양도가 유도된다. 기존의 양어장 경영을 유지함으로써 얻는 총 경제효용이 불변할 때, 농가 H가 1단위 양어장의 경영권을 얻을 시 발생하는 효용 증가량과 농가 L의 경영권이 그만큼 줄어들면서 발생하는 효용의 감소량은 같다. 즉 $|MU_L \cdot \Delta X_L| = |MU_H \cdot \Delta X_H|$이다. 이를 정리하면 아래와 같은 부등식을 얻을 수 있다.

$$\frac{\Delta X_H}{\Delta X_L} = \frac{MU_L}{MU_H} \leq 1 = \frac{P_L}{P_H} \qquad ③$$

부등식 ③의 왼편을 보면 농가 L이 1단위 양어장의 경영권을 양도하면 농가 H는 $\frac{MU_L}{MU_H} \leq 1$ 단위의 양어장 경영권만 활용해도 기존 양어장을 경영함으로써 얻는 경제효용을 유지할 수 있다. 이는 자신이 얻는 경제효용을 높인다는 관점에서 볼 때, 농가 H는 양어장을 양도받기 위해 지불해야 하는 임대료가 양어장을 경영함으로써 얻는 경제효용의 증가량보다 적을 때 양어장 경영권을 양도받을 의사가 생긴다는 것을 의미한다. 반대로 농가 L의 경우 양어장을 양도함으로써 얻는 임대 소득이 양어장을 경영하지 않음으로써 잃는 경제효용보다 클 때 양어장 경영권을 양도하고 양어장 임대료를 받을 의사가 생기게 된다. 이로써 알 수 있는 것은 양어 능력이 높은 농가 H가 양어장을 경영하면 농가 L과 농가 H의 경제효용 모두가 올라가며 양어장 경영을 통한 마을 전체의 경제효용도 높아진다는 사실이다.

이렇듯 랑산촌의 양어장 경영권은 경매거래 방식으로 양식능력이 뛰어난 농가에 양도되었으며 이로써 재산권 분리가 일어나게 되었다. 즉 도급권과 경영권의 '양권 합일'에서 '양권 분리'의 형태로 바뀌게 된 것이다. 그 결과 경영능력이 높은 농가에 농지경영권이 부여되었고, '능력 보유자 위주의 경영' 시스템이 만들어지면서 균전도급제도 아래 존재했던 세분화·파편화 경영과 규모화경영 간의 충돌, 그리고 인적 자원과 토지자원 간의 미스매칭 문제가 해결되었으며 희소한 토지자원의 효율이 최대화되면서 토지의 내적 경제 요구가 만족되고 농지의 생산요소적 가치 속성이 충분히 발현될 수 있었다. 여기에 더 나아가 농지의 변화가 노동력의 변화를 가져오게 되면서 농업 전문화의 대내외적 분업 가능성이 더욱 확장되었으며 자연스레 농촌 내 노동력 이동과 농민 신분의 분화, 그리고 직업 분화가 일어나게 되었다.

4.1.1 어업의 규모화와 전문화경영

어업 경영을 위해서는 초기 투자와 기술, 정보, 관리 노하우가 어느 정도 있어야 한다. 양어장 하나의 평균 면적인 10묘로 계산한다면 양어장의 임대료와 건설비용은 최소 2천 위안 이상 필요하다. 또한, 산소발생기 등을 구입하기 위한 전용 자산도 필요하다. 투자 규모가 크고 리스크가 크기 때문에 일반 농가는 위험을 감수해서까지 어업 경영을 할 능력이 되지 않으며 또한 이를 원치도 않는다. 따라서 신흥 분야인 어업 경영은 양어능력을 갖추고 있는 농가의 차지가 된다. 이러한 양어능력 보유자가 어업 경영에 뛰어들면, '땅을 최대한 활용하고, 사람으로 하여금 능력을 십분 발휘하게 만든다(地盡其用, 人盡其力)'는 인력자원과 토지자원의 올바른 매칭이 이루어지고 어업의 규모화와 전문화경영이 촉진된다. 또한, 마을 어업생산의 가능성도 확장되고 양어장 자원의 생산요소 가치가 향상된다. 양식업자는 어업 경영을 통한 소득을 거두면서 양어 분야의 자본과 기술, 지식을 점차 축적할 수 있다. 이는 전문화된 분업의 장점을 더욱 강화하여 전문 어가와 가족 단위 양어농가의 분업을 형성시킨다. 전문 어가와 가족 단위 양어농가는 랑산촌에 밀집해 있고 지리적으로 인접하며 마을 내에서 각종 공식적 및 비공식적 관계를 맺고 있다. 이는 미시적 측면에서 어업 노하우 및 지식 교류의 장을 구축하는 역할을 했다. 지식과 기술을 공유하면서 외부 경제성을 얻게 되자 어업기술과 제품 혁신, 어업 경영의 거래비용과 리스크 감소가 촉진되고 산지 브랜드화가 이루어져 어업 경쟁력이 제고되었다. 이는 시장 부가가치를 더욱 높여 양어장 자원요소의 가치 속성을 심화시켰다. 2011년까지 랑산촌의 전문 어가 중 연소득 50만 위안 이상인 어가는 총 5가구였으며, 10만 위안 이상인 어가는 42가구로 집계됐다. 양식업이 랑산촌의 기간 산업이자 지역을 대표하는 특화 산업이 되면서 랑산촌은 '마오밍시 담수어양식 제일 마을(茂名市淡水魚養殖第壹村)'이라는 명성을 얻었다. 또한 '마오밍시 담수어 전문 마을(茂名市淡水養魚專業村)', '광둥성 특색 농업 마을(廣東省特色農業名村)'이라는 평가를 받았다. 2011년 랑산촌의 하루 평균 담수어 생산량은 49,990.7kg이고 연 생산량은 1,821.6t으로 생산액이 약 1,493만 7천 위안에 달한다.

4.1.2 직업 전환과 농가 내외의 분업 확대

양어능력이 부족한 마을 주민은 양식업 분야에서 도태되었다. 인력자원과 토지자원의 분리 현상으로 양어능력 비보유자들은 양어 외의 분야에서 잠재적인 비교우위를 발휘하고 일을 하기 시작했다. 이렇게 직업을 다시 선택하면서 분업 확대 효율이 높아져 마을 주민의 신분 및 직업 분화가 촉진되었다. 랑산촌 노동력 이전과 직업 분화는 주로 다음과 같은 두 가지 경로를 통해 이루어진다.

첫째, 농촌 이탈 및 비농업 취업의 기회 확대이다. 현재 노동력 요소의 유동시장이 나날이 개선되고 있다. 이러한 상황에서 비농업 분야에서 능력이 있어 취업할 수 있는 양어능력 비보유자는 농촌 이외의 지역에서 취업 기회를 찾았다. 취업능력 및 일자리의 분배가 최적화되면서 이들은 비농업 인적 자본 부분에서 비교우위를 충분히 발휘하여 비농업 취업의 기회를 확대했다. 랑산촌은 주강삼각주(珠江三角洲)와 인접하다는 지리적 우위와 개혁에 한발 앞장선 선발 주자로서의 경쟁우위를 가지고 있다. 양어능력 비보유자는 이러한 랑산촌의 우위를 활용하여 농촌 외 지역에서 일자리를 찾았다. 현재 마을 노동력의 4분의 1(약 250명)은 외지에서 취업하였고 대부분 건축 및 인테리어 분야에 종사하고 있다.

둘째, 어업의 분업 심화와 농촌 지역 내 취업 기회 확대다. 랑산촌의 어업 분업은 일련의 과정을 거치며 심화되었다. 이와 연계되는 운영 방식은 다음과 같다. 우선, 양식의 전문화 발전이 분업의 기반을 다져 주었다. 분업의 발전과 심화는 시장 범위의 확대에 달려 있으며 시장 범위의 확대는 다시 분업을 심화시킨다. 다시 말해 분업과 경제 성장은 상호 인과관계인 것이다[양거(楊格), 1996]. 랑산촌은 경매를 통한 도급 방식으로 양어장의 경영권을 양어능력 보유자에게 배치함으로써 마을의 양식업을 발전시켜 왔다. 양식업자가 안정적이며 높은 소득을 얻게 되자 인근 마을에서도 경쟁적으로 농지를 양어장으로 개조하며 랑산촌의 모델을 모방하였다. 그리하여 랑산촌 이외 지역의 양어시장 규모가 나날이 확대되었다. 통계에 따르면, 2011년 랑산촌에 위치한 양매마을(楊梅村)의 양어장 면적이 2만 7,200묘에 달했다. 양어시장이 확대되고 총 거래량이 많아지면서 양어 분업이 심화될 조건이 갖춰지고 전문화 및 규모화 경영으로 각종 생산재에 대한 수요가 생긴 것이다. 이에 따라 생산재 전문 공급업체가 유입되거나 마을의 노동자가 생산재 전문 공급자 역할을 하면서 전문 서비스 제공 시스템이 갖춰졌다. 양식 공정의 분업이나 산업사슬의 연장 부분에서 전문 서비스 조직이 생겨나면서 양어의 생산 과정 전반에서 분업이 심화되었고 산업 내 각 공정에도 세분화된 분업이 이루어졌다. 현재는 마을에 치어 양식장을 건설하였고 양식 단계에서 등급별로 표시[35]하는 분업 모델을 갖추었다. 생산 전에 필요한 사료와 약물, 기술 서비스는 전문 어가 협회에서 제공하며 마을 내 전문 어획팀은 총 다섯 개다. 생산 후에 필요한 틸라피아 가공공장은 건설 계획 중이다. 어산물의 운송 판매는 생산 과정과 별도로 전문팀을 구성하였다. 대표적인 조직으로는 캉위(康宇) 마케팅조직, 왕차오(王超) 마케팅조직, 틸라피아 양식 전문 합작사 등이 있다. 어업의 분업화가 심화되면서 인력의 분업도 촉진되었다. 반면 여전히 마을에 남은 양어능력 비보유자의 경우 어업 분업 시스템의 포획, 운송 등 다양한 단계에서 일하며 전문적인 산업 노동자로 거듭나고 있다. 이들은 전문적인 직장 경험을 쌓으며 직업과 신분의 전환을 불러왔다. 2011년 랑산촌의 어업 관련직 종사자는 330명으로 마을 전체 노동자의 3분의 1을 차지하였다.

4.2 전(全) 농가의 가치형 양어장 도급권: 농지의 자산가치 실현과 유전효율

안정성, 명확성, 거래 가능성을 갖춘 농지도급권은 농민의 부동산(농지)

---

35 양어장의 가장 이상적인 양식 모델은 4등급 표시제다. 양어장의 수심과 어류의 생장 주기에 따라 양어장을 네 가지 등급으로 나누고 각 발육 단계의 어류를 분류하여 양식한다. 랑산촌의 농가는 양어장 보유량이 최대 2~3개에 불과하므로 대부분 2등급 표시제를 시행하고 있다.

재산성 수입이 보장되어야 실현될 수 있다. 만약 농민이 시장 메커니즘을 통해 담보, 임대, 지분 매입 등에서 토지도급권을 효과적으로 행사하고 처리하여 재산의 배타성과 수익성을 결합하고 토지 투자금을 회수하여 재산성 수입으로 전환하게 된다면, 집체소유제 속에서 도급권의 안정화와 경영권의 활성화를 위한 권한 부여 구조가 형성될 수 있다.

그렇다면 랑산촌의 마을조직은 농지를 일괄 회수하고 양어장을 만든 후 어떻게 마을 주민 모두가 일정 지분을 갖는 농지도급권을 제시하고 시행하였을까? 농지도급권은 시행 과정에서 두 가지 재산권 형태를 가졌다. 첫째, 농지의 실물 형태에 따라 분할하였다. 면적 등 구체적인 지표로 농지를 개인에게 분배한 것이다. 즉, 권한도 나누고 토지도 나누는 '재산권 실물 관리'이다. 둘째, 권한은 나누지만, 토지는 나누지 않는 '재산권 가치 관리'이다. 농지도급권을 농지의 실물 형태에 따라 개인에게 분배하는 것이 아니라 농지도급권을 받은 권리 가치에 따라 분배하는 것이다. 랑산촌은 농지를 회수한 뒤 농가의 농지도급권이 무용지물이 되는 것을 막기 위해 양어장에 재산권 가치 관리 방식을 도입하였다. 양어장의 실물 형태에 따라서 양어장 도급권을 각 어가에 분배하지 않고 마을 주민의 회원권 자격에 따라서 가치형 도급권을 부여했다. 이러한 추상적인 가치형 도급권은 마을 주민이 누리는 세 가지 복지를 통해 부여된다. 첫째, 호적이 랑산촌에 있고 산아제한정책을 위반하지 않은 마을 주민이라면 매년 양어장 임대료 수입을 나눠 받을 수 있다. 양어장 임대료 수입은 마을 주민의 투자자산인 양어장을 통해 얻은 재산성 수입이기 때문에, 이러한 복지는 농지도급권 시행의 정책 목표를 실현하는 것이자 재산 권익 측면에서도 농가의 농지도급권을 보장한 것이다. 둘째, 모든 마을 주민은 양어장 경영권을 경매할 자격을 갖는다. 농가 개별 부존조건에 따라 양어장 경영에 대한 참여 여부를 결정하여 농가의 도급권 수익을 효과적으로 확보할 수 있다. 셋째, 양어장의 일부 임대료를 집체에서 관리할 수 있다. 집체는 농촌에 공공 재화와 서비스를 제공하고 모든 농민은 마을의 공공 복지를 누릴 수 있다. 도급권은 가치 형식으로 모든 마을 주민에게 주어지며, 권리는 다시 실물 토지와 연계되지 않는다. 이로써 부동산이었던 실물 토지소유권을 동산의 가치 권리로 바꾸어 토시 서래비용을 설삼하고 토지 양도거래를 촉진시키며 농지의 자산가치를 실현할 수 있다. 구체적으로 말해서 양도거래를 할 때 토지 면적과 품질 등 비용과 거래 성사를 위한 흥정비용을 명확하게 구분하고 비교하는 것을 막음으로써 양어장 경영권의 안정적이고 질서 있는 양도를 촉진한 것이다. 나아가 노동력의 합리적인 유동과 체계적인 이전을 실현시켜 양어장 자원 사용과 양도 주체의 참여 및 탈퇴 부분에서 효율적인 시스템을 구축할 수 있었다. 한편 양어장 경영권 양도 방식은 가상 시장의 경매 방식을 사용하여 효율적인 경쟁을 가능케 했다. 이는 농지경영권 가격시장을 육성하고 농지도급권 가치를 극대화시켜 효과적으로 토지자산의 실제 가격을 확인하는 데 도움이 된다. 이를 통해 볼 때, 모든 농가의 가치형 농지도급권은 마을 주민 모두가 일정 지분권을 갖는 농지 도급권을 정착시켰을 뿐만 아니라 농지 양도 거래비용을 절감하여 양도 거래의 효율도 제고시켰다. 이는 토지자산의 투자 회수율을 높이는 데 도움이 되어 농민 재산성 수입 증대 계획 정책 목표에 부합한다.

4.3 마을조직의 농지통제권: 농지의 공공 가치 실현과 공공 재화의 공급효율

농지통제권은 '집체행동'을 총괄하는 권리로서, 촌락 내 모든 농민의 권익 보장을 전제조건으로 하는 권리운동에 그 본질이 있다. 농지의 공공가치 속성을 구현하는 농지통제권을 부여받기 위해서는 두 가지 조건을 충족해야 한다. 첫째는 총괄능력이고 둘째는 공공 이익 보호와 공공 재화 공급에 대한 의지다. 공공 재화는 일정 부분 비(非)배제성과 비(非)경쟁성을 가지는 사회적 산물이다. 또한, 이성적 결정을 내리는 경제인이 행동 논리에 부합하는 선택을 내릴 수 있는데 일반적으로 이를 '무임승차'라고 부른다. 이러한 특징들로 인해 개인 농가에서 공공 재화를 공급하는 데 한계(능력의 한계, 의지의 한계)가 생기게 된다. 따라서 집체조직인 마을조직이 총괄 및 통제 능력을 갖추고 농지통제권을 효과적으로 행사하는 것이 마을 내 공공 재화의 공급을 촉진시켜 농지 공공 가치를 실현시키는 데 도움이 된다. 물론 여전히 마을조직이 농지통제권을 가지는 유효성에 대해 의문을 갖는 학자들이 적지 않다. 이는 주로 마을조직의 권리가 강화되면 농가 권익이 침해될 수 있다는 우려에서 비롯된다. 그러나 중국 농지재산권은 경제 문제의 구속을 받는다. 이뿐만 아니라 기층(基層) 정치문화, 사회제도 등과 서로 얽혀 영향을 주는 형태의 제도로서, 공식적 제도와 비공식적 제도 모두의 구속을 받는다[자오양(趙陽), 2011]. 마을조직 통제권은 토지 법칙과 마을 정치 두 부분에서의 법률적 지원과 구속을 받는다[마오단(毛丹) 외, 2004]. 또한 마을 문화이론의 비공식적 구속도 받게 된다. 현 단계의 마을 내에는 새로운 공공 재산을 확보할 능력이 여전히 부재하고, 규칙적으로 확실하게 공공 서비스를 제공할 수 있는 정책을 찾기 어렵다. 이러한 상황에서 농촌 안정과 발전을 실현하기 위해서 마을집체가 농지통제권을 가질 필요가 있으며, 이는 현실적으로도 중요한 의의를 지닌다.

랑산촌의 농지통제권은 집체소유로서 담당 조직이 마을 내 사무를 관리한다. 이들은 경매를 통해 하청을 준 양어장의 임대료를 분배할 권한이 있다. 2011년 랑산촌 양어장의 연 임대료는 48만 위안에 달하며 임대료 수입을 집체에게는 80%, 개인에게는 20%를 분배하였다. 현재 랑산촌 집체수익의 90%가 경매를 통해 하청을 준 양어장의 임대료에서 나오고 있다. 양어장의 임대료 수입은 랑산촌 마을조직이 공공 재화와 공공 서비스를 제공하게 하는 든든한 자금원이 되었다. 또한 랑산촌은 왕씨 가문이 모여 형성한 작은 사회이자 집성촌이다. 따라서 오랜 기간 공영격려(共榮激勵)[36]라는 향촌 윤리가 형성되었다[장위옌(張宇燕) 외, 2005]. 이는 농지통제권을 이용한 마을조직의 지내 추구 행위를 효과적으로 막았고 마을조직의 기회주의 행위에 비용적 제약을 가함으로써 지속적이고 효율적으로 마을 공공 재화를 제공할 수 있게 하였다. 인근 마을보다 선두에 서 있는 랑산촌 마을 공공 건설사업은 마을 주민의 생산과 생활에 편의와 비용 절약의 혜택을 제공하여 분산 경영과 농업 공공성 간의 모순을 해소했다.

첫째, 생활 밀착형 공공 서비스를 제공하였다. 양어장 경영의 수익이 계속 증가한다는 전제하에 마을조직은 공공 재화와 서비스를 제공하는 능력을 향상했다. 이와 동시에 일사일의(壹事壹議)* 식 정책 결정 방식을 시행하였다. 이에 따라 주도자와 기본 방향이 정해져 마을 주민들이 논쟁을 벌이다가 갈등을 빚는 상황이 크게 줄었고 정책 결정의 효율이 높아지고 비용은 낮아졌다. 마을조직은 능력 증진과 비용 하락에 따라 마을 주민의 실생활에 필요한 공공 서비스를 효율적으로 제공하여 농지의 공공 가치 속성을 구현하게 되었다. 마을조직이 농가에 제공한 공공 복지로는 마을 주민들의 합작의료(合作醫療)** 보험 가입 비용 지급, 대학생 등록금 장학금과 중·고등학교 학비 보조기금 설립 등이 있다. 또한, 지하 배수관 설치에 33만 위안을 투자하고 주차장, 마을문화센터, 운동장 건설에 각각 30만, 50만, 10만 위안을 투자하는 등 생활 밀착형 공공 시설을 확충하였다.

---

36 공영격려(共榮激勵)란 마을 주민 개인의 명예, 타인의 신뢰와 존중이 마을 안에서 일정한 가치를 가짐으로 인해 형성된 특수한 격려 제도를 뜻한다.

* 일사일의(壹事壹議): 정책 결정이 필요한 사안에 대해 건건이 의논을 거치는 방식.(옮긴이)

** 합작의료(合作醫療): 마을 주민들이 자원하여 집체경제 방식을 통해 함께 질병 예방을 위한 도움을 주는 복지 성질의 의료제도.(옮긴이)

둘째, 생산 전문 서비스를 제공하였다. 마을조직은 전문적인 서비스를 통해 어업을 발전시키기 위하여 전문화된 공공 생산시설을 건설하였다. 마을의 어업 경영 주체는 대량 운송, 상품 및 원재료의 대량 구매, 공공시설 이용 등을 통해 얻는 비용 절약 등 혜택을 누리게 되면서 농지의 공공 가치를 더욱 제고시켰다. 랑산촌의 마을조직은 103만 위안을 투자하여 농수산물 무역시장을 건설하였다. 이곳에서 어산물을 집중적으로 판매하여 비용을 절감하였고 그로 인해 농가의 집단 리스크 해소능력이 크게 향상되었다. 또한 마을조직은 모든 마을 주민이 표준화된 양식기술을 사용하게 하고 장기 계획하에 통일된 양어기술 교육을 제공하였다. 마을 주민들은 선진 기술을 습득하게 되었고 어업 규모경영의 경영 주체는 기술과 정보를 함께 얻고 각종 훈련을 받아 어류의 질병 방지와 생산량 증가를 위한 전문지식을 얻어 비교적 선진화된 기술을 사용할 수 있게 되었다. 게다가 마을조직은 자체적으로 100만여 위안을 들여 마을의 도로를 건설하였다. 이로써 교통이 편리해지고 마을의 양식수산물 브랜드가 더욱 유명해졌다. 랑산촌은 민원이 없는 화합의 마을로 명성을 얻었고 담수어 양식업이 바로 랑산촌의 지주 산업이자 특화 산업으로 자리 잡게 되었다. 이로 미루어 봤을 때 마을조직이 토지통제권을 제대로 행사한다면 마을 공공 재화 제공의 어려움을 해소하고 농지자원의 공공 서비스 가치를 향상시킬 수 있다는 점을 알 수 있다.

랑산촌의 농지소유권 매칭 제도 중에서 분리된 권한의 매칭 및 운용 제도는 공공 재화 제공 효율과 농지 자산화효율, 농지 자원효율 등 3대 효율을 증대시켰다. 이러한 3대 효율은 상호 간 긍정적인 영향을 주어 내재적으로 가치의 상호보완형 선순환 연계를 이루었다. 이를 통해 토지소유권의 배치효율도 더욱 향상시킬 수 있었다. ① 마을조직은 집체기금을 이용하여 마을 주민에게 마을 도로 건설, 합작의료보험비용 지급 등 생활 밀착형 공공 서비스를 제공하였다. 이는 마을 주민의 공공 복지 향상에 직접적인 영향을 주었으며 마을 주민이 양어장 도급권을 행사하여 얻는 재산성 수입을 늘리고 양어장의 자산화효율을 증진시켰다. 그뿐만 아니라 마을조직은 마을의 특화 산업 발전에 공헌하고 양식기술 교육 제공, 농수산물 무역시장 건설 등 어업 발선에 기여하는 전문적인 공공 서비스를 제공하였다. 이로써 양어장 자원의 이용효율을 효과적으로 높일 수 있었다. ② 양어장의 자산화효율 증진으로 농가의 재산성 수입이 늘어났다. 마을 주민이 합리적인 양어장 양도 임대료를 얻기 위해 집체를 민주적으로 감독하자, 집체가 양어장 경매도급활동 규칙을 개선하고 모든 마을 주민의 이익을 기본으로 삼는 공공 재화를 제공하며 공공 재화 제공 효율도 높인 것이다. 또한, 양어능력 보유자가 더욱 많은 양어장 경영권을 양도받았는데, 이는 인적 자원과 토지자원의 매칭률을 높이고 전문적인 어업 생산을 촉진시켜 양어장 자원의 이용효율을 향상시켰다. ③ 양어장 자원의 이용효율이 높아지면서 어업이 발전했다. 이를 통해 마을조직이 안정적인 자금원을 확보하게 되어 공공 재화 제공 효율이 제고됐다. 이와 동시에 마을 주민이 임대료 분배를 보장받게 되어 양어장의 자산투자 가치도 향상되었다.

5. 결론과 토론

랑산촌 농지자산은 통제권, 도급권, 경영권 등 3대 기본 권리로 나뉜다. 통제권은 마을조직에, 도급권은 일반 마을 주민에게, 경영권은 양어능력 보유자에게 각각 매칭된다. 마을조직이 농지통제권을 행사하는 것은 농지의 사회기능적 가치 속성을 보여 준다. 이는 공공 재화 제공 효율을 높이고 마을의 분산경영과 농업 공공성 간의 모순을 해소했다. 농민이 갖는 가치형 농지도급권은 농민이 임대료 수입을 분배받고 마을의 모든 공공 서비스를 향유할 수 있게 한다. 이는 농가의 재산성 수입이 된다. 이러한 점은 농지의 자산가치 속성을 보여 주는 것으로 농지 자산화효율을 높였다. 농지경영권은 경매 방식을 거쳐 양어능력 보유자에게 배치된다. 이러한 방법으로 농지의 생산요소 가격 속성을 더욱 효율적으로 실현하고 농지자원의 이용효율 증진 문제를 해결하게 되었다. 이로써 균전도급제도에서 분산 경영과 규모화경영의 충돌 문제가 해소되고 인적 자원과 토지자원의 매칭 효과를 얻었다. 이와 동시에 재산권 매칭 제도를 통해 실현한 3대 농지효율 증대 목표는 상호 간에 긍정적인 영향을 주면서 내재적 선순환 연계 메커니즘을 형성하였다(그림 3 참고).

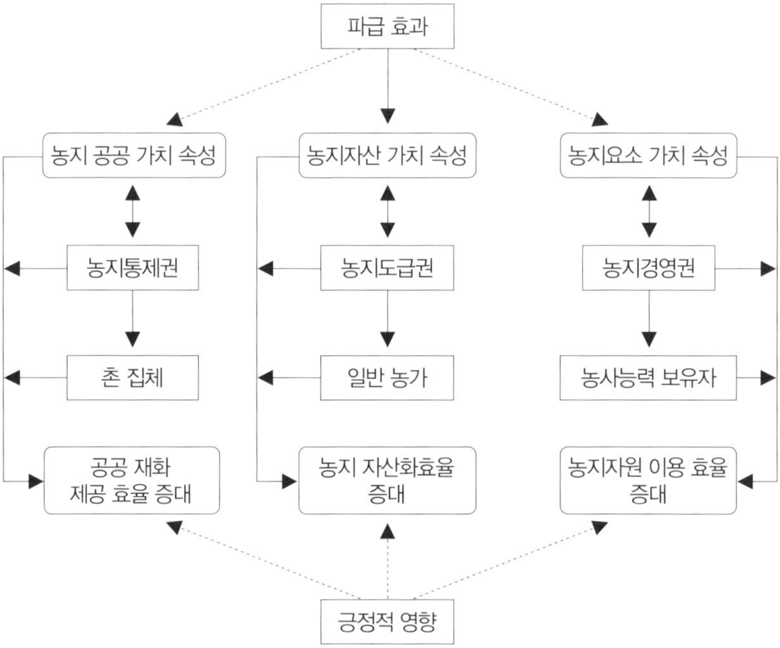

그림 3. 권한 배치 연계도

량산촌의 토지소유권 매칭 모델은 '집체소유권의 안정, 농가도급권의 시행, 농지경영권 활성'이라는 3대 재산권의 분리 효과를 가져왔다. 각각의 기본적인 분리된 권한은 이질적인 서로 다른 행위 주체에게 매칭되었다. 이는 집체농지의 공공 서비스와 투자자산, 생산요소 등 3대 가치 속성에 부합한다. 또한, 집체 관리하의 마을 공공 서비스 제공 효율과 농가의 농지도급으로 얻는 자산화효율, 양어능력 보유자의 경매경영을 통한 자원효율 등 3대 효율 증대 목표도 실현했다. 재산권의 객체가 각각의 가치 속성을 지니고 재산권 주체의 행위능력이 이질성을 지닌다고 가정했을 때, 권한이 충분히 이행되도록 보장하여 최종적으로 농지효율을 증대시키기 위해서는 반드시 각기 다른 분리된 권한을 적합자에게 분배하여 토지소유권 제도의 기본 목표물(토지자원)이 가지는 실제 가치가 전방위적이고 합리적으로 드러날 수 있게 해야 한다는 점을 량산촌의 발전 모델을 통해서 알 수 있다. 즉, 재산권 객체의 가치 속성과 재산권 주체의 행위능력, 재산권의 분리된 권한 매칭을 통해 재산권 제도의 효율 목표를 최종 실현한 것이다.

량산촌의 발전 모델은 특수성을 가지고 있어 성과 측면에서 지역적 한계성이 명확히 드러난다. 량산촌 발전 모델의 확장 및 벤치마킹 가능성 또한 아직 검토할 필요가 있다. 그러나 량산촌은 새로운 구조의 재산권 매칭 제도를 통해 어업 전문 규모경영과 노동력 이전, 마을 공공 건설을 촉진시켰고, 이제 명실상부한 화합과 행복의 마을이 된 신(新)농촌 건설의 대명사가 되었다. 이는 중국 농촌의 기반에 거대한 혁신 가능성이 있다는 것을 보여 준다. 이러한 의미에서 량산촌의 사례는 중국 농촌마을 토지소유권 제도의 혁신과 발전 전환을 위해 노하우를 전수하고 방향을 제시할 수 있다.

참고문헌

Cheung Steven: Private Property Rights and Sharecropping, *Journal of Political Economy* 76(6), 1968, pp.1107~1122.

Giddens A.: *The Constitution of Society: Outline of the Theory of Structuration*, Cambridge: Polity Press, 1984.

阿林·杨格:《报酬递增与经济进步》,《经济社会体制比较》, 1996年 第2期.

邓宏图, 崔宝敏:《制度变迁中土地产权的性质与合约选择: 一个有关合作经济的案例分析》,《南开经济研究》, 2008年 第6期.

胡新艳, 罗必良, 王晓海:《村落地权的实践: 公平理念与效率逻辑−以茂名市浪山村为例》,《中国农村观察》, 2013年 第3期.

黄少安:《从家庭承包制的土地经营权到股份合作制的"准土地股权"−理论矛盾, 形成机理和解决思路》,《经济研究》, 1995年 第7期.

毛丹, 王萍:《村级组织的农地调控权》,《社会学研究》, 2004年 第6期.

张维迎:《产权, 政府与信誉》, 生活·读书·新知三联书店, 2001年.

张宇燕, 时红秀, 李增刚:《中国农村的社区型企业−以辽宁省海城市东三道村为例》,《制度经济学研究》第七辑, 经济科学出版社, 2005年.

赵阳:《城镇化背景下的农地产权制度及相关问题》,《经济社会体制比较》, 2011年 第2期.

周其仁:《市场里的企业: 一个人力资本与非人力资本的特别合约》,《经济研究》, 1996年 第6期.

⁝ 토지소유권 세분화, 계약적 지배 및 농업의 분업 발전*

— 충저우시(崇州市) '1+1+1' 농업경영 모델의 혁신적인 실제 사례

요약 어떻게 하면 분산화된 가정경영을 규모경제와 분업경제로 발전시킬 수 있을까? 이는 중국이 농업경영제도를 혁신하는 데 있어 매우 중요하다. 본문은 충저우시의 혁신적인 농업경영 모델인 '1+1+1' 농업경영 모델의 실제 사례를 기초로 농업의 분업화를 발전시킬 수 있는 두 가지 논리를 제시한다. 첫째, 재산권을 세분화하여 새로운 경영 주체를 만들고 이를 바탕으로 농업 분업의 효율성을 높인다. 둘째, 계약적 지배를 통해 거래비용을 줄여 분업을 효율적으로 촉진한다. 농업생산 영역의 분업 심화는 자연적인 내적 장애요소가 있지만 농업은 효율이 수동적으로만 개선되는 산업은 아니다. 농업은 분업을 심화하고 효율성을 개선할 수 있는 잠재력을 갖고 있다. '충저우 모델'을 통해 혁신적인 농업경영제도를 실천하는 데 있어 토지소유권 세분화 및 각종 세분된 권리의 범주 확정, 부여 및 집행은 매우 중요한 것임을 알 수 있다.

키워드 **충저우 모델, 토지소유권 세분화, 계약적 지배, 농업 분업**

---

* 본문은 교육부 혁신 단체 발전 계획 프로젝트 '중국 농촌기본경영제도: 전환 이론과 창신 논리'(IRT1062), 국가 자연과학 기금 중점 프로젝트 '농촌토지 및 관련 요소의 시장 육성과 개혁 연구'(71333004), 광둥성 철학사회과학 프로젝트 '농업 관련 기업의 농지 인수 연구—계약 안배와 거래 성과'(GD11CYJ14), 그리고 광둥성 과학기술 계획 프로젝트 '농가의 기술 선택 행위와 보급 모델 연구'(2012B020315002)의 단계적 성과물이다.

본문의 저자는 후신옌(胡新艷), 루어삐량, 씨에린(謝琳)이다. 씨에린은 화난농업대학교 중국농촌경제전환발전협동혁신센터 경제관리대학 전임강사이다.

1. 문제 제기

중국 농촌의 기본적인 경영제도는 '가정도급경영, 통분결합(統分結合)'이다. 하지만 농가를 단위로 하는 소농경제구조는 전문화 분업을 특징으로 하는 한계수확 체증(遞增)체계를 만들 수 없어 규모경제와 그에 상응하는 범위경제를 만들 수 없고 효율성을 떨어뜨린다. 어떻게 해야 가정경영의 장점과 요소 이동을 농업 분업의 범주에 포함시키고, 중국 가정도급경영이 환경조건에 맞게 전환되도록 하며, 농업의 사회화와 시장화라는 현대화 과정에 참여시킬 수 있을까? 이에 대한 해답은 중국 농촌기본경영제도를 안정화시키고 개선하는 전체 국면에 영향을 미칠 정도의 전략적 의미가 있다.

제도 변화의 기본 동력은 기존 제도로는 실현할 수 없는 잠재적인 수익으로부터 나온다(North, 1990). 충저우 '1+1+1'[37] 모델은 분명 농업경영제도의 혁신적인 변화이다. 이 모델에서 첫 번째 '1'은 농민이 토지도급권으로 주주가 되는 토지지분합작사를 말한다. 두 번째 '1'은 합작사가 임명한 기업의 'CEO'와 같은 전문 경영인을 말한다. 세 번째 '1'은 농업의 사회화 서비스체계를 말하며 농업 공공 브랜드 서비스, 농업 전문가 대원(大院) 과학기술 서비스, 농업 서비스시장의 사회화 서비스, 농촌 금융 서비스 등을 포함한다. 충저우 '1+1+1' 모델은 매우 실험적이라는 데 그 의미가 있다. 이 모델은 특정 지역에서 일정한 역사적인 조건하에 특색 있는 경제사회 발전의 방법을 제시했다[페이샤오퉁(費孝通), 1992]. 충저우 모델의 경영 가치를 찾고 정리하기 위해서는 반드시 충저우 모델이 가진 운영 원리를 심도 있게 분석해야 한다. 발전 모델의 제도 설계와 개혁은 매우 복잡하기

37 현재 충저우시는 '충저우 모델'을 '1+4' 모델(즉, 농업 협작사+4대 농업 서비스)로 개괄한다. 본문에서는 이를 '1+1+1'로 정리한다.

때문에 제도 유형을 구분하여 구체적으로 분석해야 한다. 이는 이론적 수정과 전체 제도 변화를 논의하는 데 있어 매우 현실적인 의미가 있다[천젠보(陳劍波), 1994]. 본문의 목적은 충저우 모델의 선도적 실천을 바탕으로 모델 혁신의 기본적인 실마리와 내재적 원리를 제시하고, 충저우 모델의 일반적인 가치와 전체적인 제도의 뜻을 파악하며, 농업 분업을 심화할 수 있는 기본적인 방법을 보여 주어 가정경영이 현대 농업 발전에 있어 어떤 원리로 작동하고 어떤 기능이 있는지 더욱 자세히 정리하는 데 있다.

2. 충저우 모델에 관한 개별 사례 서술

2.1 압박 속에서 만들어진 충저우 모델의 탄생 배경

충저우는 중국 쓰촨성(四川省) 청두(成都)에 속한 도시로 쓰촨 분지에 자리하고 있다. 땅이 평탄해 농업이 발달한 성두의 주된 식량 생산기지이기도 하다. 1990년대부터 농촌 노동력의 외부 유출 속도가 빨라지면서, '농업 겸업화', '농촌 공동화(空洞化)', '농민 고령화' 문제가 점점 더 심각해지고 있다. 2012년의 한 통계에 따르면, 충저우시의 67만 상주 인구 가운데 70.28%가 농촌 인구이다. 그중 농촌 노동 인구가 36만 9,500명에 달하지만 타지에서 일하는 노동 인구는 73.40%에 육박한다. 2003년에서 2013년 사이 충저우시의 농업 종사자는 22만 300명에서 9만 8,300명까지 큰 폭으로 하락하여 55.38%가 감소했다. 대량의 노동 인구가 타지로 나가 일을 하다 보니 여러 지역에 농업 경시 현상과 농지 방치 현상이 나타났으며, 농업생산능력도 계속 하락했다. 충저우시의 농업은 '누가 농사를 지을 것인가'라는 현실적인 문제[38]에 직면해 있을 뿐만 아니라, '어떤 농사를 지을지'와 '어떻게 농사를 지을지'라는 심층적인 문제도 해결해야 한다.

상술한 문제를 해결하기 위해 충저우시는 다방면의 연구를 실시했다. 첫째, 농지경영권을 대규모 농가에 집중적으로 양도하는 것이다. 농지경영권의 양도는 어느 정도의 효과를 보장하지만, 농장 규모가 지나치게 작은 기본적인 상태를 개선하기에는 부족하다. 게다가, 농지경영권의 양도는 대부분 자발적으로 이루어지기 때문에 안정성이 부족하다. 또한, 농업 기업가의 능력을 배양하고 최신 기술을 받아들이는 요소를 만들기 어렵다. 둘째, 농업의 선두 기업을 적극적으로 유치하여 '기업+농가'의 협력 모델을 강력하게 추진하는 것이다. 선두 기업이 농가를 이끄는 조직 방식이 기업과 농가의 상생을 더 빨리 실현할 수 있는 효과적인 선택으로 인식되어 사회 각계에서도 큰 관심을 가졌었다. 하지만, 충저우시는 선두 기업을 유치하여 이를 실천하는 과정에서 협력에 연속으로 실패해 분쟁이 발생했다.[39]

그중에서도 선두 기업인 잉마룽(鷹馬龍)과의 협력을 살펴볼 필요가 있다. 2008년 충저우시의 농업자원개발국(農業資源開發局)은 선두 기업인 잉마룽을 유치했고, 치취안전(檻泉鎮)의 농지 3천여 묘를 임대했다. 임대 기간은 두 번째 도급 기간에서 남은 기간이었고, 임대료는 매년 묘당 쌀 600근으로 정했다. 잉마룽은 상품 수출을 주로 하는 기업으로, 2008년 글로벌 금융위기 당시 글로벌 수출시장 위축으로 인해 심각한 판매 부진으로 큰 손실이 발생했다. 그래서 잉마룽은 2009년 말에 일방적으로 계약을 파기하며 농지경영에서 손을 뗐다. 잉마룽이 계약을 파기하고 농지경영에서 물러난 후 농지에는 밭을 일굴 사람이 없었고 농민들은 "농지를 돌

38 농촌 노동력 유출로 인해 농사를 짓는 사람이 없다는 사실은 리바촌(黎壩村) 천용지엔(陳永健) 15조 조장의 "마을 사람들이 타지로 일을 하러 가서 농촌에는 노인, 아이만 남았는데 어떻게 농사를 짓나."라는 말에서 잘 알 수 있다.

39 유치 기업으로는 잉마룽(鷹馬龍), 후리다(互利達), 청두시 구웨이쥐에 식품유한공사(古味覺食品有限公司) 등이 있다.

려받지 않겠다. 쌀 600근을 내놓아라."라고 주장했다. 이들은 "정부가 농지경영권을 기업에 양도할 것을 격려해 기업을 유치해 왔는데 현재 기업이 계약을 파기하고 가 버렸으니 우리가 정부에게 책임을 묻지 않는다면 누구에게 묻는단 말인가? 정부가 관여하지 않는다면 누가 관여한단 말인가?"라고 하며 농지경영권 양도의 실패를 중국 정부의 책임으로 돌렸다.

상생효과를 가져올 줄 알았던 협력 옵션은 어째서 실패로 끝나게 되었을까? 실제로, 사후(事後)의 기회주의로 인해 종종 논쟁이 발생한다. 이런 모델에 있어 기업과 농가는 토지의 임대와 임차 관계에 있을 뿐이어서 협동적 잉여분을 공유할 수 있는 제도가 없다. 협력 양측은 거래의 상황 변화에 따라 합리적으로 기회를 보며 선택을 내릴 수밖에 없다. 그런데, 농업생산과 경영의 불확실성, 특히 상품 수요와 시장의 불확실성은 기업이 농업경영을 하는 데 많은 변수와 리스크를 가져왔고 기업은 경영이 힘들어지면 기회를 보고 빠져나간다. 그래서 '기업이 계약을 파기하고 농민이 임대료를 독촉하는 상황'이 자주 나타난다. 기업의 경영이 잘될 때는 반대로 농민이 기회를 보고 임대료를 올리려고 하고 임대료 인상이 안 되면 계약을 파기한다. '농민이 계약을 파기하고 기업이 땅을 독촉하는 상황'으로 바뀌는 것이다.[40] '잉마룽 사건'으로 인한 농지경영권 양도의 분쟁이 더 커지는 것을 막고 때맞춰 농업생산을 시작하기 위해 충저우시 농업자원개발국은 농지를 경영할 주체를 유치하는 등 적극적으로 나설 수밖에 없었다. 그러나 시간이 촉박하여 마지막 1천여 묘의 농지는 어쩔 수 없이 '쌀 600근'보다 낮은 임대료로 양도했고, 부족한 임대료는 충저우시 정부 보조금으로 제공했다.

농가 간의 농지 양도는 효과가 크지 않았고 기업을 유치하여 농가의 발

40 기업이 취득한 토지경영권은 농가의 도급권과 밀접하게 연관되어 있다. 이는 단순히 기업이론이 가진 '권위'로 결정되지 않는다. 때문에 농가가 도급권의 독점 지위로 기업에 위협을 가할 수도 있다.

전을 추진하는 과정에서는 연속으로 협력에 실패하는 사례가 발생했다. 결과적으로 농업 발전이라는 난제를 해결한다는 초기 목표에 도달하지 못했을 뿐만 아니라 더 많은 문제와 갈등을 야기시켰다. 정부는 갈등을 조율하는 서비스 제공자의 역할뿐만 아니라 갈등의 결과에 대해 '무한 책임'을 지는 책임자의 역할도 종종 해야 했다. 그래서 2010년부터 충저우시는 부득이하게 새로운 개혁 실험을 시행해야만 했다.

새로운 개혁 실험의 출발점은 크게 두 가지이다. 첫째, 농민이 쌀 600근의 이익을 안정적으로 얻을 수 있도록 반드시 보장한다. 둘째, 정부가 지급하는 임대료 차액에 따른 보조금 재정 부담을 반드시 줄인다. 이 두 가지 출발점이 뜻하는 바는 새로운 경영 주체는 안정적이고 높은 식량 생산력을 보장하는 경영능력을 갖춰야 한다는 것이다. 충저우시 농업자원개발국 농업기술보급소의 기술자 저우웨이송(周維鬆)은 농촌에서 태어나 농업에 익숙하고 기술력이 좋아 농업에 종사하도록 파견된 농업 분야의 일인자이다. 저우웨이송이 안심하고 농촌에서 농사를 지을 수 있도록, 농업자원개발국은 농업기술자의 지위와 대우를 보장하겠다고 약속했다.

정책적 뒷받침과 지도자의 관심이 있었고, 저우웨이송 또한 농업경영 이윤 창출에 대해 긍정적인 전망을 갖고 있으면서 자신의 농지경영기술에 대해 믿음이 있었다. 그 때문에 그는 솔선수범한 태도로 첫 '귀농인'이 될 것을 결심하고 농촌으로 내려가 농사를 짓게 되었다. 저우웨이송은 개인적으로 농촌으로 내려와 농가의 땅을 빌려 농사를 짓는다면, '잉마룽'의 전철을 밟게 되리라 생각했다. 그래서 저우웨이송은 먼저 경영을 반드시 규모화해야만 이익을 얻을 수 있고, 다음으로 합작사를 만들어 농민과의 거래비용을 낮추고, 농민과 함께 이익을 공유할 수 있는 체계를 만들어야 한다고 밝혔다. 그는 '타지로 나가 일하는 사람이 많고, 땅이 비교적 집중적으로 연결된' 룽싱전(隆興鎭)의 양류촌(楊柳村)을 합작사 시범 지역으로 정했다. 또한, 시(市)·진(鎭)·촌(村) 등의 농업과 관련되는 공무원이 농촌 지역으로 전입하여 합작사의 규정을 설명하여 농가로 하여금 토지도급경영권으로 주주가 되도록 했고, 이로써 지분 농지가 200여 묘에 달하는 양류토지지분합작사(楊柳土地股份合作社)가 설립되었다. 합작사가 설립된 후 저우웨이송은 농지자원개발국의 추천으로 양류합작사에서 전문 경영인으로서 농지의 경영과 관리를 책임졌다. 이로써 저우웨이송은 충저우시 최초의 농업 전문 경영자가 되었고, 양류합작사는 충저우시 최초의 토지지분합작사가 되었다. 이와 함께, 농업합작사의 토지 규모화경영을 위해 충저우시는 기업의 규모화 재배 서비스를 위한 농기계 기업 등의 서비스 조직 설립 발전을 조기에 이끌고, 신흥 전문화 서비스 조직을 육성하며, 다원화 사회 서비스 체계를 건설하는 것을 중점 지원했다. 합작사, 전문 경영인 그리고 전문화 서비스 체계 등 조직제도가 서서히 완성되면서, '1+1+1' 모델이 차츰 형성되었고, 조직제도 역시 나날이 규범화되고 완성되었다.

2.2 모델 프레임과 발전 추진

2.2.1 모델 프레임

충저우 '1+1+1' 모델의 조직구조는 하단의 그림 1과 같다.

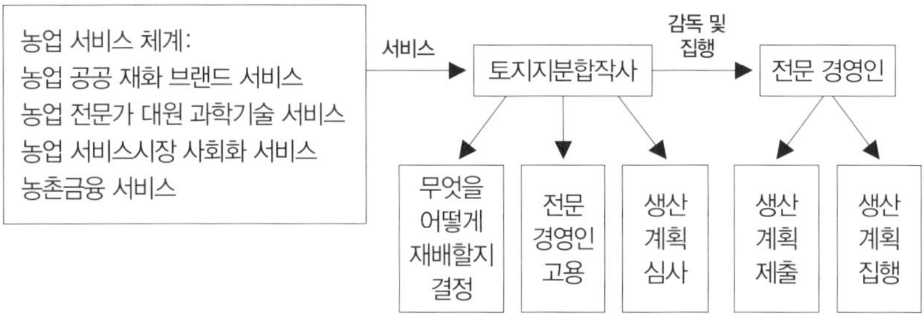

그림 1. 충저우 '1+1+1' 모델 구조

충저우 '1+1+1' 모델 중 첫 번째 '1'은 토지지분합작사를 뜻한다. 토지지분합작사는 가입의 자유·퇴사의 자유·이익의 공유·리스크의 분담을 원칙으로 하여 농가에 귀속된 토지도급경영권으로 가격을 확정하고 주식 분할을 진행하여, 상공업 관리 부서에 등록하여 설립된 협력조직이다. 토지지분합작사는 이사회, 감사회를 선출하며 책임 감독과 결책 기능을 담당한다.

농업 전문 경영인이 합작사로부터 초빙을 받는 것은 충저우 '1+1+1' 모델의 두 번째 '1'에 해당한다. 농업 전문 경영인은 기업의 CEO와 비슷하며, 농업경영에 관한 생산 계획서를 제출하고 이를 실시한다. 즉 관리 직무를 담당한다.

농업 전문화 서비스 체계는 충저우 '1+1+1' 모델의 세 번째 '1'로, 구체적으로 금융 서비스 체계, 과학기술 보급 체계, 공공 브랜드 서비스 체계와 사회화 서비스 체계가 있으며 모두 합작사 농업생산의 전후 모든 단계를 지원한다.

현재 합작사의 경영은 벼 재배를 위주로 하고 있다. 합작사는 한 해 중 10~4월을 소춘(小春), 5~9월을 대춘(大春)으로 나누고 수익을 분배한다. 수익 분배는 주로 세 가지 방법으로 이루어진다. 첫째, 경영 수입에서 생산원가를 공제한 이윤을 공공 적립금, 전문 경영인 관리 수익 및 합작사 구성원의 보너스가 1:1:8 혹은 1:2:7의 비율이 되도록 나눈다. 둘째, 합작사가 농업 전문 경영인과 목표 생산량을 정한 후 전문 경영인이 초과 생산으로 이익을 분여받는다. 셋째, 전문 경영인이 합작사에 최저 수익을 보장하고, 생산원가와 합작사 구성원에게 지급해야 할 최저 비용을 공제한 후 2차 배당을 실시한다.

2.2.2 모델의 효과와 보급

'1+1+1' 모델 발전을 시작으로 충저우 농업의 '조직, 관리 및 생산'이라는 삼중 요소의 효율 개선을 추진하고, 농가·합작사·전문 경영인 모두 상생할 수 있는 구도를 형성했다. 2012년 충저우 토지지분합작사의 묘당 평균 벼 수확량은 578kg이었다. 단위면적당 생산량으로 따져 보면 쓰촨성의 519kg과 청두시의 539kg이라는 평균치들을 훌쩍 뛰어넘었다. 이는 합작사 비참여 농가가 수확한 양보다 묘당 평균 73kg이 더 많으며, 합작사 참여 농가가 직접 거둬들인 이익은 묘당 100위안 이상 증가했다.

룽싱전(隆興鎮) 리바촌(黎壩村) 양류 토지지분합작사의 양싱타이(楊興泰)는 자신이 출자한 농지 3.6묘로 계산을 해 보았다. 원래 1년 농지 수입이 2,200위안이 되지 않았지만, 2011년 한 해 토지지분합작사의 보너스는 3,628위안이었다. 또한 토지지분합작사에서 일하면서 4천 위안을 벌었다. 같은 3.6묘이지만, 합작사에 들어간 후 원래 수익보다 5,328위안이 늘었다. 2010년 농업 전문 경영인인 저우웨이송은 협의에 따라 2만 8천 위안의 인센티브를 받았다. 가장 수입이 높았던 전문 경영인은 3만 6천 위안을 받은 충저우시 랴오위안(燎原) 마을의 지쉐화(季學華)이다.

현재 '1+1+1' 모델은 충저우시에 적극적으로 보급되고 있다. 2012년말을 기준으로 충저우시 21개 농촌 지역의 141개 촌이 벼를 대규모로 재배하는 토지지분합작사를 설립하였으며 가입 농가는 모두 3만 3,600개이다. 총면적은 8만 1,200묘이며 400여 명의 전문 경영인이 토지합작사에 초빙되어 8만여 묘 토지의 생산 및 경영을 책임진다.

3. 충저우 모델 운영 체계에 따른 재산권, 계약 및 분업

충저우 모델의 효과를 이해하려면 다음 질문에 답할 필요가 있다. 농업 분업은 왜 발전할까? 분업은 재산권 배치와 거래계약 문제를 내재적으로 포함하고 있다. 분업은 행위 주체 간의 권리 분업이기 때문에 주체의 행위 선택은 재산권 배치와 그 실행 가능성에 달려 있다. 그리고 분리된 권한을 서로 다른 행위자에게 부여하면 각자의 전문 영역으로 확장할 수 있어 분업의 가능성을 넓히는 데 도움이 된다. 다른 한편으로, 전문화 분업은 필연적으로 거래를 수반하기 때문에 거래비용이 분업의 효율성을 약화시키지 않기 위해서는 상응하는 거래계약적 지배를 통해서 보장되어야 한다. 그러므로 본문은 '재산권, 계약, 분업'의 이론적 논리를 충저우시 모델의 운영 체계를 설명하는 데 포함시켰다.

3.1 토지소유권 세분화, 권한 부여와 분업 확대

재산권이란 일종의 권리의 다발로(Demsetz, 1988), 운영 측면에서 구체적이고 세분된 범주 확정이 필요하다. 재산권의 권리가 세분화될수록 거래와 재편의 가능성이 커지고, 재산권 구조의 선택이 다양화될 가능성이 커지고(루어삐량, 2005), 자원 배치의 효율을 제고할 가능성도 커진다[룽덩가오(龍登高) 외, 2010]. 이미 정한 재산권의 권한이 세분화된 상황에서 서로 다른 가치 속성을 갖고 있는 분리된 권한의 범주를 누구에게 귀속시킬 것인가? 바젤(Barzel, 1989)에 따르면, 재산권은 모종의 재산을 개인이 직접 소비하거나 혹은 거래를 통해 간접적으로 소비하는 능력을 말한다. 즉, 행위능력이 강한 사람이 재산권을 획득하고 집행할 수 있다. 이 논리에 따르면 재산권의 범주는 반드시 두 가지 문제로 구분되어야 한다. 첫째, 누군가가 재산권을 소유하는 것이 중요하다는 것을 인정해야 한다. 둘째, 누구에게 재산권을 분할해 주는 것이 더 효과적인가 하는 문제이다(장웨이잉, 2001). 권력 행사에 관한 지식이 개인 혹은 전문가 한 명에게 집중된 적은 없었다. 사회에서 지식의 분업은 권리의 분산화가 필요하다(Hayek, 1945). 그러므로 특정 재산권의 권리에 대해 가치의 최대화를 실현하려면 이를 반드시 최적의 자원 이용 능력을 갖춘 행위 주체에게 부여하거나,

비교적 낮은 비용으로 이를 획득하고 만들 수 있는 사람에게 부여하여, 재산권 권리와 이용 가능한 지식을 잘 결합시키고 사회 전체에 대해 지식을 분립하는 상호보충적 응용을 추진해야 한다(Jansen & Macklin, 2003). 이것이 의미하는 바는 다음과 같다. ① 재산권의 범주를 비교우위가 있는 행위 주체에게 배정하고 부여할 때 분업 체계가 만들어진다. ② 재산권을 더욱 세분화하면 다원화된 참여 주체를 모을 수 있으며 분업을 더욱 심화시키고 확장할 수 있다. ③ 재산권의 세분화 및 해당 거래는 요소 이동 재편의 효율을 개선할 수 있고, 이로써 자유 협약은 분업 조율의 중요한 보장 체계가 되었다.

충저우 모델은 토지집체소유제를 유지하는 전제하에 농지소유권, 도급권, 경영권의 삼권분립을 통해 농지경영권을 더욱 세분화하여 다양한 경영 주체의 유입과 분업의 확대를 실현했다(그림 2).

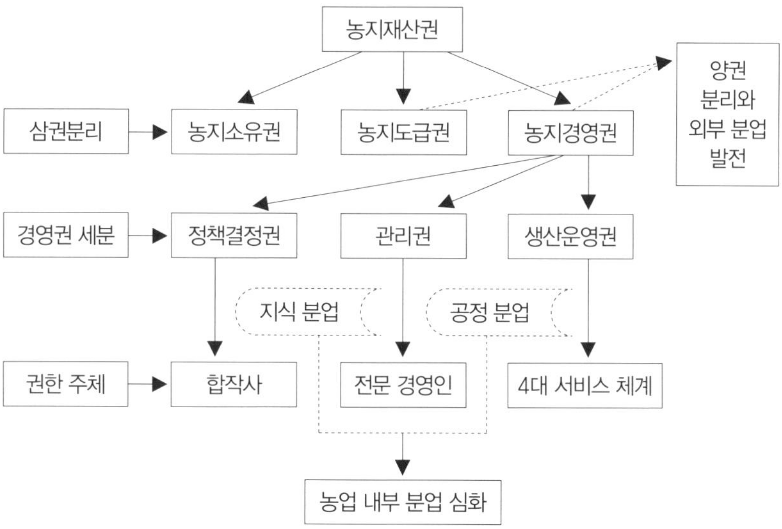

그림 2. 토지소유권 세분, 권한 부여 및 분업 확장 설명도

그림 2를 보면 알 수 있듯이, 농지경영권은 정책 결정권, 관리권 및 생산운영권으로 세분화할 수 있고 이 세 가지 권한을 각각 합작사, 전문 경영인 그리고 농업 서비스조직에 부여한다. 이로써 재산권의 세분화와 새로운 경영 주체의 유입은 다원화된 참여 주체가 비교우위를 발휘하게 했고, 함께 농업을 경영하는 분업과 협력의 구조를 만들었다. 또한, 도시와 향촌을 연결하는 농업의 외부 분업 발전과 내부 분업 심화를 효과적으로 추진해 전체 분업경제의 효율성을 높여 라니스(Ranis, 1988)가 말했던 것과 같이 농업을 서서히 '비상업화 영역'에서 '상업화 영역'으로 변화시켰다.

3.1.1 도급경영권 분리와 도시와 향촌을 연결하는 농업 외부 분업을 통한 재배의 규모화

농가가 토지도급권으로 합작사의 주주가 됨으로써 농지도급권과 경영권의 분리가 실현되었다. 전자는 자산성 토지소유권이라 하며 후자는 경영성 토지소유권이라 한다(롱덩가오 외, 2010). 이런 분리는 미시적으로 봤을 때 '비농(非農) 비교우위'에 있는 농민이 자유거래 방식을 통해 농업생산요소의 사용권을 '농업 비교우위'가 있는 경영 주체에 이전하여 자신의 잠재적인 임대가치를 보호하고 상대방의 임대가치도 증가시켜 파레토 효과를 실현하는 데 유리하다. 거시적으로 보면 극도로 작은 중국의 농업 규모를 현대 농업 발전에 맞는 농장 규모로 키워[허슈룽(何秀榮), 2009] 농업을 규모화하고 집약화된 경영을 실현하는 데 유리하다. 또한 농가가 자신의 비교우위에 맞게 자유롭게 직업을 선택하는 데 도움이 되고 이는 농업 노동력의 이전과 농외(農外) 분업의 확장을 촉진한다(장수광, 2012). 그러나 주목해야 할 것은 중국의 농촌 요소시장은 농촌 노동력시장이 농촌 토지시장을 중심으로 상호연동된 거래 네트워크 체계라는 것이다. 토지의 변동이 부족하면 노동력의 변화도 단일화되고 불안정해질 수가 있다. 다시 말해, 노동력의 변화가 없으면 토지 변동도 일어나지 않는다. 반드시 효과적으로 토지의 변동을 발생시켜 노동력 변화의 안정성도 보장해야 한다. 충저우 모델의 농촌토지시장체계가 효율적인 이유는 규모화된 토지 지분협력제도[41]로 농가토지도급권을 안정화시켰을 뿐만 아니라, 농가 배당의 토지재산과 수익도 보장했다는 데 있다. 독특한 것은 무엇을 심을지는 합작사 구성원에 의해 결정된다는 것이다. 농가는 설령 농사를 짓지 않고 타지에서 일하더라도 여전히 농업경영 결정권을 갖고 있다. 즉, 농업경영에 대한 심사권과 감독권을 갖고 있다는 것이다. 때문에 폐답되거나 토지가 농업용지에서 기타 용도로 바뀔 우려도 없다.[42] 이로써 '안정적인 도급권, 이익 분배, 그리고 결정권'의 삼중 보장 체계는 안정적이고 질서 있는 농촌 노동력시장의 주춧돌이 된다는 것을 알 수 있다. 이 삼중 보장 체계는 농지에 적합하고 규모화된 경영을 촉진시켰을 뿐만 아니라, 농가의 농외 분업 심화 확대를 위한 토대도 마련했다.

토지도급권을 통한 지분 참여 방식으로 설립한 합작사조직제도는 충저우 모델이 규모화 재배 및 규모의 경제를 실현하도록 한다. 이렇게 토지요소를 투입하여 규모 확대를 통해 실현한 규모의 경제성을 내부 규모의 경제성이라고 한다. 그러나 류이스(劉易斯)가 언급한 것처럼, 만약 "시장조직이 점점 성숙해지면 대규모 조직의 장점은 점점 작아진다." 이것이 의미하는 바는 시장화와 전문화의 조건하에 단순히 농지를 양도하여 집중시키는 방법으로 규모화경영의 문제를 해결하려 한다면 예측 가능한 성과는 한계가 있다는 것이다. 그러므로 더 중요한 것은 전문화를 계속 심화시키고 분업사슬을 계속 늘리며, 전문화된 세부 분업 간의 조화를 통해 실현한 외부 규모의 경제성에 있다[자건량(賈根良), 1995]. 충저우시는 합

41 「충저우시 2013년 규범화 토지지분합작사 특별 지원 실시 방안」(충저우 농업홍보영도소조사무실, 2013, 2호) 참고.

42 현지 농민은 "농지 경작과 경영권을 보장받았고 수익도 보장받았다! 우리는 마음 편히 타지로 일하러 갈 수 있다!"라고 말함.

작사를 플랫폼으로 하여 전문 경영인과 농업 서비스 체계의 탄생을 촉진 시켜(아랫글 참고) 농업의 분업경제와 우회생산경제의 발전을 효과적으로 추진했다(Shi & Yang, 1999). 이로써 우회생산 방식을 실현한 분업경제와 외부 규모경제는 충저우 모델로 하여금 '토지경영(내부)과 분업 서비스(외부)'가 결합되는 이중의 규모경제성이라는 균형된 상태를 이루게 만들었다.

3.1.2 관리권 분리와 농업경영의 지식 분업을 통한 능력 보유자의 농업 참여

기업가는 '결단력 있는 판단'을 제공하는 사업의 실행자이다(Casson, 1982). 농업 전문 경영인은 '지식과 학식이 있고 과학기술을 알며 경영을 할 줄 알아' 시장에서 경매와 판매를 하는 '기업가 정신과 재능'이라는 비교우위를 갖고 있다. 농업협력조직과 농지의 규모화경영이 발전하면서 농업경영활동의 기업가 능력에 대한 수요가 서서히 형성되었고, 기업가 전문 인력자산의 효율적인 배치를 위해서도 규모화 가능성이 제공되었다. 전문 경영인의 실력을 보장하기 위해 충저우시는 전문 경영인을 교육하여 '무엇을 심어야 하고 어떻게 심을지'에 대한 인식을 강화하고, 교육활동에 대해 보조금 정책을 실시했다. 또한, 청두와 충저우시 정부는 전문 경영인 인정 기준과 프로세스를 제정하고 기준에 부합하는 사람에게 자격증서를 교부했다. 다만 2년 연속 합작사에 초빙되지 않으면 그 자격증을 박탈했다. 또한 재직 중인 농업 전문 경영인을 위해 산업, 과학기술, 사회보험, 금융 등의 지원제도도 운영하고 있다.[43] 시장의 유도와 정부의 지원은 충저우의 농업 전문 경영인 시장이 '우선 추천'에서 '우선 추천과 공개 모집'이 결합되는 발전 단계를 거치도록 했다. 합작사는 농업

43 「충저우시 현대 농업 전문 경영인 자격 평가 관리 방법」(충저우 농업보급영도소조사무실, 2011, 3호), 「청두시 농업 전문 경영인 평가 관리 규정」(청두 농촌공작사무실, 2012, 140호), 「농업 전문 경영인 대오건설에 관한 시행 의견」(청두시 인민정부사무실, 2012, 45호) 등 문건 참고.

전문 경영인을 초빙하여 관리권을 부여한다. 즉, 농업자원 배치에 대해 건의하고 실시할 수 있는 권리를 부여하여 농업 경영권에 속한 정책 결정권과 관리권을 분리시켰다.

분리된 관리권이 전문 경영인의 독자적 영역으로 확장되면서 농업 전문 경영인은 전문 농업 관리자로서 종사할 수 있게 되었다. 농업 전문 경영인은 '무엇을 어떻게 심을지'를 책임지며 여기에는 생산계획 제정, 구체적인 실시 의견, 생산비용 예산, 생산량 지표 등을 제시하는 것이 포함된다. 그리고 계획에 따라 경작, 파종, 관리, 수확, 판매 등 모든 과정을 안배하고 통합적으로 관리한다. 그들은 농업 관리활동에 종사하는 전문 경영자가 되었고, 농업 관리는 독립적인 직업이 되었다. 이런 재산권 세분화 아래 형성된 분업구조는 전문 경영인이라는 전문 인력자산 배치의 규모경제성을 실현하고 전략적 자원의 가치를 최대한 발휘하게 할 뿐만 아니라, 농업 관리의 정밀화·지식화 및 전문화에도 도움이 되어 농업의 노동 분업을 지식 분업으로 확대하고 농업 관리에 대한 기업가의 전문 분업을 실현한다. 이로써 '누가 농사를 지을 것인가'라는 현실적인 문제를 해결할 수 있을 뿐만 아니라, 농촌 인력 대부분이 노인·약자·여성과 같은 취약계층인 현상도 개선하여 '능력 보유자가 농사를 짓는' 경영환경을 만들었다. 2012년 말까지, 충저우시의 농업 전문 경영인 자격증서 보유자는 1,214명으로 재직자는 400명이 넘는다.

3.1.3 생산운영권 분리와 농업생산의 공정(工程) 분업을 통한 과학적인 작물 재배

"땅 1묘를 돌보는 것과 땅 300묘를 돌보는 것은 완전히 다른 개념이다." 작물 재배의 규모화를 실현하는 데 있어 합작사는 계절성에 따른 노동력 부족 문제로 인해 고용을 늘려야 했으므로 전문 용역 서비스에 대한 수요를 불러일으켰다. 다음으로 인건비 상승의 영향을 받아 합작사의 농업생산 중 기계로 인력을 대체하는 기계설비에 대한 투자 수요가 생겨났다. 그러나 농기계 투자는 전문성을 갖고 있어 대규모의 투자능력과 거래 규모가 있어야 한다. 합작사의 투자능력 및 경영 규모는 유한적인 제약을 받아 농기계 외주 서비스의 수요를 자극했다. 더불어 노동력, 농기계 및 외주 서비스 사용권을 구매하고 농업경영 리스크를 피하고자 금융 서비스에 대한 수요가 생겨났다. 분업과 전문화는 시장 규모의 확대를 통해 이루어질 수 있었다(루어삐량, 2005). 표준화된 기계 경작 등 전문화 서비스에 대한 합작사의 수요 확대에 발맞추기 위하여 생산 전후를 포함한 전 과정에 필요한 전문 서비스조직이 생겨났다. 한편 '분업은 일반적으로 분업에 달려 있다'는 말처럼, 분업은 시장의 규모를 키우고 시장 규모가 커지면 분업의 발전을 가져오게 되어 양자는 상호 영향을 미친다. 분업경제에서 4대 농업 전문 서비스 체계가 서서히 형성되었는데 그중 금융 서비스 체계, 과학기술 보급 체계, 공공 브랜드 서비스 체계 등은 주로 정부가 추진하는 공익적 성격을 띠는 서비스이며, 시장형 사회화 서비스 체계는 '농업 서비스시장'을 플랫폼으로 한다. '농업 서비스시장'을 플랫폼으로 하는 시장형 사회화 서비스 체계는 기본적으로 농업생산 단계에 필요한 농업기술 자문, 농업인력, 농업의 기계화, 농자금 지원, 특수 종자(묘), 병충해 차단, 경지 간 운송, 대리 건조·저장 서비스 등 여덟 가지 영역에 대해 '보모식 편의'를 제공한다. 충저우시는 이미 치취안(檉泉), 룽싱(隆興), 지셰(濟協) 등 세 곳에 농업 서비스시장을 세웠고 이곳들이 보유한 농업 서비스 기계는 30만 대이며 근로자수는 150명이 넘는다. 또한 '원징위안(文井源)'이라는 농산물 종합 공공 브랜드를 만들어 기업이 경영하고 정부가 관리하는 방식을 채택해 농산품 판매를 지원한다. 대표적인 기업과 정부 부처는 먼리그룹(門里集團)의 신핀추안공사(新品川公司)와 농업 공공 브랜드 관리위원회가 있다. 이들은 공익적인 성격의 정책적 보험을 제공하고 있으며, 묘당 3위안이면 기본적인 혜택을 누릴 수 있다. 금융에서는 토지도급경영권과 집체건설용지 사용권의 직접 담보대출을 추진했다. 4대 전문 서비스시장이 발전하면서 합작사의 농업생산도 외부 전문화 서비스 체계의 거래와 서서히 결합하여 일부 생산 서비스 과정을 전문 서비스조직에 외수를 수며 농업생산 과정을 계속해서 분할했다. 원래 폐쇄적이던 농업생산 공정이 개방되면서 농업경영권에 속했던 정책결정권과 관리권이 분리되었고, 이를 기초로 다시 서로 다른 농업생산 과정과 공정에 기초한 생산운영권이 분리되었다. 이는 농업 분업의 범주를 완제품 분업에서 상품 제조공정 분업으로 확대한 것이라고 할 수 있다.

분업이 발전하면서 합작사의 생산조직 방식도 더욱 개방적으로 변했다. 생산 단계는 전체적으로 '내부화'에서 '외부화'로, '비시장화'에서 '시장화'로 차례로 변했고, '기계화 · 표준화 · 기술화 · 집약화'된 외부의 현대화 생산 수단을 최대한도로 사용했다. 이로써 합작사는 신기술의 '조기 채택자'가 되었다. 이는 농업기술 서비스의 '마지막 관문'과 과학기술 성과 전환의 '마지막 한 고개' 문제를 해결하는 데 도움이 되었으며 농업생산의 방향을 '과학적 재배'로 전환시켜 명확한 생산량 증가와 수익 증가를 가져왔다. 2012년 충저우시 합작사의 벼 생산량은 시 전체의 평균보다 50여 근 더 많았다. 경영비용에 대해, 양류합작사 전문 경영인인 저우웨이송은 "절감한 대부분의 생산비용은 다른 분야의 '사람들' 덕분이다."라고 말한다. 그는 "벼 재배를 위한 기계 경작, 기계 모내기, 기계 수확, 농업인력, 농경지 간 운송 등은 모두 친절하고 꼼꼼한 농업사회화 서비스 기업에서 도움을 받았다."라고 밝혔다. 칭챠오촌(青橋村)의 서기인 루어쉰후(羅巡虎)는 이를 더 세밀하게 따져 보았다. 씨앗을 총괄적으로 매입해서 한 묘당 15위안을 절약했고, 비료는 기술자가 땅을 측량하여 배합했다. 이는 실용적일 뿐만 아니라 15위안에 가까운 비용을 절감할 수 있게 하였다. 연결된 토지의 기계 경작과 기계 추수는 각각 시장가격보다 20~30위안 저렴했다. 이를 통해 알 수 있는 것은 분업이 세분될수록 외부로부터 유입되는 현대화 기술요소가 많아지고 생산비용도 더 많이 절약된다는 것이다. 개발 측면에서 보았을 때, 농업 분업이 확대되면서 더 전문적인 활동에 필요한 더 정밀한 기술을 개발하고, 요구와 편리성에 부합하기 위해 더욱 전문적인 생산도구와 방법도 발전할 것이다. 더불어 자원도 대개 더 전문화된 특수 용도로 사용될 것이다(자건량, 2010). 이로써 앞으로 농업 분업의 내생적 발전과 과학적 재배의 진일보 발전을 추진해 나갈 것이다.

3.2 거래비용, 계약적 지배와 분업 심화

분업과 거래는 서로 맞물려 있지만, 경제적 교환의 대가 또한 크다(North 1990). 농업 분업의 확장은 거래의 확장과 거래비용의 증가를 야기한다. 이는 분업 체계 발전이 가져다주는 효율을 저해시키기도 한다. 거래비용을 낮추는 제도를 수립하는 것은 전문화 분업을 강화할 수 있는 중요한 요소이다. Coase, North, Williamson을 대표로 하는 신제도(新制度) 경제학자들 및 양샤오카이(楊小凱)를 대표로 하는 신흥고전 경제학자들도 이 부분을 강조하고 있다(자오훙쥔, 2010).

하지만 각각의 거래 주체와 분업 모델은 서로 다른 내부 조직 방식과 외부 시장관계를 구축하고 있기 때문에 이에 상응하는 거래관계를 수립함으로써 거래비용을 최소화해야 한다(Coase, 1937). 충저우 농업 모델과 연관된 거래 주체는 합작사(농가), 전문 경영인, 농업 서비스 시스템이 있다. 따라서 거래행위의 주체 간에는 합당한 계약관계 및 관리 방식을 수립해야 한다. 이는 충저우 농업 분업 모델이 지속해서 발전하도록 하는 제도적 요건이다.

3.2.1 합작사(농가) 및 전문 경영인: 분배계약과 관계적 배태성

충저우 모델에서 합작사(농가)와 경영인은 '공동 관리 경영(共同治理), 잔여 이익 공유(共享剩餘)'라는 분배계약을 체결하고 관계적 배태성을 보완하여 분업으로 인한 관리, 조정, 감독 비용을 낮춘다.

(1) 정식 계약은 공동으로 관리하고 잔여 이익을 공유하는 분배계약이다. 합작사(농가)와 농업 전문 경영인 간 정식 계약의 핵심은 다음과 같다. 합작사가 농업 전문 경영인을 선택하고 양측은 정식으로 초빙계약을 맺는다. 또 합작사는 결책권을 갖게 되고 합작사 구성원은 토지경영에 대한 결정에 참여할 수 있게 되며 전문 경영인은 경영권을 갖게 된다. 생산 운영 과정에서 비용 집행 사항 공개, 생산량 공개 및 장부 공개를 통해 정보를 공유하는 시스템을 구축한다. 양측은 농작물의 생산량 기준, 생산비용 및 인센티브에 관하여 계약을 체결하고 농업 전문 경영인의 최저 생산량을 확정한다. 초과 생산된 부분에 대해서는 합작사, 전문 경영인, 합작사 농가가 약속한 비율에 따라 분배하고 인센티브를 지급한다. 이 조항에서 나타나는 특징의 핵심은 첫째, 최저 생산량(산출 보증) 및 이에 상응하는 비용 예산 책정(비용 구속), 그리고 전문 경영인으로서의 진입 문턱 및 구속을 확립하여 최저 생산량 비용의 최소화를 촉진시킨 것이다. 둘째, 협동적 잉여 공유를 통해 합작사와 전문 경영인의 이익사슬을 직접 연결해 전문 경영인의 생산활동을 독려함으로써 생산량의 최대화를 이루는 것이다. 각 생산요소 간 분배관계에서 본다면 토지와 노동이 서로 고용되는 분배계약인 셈이다.

농업생산에 있어서 토지시장을 통해 노동력을 매칭하는 것(노동이 토지를 고용하는 것)일까, 아니면 노동시장을 기반으로 토지를 매칭(토지가 노동력을 고용하는 것)하는 것일까? 그것도 아니라면 토지와 노동력이 서로 고용하는 것일까? Grossman & Hart(1986)는 최적의 여건이 아닌 상황 속에서도 총 잔여 이익의 최대화를 확보해야 한다고 주장했고 잔여 지배권을 '가장 중요한, 없어서는 안 될' 투자자에게 부여해야 한다고 했다. 하지만 Rajan & Zingales(1998)는 권리가 물질자산에서만 비롯된 것이 아니라고 주장하며 또 다른 곳에서, 즉 자산·사상 그리고 인력 등 핵심 자원에 접근하고 이를 사용하는 능력에서도 비롯된다고 제시하였다. 이 두 가지 관점에서 전자는 토지가 노동력을 고용한다는 것에 무게가 실리고, 후자는 노동이 토지를 고용한다는 것에 무게가 실린다. 좀 더 넓은 시각으로 본다면 이 두 관점에는 서로 공통된 논리가 적용되고 있다. 바로 '어느 한쪽이 어느 한쪽을 고용한다'는 것은 누가 핵심 요소를 보유하고 있는 당사자인지 혹은 누가 협동적 잉여에 공헌 이익이 큰지에 따라 결정된다는 점이다. 이를 바탕으로 만약 협동적 잉여에 대한 두 가지 요소의 공헌 이익이 균형적으로 유지된다면 토지와 노동이 서로 고용된다고 추론해 볼 수 있다. 따라서 토지가 노동을 고용하든, 노동이 자본을 고용하든, 심지어는 두 요소가 서로 고용하든 모두 합리적인 방법이라는 점이고 단지 제약조건만 다르다.

위에서 언급한 이론에 따라 충저우 모델의 운영 상황을 고찰해 볼 수 있다. 토지는 농업생산에서 가장 희소하면서 대체 불가능한 요소고 합작사(농가)는 토지의 공급자이다. 중국 농민 토지도급경영권의 취득은 천부적이고 안정적이며 장기적이기 때문에 농가의 토지 '준(準)소유권' 지위를 결정했다(황사오안, 2005). 농가는 농지 유전에 따라 공급하는 '독점적' 지위를 갖게 된다. 반대로 전문 경영인은 이질적인 인력자원 보유자로서, 감독할 수 없고 대체할 수 없는 비경쟁적인 특징을 띠며 시장을 통해 저렴한 비용으로 많은 양의 정보를 전달하기 어렵다. 그 때문에 전문 경영인에게는 직접 고정 정가에서 거래비용을 절약하는 것이 특정 '정보'를 수집하지 못함으로써 오는 손실보다 더 크다. 다시 말하면, 이질적인 노동력은 시장에서 직접 가격을 확정하기가 어렵다는 의미다. 여기까지 보면 서로 밀접하게 연관된 두 가지 요소의 재산권은 비경쟁적이라는 특징을 갖는다는 것을 알 수 있다. 이는 양측이 협동적 잉여에 대해 상대적으로 균형된 공헌 이익이 있다는 점을 보여 준다. 또 이런 재산권 구조를 바탕으로 총 잔여 이익의 최대화를 보장하기 위한 이상적인 계약구조가 바로 서로 연관되는 재산권이 상호 고용하도록 하여 공동으로 관리하고 잔여 이익을 공유하는 분배계약인 것이다. 다시 말해, 합작사(농가)와 농업 전문 경영인이 각사 일정 '사본'을 투입하고 일부 리스크에 책임지기 때문에 모두 결책권과 경영권을 보유하고 일정 비율의 잔여 청구권을 가지는 것이다. 또 공동 경영의 지배권 구조가 형성되어 이익 측면에서는 공동 경영, 리스크 공동 부담 및 잔여 이익 공유라는 이익 구도가 형성된다. 이런 기업의 '이익 관계자 공동 경영'[양루이롱(楊瑞龍) · 저우예안(周業安), 1997]이라는 구조는 내부에서 발생할 수 있는 높은 거래비용을 효과적으로 피하도록 하며 양측의 이익관계와 협력 동기를 강화할 수 있다. 또한 농업경영의 결책과 경영의 분업 심화를 보장할 수 있는 시스템을 수립한다.

(2) 비정식 계약은 지인 관계적 배태성이 있다. 현재 충저우 농업 전문 경영인의 우선 추천 및 공개 채용 과정에서 합작사(농가)와 전문 경영인은 모두 같은 마을 사람 혹은 지인을 선택하는 경향이 있다. 지인 관계 구조의 거래비용은 낮을 수밖에 없다[천거(陳戈) 외, 2008)]. 서로 알고 지낸 기간이 길고 서로에 대해 익숙하기 때문에 분업거래에서 필요한 신뢰, 신임 및 정보자원이 직접적으로 관계에 따라오게 되기 때문이다. 또 잠재적으로 다량의 사회자본을 제공하기도 한다. Greif(1994)는 신뢰 시스템이 범위의 한계가 있는 사회에서 모든 사회 구성원의 경제적 행위를 격려하고 구속한다는 중요한 역할을 제시하였다. 마을 지인과의 관계에서는 비즈니스뿐만 아니라 사람과 사람 사이의 의리나 책임 같은 감정적인 요소도 작용한다. 만약 위약이 발생한다면 위약 행위에 대한 소문이 빠르게 마을에 퍼지게 될 것이고 비협조적인 행위에 대해서 사회적인 압박을 가할 수 있게 된다. 따라서 어느 정도는 거래의 기회주의적 행위를 통제할 수 있게 되고 거래관계에서 '성실 신용'의 사회계약이 자연스럽게 유지될 수 있다. 관계적 배태성이 있는 비정식 경영 시스템은 합작사(농가)와 전문 경영인 양측의 거

래 관리비용을 더욱 낮출 수 있고 분업의 심화와 유지를 보장할 수 있다.

3.2.2 합작사와 서비스 시스템: 시장계약관계 및 경영

합작사와 전문 서비스 간의 거래는 시장거래계약으로, 단체 간의 시장 분업 모델이다. 가장 특색이 있는 것은 농업 서비스시장을 플랫폼으로 한 사회화 서비스 시스템이다. 농업 서비스시장에서는 농업 노동 서비스, 농기구 서비스, 경지 간 운송 서비스, 농작물 보호 서비스, 전문 재배 서비스, 대리 건조·저장 서비스 등 모든 서비스 내용과 품질, 가격 등을 서비스 이용자들에게 공시하고 정가로 제공한다(표 1 참고). 그렇다면 왜 시장거래계약을 채택할까? 어떻게 시장거래비용을 낮출 수 있을까?

특정 거래에는 어떤 거래계약적 지배가 가장 적합할까? 시장거래비용이 높을 때는 수직적 구조인 조직 내 분업 모델이 적합하다. 반대로 시장거래비용이 낮을 시에는 시장계약을 바탕으로 하는 단체 간(사회화) 분업 모델(Williamson, 1991)이 적합하다. 더 나아가 거래비용이 낮으면 낮을수록 시장계약과 전문화 분업의 효율은 더 높아진다. 이를 통해 시장거래비용은 거래 방식을 결정하고 거래효율에도 영향을 준다는 것을 알 수 있다.

충저우 모델에서 농업 전문 경영인이 합작사의 경영 계획을 이행할 경우 반드시 사회화 서비스를 이용하게 된다. 그렇다면 다양화된 서비스 수요에 맞서 거래비용을 어떻게 낮출 수 있을까?

첫째, 전문화 서비스 거래의 전문화 촉진을 통해 '원스톱' 서비스 시장을 구축하는 것이다. 이는 합작사와 서비스 시스템 간 거래비용을 낮추는 조직의 제도적 수단이다. 농업 서비스시장을 통해 농업합작사 및 경영인의 서비스 수요와 전문 서비스조직의 서비스 공급을 한데 모아 두어 규모의 경영에 맞는 경작·파종·관리·수확·판매 등 프로세스의 다양한 서비스 수요와 공급을 서로 접목시킬 수 있고, 양측이 거래 전 정보 검색을 하거나 가격 흥정을 함으로써 발생하는 비용을 낮췄다. 이와 동시에 서비스

시장은 공급과 수요 주체들의 집합소가 되고 서비스 가격을 책정하거나 참고할 수 있는 플랫폼이 되었다. 서비스시장은 모든 서비스를 세분화했고 서비스 품질 기준 및 계량 정가 기준을 설정하여 서비스 품목의 표준화를 추진했다. 이를 통해 서비스 수요공급거래의 협상비용을 대폭 감소시켰다. 표 1을 보면 알 수 있듯이 여섯 가지 제품(서비스)을 세분화시켰는데, 농작물 보호 서비스의 경우 사용되는 농기구를 세분화했을 뿐 아니라 계절마다 나타나는 해충 예방 및 관리에 대해서도 구분을 했다. 일부 품목에는 서비스 품질 기준을 제시했는데 대리 건조의 경우 13.5% 수분을 기준으로 1%p가 초과할 때마다 수분당 0.01위안/kg의 비용을 지불하도록 설정했다. 정가 기준에 있어서는, 노동 서비스의 수동 건조 및 벼 기계수확 외에는 대부분 '묘'를 단위로 하여 가격을 책정했다.

표 1. 농업시장 전문화 서비스 품목, 품질 및 가격표

서비스 유형	서비스 내용	가격
농업 노동 서비스	일반 물못자리: 도랑 작업, 밭이랑 만들기, 밭이랑 정돈 작업, 밭고랑 내기, 파종, 비닐막 작업	100위안/묘
	수동 건조	60위안/일
	농약 수작업	3위안/호(壺)
	플라스틱 모판 재배: 모내기, 포대 담기, 차량에 싣기	0.25위안/판
	도랑 파기, 밭이랑 만들기, 비료 뿌리기, 모판 설치, 물알 관리, 씨 거두기, 비닐막 작업	0.7위안/판
	논두렁 수작업 구축	3위안/미터
	우량종 식재	200위안/묘
	비료 뿌리기	6위안/묘
농기구 서비스	벼 기계수확	7위안/인·시간

서비스 유형	서비스 내용	가격
농기구 서비스	벼 모 던져 심기: 벼 모 심기, 벼 모 운반	40위안/묘
	경지 간 운송 서비스	35위안/묘
	쟁기 보습, 골파기기로 밭 갈기: 곡식, 야채에 적합, 쟁기 깊이 15cm	60위안/묘
	원판쟁기 밭 갈기: 나무 심기, 수박 심기에 적합, 쟁기 깊이 30cm	60위안/묘
	논밭 강력모터 트랙터 경작	65위안/묘
	저마력 트랙터 경작, 1일 업무량 20묘	70위안/묘
	논밭 다지기: 벼농사, 밀농사에 적합	0.8위안/미터
	기계경작: 작은 논밭의 경우 가격 변동이 있을 수 있고 논밭이 지나치게 분산되어 있거나 유가가 급등하면 가격이 높아질 수 있음	62위안/묘
	비닐하우스 기계경작	35위안/하우스
	논 평탄 기계작업	70~90위안/묘
경지 간 운송 서비스	벼 운송: 경지 간 짊어 나르기, 삼륜 오토바이 단거리 운송	35위안/묘
	기계 모내기용 벼 모 운송	25위안/묘
	던져 심기용 벼 모 운송	15위안/묘
농작물 보호 서비스	농약 분무	12위안/묘
	동력 연무기	20위안/묘·회
	농작물 기계 보호	12위안/묘·회
	4월 말~5월 중순 두꺼비 예방 관리	약제 사용 16위안/묘
	5월 말 제초	약제 사용 6.8위안/묘
		기계 사용 12위안/묘
	6월 중순 제초	약제 사용 12위안/묘
		기계 사용 12위안/묘
	7월 중순 잎집무늬마름병 예방	약제 사용 3위안/묘
		기계 사용 12위안/묘

서비스 유형	서비스 내용	가격
농작물 보호 서비스	7월 말 명충 및 등줄점팔랑나비 예방	약제 사용 26위안/묘
		기계 사용 12위안/묘
전문 벼 재배 서비스	플라스틱 모판 벼 재배	180위안/묘
	기계 모내기	260위안/묘
대리 건조 및 저장	대리 건조 기준은 13.5% 수분으로, 1%p 당 0.01위안/kg	0.13위안/kg
	대리 저장	0.016위안/kg

둘째, 농업 서비스를 최대한 기계를 사용할 수 있는 범위에 포함시키는 것이다. 이는 합작사와 서비스 시스템 간의 거래비용을 낮추는 핵심이자 기술적 수단이다. 기계 본연의 성질은 노동 생산량의 기준을 결정할 수 있기 때문에 노동의 한계 생산력이라는 변수를 최소화시킬 수 있는데 노동의 '나태' 정도를 제한하여 감독·거래 비용이 낮아지게 된다. Alston(1981)의 주장처럼 "임의성이 없기 때문에 동일한 기계를 사용하게 되면 동일한 실적을 만들어 낼 수 있다. 트랙터를 사용했을 때의 생산력이 바로 생산의 기준이 되는 것이다. 기계를 사용하면 노동 성과에 나타나는 변수가 적어지기 때문에 트랙터를 사용한다면 얼마만큼의 노동력을 투입해야 하는지 쉽게 가늠할 수 있다." 서비스 품목들을 감독이 용이한 기계화·표준화 프로세스에 접목시킨다면 서비스 과정에서 오는 감독 거래비용을 낮출 수 있게 되는 것이다.

4. 결론과 토론

4.1 결론

충저우 모델의 내재적 운영체제는 농업 분업 발전에 있어서 두 가지 이론을 이끌어 낼 수 있다. 첫째, 재산권 세분화는 분업효율이 현실적으로 높아지도록 촉진한다. 둘째, 계약적 지배는 분업효율이 더 확장될 수 있도록 한다. 이런 이론을 기반으로 '재산권 분업 시스템과 거래적 지배구조 메커니즘은 공동으로 농업의 분업 발전을 촉진한다'는 일반 이론을 추론해 낼 수 있다. 이는 비록 농업생산 분야의 분업 심화는 내부에 자연적으로 장애 요소가 형성된다고 할지라도[44] 농업이 수동적으로 효율을 높이는 것이 아니라 분업 심화를 통해 효율이 향상될 가능성을 갖고 있다는 것을 의미한다(루어삐량, 2008). 다음으로 충저우 모델은 중국에서 이미 적용되고 있는 농촌기본경영제도를 기반으로 운영되고 있다. 여기서 나타나는 기본적인 특징은, 집체소유제는 그대로 유지하되 도급권을 안정시키고 경영권을 활성화하는 것이다. 또 재산권의 세분화 및 이에 걸맞는 계약적 지배 메커니즘을 통해 가족경영을 농업 분업 시스템에 창의적으로 융합시켰고 규모의 경제와 범위의 경제의 성격을 띠는 현대 농업을 발전시켰다. 즉, 중국의 농촌기본경영제도가 현대 농업의 분업 및 사회화 발전과 충분히 결합할 수 있다는 것이다.

제도가 한걸음 더 보완되기 위한 핵심은 토지소유권의 세분 및 여러 구체적인 권한의 확실한 분리·부여·이행에 있다. 물론, 정보 수집 비용과

44 아담 스미스는 『국부론』에서 "농업 노동생산력의 증진 속도가 항상 제조업 노동생산력 증진 속도를 따라잡지 못하는 이유는 아마 농업이 완전한 분업제도를 구축할 수 없기 때문일 것이다."라고 지적했다. 하지만 스미스는 농업 분업이 왜 제조업보다 뒤처지는지에 대해선 설명하지 않고 있다. 학자들은 이를 아담 스미스의 추측이라고 보고 있다.

이성(理性)의 한계 등의 영향으로 인해 한번에 재산권을 분리하거나 부여할 수는 없을 것이고 현실적인 거래 상황과 변화 그리고 수요를 기반으로 재산권을 합리적으로 분배해야 한다. 필자는 현실 속 발전 중, 각각의 경제에 참여하는 주체가 기존의 제도 아래에 있다는 전제하에, 여러 자원 부존 구조를 기반으로 하여 다양하고 혁신적인 단체나 조직을 만들어 낼 수 있는 여지가 있다고 추측한다. 그리고 혁신의 효과는 표준 이론의 예측보다 우월하게 나타난다. 즉, 중국 농촌은 기층부터 광활한 혁신의 공간이 있고 상당히 긴 역사적 시간 동안 다양한 특징이 나타날 것이라는 사실을 보여 준다.

충저우 모델은 농가의 경영 주체 지위를 보장해 주는 동시에 경영권을 세분화시키고 다원화된 주체가 경영에 함께 참여하도록 유도한다. 또 충저우 모델은 농업의 분업 발전과 경영효율 개선의 필요조건을 만족시키고 전환기에 처한 중국 농업경영 방식의 전환체제에 운영 전략과 참신한 아이디어를 제공한다는 의미를 갖는다. 따라서 경험 모델에 숨어 있는 일반적 시범 가치를 눈여겨볼 필요가 있다.

4.1.1 기본경영제도의 '통분 결합' 실현

여기서 '통분(統分)'은 기본경영제도의 '통합'과 '분리'를 의미하는데, 기능을 어떻게 '분리'하고 '통합'하는지가 '통분 결합'을 완성하는 핵심인 것이다. 충저우 모델에서의 권한 부여 측면에서 농가의 '안정적인 도급권, 잔여 수익을 분배받는 수익권 및 결책에 참여하는 결책권'이라는 삼중 보장제도를 구축하여 재산권의 '분리' 상태를 유지했고 농가의 경영 주체 지위를 안정화했다. '통합'은 조직화 및 서비스화를 통한 보장으로 이뤄 냈다. 충저우 모델은 토지지분합작사 방식으로 분산되어 경영 중인 농가를 통합·조직했으며, 다방면에서 다양화된 사회화 서비스 시스템 및 이에 상응하는 정책적 조직 보장 체제를 통해 합작사를 지원했다. 이로써 마을의 행정에 포함되어 있던 '통합' 방식을 다양한 방식과 여러 주체가 공존하는 '사회화' 서비스 콘텐츠로 '통합'하는 방법으로 전환시켰다. 또 효과적으로 소농경영을 사회화 분업 시스템에 융합시킴으로써 '통합' 방식의 기능을 개선했다. 이런 '통분 결합'의 구조는 농가의 경영 주체 지위를 보장할 뿐만 아니라 농가의 조직화 정도를 개선했다. 이로써 농민의 권익을 보호했고 농업생산효율, 시장거래효율 및 조직협력효율을 향상했다. 그리고 중국 농업 발전의 다양한 목표를 효과적으로 수용해 냈다. 이는 농촌기본경영제도를 전반적으로 안정화하고 완비하는 데 시범적·경험적 가치가 있다.

4.1.2 농업 분업 발전 및 현대화로의 전환 촉진

농업 분업 발전을 토대로 '규모 재배', '능력 보유자 재배' 및 '과학적 재배'라는 농업 현대화로의 발전을 추진했다. 구체적인 방법은 첫째, 토지경영권의 지분조직합작사를 통한 농지도급경영권의 분리를 촉진하여 안정적이고 순차적으로 농업 분업의 외향적 확대를 추진하는 것이다. 또 이런 방식을 통해 '어떤 농사를 지을지'와 같은 현실적 문제를 해결하고 '규모 재배'를 촉진한다. 둘째, 현대 농업의 전문 경영인이 농지를 경영하면서 기업가 능력을 기반으로 한 농지경영 전문화 분업을 실현함으로써 '누가 농사를 지을 것인가'와 같은 현실적 문제를 해결하고 '능력 보유자 재배'를 통한 효율적 경영을 이뤄 냈다. 셋째, 네 개의 서비스 시스템을 통해 농업의 공정별 분업 발전을 이뤄 냈고 농업생산 수단의 현대화를 이뤘다. 즉, 규모경영에서의 비용우위를 실현하고 '어떻게 농사를 지을지'와 같은 현실적 문제를 해결하여 농업생산이 '과학적 재배'로 전환되도록 했다.

4.1.3 농민의 노동 분업과 직업 계층 이분화 추진

농업의 분업 발전을 토대로 농민을 분업체계의 각 절차 속으로 투입했고 현대 분업경제 시스템에 참여하도록 하여 농민들이 농업에 있어서 선택할 수 있는 폭을 넓혔다. 농민이 도시에서 거주하며 농업 외부 분업 시스템에 참여할 수 있도록 하는 한편, 농업 외부 취업으로의 전이와 분업도 실현했다. 또 한편으로는 농업 분업 발선의 보넬 선환 과정에서 농민이 농업생산, 농업 서비스 그리고 경영 관리 분야에서 더 큰 발전을 이루고 참여할 수 있도록 하였다. 이를 통해 일자리 선택의 폭을 넓혔고 더 다양한 일자리를 제공할 수 있게 하였으며, 이로써 현대 농업 산업의 노동자와 농업 서비스 경영자 및 농업 전문 경영인 간의 노동 분업 체계가 파생되었고 농민의 전문화를 이뤄 냈다. 노동 분업과 전문화로 인한 노동력의 자유로운 이동은 도시의 공업과도 진정한 의미에서 상호 융합될 수 있을 것이며 전통 농업이 현대화 농업으로 전환되도록 촉진할 것이다.

4.2 심화 토론

4.2.1 관계적 배태성의 효율성 문제

전문 경영인과 합작사의 지인 관계적 배태성으로 인해 형성되는 내재적 구속관계는 감독 및 거래 비용을 절감할 수 있고, 불완전성이 선천적으로 존재할 수밖에 없는 외재적 정식 계약을 '보완'한 것이다. 하지만 지인 관계적 배태성과 같은 비정식적인 제도는 특정 지역에서만 활동할 수 있는 소수에게만 적용될 뿐, 모든 잠재적 시장 참여자의 이용이 불가능하기 때문에 적용의 범위 및 대상의 한계가 존재한다. 이는 합작사와 전문경영인 간 거래의 범위와 행위 주체 선택을 제한한다. 나아가 관계의 힘이 시장가치의 힘을 침해하고, 요소에 의한 가격 결정과 감정(感情)에 의한 가격 결정이라는 특수한 가격 방식이 형성되면서 가격 메커니즘이 효율적으로 자원 배치를 하지 못하게 되어, 시장 규모·거래 범위와 분업 정도가 축소되며 전문적 분업의 효율이 떨어지게 된다. 비록 발전 초기에는 개인관계와 사회관계가 계약의 실행을 보장할 수 있다고 하지만, 위에서 언급한 근거들만으로는 비정식 제도가 장기적 경제 성장과 시장 규모 확대를 보장할 수 있다고는 증명할 수 없다(Philipe & Sherry, 2003). 장기적인 관점에서 지역 및 특정 집단의 제한을 풀고, 지엽적인 지연 및 혈연 관계와 같은 비정식적 거래에서 시간과 공간의 제한을 받지 않는 더 광범위한 비개인적 거래로 확대하여 이를 '인격적' 거래에서 '계약적' 거래로 변화시켜야 한다.

4.2.2 전문화된 서비스 품질 기준과 분쟁 조정의 문제

농업 서비스시장이 세분되면서 여러 서비스의 품질 기준이 수립된 상태이다. 하지만 실질적으로 보면 농업 서비스 중 일부는 기준이 불분명하고 효과적인 제삼자의 중재 해법이 없기 때문에 합작사와 농업 서비스 업체 간에 갈등이 생겨나거나 분쟁이 장기화될 가능성이 있다. 모내기를 예로 들면, "옛말에 '모내기가 30, 관리가 70(관리가 더 중요하다는 뜻)'이라는 말이 있는데, 합작사의 관리 부당으로 모가 쓰러졌음에도 오히려 책임을 서비스 업체 쪽으로 돌린다. 분쟁이 생기면 다들 자기 주장만 내세우기 바쁘고 자신의 말에 책임지지 못하는 경우도 있어서 어떻게 해야 할지 도통 모르겠다."라는 불평 불만도 종종 들어볼 수 있다. 그러므로 전문화된 서비스를 절차대로 제공하기 위해서는 서비스마다 더욱 상세한 규정과 품질 기준을 정하고, 제삼자 중재 기관을 설립하여 합작사와 서비스 업체에 중재 정보를 정기적으로 동시에 제공함으로써 규정을 위반했을 시 제재를 받고 이미지 타격을 받을 수 있도록 하는 등의 방법을 사용하여 시장 질서를 규범화해야 한다.

4.2.3 전문 경영인 임금 및 시장 육성의 문제

전문 경영인의 능력을 키우려면 참여 인센티브가 필요하다. 생산 주기가 긴 반면 투자 효과가 늦게 나타나는 농업의 특성을 고려해 보면 지원 정책을 한층 확대할 필요가 있다. 현재 중국 충저우와 청두시가 전문 경영인 제도를 적극적으로 추진함과 함께 직업 농민 보조금제도 수립을 모색하고 있으며 직업 농민 육성을 위한 보조금제도 개선, 투자 확대와 보조금 기준 상향 조정에 노력을 기울이고 있다. 자격을 갖춘 직업 농민이 농업의 생산·경영에 참여하는 경우 보조금을 지급하고, 농업경영에 참여하는 유능한 귀농자에게 자금과 용지 등을 지원하고 있다.[45] 이는 전문 경영인이 완전히 시장 시스템을 통해서 자발적으로 생산을 하기는 어렵다는 것을 의미하며 전문 경영인 시장 육성을 위해 정부의 정책 추진 및 지원이 필요하다는 것을 보여 준다. 다만 전문 경영인 시장에 경쟁 구도가 형성되기 시작하면 정부는 시장에 대한 간섭을 적절한 시기에 중단해야 한다.

45 「충저우시 2013년 규범화 토지주식합작사 지원 실시 방안(崇州市2013年規範化土地股份合作社專項扶持實施方案)」과 「청두시 인민정부반공청이 농업위원회 등 부처에 전달한 농업 전문 경영인팀 건설 시행 의견에 관한 통지(成都市人民政府辦公廳轉農委等部門關與加强農業職業經理人隊伍建設試行意見的通知)」 참고.

참고문헌

Alston, Lee. J: Tenure Choice in Southern Agriculture: 1930~1960, *Explorations in Economic History* (18), 1981, pp.211~232.

Barzel, Y.: *Economic Analysis of Property Rights*, Cambridge: Cambridge University Press, 1989.

Casson, M. C.: *The Entrepreneur: An Economic Theory*, Oxford: Mariin Robertson, 1982.

Coase, R.: The Nature of the Firm, *Economica* 4(1), 1937, pp.386~405.

Demsetz Harold: *Ownership, Control and the Firm*, Oxford: Blackwell, 1988.

Greif A.: Cultural Beliefs and the Grangerization of Society: A Historical and Theoretical Flection on Collectivist and Individualist Societies, *Journal of political Economy* (102), 1994, pp.912~950.

Grossman and Hart, The Costs and Benefits of Ownership: A Theory of Vertical and Lateral Integration, *Journal of Political Economy* 94, 1986, pp.691~719.

Hayek F. A.: The Use of Knowledge in the Society, *American Economic Review* 35, 1995, pp.1~18.

North D.: *Institutions, Institutional Change and Economic Performance*, Cambridge University Press, 1990.

Rajan Raghuram, and Luigi Zingales: Power in a Theory of the Firm, *Quarterly Journal of Economics* (2), 1998, pp.387~432.

Rans G.: Analytics of Development: Dualism, in Chenery, H., and T. srinivasan(eds.), *Handbook of Development Economics* vol. 1, Amsterdan: North-Holland, 1988.

Williamson O. E.: Comparative Economic Organization: The Analysis of Discrete Structural Alternatives, *Administrative Science Quarterly* 36, 1991, pp.269~296.

陈戈, 储小平:《差序的制度结构与中国管理革命》, 载《中国制度变迁的案例研究(第六集)》, 中国财政经济出版社, 2008年.
陈剑波:《人民公社的产权制度》,《经济研究》, 1994年 第7期.
菲利普·基佛, 玛丽·M·雪莉:《经济发展中的正式与非正式制度》, 载于科斯, 诺斯和威廉姆森等著:《制度, 契约与组织: 从新制度经济学角度的透视》, 经济科学出版社, 2003年.
费孝通:《谈谈〈城乡协调发展〉》, 宁夏人民出版社, 1992年.
何秀荣:《公司农场: 中国农业微观组织的未来选择》,《中国农村经济》, 2009年 第11期.
贾根良:《斯密定理与发展中国家的经济发展》,《南开经济研究》, 1995年 第1期.
龙登高, 任志强, 赵亮:《近世中国农地产权的多重权能》,《中国经济史研究》, 2010年 第4期.
罗必良:《论农业分工的有限性及其政策含义》,《贵州社会科学》, 2008年 第1期.
罗必良:《新制度经济学》, 山西经济出版社, 2005年.
杨瑞龙, 周业安:《一个关于企业所有权安排的规范性分析框架及其理论含义》,《经济研究》, 1997年 第1期.
詹森, 麦克林:《专门知识, 一般知识和组织结构》, 载于《契约经济学》, 经济科学出版社, 2003年.
张曙光, 程炼:《复杂产权论和有效产权论-中国地权变迁的一个分析框架》,《经济学(季刊)》, 2012年 第7期.
张维迎:《产权, 政府与信誉》, 三联书店, 2001年.
赵红军:《小农经济, 惯性治理与中国经济的长期变迁》, 上海人民出版社, 2011年.

지은이

루어삐량(羅必良)

1962년생.
현재 중국 華南農業大學校 교수, 華南農業大學校 학술위원회 부주임, 국가농업제도와 발전연구원 원장, 중국교육부 '長江學者' 특임교수, 國家'萬人計劃' 哲學社會科學領軍人才.
그리고 광둥경제학회회장, 중국농업경제학회 부회장, 중국농촌발전학회 부회장, 광둥성 인민정부 참사, 광둥성 政治協商會議 農業與農村委員會 부주임, 中央農村工作領導小組辦公室과 農業農村部 鄕村振興專家諮詢委員會 위원, 國務院學位委員會 農林經濟管理學科評議組 구성원을 겸임.
주요 연구 분야는 농업경제, 재산권이론과 제도경제이다. 논문 400여 편과 저서 50여 권을 출간하였다. 中國高等學校科學研究 우수성과상, 중국농촌발전연구상, 張培剛발전경제학 우수성과상 등을 여러 차례 수상했다.

옮긴이

왕보하(王寶霞)

현재 중국 산동대학교 동북아대학(山東大學東北亞學院) 부교수. 2014~2015년 일본 고베대학교 인문학부 방문학자.
주요 관심 분야는 중국에서의 한국어교육 연구와 한중·중한 번역 연구이고, 저서로는 『한중 관용어의 의미 대조 연구』 등이 있고, 논문으로는 「한중 이형동의 관용어의 의미 생성 양상」, 「『한중 관용어 사전』 편찬의 기초 연구」 등 30여 편이 있다.

중국 농업경영제도

이론의 프레임워크, 변천 논리 및 사례 분석

2021년 12월 1일 초판 1쇄 인쇄
2021년 12월 10일 초판 1쇄 발행

지은이 루어삐량
옮긴이 왕보하
펴낸이 윤성이
펴낸곳 동국대학교출판부

주소 04620 서울시 중구 필동로 1길 30
전화 02-2260-3483~4
팩스 02-2268-7851
Homepage http://dgpress.dongguk.edu
E-mail book@dongguk.edu
출판등록 제2-163(1973. 6. 28)
편집디자인 동국대학교출판부
인쇄처 네오프린텍(주)

ISBN 978-89-7801-010-8 93320

값 25,000원